21世纪交通版高等学校教材

Gongcheng Jixie Zhuangtai Jiance Yu Guzhang Zhenduan

工程机械状态检测与故障诊断

陈新轩 许 安 主编
易新乾 主审

人民交通出版社

内 容 提 要

本教材为21世纪交通版高等学校教材，全书系统地介绍了一般机械设备的故障检测方法及故障诊断的基本原理、技术及其应用，重点介绍了现代工程机械发动机与底盘、液压系统、电液控制系统的状态检测与故障诊断技术。

本教材注重理论联系实际，可作为高等院校相关专业研究生、本科生教材，也适用于工程机械行业的科研与生产单位的工程技术人员参考。

图书在版编目(CIP)数据

工程机械状态检测与故障诊断/陈新轩，许安主编．北京：人民交通出版社，2004.8(重印2008.5)

ISBN 978-7-114-05209-5

Ⅰ.工… Ⅱ.①陈…②许… Ⅲ.①工程机械－检测②工程机械－故障诊断 Ⅳ.TU607

中国版本图书馆CIP数据核字(2004)第086326号

书　　名：21世纪交通版高等学校教材
工程机械状态检测与故障诊断
著 作 者：陈新轩　许　安
责任编辑：赵　蓬
出版发行：人民交通出版社股份有限公司
地　　址：(100011) 北京市朝阳区安定门外外馆斜街3号
网　　址：http://www.ccpress.com.cn
销售电话：(010) 59757973
总 经 销：人民交通出版社股份有限公司发行部
经　　销：各地新华书店
印　　刷：北京市密东印刷有限公司
开　　本：787×1092　1/16
印　　张：15
字　　数：363千
版　　次：2004年8月第1版
印　　次：2019年6月第10次印刷
书　　号：ISBN 978-7-114-05209-5
定　　价：29.00元

21世纪交通版

高等学校教材编写委员会

机械设计及其自动化专业(工程机械方向)

前　言

随着科学技术的飞速发展，现代工程机械和设备的结构越来越复杂，功能越来越完善，自动化程度也越来越高。由于许许多多无法避免的因素的影响，有时机械设备会出现各种各样的故障，以致降低或失去其预定的功能，甚至造成严重的以至灾难性的事故，造成机毁人亡，因而带来巨大的经济损失，产生严重的社会影响。因此保证机械设备的安全运行，消除事故，是十分迫切的问题。这就使工程机械的状态检测与故障诊断的重要性更加突现出来。

机械设备故障诊断技术就是监视设备的状态，判断其是否正常；预测和诊断设备的故障并消除故障；指导设备的管理和维修。因此机械设备故障诊断技术是保证机械设备安全运行，消除事故的关键技术和基本措施之一。该项技术是20世纪80年代得到迅速发展的一项新技术，广泛吸取现代科学技术的最新成就，它不但与诊断对象的性质和运行规律密切相关，而且广泛采用了现代数学、力学、物理、电子技术、信息技术、计算机技术等多方面的成果，是一门多学科交叉融合的新型学科，特别是人工智能的应用，智能化故障诊断技术的发展，更使状态检测与故障诊断技术面貌一新。

本教材是机械设计及理论专业（工程机械方向）的规划教材之一。共十一章，内容包括了一般机械的常规诊断、数学诊断、智能诊断等的原理和方法，重点介绍了现代工程机械发动机、底盘、液压系统、电控系统等的状态检测和故障诊断技术。在编写过程中遵循的原则是：以理论知识为基础，强调理论结合实际，特别注重实用性；在注重介绍成熟技术的同时，吸取国内外近年来的最新研究成果；以开拓思想、掌握方法、启发思维能力与创造能力为目的；以教学为主，力求拓宽适用范围，对工程实际有一定的参考与指导价值。

鉴于各校对工程机械状态检测与故障诊断技术课程讲授的内容、侧重点、课时数等不同，本教材将相关的内容尽量全面编入，以便满足不同的授课计划对教材的需求，并可扩大学生自学的范围。各校在使用时可根据具体情况选择内容讲授。

本教材可作为机械设计及理论专业（工程机械方向）的研究生、本科生教材，也适用于工程机械行业的科研与生产单位的工程技术人员参考。

本教材由陈新轩、许安任主编，参加编写人员的分工为：第一章、第三章第五节、第五、七、八章由长安大学陈新轩编写，第二、六、十章由长安大学许安编写，第三章第一、二、三、四节、第四章由长安大学王海英编写，第九章由长安大学魏立基编写，第十一章由长安大学焦生杰编写，由陈新轩统稿。石家庄铁道学院易新乾教授对全书进行了审稿。

由于诸多因素，本教材中难免有错误和疏漏之处，欢迎广大读者提出宝贵意见，以利我们进一步完善。在编写过程中参阅了许多书籍和资料，在此我们对这些著作的作者表示衷心的感谢！

作　者

2004年1月

目　录

第一章　概　述

第一节　机械设备故障诊断的意义、目的和任务

一、机械设备故障诊断的意义

随着现代科学技术在设备上的应用,现代设备的结构越来越复杂,功能越来越齐全,自动化程度也越来越高。由于许多无法避免的因素影响,会导致设备出现各种故障,从而降低或失去预定的功能,甚至会造成严重的以至灾难性的事故。国内外接连发生的由设备故障引起的各种空难、海难、爆炸、断裂、倒塌、毁坏、泄漏等恶性事故,造成了极大的经济损失和人员伤亡。生产过程中经常发生的设备故障事故,也会使生产过程不能正常运行或机器设备遭受损坏而造成巨大的经济损失。因此保证设备的安全运行,消除事故,是十分迫切的问题。

现代设备运行的安全性与可靠性取决于两个方面,一是设备设计与制造的各项技术指标的实现;二是设备安装、运行、管理、维修和诊断措施的实施。现在设备诊断技术、修复技术和润滑技术已列为我国设备管理和维修工作的三项基础技术,成为推进设备管理现代化,保证设备安全可靠运行的重要手段。

故障诊断会带来重大的经济效益,这方面国内外已有许多报道:

(1)对生产单位,配置故障诊断系统能减少事故停机率,具有很高的收益/投资比。

美国帕克鲁(Perkrul)发电厂诊断技术经济效益的计算方法可供参考。该厂装机容量为 100×10^4kW,电费为0.015美元/(kW·h),年度值为1亿美元,事故停产损失为15万美元/天,该厂共有50个部位要监测,需投资20万美元。监测费用为1.5万美元/年。根据可靠性计算,整个系统每年可能有14次事故停机。决定采用诊断技术后有50%的事故能被检查出来,其中的50%是由诊断系统监测出来的,又有20%是假警报,每次事故停车平均要花3天时间检修。则该诊断系统能节约的费用 B 为:

$$B = 0.5\times0.5\times14\times3\times15\times(1-0.2)$$
$$=126\text{万美元}/\text{年}$$

诊断成本为:

$$A = (20/10\text{年折旧})+1.5$$
$$=3.5\text{万美元}/\text{年}$$

则经济效益系数 C 为:

$$C = \frac{A}{B} = \frac{126}{3.5} = 36$$

由以上可见,故障诊断系统的收益甚至可达到投入的36倍

日本资料报道,实施故障诊断后,事故率可减少75%,维修费用可降低25%~50%。英国报道,对2000个大型工厂调查表明,采用诊断技术后每年节省维修费用3亿英镑,而用于故障

诊断系统的成本为0.5亿英镑，收益为投入的6倍，净获益达2.5亿英镑/年。

(2)对生产单位，配置故障诊断系统能延长设备检修周期，缩短维修时间，为制定合理的检测维修制度提供基础，可极大地提高经济效益。

例如，石化系统的30×10^4t合成氨厂，过去每年需大修一次，需时45天，检修费用占年产值15%。采用故障诊断后改为三年内修二次，一次不到30天，检修费用降为年产值的10%，经济效益十分显著。又如一个装机容量100×10^4kW的电厂，每天发电2400×10^4kW时，产值几百万元，如对各台机组都能延长维修周期，每年缩短检修时间以10天计，则带来的经济效益可达几千万元之巨。许多实例都说明实施故障诊断的经济效益是显著的。

(3)宏观上从全社会生产的角度看，花费的设备维修费用是一笔巨大的数目，而实施故障诊断带来的经济效益是巨大的。

例如美国1980年税收总额为7500亿美元，而花费在工业设备维修上的费用达到2460亿美元。根据专家分析，在这2460亿美元中，有将近1/3，即750亿美元是浪费掉的，这是由于不恰当的维修方法，包括缺乏正确的状态临测和故障诊断所造成的。

我国的情况是，1987年我国国营公交企业有40万个以上，总固定资产约7000亿元，每年用于设备大修、小修及处理故障的费用一般占固定资产原值的3%～5%。采用诊断技术改善设备维修方式和方法后，一年取得的经济效益达数百亿元。

从上面的分析可以看出，设备故障诊断技术在保证设备的安全可靠运行，以及获取很大的经济效益和社会效益上，其意义是十分明显的。

二、设备故障诊断的目的

设备故障诊断的目的是：

(1)能及时地、正确地对各种异常状态或故障状态做出诊断，预防或消除故障，对设备的运行进行必要的指导，提高设备运行的可靠性、安全性和有效性，以期把故障损失降低到最低水平。

(2)保证设备发挥最大的设计能力。制定合理的检测维修制度，以便在允许的条件下充分挖掘设备潜力，延长服役期限和使用寿命，降低设备全寿命周期费用。

(3)通过检测监视、故障分析、性能评估等，为设备结构改造、优化设计、合理制造及生产过程提供数据和信息。

总起来说，设备故障诊断既要保证设备的安全可靠运行，又要获取更大的经济效益和社会效益。

事实上，如果加强状态监测与故障诊断工作，有许多事故是可以防患于未然的。下面是一些事故增加的原因，也正是设备故障诊断所要解决的问题：

(1)现代生产设备向大型化、连续化、快速化、自动化方向发展，一方面在提高生产率、降低成本、节约能源和人力等方面带来很大好处；但另一方面，由于设备故障率增加和因设备故障停工而造成的损失却成十倍，甚至成百倍地增长，维修费用也大幅度增加。

(2)高新技术的采用对现代化设备，特别是航天、航空、航海、核工业等部门对安全性、可靠性提出越来越高的要求，多年来航天、航空、核电站的多次事故更说明了进行故障诊断的迫切性。

(3)现有大量生产设备的老化要求加强安全监测和故障诊断。许多老设备、老机组，服役已接近其寿命期，进入“损耗故障期”，故障率增多，有的甚至超期服役，全部更新经济负担很重,此时如有完善的故障诊断系统,将能延长设备的使用期。

(4)维修人员的高龄化和经验丰富的年轻设备维护人员的培养也是许多工业化国家所关心的问题。故障诊断专家系统将能部分地解决这一困难。利用人工智能理论和方法,将有经验的维护人员关于故障诊断的经验和知识加以系统化,形成故障诊断专家系统的知识库,将有利于故障知识的积累和扩大。

三、机械设备故障诊断的任务

设备故障诊断的任务是监视设备的状态,判断其是否正常;预测和诊断设备的故障并消除故障;指导设备的管理和维修。

1.状态监测

状态监测的任务是了解和掌握设备的运行状态，包括采用各种检测、测量、监视、分析和判别方法，结合系统的历史和现状，考虑环境因素，对设备运行状态进行评估，判断其处于正常或非正常状态，并对状态进行显示和记录，对异常状态做出报警，以便运行人员及时加以处理，并为设备的故障分析、性能评估、合理使用和安全工作提供信息和准备基础数据。

通常设备的状态可分为正常状态、异常状态和故障状态几种情况。正常状态指设备的整体或其局部没有缺陷，或虽有缺陷但其性能仍在允许的限度以内。异常状态指缺陷已有一定程度的扩展，使设备状态信号发生一定程度的变化，设备性能已劣化，但仍能维持工作；此时应注意设备性能的发展趋势，即设备应在监护下运行。故障状态则是指设备性能指标已有大的下降，设备已不能维持正常工作。设备的故障状态尚有严重程度之分，包括已有故障萌生并有进一步发展趋势的早期故障；程度尚不很重，设备尚可勉强“带病”运行的一般功能性故障；已发展到设备不能运行必须停机的严重故障；已导致灾难性事故的破坏性故障，以及由于某种原因瞬间发生的突发性紧急故障等。对应不同的故障，应有相应的报警信号，一般用指示灯光的颜色表示，绿灯表示正常，黄灯表示预警，红灯表示报警。对设备状态演变的过程均应有记录，包括对灾难性破坏事故的状态信号的存储、记忆功能，以利事后分析事故原因。

2.故障诊断

故障诊断的任务是根据状态监测所获得的信息,结合已知的结构特性和参数以及环境条件,结合该设备的运行历史(包括运行记录和曾发生的故障及维修记录等),对设备可能要发生的或已经发生的故障进行预报和分析、判断,确定故障的性质、类别、程度、原因、部位,指出故障发生和发展的趋势及其后果,提出控制故障继续发展和消除故障的调整、维修、治理的对策措施,并加以实施,最终使设备复原到正常状态。

设备上不同部位、不同类型的故障,将会引起设备功能的不同变化,导致设备整体及各部位状态和运行参数的不同变化。故障诊断的任务,就是当设备上某一部位出现某种故障时,要从这些状态及其参数的变化推断出导致这些变化的故障及其所在部位。由于状态参数的数量浩大,必须找出其中的特征信息,提取特征量,才便于对故障进行诊断。由某一故障引起的设备状态的变化称为故障的征兆。故障诊断的过程就是从已知征兆判定设备上存在的故障的类型及其所在部位的过程。因此,故障诊断的方法实质上是一种状态识别方法。

故障诊断的困难在于,故障和征兆之间通常不存在简单的一一对应的关系:一种故障可能对应多种征兆,而一种征兆也可能对应着多种故障。例如旋转机械转子的不平衡故障引起振动增大，其中相应于转速的工频分量占主要成分，是其主要征兆，同时还存在一系列其他征兆。反过来工频分量占主要成分这一征兆不只是不平衡的独特征兆，还有许多其他故障也都对应这一征兆。这就为故障诊断增加了难度，因此通常故障诊断有一个反复试验的过程：先按已知信息提取征兆，进行诊断，得出初步结论，提出处理对策，对设备进行调整和试验，甚至停机维修，再启机进行验证，检查设备是否已恢复正常。如尚未恢复，则需补充新的信息，进行新一轮的诊断和提出处理对策，直至状态恢复正常。

3.指导设备的管理维修

设备的管理和维修方法的发展经历了三个阶段，即早期的事后维修方式（Run - to - Breakdown Maintenance），发展到定期预防维修方式（Time - based Preventive Maintenance），现在正向视情维修（Condition - based Maintenance）发展。定期维修制度可以预防事故的发生，但可能出现过剩维修或不足维修的弊病，视情维修是一种更科学、更合理的维修方式，但要能做到视情维修，其条件是有赖于完善的状态监测和故障诊断技术的发展和实施，这也是国内外近年来对故障诊断技术如此重视的一个原因。随着我国故障诊断技术的进一步发展和实施，我国的设备管理、维修工作将上到一个新水平，我国工业生产设备完好率将会得到进一步提高，恶性事故将会进一步得到控制，我国的经济建设将会得到更健康的发展。

第二节　设备故障诊断技术的定义、内容和类型

一、设备故障诊断技术的定义

设备故障诊断技术就是在设备运行中或基本不拆卸设备的情况下，掌握设备运行状况，判定产生故障的部位和原因，以及预测预报设备状态的技术。包括三个方面的内容：其一是了解设备现状；其二是了解设备异常或故障特征；其三是预知或预测设备状态的发展。其中，预知是指对具体的对象和参数运用决策论方法做出判据；预测是指对不确定的对象运用概率和统计方法进行推测。

二、机械设备诊断技术的内容

设备故障诊断的内容包括状态监测、分析诊断和故障预测三个方面，其具体实施过程可以归纳为以下四个方面：

1.信号采集　设备在运行过程中必然会有力、热、振动及能量等各种量的变化，由此会产生各种不同信息，根据不同的诊断需要，选择能表征设备工作状态的不同信号，如振动、压力、温度等，是十分必要的。这些信号一般是用不同的传感器来拾取的。

2.信号处理　这是将采集到的信号进行分类处理、加工，获得能表征机器特征的过程，也称特征提取过程，如对振动信息从时域变换到频域进行频谱分析即是这个过程。

3.状态识别　将经过信号处理获得的设备特征参数与规定的允许参数或判别参数进行比较、对比以确定设备所处的状态，是否存在故障及故障的类型和性质等，为此应正确制定相应的判别准则和诊断策略。

4.诊断决策　根据对设备状态的判断，决定应采取的对策和措施，同时应根据当前信号预测及设备状态可能发展的趋势，进行趋势分析，上述诊断内容可用图 1-1 来表示。

三、机械设备诊断技术的分类

设备诊断技术的分类根据对象、目的等不同可以有各种分类方法。

(一)按诊断对象分类

1.旋转机械诊断技术　如汽轮发电机组、燃气轮机组、压缩机组、水轮机组、风机及泵等;

2.往复机械诊断技术　包括内燃机、往复式压缩机及泵等;

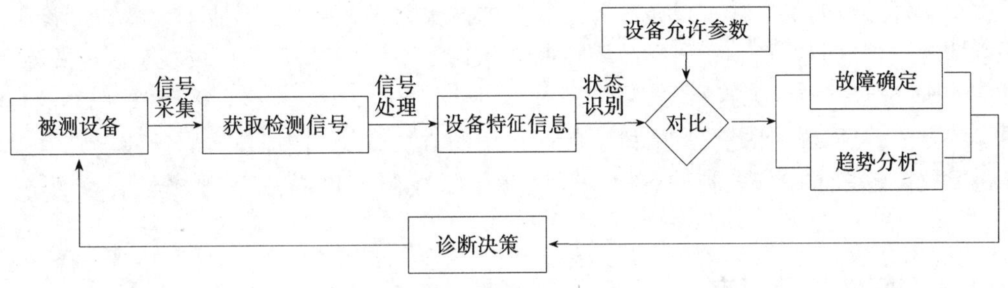

图 1-1　设备诊断过程框图

3.工程结构诊断技术　如海洋平台、金属结构、框架、桥梁、容器等;

4.运载器和装置诊断技术　如飞机、火箭、航天器、舰艇、火车、汽车、坦克、火炮、装甲车等;

5.通信系统诊断技术　如雷达、电子工程等;

6.工艺流程诊断技术　主要是生产流程,传送装置及冶金压延等设备。

(二)按诊断的目的和要求分类

1.功能诊断与运行诊断　功能诊断是对新安装的机器设备或刚维修的设备检查其功能是否正常,并根据检查结果对机组进行调整,使设备处于最佳状态;而运行诊断是对正在运行的设备进行状态诊断,了解其故障的情况;其中也包括对设备的寿命进行评估。

2.定期诊断和连续诊断　定期诊断是每隔一定时间对监测的设备进行测试和分析;连续诊断是利用现代测试手段对设备连续进行监控和诊断,究竟采用何种方式取决于设备的重要程度及事故影响程度等。

3.直接诊断和间接诊断　直接诊断是直接根据主要零部件的信息确定设备状态,如主轴的裂纹、管道的壁厚等;当受到条件限制无法进行直接诊断时就采用间接诊断,间接诊断是利用二次诊断信息判断主要零部件的故障,多数二次诊断信息属于综合信息,如利用轴承的支承油压来判断两根转子对中状况等。

4.常规工况与特殊工况诊断　大多数是在机器设备常规运行工况下进行监测和诊断的,有时为了分析机组故障,需要收集机组在启停时的信号,这时就需要在启动或停机的特殊工况下进行监测和诊断。

5.在线诊断和离线诊断　在线诊断是指对于大型、重要的设备为了保证其安全和可靠运行需要对所监测的信号自动、连续、定时的进行采集与分析,对出现的故障及时做出诊断,离线诊断是通过磁带记录仪或数据采集器将现场的信号记录并储存起来,再在实验室进行回放分析,对于一般中小型设备往往采用离线诊断方式。

(三)按诊断方法的完善程度分类

1.简易诊断　利用一般简易测量仪器对设备进行监测,根据测得的数据,分析设备的工作状态。如利用测振仪对机组轴承座进行测量,根据测得的振动值对机组故障进行判别或者应用便携式数据采集器将振动信号采集下来后再进行频谱分析用以诊断故障。

2.精密诊断技术　利用较完善的分析仪器或诊断装置,对设备故障进行诊断,这种装置配有较完善的分析、诊断软件。精密诊断技术一般用于大型、复杂的设备,如电站的大型汽轮发电机组、石油化工系统的关键压缩机组等。

第三节　机械设备故障诊断的基本方法

由于设备故障的复杂性和设备故障与征兆之间关系的复杂性,形成了设备故障诊断是一种探索性的过程这一特点。就设备故障诊断技术这一学科来说,重点不仅在于研究故障本身,而且在于研究故障诊断的方法。故障诊断过程由于其复杂性,不可能只采用单一的方法,而要采用多种方法,可以说,凡是对故障诊断能起作用的方法就要利用,必须从各种学科中广泛探求有利于故障诊断的原理、方法和手段,这就使得故障诊断技术呈现多学科交叉这一特点。

一、传统的故障诊断方法

首先是利用各种物理的和化学的原理和手段,通过伴随故障出现的各种物理和化学现象,直接检测故障。例如:可以利用振动、声、光、热、电、磁、射线、化学等多种手段,观测其变化规律和特征,用以直接检测和诊断故障。这种方法形象、快速、十分有效,但只能检测部分故障。

其次,利用故障所对应的征兆来诊断故障是最常用、最成熟的方法,以旋转式机械为例,振动及其频谱特性的征兆是最能反映故障特点、最有利于进行故障诊断的手段。为此,要深入研究各种故障的机理,研究各种故障所对应的征兆。在诊断过程中,首先分析设备运转中所获取的各种信号,提取信号中的各种特征信息,从中获取与故障相关的征兆,利用征兆进行故障诊断,由于故障与各种征兆间并不存在简单的一一对应的关系,因此利用征兆进行故障诊断往往是一个反复探索和求解的过程。

二、故障的智能诊断方法

在上述传统的诊断方法的基础上,将人工智能(Artificial Intelligence)的理论和方法用于故障诊断,发展智能化的诊断方法,是故障诊断的一条全新的途径,目前已广泛应用,成为设备故障诊断的主要方向。

人工智能的目的是使计算机去做原来只有人才能做的智能任务,包括推理、理解、规划、决策、抽象、学习等功能。专家系统(Expert System)是实现人工智能的重要形式,目前已广泛用于诊断、解释、设计、规划、决策等各个领域。现在国内外已发展了一系列用于设备故障诊断的专家系统,获得了很好的效果。

专家系统由知识库、推理机以及工作存储空间(包括数据库)组成。实际的专家系统还应有知识获取模块,知识库管理维护模块,解释模块,显示模块以及人机界面等。

专家系统的核心问题是知识的获取和知识的表示。知识获取是专家系统的“瓶颈”,合理的知识表示方法能合理地组织知识,提高专家系统的能力。为了使诊断专家系统拥有丰富的知识,必须进行大量的工作。要对设备的各种故障进行机理分析,可建立数学模型,进行理论分析;进行现场测试和模型试验;总结领域专家的诊断经验,整理成适合于计算机所能接受的形式化知识描述;研究计算机的知识自动获取的理论和方法。这些都是使专家系统有效工作所必需的。

三、故障诊断的数学方法

设备故障诊断技术作为一门学科，尚处在形成和发展之中，必须广泛利用各学科的最新科技成就，特别要借助各种有效的数学工具。这包括基于模式识别诊断方法，基于概率统计的诊断方法，基于模糊数学的诊断方法，基于可靠性分析和故障树分析的诊断方法，以及神经网络、小波变换、分形几何等新发展的数学分支在故障诊断中的应用等等。

第四节　机械设备故障的信息获取和检测方法

一、机械设备故障信息的获取方法

前面已经提到，要对设备故障进行诊断，首先应获取有关信息。信息是提供人们判断或识别状态的重要依据，是指某些事实和资料的集成。信号是信息的载体，因而设备故障诊断技术在一定意义上是属于信息技术的范畴。充分地检测足够量的能反映系统状态的信号对诊断来说是至关重要的。一个良好的诊断系统首先应该能正确地、全面地获取监测和诊断所必需的全部信息。下面介绍信息获取的几种方法。

（一）直接观测法

应用这种方法对机器状态做出判断主要靠人的经验和感官，且限于能观测到的或接触到的机器零部件。这种方法可以获得第一手资料，更多的是用于静止的设备。在观测中有时使用了一些辅助的工具和仪器，如倾听机器内部声音的听棒，检查零件内孔有无表面缺陷的光学内窥镜，探查零件表面有无裂纹的磁性涂料及着色渗透剂等，来扩大和延伸人的观测能力。

（二）参数测定法

根据设备运动的各种参数的变化来获取故障信息是广泛应用的 种方法。因为机器运行时由于各部件的运行必然会有各种信息，这些信息参数可以是温度、压力、振动或噪声等，它们都能反映机器的工作状态。为了掌握机器运行的状态可以用一种或多种信号，如根据机器外壳温度的变化可以掌握其变形情况，根据轴瓦下部油压变化可以了解转子对中情况，又如分析油中金属碎屑情况可以了解轴瓦磨损程度等。在运转的设备中，振动是重要的信息来源，在振动信号中包含了各种丰富的故障信息。任何机器在运转时工作状态发生了变化，必然会从振动信号中反映出来。对旋转机械来说，目前在国内外应用最普遍的方法是利用振动信号对机器状态进行判别。从测试手段来看，利用振动信号进行测试也最方便、实用，要利用振动信号对故障进行判别，首先应从振动信号中提取有用的特征信息，即利用信号处理技术对振动信号进行处理。目前应用最广泛的处理方法是进行频谱分析，即从振动信号中的频率成分和分布情况来判断故障。

其他如噪声、温度、压力、变形、胀差、阻值等参数也是故障信息的重要来源。

（三）磨损残渣测定法

测定机器零部件如轴承、齿轮、活塞环等的磨损残渣在润滑油中的含量，也是一种有效的获取故障信息的方法。根据磨损残渣在润滑油中含量及颗粒分布可以掌握零件磨损情况，并可预防机器故障的发生。有关这方面的详细内容将在第五章中叙述。

(四)设备性能指标的测定

设备性能包括整机及零部件性能,通过测量机器性能及输入、输出量的变化信息来判断机器的工作状态也是一种重要方法。例如,柴油机耗油量与功率的变化,机床加工零件精度的变化,风机效率的变化等均包含着故障信息。

对机器零部件性能的测定,主要反映在强度方面,这对预测机器设备的可靠性,预报设备破坏性故障具有重要意义。

二、机械设备故障的检测方法

机器设备有各种类型,因而出现的故障类型也多种多样,不同的故障需要采用不同的方法来诊断。本节将对具体的各种故障应采用的方法及各种诊断方法的应用范围进行介绍。有关各种诊断方法的详细论述可参阅后面各章。

(一)振动和噪声的故障检测

这是大部分机器所共有的故障表现形式,一般采用以下方法进行诊断:

1.振动法　对机器主要部位的振动值如位移、速度、加速度、转速及相位值等进行测定,与标准值进行比较,据此可以宏观地对机器的运行状况进行评定,这是最常用的方法;

2.特征分析法　对测得的上述振动量在时域、频域、时-频域进行特征分析,用以确定机器各种故障的内容和性质;

3.模态分析与参数识别法　利用测得的振动参数对机器零部件的模态参数进行识别,以确定故障的原因和部位;

4.冲击能量与冲击脉冲测定法　利用共振解调技术测定滚动轴承的故障。

5.声学法 对机器噪声的测量可以了解机器运行情况并寻找振动源。

(二)材料裂纹及缺陷损伤的故障检测

材料裂纹包括应力腐蚀裂纹及疲劳裂纹,一般可采用下述方法进行检测:

1.超声波探伤法　该方法成本低,可测厚度大,速度快,对人体无害,主要用来检测平面型缺陷;

2.射线探伤法　主要采用X和γ射线;该法主要用于展示体积型缺陷,适用于一切材料,测量成本较高,对人体有一定损害,使用时应注意;

3.渗透探伤法　主要有荧光渗透与着色渗透两种,该法操作简单、成本低,应用范围广,可直观显示,但仅适用于有表面缺陷的损伤类型;

4.磁粉探伤法　该法使用简便,较渗透探伤更灵敏,能探测近表面的缺陷,但仅适用于铁磁性材料;

5.涡流探伤法　这种方法对封闭在材料表面下的缺陷有较高检测灵敏度,它属于电学测量方法,容易实现自动化和计算机处理;

6.激光全息检测法　它是20世纪60年代发展起来的一种技术,可检测各种蜂窝结构、叠层结构、高压容器等;

7.微波检测技术　它也是近几十年来发展起来的一种新技术,对非金属的贯穿能力远大于超声波方法,其特点是快速、简便,是一种非接触式的无损检测;

8.声发射技术　它主要对大型构件结构的完整性进行监测和评价,对缺陷的增长可实行动态、实时监测且检测灵敏度高,目前在压力容器,核电站重点部位及放射性物质泄漏,输送管道焊接部位缺陷等方面的检测获得了广泛的应用。

（三）设备零部件材料的磨损及腐蚀故障检测

这类故障除采用上述无损检测中的超声探伤法外尚可应用下列方法：

1.光纤内窥技术　它是利用特制的光纤内窥技术直接观测到材料表面磨损及腐蚀情况；

2.油液分析技术　油液分析技术可分为两大类，一类是油液本身物理、化学性能分析；另一类是对油液中残渣的分析。具体的方法有光谱分析法与铁谱分析法。

（四）温度、压力、流量变化引起的故障检测

机器设备系统的有些故障往往反映在一些工艺参数，如温度、压力、流量的变化中。在温度测量中除常规使用的装在机器上的热电阻、热电偶等接触式测温仪外，目前在一些特殊场合使用的非接触式测温方法有红外测温仪和红外热像仪，它们都是依靠物体的热辐射进行测量的。

三、诊断参数的选择和判断标准

（一）诊断参数的选择

对机械进行状态检测，必须测出与机械状态有关的信息参数，然后与正常值、极限值进行比较，才能确定目前机械的状态。因此，检测的置信程度与参数选择、测量误差以及评价标准有密切关系。为了对机械进行准确、快速检测与诊断，其参数的选择是主要工作之一。由于诊断目的和对象不同，参数也可能是多种多样的。诊断参数是指为达到诊断目的而定的特征量。信息参数是表征检测对象状态的所有参数。选择诊断参数应遵循以下几个原则：

1.诊断参数的多能性　一个参数的多能性应理解为它能全面地表征诊断对象状态的能力。机械中的一种劣化或故障可能引起很多状态参数的变化，而这些参数均可以作为诊断的信息参数，最终要从它们当中选出包含最多诊断信息、具有多性能的诊断参数。

2.诊断参数的灵敏性　选取的参数在机械发生劣化或故障时随着劣化或故障趋势而变化，该参数的变化较其他参数更为明显。例如，发动机气缸活塞副磨损后，即使磨损比较严重，输出的参数中，功率下降只有5%～7%，而压缩空气泄漏率可达40%～50%，则选择后者为诊断参数更适宜。

3.诊断参数应呈单值性　随着劣化或故障的发展，诊断参数的变化应该是单值递增或递减，即诊断参数值的大小与劣化或故障的严重程度有较确定的关系

4.诊断参数的稳定性　在相同的测试条件下，所测得的诊断参数值离散度要小，即重复性好。

5.诊断参数的物理意义　诊断参数应具有一定的物理意义，且能量化，即可以用数字表示且便于测量。

（二）诊断的周期

诊断工作伴随着机械的整个寿命周期。在使用阶段，根据机械的运行状况可对机械实行正常运行诊断和服务于维修的定期诊断。对定期诊断的机器，需要确定其诊断周期。

确定诊断周期时，最重要之点是对劣化速度进行充分的研究。测量周期一般根据机器两次故障之间的平均运行时间确定。为了获得理想的预测能力，在一个平均运行周期内至少应该测5～6次。还应指出，所能确定的测量周期毕竟只是基本测定周期，如果一旦发现测定数据出现加速变化趋势时，就应该缩短测定周期。例如，高速旋转零件变形后可能立即造成机械的故障，则需要进行实时监测。对于劣化速度缓慢的参数，例如磨损、疲劳等等，可以采用较长的检测周期。总而言之，检测周期必须充分反映机械劣化程度。

此外，根据当前的测定值和过去的测定值确定下一次检测时间的“适时检测”是比较好的方法。图1-2表示适时检测的实例。这种一方面进行劣化预测，同时定量地确定下次检测日

期的方法，是值得借鉴的。

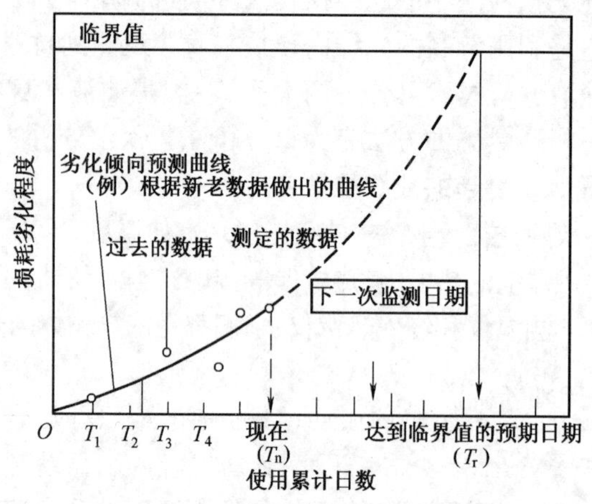

图 1-2　确定诊断日期实例

（三）诊断标准的确定

在测得检测参数后，就需要判断所测出的值是正常还是异常。其方法是将实测数据与标准值进行比较。判断标准共有三种，需按诊断对象来确定采用哪一种。

1.绝对判断标准　绝对判断标准是根据对某类机械长期使用、观察、维修与测试后的经验总结，并由企业、行业协会或国家颁布，作为标准供工程实践使用。和任何其他标准一样，诊断标准有其制定的前提条件和适用范围，使用时必须注意。

2.相对判断标准　相对判断标准是对机器的同一部位定期测定，并按时间先进行比较，以正常情况下的值为初始值，根据实测值与该值的比值来判断的方法。如果我们把新机械某点的初始振动值 a_0 的 n 倍（n 一般取 10）作为允许的极限值，当该点的振动值超过 na_0 时，即认为该机械已发生故障，需要立刻维修。图 1-3 表示在机械投入使用到大修之间允许幅值变化 10 倍为维修极限的判断标准。

3.类比判断标准　类比判断标准是指数台同样规格的机械在相同条件下运行时，通过对各台机械的同一部位进行测定并进行互相比较来掌握其劣化程度的方法。图 1-4 是这种标准的实例。

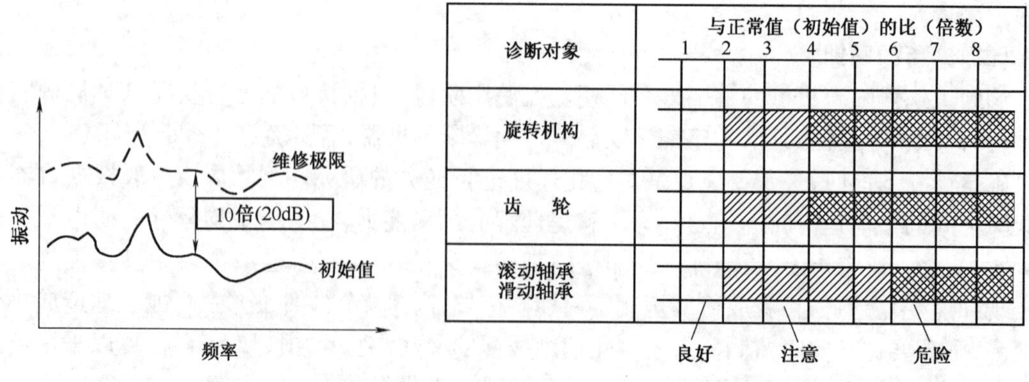

图 1-3　相对判断标准

图 1-4　类比判断标准

从维修角度出发，最好是兼用绝对判断标准和相对标准，从两方面进行研究。

第二章　振动诊断技术

第一节　概　　述

机械振动是工程中普遍存在的现象。机械设备和结构在运行过程中会发生振动。机械状态完好时，其振动强度在一合理的范围内波动，当机械出现异常时，会出现振动强度加大、振动性质变化的现象。这是因为机械振动意味着有振动源的存在，振动源又大都与机械的设计、材料、使用等方面的缺陷相对应，如制造误差、零件间的相互滚动及摩擦、回转件的不平衡或冲击等，随着机械工作时间的延长，零件的磨损使零件间配合性质的变化、表面材料剥落、裂纹出现且扩展等，都会使振动加剧，有时会引起共振，导致机械状态的迅速恶化。统计资料表明，由于振动而引起的机械设备故障在各类故障中占60%以上。机械振动信号中携带着大量机械运行状态的信息，我们可以通过掌握各种机械振动现象和机理，测量、分析并破译这些信息，在不解体的情况下，对机械的状态进行检测，分析其潜在故障，诊断机械故障的程度和部位。

利用振动检测和分析技术进行故障诊断的信息类型多，量值变化范围大，而且是多维的，便于进行识别和决策。振动检测方法便于自动化、集成化和遥测化，便于在线诊断、工况监测、故障预报和控制，是一种无损检测方法。近年来，随着振动检测仪器的快速发展，扩大了该项技术的应用领域。

一、机械振动基础

机械振动，是指物体在平衡位置附近做重复的运动，是机械系统运动的位移、速度、加速度量值的大小随时间在其平均值上下交替重复变化的过程。

机械振动可分为确定性振动和随机振动两大类（见图2-1）。

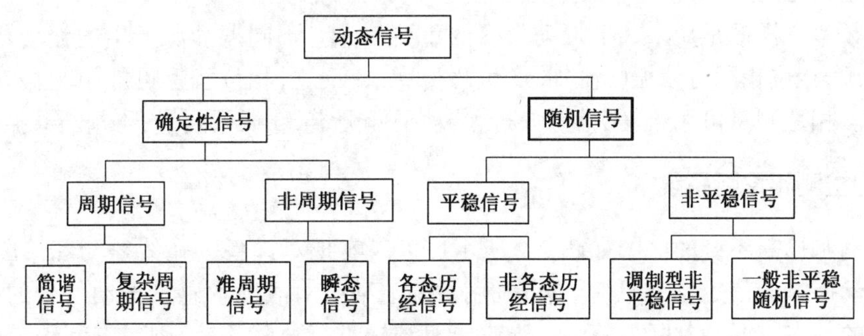

图2-1　振动信号的分类

确定性振动的振动位移是时间 t 的函数，可用简单的数学解析式表示为：$x = x(t)$。

随机振动则因振动波形呈不规则变化，只能用概率统计的方法来描述。

机械状态检测常遇到的振动有：周期振动、近似周期振动、窄带随机振动和宽带随机振动，以及其中几种振动的组合。

简谐振动是机械振动中最基本、最简单的振动形式。周期振动、近似周期振动属确定性振动范围，由简谐振动及简谐振动的叠加构成。简谐振动的振动位移 x 与时间 t 的表达式为

$$x(t) = D\sin(2\pi t/T + \varphi) \tag{2-1}$$

或

$$x(t) = D\sin(\omega t + \varphi)$$

式中：D——振幅，又称峰值(mm 或 μm)；

T——振动周期(s)；

φ——振动的初相位(rad)。

简谐振动除可用位移表示外，也可用相应的振动速度和加速度表示。

$$v(t) = \mathrm{d}x(t)/\mathrm{d}t = D\omega\cos(\omega t + \varphi) = V\sin(\omega t + \pi/2 + \varphi) \tag{2-2}$$

$$a(t) = \mathrm{d}v(t)/\mathrm{d}t = -D\omega^2\sin(\omega t + \varphi) = A\sin(\omega t + \pi + \varphi) \tag{2-3}$$

实测的机械振动信号大多是随机信号，无法用确定的时间函数来表达，只能用概率统计的方法来描述。一般在时域振动波形上提取和考察几个特征值如振幅、频率、相位等，来对被测机械的状态做初步评价。

振幅表征机械振动的强度和能量。根据不同的需要，对振幅值可以有不同的描述方法，通常以峰值、平均值和有效值表征。

X_{p} 表示振幅的单峰值。在实际振动波形中，单峰值表示振动瞬时冲击的最大幅值。$X_{\mathrm{p-p}}$ 表示振幅的双峰值，又称峰-峰值，它反映了振动波形的最大偏移量。

$\overline{X}$ 表示振幅的平均值，是在时间 T 范围内机械振动的平均水平，其表达式为

$$\overline{X} = \frac{1}{T}\int_0^{\mathrm{T}} x(t)\mathrm{d}t \tag{2-4}$$

X_{rms}表示振幅的有效值，它表征了振动的破坏能力，是衡量振动能量大小的量。ISO 标准规定，振动速度的均方根值即有效值，为“振动烈度”，作为衡量振动强度的一个标准。其数学表达式为：

$$X_{\mathrm{rms}} = \sqrt{\frac{1}{T}\int_0^T x^2(t)\mathrm{d}t} \tag{2-5}$$

频率是振动的重要特征之一。不同的结构、不同的零部件、不同的故障源，则产生不同频率的机械振动，因此频率分析是机械振动检测中的重要手段。

相位与频率一样都是用来表征振动特征的重要信息。不同振动源产生的振动相位不同。对于两个振源，相位相同可使振幅叠加，产生严重后果；反之，相位相反可能引起振动抵消，起到减振作用。相位测量可用于：①谐波分析；②动平衡测定；③振型测量；④判断共振点等。

二、振动检测和诊断系统

振动检测和诊断系统的框图如图 2-2 所示。可以实现对设备的在线监测和诊断，可直接检测系统的动态响应信号作为原始信息，利用系统上某些对故障敏感点振动信号的变化规律来检测系统的状态或寻找判断故障源。当需要对结构进行故障诊断，则尚需利用激振系统使被诊断对象产生某种振动，进行系统的动态实验。被检测的振动信号可直接到不同类型的检测仪或分析仪上进行实时状态监测和诊断，也可录到磁带记录仪上或联接于数据采集、记录和存储器上，以备进行深入的故障诊断分析，其中振动诊断系统如图 2-3 所示，该系统既可与前述的检测系统联机在线使用，也可脱机离线使用。

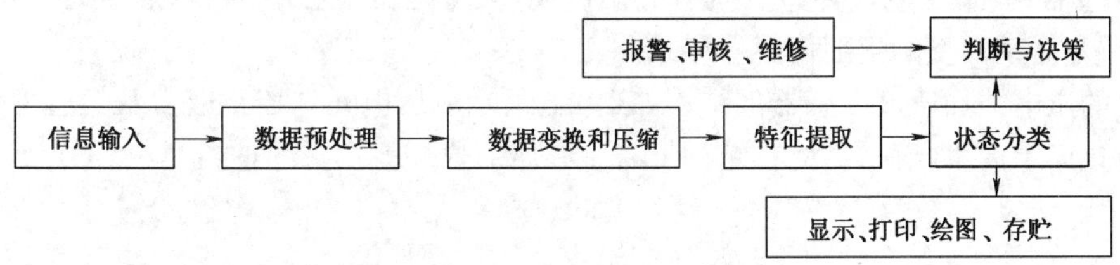

图 2-2　振动检测系统

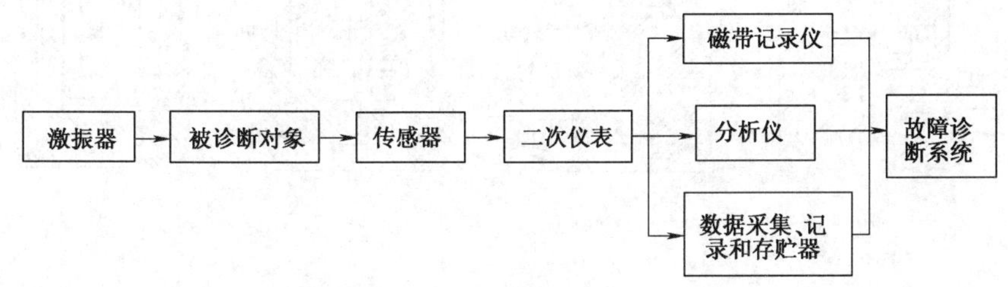

图 2-3　振动诊断系统

第二节　测振系统的组成和功用

测振系统通常由传感器、信号调理器、指示仪表和信号记录仪组成。

一、传感器

传感器能够感知被测振动参量(位移、速度和加速度),并将其转换为电量(电压、电流、电荷、电阻、电容、电感)的变化。测振传感器按其工作原理可分为磁电式传感器、压电式传感器、应变式传感器、电涡流传感器和电容式传感器等;按其所感知的振动参数不同,可分为位移、速度、加速度传感器等;按其安装时与振动体(被测对象)的相对位置,可分为接触式和非接触式传感器。一般传感器输出的电信号都很微弱,必须进行适当的放大。

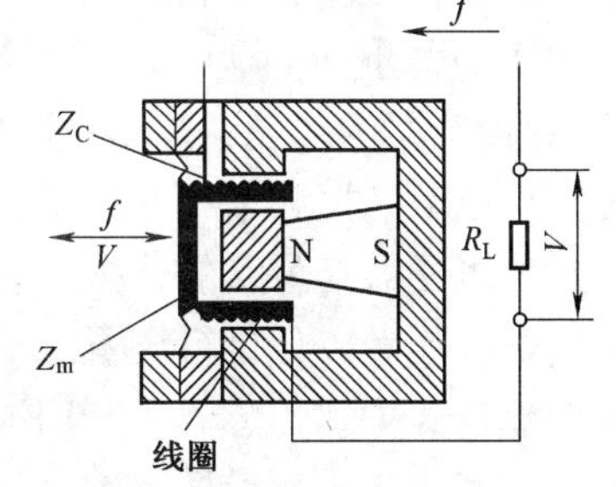

图 2-4　磁电式速度传感器的工作原理

1.磁电式速度传感器　磁电式速度传感器的工作原理如图 2-4 所示。其主要组成部分包括线圈、磁铁和磁路。磁路里留有圆环形空气间隙,而线圈处于气隙内,并在振动时相对于气隙运动。磁电式速度传感器基于电磁感应原理,即当运动的导体在固定的磁场里切割磁力线时,导体两端就感应出电动势。其感应电动势(传感器的输出电压)与线圈相对于磁力线的运动速度成正比。

根据动圈运动方式的不同,磁电式速度传感器可分为相对式和惯性式两种。相对式可以测量两个物体之间的相对运动。

磁电式传感器常用于旋转机械的轴承、机壳、基础等非转动部件的稳态振动测量。

2.压电式加速度传感器　如前所述,压电式加速度传感器是利用某些晶体材料(天然石英晶体和人工极化陶瓷等)能将机械能转换成电能的压电效应而制成的传感器。当压电式传感器承受机械振动时,在它的输出端能产生与所承受的加速度成正比例的电荷或电压量。与其他种类传感器相比,压电式传感器具有灵敏度高、频率范围宽、线性动态范围大、体积小等优点,因此成为振动测量的主要传感器形式。

常见的压电式加速度传感器的结构如图2-5所示。压电元件在正应力及切应力作用之下都能在极化面上产生电荷,因此在结构上有中心压缩式和剪切式两种类型。

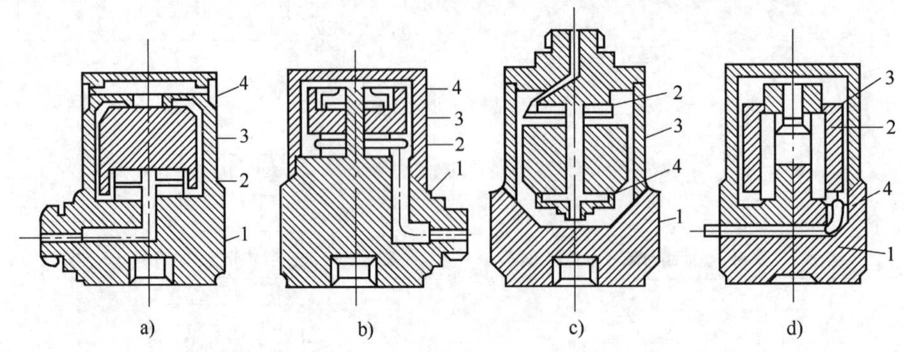

图2-5 压电式加速度传感器的典型结构

a)周边压缩式;b)中心压缩式;c)倒置中心压缩式;d)剪切式

1-机座;2-压电元件;3-质量块;4-预紧弹簧

压电式加速度传感器的灵敏度有两种表示方法:电荷灵敏度 S_q 和电压灵敏度 S_v。当传感器的前置放大器为电荷放大器时,用电荷灵敏度;若前置放大器为电压放大器时,用电压灵敏度。目前,在压电式加速度传感器系统中较常用的是电荷灵敏度 S_q。

3.电涡流式位移传感器　涡流式位移传感器的工作原理如图2-6所示。在传感器的端部有一线圈,线圈中有频率较高(1~2MHz)的交变电压通过。当线圈平面靠近某一导体面时,由于线圈磁通穿过导体,使导体的表面层感应出现涡流 i_2,而 i_2 所形成的磁通 Φ_2 又穿过原线圈。这样,原线圈与涡流"线圈"形成了有一定耦合的互感。耦合系数的大小与二者之间的距离及导体的材料有关。可以证明,在传感器的线圈结构与被测导体材料确定之后,传感器的等效阻抗以及谐振频率都与间隙的大小有关,此即非接触式涡流传感器测量振动位移的依据。它将位移的变化线性地转换成相应的电压信号以便进行测量。

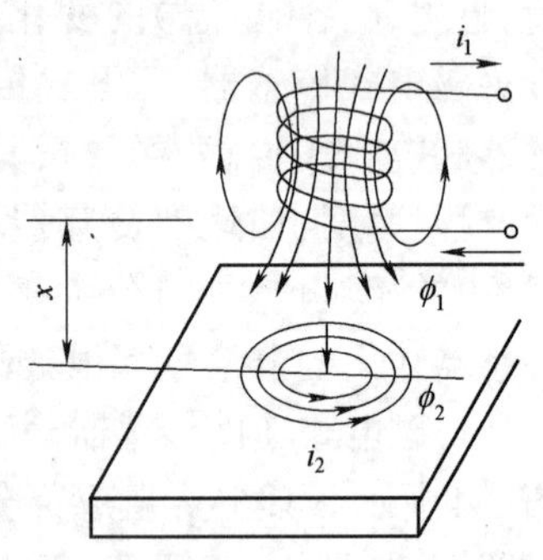

图2-6 涡流式位移传感器的工作原理图

涡流式位移传感器是利用被测物体表面与传感器探头端部间的间隙变化来测量振动的。涡流式位移传感器的最大特点是采用非接触测量,适用于测量转子相对于轴承的相对位移,包括轴的平均位置及振动位移。它的另一个特点是具有零频率响应,且有频率范围宽(0~20kHz)、线性度好以及在线性范围内灵敏度不随初始间隙的大小改变等优点,不仅可以用来测量转轴轴心的振动位移,而且还可测量转轴轴心的静态位置的偏离。目前涡流式位移传感器广泛应用于各类转子的振动监测。

二、信号调理器

传感器不同,使用的放大电路也不同。即使传感器相同,由于测振的目的、要求不同,放大电路的构成也有很大的差异。一般由前置放大器、积分微分放大器、适调放大器、滤波器、交流放大器和功率放大器等组成。

三、指示仪表

放大器输出的信号,经过有效值检波或峰值检波,送到指示仪表,从而在电压表上指示出振动参量的有效值和峰值。指示仪表有表头指针式和数字显示式两种。峰值只能描述振动大小的瞬时值,不包含产生振动的时间过程。有效值与振动的能量有直接关系,所以使用价值较大。

四、记录器

记录仪器用来记录和显示被测振动随时间的变化曲线(时域波形)或频谱图,以便现场和实验室分析研究。记录仪器的种类很多,如电子示波器、光线示波器、磁带记录仪、*X-Y* 记录仪、电平记录仪等。对于测量冲击和瞬态过程,可采用记忆式示波器和瞬态记录仪。

五、振动信号分析仪

信号分析仪种类很多,一般由信号放大、滤波、A/D 转换、显示、存储、分析等部分组成,有的还配有软盘驱动器,可以与计算机进行通讯。能够完成信号的幅值域、时域、频域等多种分析和处理,功能很强,分析速度快、精度高,操作方便。

第三节　振动检测、分析与处理系统

一、机械振动简易检测仪器

简易检测仪器通过测量振动幅值的部分参数,对机械的状态做出初步判断。这种仪器体积小,价格便宜,易于掌握,适合由工段、班组一级来组织实施进行日常测试与巡检。按其功能可分为:振动计、振动测量仪和冲击振动测量仪等。

振动计一般只测一个物理量,读取一个有效值或峰值。读数由指针显示或液晶数值显示。有表式和笔式两种,小巧便携。

振动测量仪可测振动位移、速度和加速度三个物理量,频率范围较大,其测量值可直接由表头指针显示或液晶数字显示。通常备有输出插座,可外接示波器、记录仪和信号分析仪,可进行现场测试、记录、分析。

二、离线检测与巡检系统

离线检测与巡检系统有时也称为机械预测维修系统,一般由传感器、采集器、检测诊断软件和微机组成,基本构成如图 2-7 所示。其操作步骤包括:利用检测诊断软件建立测试数据

图 2-7　离线检测系统的组成

库;将测试信息传输给数据采集器;用数据采集器完成现场巡回测试;将数据回放到计算机软件(数据库)中;分析诊断等。

离线式检测系统的关键仪器是数据采集器,其典型结构如图 2-8 所示。

数据采集器集测量、记录、存储和分析为一体,并且可以在非常恶劣的环境下工作,在现场测量中有极大的优越性。采集器一次可以检测和存储几百个点以至上千个测点的数据,同时在现场还可以进行必要的分析和显示,返回后与 PC 机相联将数据传给计算机,由软件完成数据的分析、管理、诊断与预报等任务。功能较强的数据采集器除了能够完成现场数据采集之外,还能进行现场单、双面动平衡,开停机,细化谱,频率响应函数,相关函数,轴芯轨迹等的测试与分析,功能相当完善。

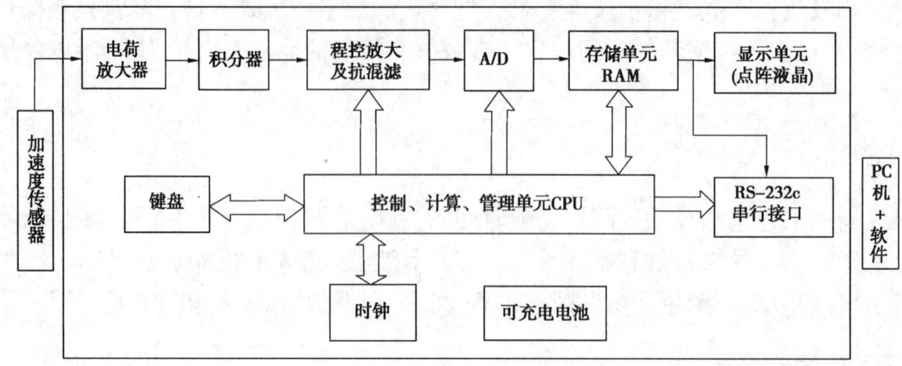

图 2-8　数据采集器典型结构框图

三、在线监测与保护系统

在石化、冶金、电力等行业对大型机组和关键设备多采用在线监测系统,进行连续监测。常用的在线监测与保护系统包括:在主要测点上固定安装的振动传感器、前置放大器、振动监测与显示仪表、继电器保护等部分。

这类系统连续、并行地监测各个通道的振动幅值,并与门限值进行比较。振动值超过报警值时自动报警,超过危险值时实施继电保护,关停机组。这类系统主要对机组起保护作用,一般没有分析功能。

四、网络化在线巡检系统

网络化在线巡检系统由固定安装的振动传感器、现场数据采集模块、检测软件和计算机网络等组成,也可直接连接在检测保护系统之后。其功能与离线检测与巡检系统很相似,只不过数据采集由现场安装的传感器和采集模块自动完成,勿需人工干预。数据的采集和分析采用巡回扫描的方式,其成本低于并行方式。

这类系统具有较强的分析和诊断功能,适合于大型机组和关键设备的在线检测。

五、故障诊断专家系统

诊断的专家系统与一般的精密检测不同,它是一种基于人工智能的计算机检测诊断系统,能够模拟故障诊断专家的思维方式,运用已有的诊断理论和专家经验,对现场采集到的数据进行处理、分析和推断,并能在实践中不断修改、补充和完善知识库,提高诊断专家系统的性能和水平。

六、试验室研究用系统

试验室研究用系统,适用于大专院校、研究所,以及大型企业的研究中心或诊断中心,用于精密检测和产品质量认证。主要有磁带—FFT分析仪系统和虚拟仪器系统。

1.磁带—FFT分析仪系统　FFT分析仪系统(见图2-9)广泛应用于元器件检测、质量控制、研究开发等领域。当用于精密检测时,往往需要磁带记录仪的配合。通过磁带记录仪记录振动信号、频响范围,记录时间长,可回放,并可多通道同时录制。如TEAC等,将其信号回放,利用FFT分析仪对信号进行分析与诊断。

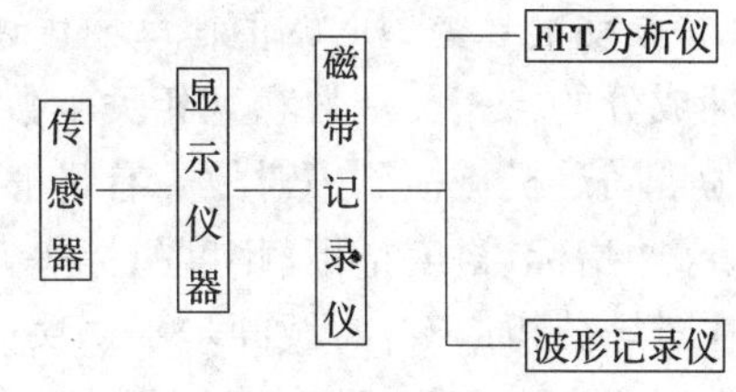

图2-9　磁带FFT分析仪系统

2.虚拟仪器系统　虚拟仪器系统(见图2-10)是一种全新的概念。用户根据需要选择硬件,在特定的软件平台上编制特定软件和显示界面,并驱动硬件采集数据。因此,同样的硬件系统由于软件编制的不同就可承担不同的任务。

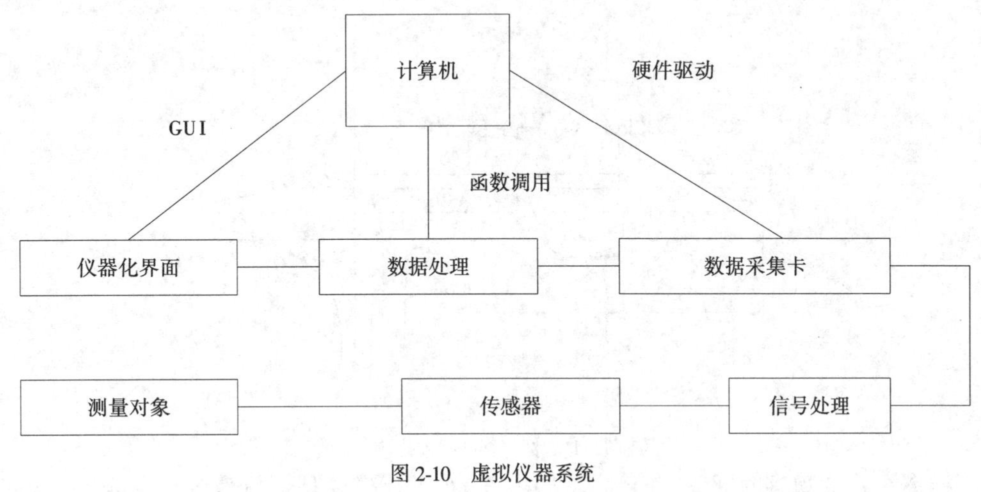

图2-10　虚拟仪器系统

第四节　机械振动信号的分析

通过振动检测得到的振动信号中包含着有用信息,只有对振动信号进行分析处理,才能获得各种各样的有用信息,不对信号进行分析处理,就无法提取与状态有关的特征参数,就不能得到正确的检测结果。

对机械振动信号的分析,按信号处理方式的不同分为时域分析、频域分析和幅域分析,也可将其分为波形分析和频率分析。机械振动检测的特征参数主要有振动幅值,概率密度函数、自相关函数、互相关函数和自功率谱密度函数等,它们从不同的侧面反映了机械振动的性质、特点和变化规律。

一、波形分析

波形分析也称为时域分析,包括幅域分析、时域分析和时差域分析。

对振动信号进行幅值上的各种处理通常称为幅域分析;研究信号在振动过程不同时刻的相关程度及两个振动过程在不同时刻的相关程度称为时差域分析;研究信号在时间域的变化或分布称为时域分布。波形分析是用信号的幅值随时间变化的图形或表达式来分析。

通过波形分析,可求得振动幅值平均量的振动均值,反映振动强度的振动均方值与有效值,判断振动信号类型的幅值概率密度函数,描述信号在不同时刻的相互依赖关系,提取信号中周期成分的自相关函数和互相关函数。

为了满足机械检测中对故障有足够敏感的需要,还常用一些无量纲指标如波形指标、峰值指标、脉冲指标、裕度指标、峭度指标等。

在时域分析中有:时域同步平均法、相关函数法等。

1.概率密度函数　概率密度在幅值范围内刻画了振动过程的特征,它提供了各瞬时量值的发生概率,即从统计意义上说明各量值在总体中所占的比例。

设 x 是振动的位移、速度或加速度。对于图 2-11a)所示的信号,$x(t)$值落在$(x,x+\Delta x)$区间内的时间为 T_x。

$$T_x=\Delta t_1+\Delta t_2+\cdots+\Delta t_n=\sum_{i=1}^{n}\Delta t \qquad (2\text{-}6)$$

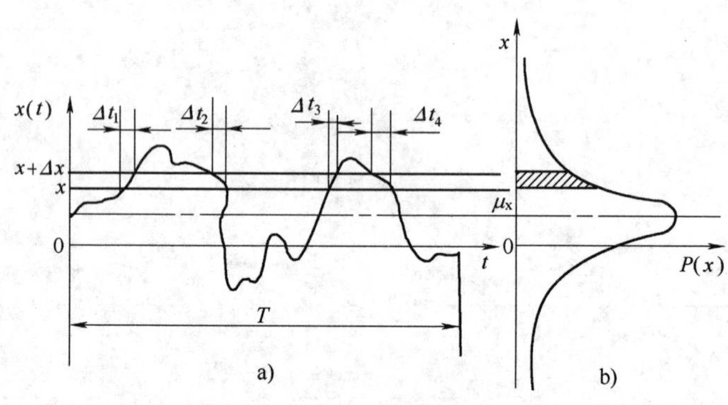

图 2-11　概率密度函数的计算

当样本记录的观察时间 T 趋于无穷大时,T_t/T 的比值就是幅值落在$(x,x+\Delta x)$区间内的概率,即

$$P[x<x(t)\leqslant x+\Delta x]=\lim_{T\to\infty}\frac{T_x}{T} \qquad (2\text{-}7)$$

定义幅值概率密度函数 $p(x)$为

$$p(x)=\lim_{\Delta x\to 0}\frac{P[x<x(t)\leqslant x+\Delta x]}{\Delta x} \qquad (2\text{-}8)$$

概率密度函数提供了信号沿幅值域分布的信息。如图 2-11b)所示,坐标 x 表示信号 $x(t)$值的大小,而阴影部分的面积则表示信号 $x(t)$的值落在$(x,x+\Delta x)$区间内的概率,因而概率密度函数曲线与 x 轴所包围的面积是 1(即 100%)。不同信号有不同的概率密度函数图形,可以借此识别信号的性质。

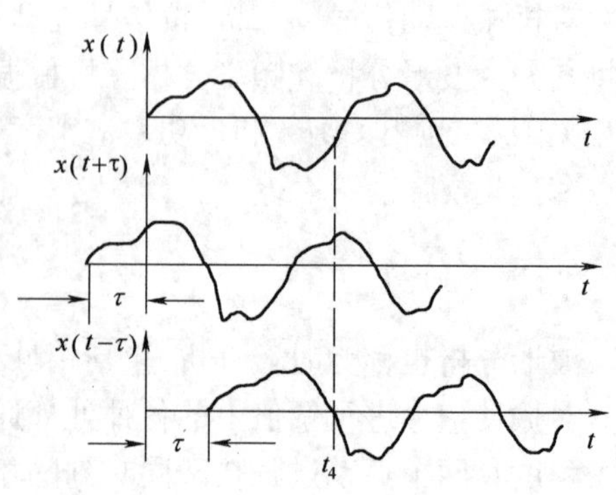

图 2-12　自相关函数的确定

2.自相关函数　设 $x(t)$是信号的一个样本函数,$x(t+\tau)$是 $x(t)$前移 τ 后的样本(图 2-12),则定义自相关函数 $R_x(\tau)$为:

$$R_x(\tau) = \lim_{T \to \infty} \frac{1}{2T}\int_{-T}^{T} x(t)x(t+\tau)\mathrm{d}t \tag{2-9}$$

自相关函数表示信号幅值变化的剧烈程度。如果时间间隔 τ 很小时，幅值之间的差异很大，则这一信号的变化就很剧烈，自相关函数 $R_x(\tau)$的值就小；反之，即使时间间隔 τ 很大时，幅值一般仍很接近，则信号的变化就很缓慢，$R_x(\tau)$的值就比较大。

自相关函数 $R_x(\tau)$在均值 $\mu_x = 0$ 时有以下一些重要特性：

(1) $R_x(\tau)$是偶函数，即 $R_x(\tau) = R_x(-\tau)$。作图时可只做出正 τ 的一半曲线。

(2) $R_x(0) \geqslant R_x(\tau)$，且 $R_x(0) = \sigma_x^2$。

(3) $R(\infty) = 0$。

因此自相关函数的可能图形如图 2-13 所示。

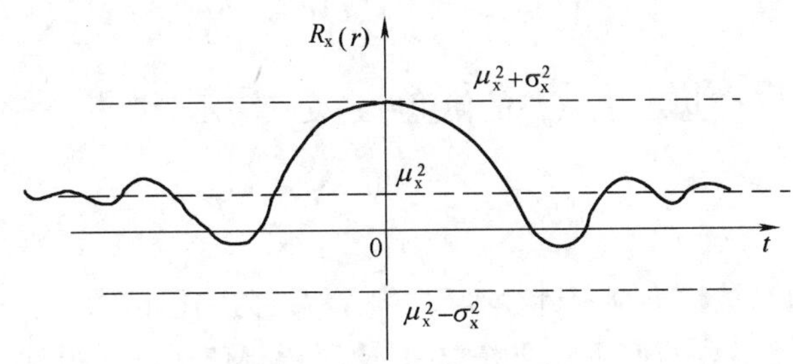

图 2-13 自相关函数的特征图

3. 互相关函数　互相关函数是描述两个不同的随机过程或信号之间的依赖性的量度。令两个信号之间时差为 τ，则互相关函数 $R_{xy}(\tau)$或 $R_{xy}(\tau)$为：

$$R_{xy}(\tau) = \lim_{T \to \infty} \frac{1}{T}\int_{0}^{T} x(t)y(t+\tau)\mathrm{d}t \tag{2-10}$$

$$R_{yx}(\tau) = \lim_{T \to \infty} \frac{1}{T}\int_{0}^{T} y(t)x(t+\tau)\mathrm{d}t \tag{2-11}$$

式中：τ——时差；

T——样本长度；

x、y——两个振动信号的位移、速度或加速度。

二、频谱分析

对评价机械技术状态及故障诊断而言，时域分析所能提供的信息量是非常有限的。时域分析往往只能粗略地回答机械是否有故障，有时也能得到故障严重程度的信息，但不能提供故障发生部位等信息。频域分析是机械检测中信号处理的最重要、最常用的分析方法，它能通过了解测试对象的动态特性，对机械的状态做出评价并准确而有效地诊断机械故障和对故障进行定位，进而为防止故障的发生提供分析依据。

实际的机械振动信号包含了机械许多的状态信息，因为故障的发生、发展往往会引起信号频率结构的变化，例如齿轮箱的齿轮啮合误差或齿面疲劳剥落都会引起周期性的冲击，相应地，在振动信号中就会有不同的频率成分出现。根据这些频率成分的组成和大小，就可以对故障进行识别和评价。频域分析是基于频谱分析展开的，即在频率域将一个复杂的信号分解为简单信号的叠加，这些简单信号对应各种频率分量并同时体现幅值、相位、功率及能量与频率的关系。

频谱分析中常用的有幅值谱和功率谱。另外,自回归谱也常用来作为必要的补充。幅值谱表示了振动参数(位移、速度、加速度)的幅值随频率分布的情况;功率谱表示了振动参量的能量随频率的分布;相应自回归谱为时序分析中自回归模型在频域的转换。频谱分析计算是以傅里叶积分为基础的,它将复杂信号分解为有限或无限个频率的简谐分量,目前频谱分析中已广泛采用了快速傅里叶分析方法(FFT)。

实际机械振动情况相当复杂,不仅有简谐振动、周期振动,而且还伴有冲击振动、瞬态振动和随机振动,必须用傅里叶变换对这类振动信号进行分析。

时域函数 $x(t)$的傅里叶变换为:

$$X(f) = \int_{-\infty}^{\infty} x(t) e^{-i2\pi ft} dt \tag{2-12}$$

相应的时域函数 $x(t)$也可用 $X(f)$的傅里叶逆变换表示为

$$x(t) = \int_{-\infty}^{\infty} X(f) e^{i2\pi ft} df \tag{2-13}$$

式(2-12)和式(2-13)被称为傅里叶变换对。$|X(f)|$为幅值谱密度,一般被称为幅值谱。

功率谱可由自相关函数的傅里叶变换求得,也可由幅值谱计算得到。其定义为

$$S_x(f) = \int_{-\infty}^{\infty} R_x(\tau) e^{-i2\pi ft} d\tau \tag{2-14}$$

$$S_x(f) = \lim_{T \to \infty} \frac{1}{2T} |X(f)|^2 \tag{2-15}$$

实际上,对于工程中的复杂振动,正是通过傅立叶变换得到频谱,再由频谱图为依据来判断故障的部位以及故障的严重程度的。

进行频谱分析需要使用频谱分析仪。测振系统加上频谱分析仪,就构成了振动测试分析系统。它可以在现场对振动信号进行测试和分析。有时由于受到条件的限制,不可能将频率分析仪带到现场,或由于时间限制来不及在现场进行分析,可利用磁带记录器把振动信号记录下来,然后回到实验室分析。有响应频谱诊断法、高阶谱诊断法等。

第五节　振动检测技术运用

一、选定测量和分析方法

振动测量和分析系统可分为三种基本类型。第一种类型最简单,它仅用宽带测振仪测量机械的总振动值,然后根据少量的数据对机械状况进行评价。这种方法属于简易诊断,它的缺点是预报准确性较差,而且也不可能识别出振动值增长的原因。第二种类型也是使用简单的仪器做宽带测量,如果测量结果超过了标准值或测量结果有明显的变化,再用精密仪器进行分析以得到详细的频谱。把这个频谱与以前录制的标准频谱进行比较,然后做出相应的判断。第三种类型是每次测量都进行频谱分析,这样就能详细给出机械运行状态的信息,因而具有较强的预报能力。

二、确定测量参数

通常只选定测量某一振动参数,而不同时测量出振动的位移、速度和加速度。

从测量的灵敏度和动态范围考虑,高频时测量加速度,中频时测量速度,低频时测量位移或速度。

从异常的种类考虑,冲击是主要问题时测量加速度;振动能量和疲劳是主要问题时测量速度;振动的幅度和位移是主要问题时应测量位移。

一般说来,对于简易检测可以直接选择速度参数,而对于精密检测,往往选择在感兴趣的频率范围内谱图最平坦的参数。

三、确定测量位置

首先应确定测量的对象。其次应确定测点位置,一般测点应选在接触良好,局部刚度较大的部位。值得注意的是,测点一经确定之后,就要经常在同一点进行测量。特别是高频振动,测点对测定值的影响更大。为此,确定测点后必须做出记号,并且每次都要在固定位置测量。

一般测量振动时,都需要从被测件轴向、水平和垂直三个方向测量。考虑到测量效率,一般应根据机械容易产生的异常情况来确定重点测量方向。例如:测量轴时,不平衡问题重点测水平方向,不同轴问题重点测轴向,而松动问题则重点测量垂直方向。考虑到振动频率不同,一般低频率振动要注意测量方向,而高频振动只需取最易测的一个方向。

四、确定测量周期

为了能及时发现初期的状态异常和检测劣化趋势,需要定期进行测量。规定的周期应不至于忽略严重的异常情况,并尽可能将周期安排的短一些。但是如将测量周期缩短到不必要的程度,那也是不经济的。所以,需要对每个检测对象规定合适的周期。

一般说来,转速高、负荷重、劣化速度快的机械或装置,测量周期应规定的短一些。为了获得理想的预报能力,在机械两次故障间的平均运行时间内至少应该测量 6 次。

测量周期并非总是规定得很死板。当振动处于正常情况时,可以保持固定的周期;当振动增大或达到注意范围时,则应开始缩短测量周期。科学的方法是根据现在的测定值和上一次的测定值来确定下一次测量的日期。

五、确定测量条件

测量条件包括测量环境条件、测量仪器状况及其各旋钮的设定位置、测量人员的调配情况以及被测机械的运行状态。只有每次测量在相同条件下进行,才能掌握机械劣化趋势。

特别是机械的运行状态,应该根据测量的目的和诊断的故障来确定。诊断不同的故障,要在不同的转速、不同的负荷下进行。

六、记录测量结果

测量结果应该立即记录在数据记录表上。数据记录表的表头部分应包括机械名称、型号、制造厂家、出厂编号、使用单位、管理号码、施工地点、工作性质、运转小时、机械技术参数、机械传动简图、使用维修情况等项目。表格部分应包括测量人、测量仪器、机械运行状态以及测量日期、测量位置和方向、测量参数及测定值。

七、选定判断标准

根据测定值判断机械正常还是异常,就需要有判断标准。

如前所述,判断标准按判断方法可分为绝对标准、相对标准和类比标准。

绝对标准是用来直接与测定值相比较,以判断机械状态(良好、注意和危险)的标准值。但至今还没有适用所有机械的通用标准,因此,必须按照机械的具体情况来确定具体标准并不断修改和完善标准。

相对标准是用测定值与参考值相比较而判断机械状态的标准值。自我判断标准中的参考值是机械良好状态下的振动初始值。类比判断标准中的参考值则是在相同条件下运行的同类型机械的振动测定值。

一般情况下,应优先使用绝对标准。在没有绝对标准时,可以使用相对标准与类比标准。为了提高判断的准确性和可靠性。往往同时使用两种标准,以便互相对照。

八、分析劣化趋势

在简易检测中,测量宽带总振动值,并与以前的测量结果相比较,来确定机械状态是否已经劣化。在精密检测中,根据频率分析的结果和已有的基准频谱,就能判别机械的工作状态。而系统地收集测量和分析的数据,就可以建立机械的劣化趋势,这样就能在故障发生之前的某个适当的时间组织维修。

把定期测量和分析得到的数据,点到以工作时间或运行里程为横坐标,以振动幅值为纵坐标的坐标图上,就绘出了机械劣化趋势图。根据 4 ~ 6 个数据点,可以画出一条曲线。由曲线的走向可以分析机械的劣化趋势。一般说来,曲线缓慢上升表示机械正常磨损;曲线连续急剧上升则表示机械发生故障。由曲线延伸后到达极限值的时间或里程,可以估计机械的剩余寿命。利用劣化趋势分析,可以有效地监测机械状态和指导机械维修。

第三章　故障诊断的数学方法

第一节　贝 叶 斯 法

一、贝叶斯公式及应用

设 $D_1,D_2,\cdots,D_n$ 为样本空间 S 的一个划分，如果以 $P(D_i)$ 表示事件 D_i 发生的概率，且 $P(D_i)>0(i=1,2,\cdots,n)$。对于任一事件 x，$P(x)>0$，则有

$$P(D_i/x)=\frac{P(x/D_i)P(D_i)}{\sum_{i=1}^{n}P(X/D_i)P(D_i)} \tag{3-1}$$

这就是著名的贝叶斯公式。

例 3.1　设定一个故障为 d，一个征兆为 x，其他所有故障记为 $\overline{d}$，其他所有征兆记为 $\overline{x}$。在征兆 x 发生的情况下，假设征兆必须是由故障引起的，则依式(3-1)可知，征兆 x 存在时故障 d 发生的概率为：

$$p(d/x)=\frac{P(x/d)P(d)}{P(x/d)P(d)+P(x/\overline{d})P(\overline{d})}$$

式中：$P(d)$——故障 d 发生的先验概率；

$P(x/d)$——故障 d 发生引起征兆 x 发生的概率；

$P(\overline{d})$——其他故障 $\overline{d}$ 发生的先验概率；

$P(x/\overline{d})$——其他故障 $\overline{d}$ 发生引起征兆 x 发生的概率。

根据上面公式，不难获知：即使在 $P(x/d)$ 高，$P(x/\overline{d})$ 低的情况下，若 $P(d)$ 小，则 $P(d/x)$ 仍较低。用下面的具体数据可以说明。

设 $P(x/d)=0.95, P(x/\overline{d})=0.10, P(d)=0.01, P(\overline{d})=0.15$

则
$$P(d/x)=\frac{0.95\times0.01}{0.95\times0.01+0.1\times0.15}=0.39$$

该例说明，即使故障 d 引起征兆 x 出现的可能性大，且其他故障 $\overline{d}$ 引起征兆 x 出现的可能性小，如果故障 d 发生的可能性小，而其他故障发生的可能性相对较大，则在出现征兆 x 的情况下，故障 d 发生的可能性仍较小。

可见，这一分析结论与人们的直觉认识(在故障 d 发生引起征兆 x 的可能性大，而其他故障 $\overline{d}$ 引起征兆 x 可能性小的情况下，若征兆 x 出现，则存在故障 d 的可能性大)是不同的。原因在于各种故障发生的概率不同。一般来说，被诊断对象的各种故障发生的可能性不是一成不变的。因此，我们可以做出如下结论：诊断过程中必须考虑被诊断对象运行的历史状况，以期准确地获取各种故障发生的概率变化情况，并为各种故障确定准确的先验概率。

例 3.2　对以往数据分析的结果表明，当机器调整良好时，产品的合格率为 90%；而当机器发生某一故障时，产品的合格率为 30%。每日早上机器开动时，机器调整良好的概率为

75%。试求某日早上第一件产品合格时,机器调整良好的概率是多少?

设 A 为事件"产品合格",B 为事件"机器调整良好",$\overline{B}$ 为事件"机器发生故障"。已知 $P(A/B)=0.9$,$P(A/\overline{B})=0.3$,$P(B)=0.75$,$P(\overline{B})=0.25$,所需求的概率为 $P(B/A)$。由贝叶斯公式可知:

$$P(B/A)=\frac{P(A/B)P(B)}{P(A/B)P(B)+P(A/\overline{B})P(\overline{B})}=\frac{0.9\times0.75}{0.9\times0.75+0.3\times0.25}=0.9$$

即当生产出第一件产品是合格时,机器调整良好的概率为0.9。这里,概率0.75是由以往的数据分析得到的,叫做先验概率。而在得到信息(即生产出的第一件产品是合格品)之后再重新加以修正的概率(即0.9)叫做后验概率,有了后验概率,我们就能对机器的情况有进一步的了解。

二、贝叶斯决策判据

贝叶斯决策理论方法是统计模式识别中的一个基本方法。贝叶斯决策判据既考虑了各类参考总体出现的概率大小,又考虑了因误判造成的损失大小,判别能力强。贝叶斯方法更适用于下列场合:

(1) 样本(子样)的数量(容量)不充分大,因而大子样统计理论不适宜的场合。

(2) 试验具有继承性,反映在统计学上就是要具有在试验之前已有先验信息的场合。用这种方法进行分类时要求两点:

第一,要决策分类的参考总体的类别数是一定的。例如两类参考总体(正常状态 D_1 和异常状态 D_2),或 L 类参考总体 $D_1,D_2,\cdots,D_L$(如良好、满意、可以、不满意、不允许、……)。

第二,各类参考总体的概率分布是已知的,即每一类参考总体出现的先验概率 $P(D_i)$以及各类概率密度函数 $P(x/D_i)$是已知的。显然,$0\leqslant P(D_i)\leqslant1$,$(i=1,2,\cdots,L)$,$\sum_{i=1}^{L}P(D_i)=1$。

对于两类故障诊断问题,就相当于在识别前已知正常状态 D_1 的概率 $P(D_1)$和异常状态 D_2 的概率 $P(D_2)$,它们是由先验知识确定的状态先验概率。如果不做进一步的仔细观测,仅依靠先验概率去作决策,那么就应给出下列的决策规则:若 $P(D_1)>P(D_2)$,则做出状态属于 D_1 类的决策;反之,则做出状态属于 D_2 类的决策。例如,某设备在365天中,有故障是少见的,无故障是经常的,有故障的概率远小于无故障的概率。因此,若无特别明显的异常状况,就应判断为无故障。显然,这样做对某一实际的待检状态根本达不到诊断的目的,这是由于只利用先验概率提供的分类信息太少了。为此,我们还要对系统状态进行状态检测,分析所观测到的信息。

(一)基于最小错误率的贝叶斯决策

为简单起见,我们以分别对应于正常状态和异常状态的两类参考总体 D_1 和 D_2 来进行讨论。根据前面的假设,我们已知状态先验概率 $P(D_1)$和 $P(D_2)$,和类别条件概率密度函数 $P(x/D_1)$和 $P(x/D_2)$,在图3-1中示出一个特征,即 $d=1$ 的类别条件概率密度函数,其中 $P(x/D_1)$是正常状态下观测特征量 x 的类别条件概率密度,$P(x/D_2)$是异常状态下观测特征量 x 的类别条件概率密度。利用贝叶斯公式,通过观测特征向量 x,把状态的先验概率 $P(D_i)$转化为后验概率 $P(D_i/x)$,如图3-2所示。

这样,基于最小错误率的贝叶斯决策判据为:如果 $P(D_1/x)>P(D_2/x)$,则把待检模式向量 x 归类于正常状态类 D_1;反之,归类于异常状态类 D_2。上面的判据可简写为:

(1)如果 $P(D_i/x)=\max\limits_{j=1,2}P(D_j/x)$则 $x\in D_i$ (3-2)

(2)将式(3-1)代入式(3-2),并消去共同的分母,可得:

如果 $$P(x/D_i)P(D_i)=\max_{j=1,2}[P(x/D_j)P(D_j)],\text{则 } x\in D_i \tag{3-3}$$

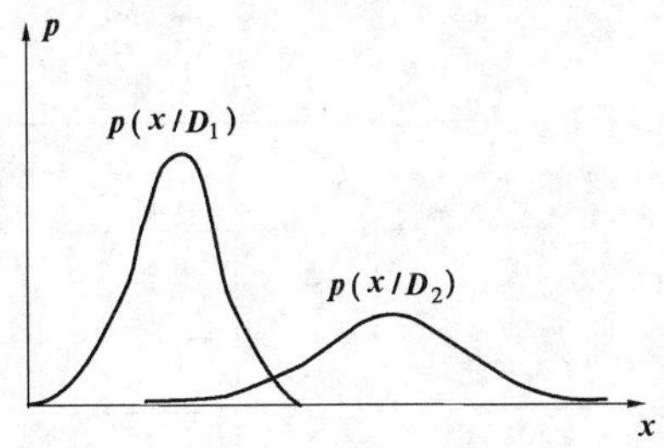

图 3-1 类别条件概率密度函数

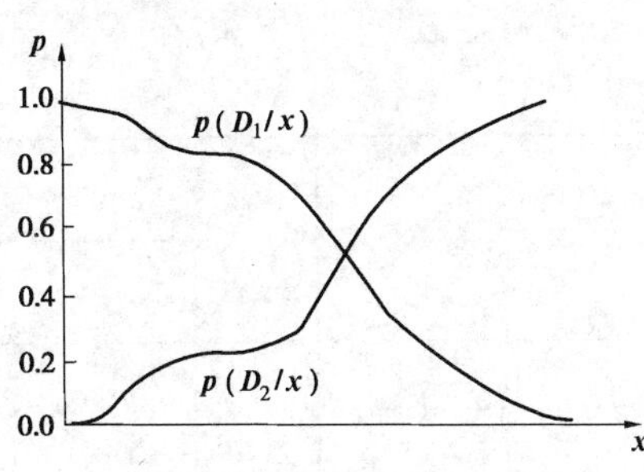

图 3-2 状态的后验概率

(3)由式(3-3)可得：

如果 $$l(x)=\frac{P(x/D_1)}{P(x/D_2)}>\frac{P(D_2)}{P(D_1)},\text{则 } x\in D_1,\text{否则}, x\in D_2 \tag{3-4}$$

在统计学上，$P(x/D_i)$称为似然函数，$l(x)$称为似然比，而 $P(D_2)/P(D_1)$称为似然比阈值(即界限指标或门槛值)。

例 3.3 假设某设备正常状态 D_1 和异常状态 D_2 两类的先验概率分别为 $P(D_1)=0.9$ 和 $P(D_2)=0.1$，现有一待检状态，其观测值为 x，从类别条件概率密度函数曲线可查得 $P(x/D_1)=0.2$，$P(x/D_2)=0.4$，试对该状态 x 进行分类。

解：利用贝叶斯公式算得 D_1 和 D_2 两类总体的后验概率 $P(D_1/x)=0.818$，$P(D_2/x)=1-0.818=0.182$，根据贝叶斯决策判据(3-2)，有 $P(D_1/x)=0.818>P(D_2/x)=0.182$，所以，应把 x 归类于正常状态。

从这个例子可见，决策结果取决于实际观测到的类别条件概率密度 $P(x/D_i)$和先验概率 $P(D_i)$两者。在该例中由于正常状态 D_1 比异常状态 D_2 的先验概率大好几倍，使先验概率在做出决策时起了主导作用。可以证明，用最小贝叶斯决策规则进行识别分类，将使决策误判率，即漏检概率和谎报概率之和达到最小。

上述对两类状态的决策规则可以推广到多类状态决策中。在多类状态决策中，要把特征空间分隔成 $D_1,D_2,\cdots,D_L$ 个区域，其相应的最小错误贝叶斯决策规则为：

如果 $$P(D_i/x)=\max_{j=1,2\cdots L}P(D_j/x),\text{则 } x\in D_i \tag{3-5}$$

(二)基于最小风险的贝叶斯决策

风险是比错误更为广泛的概念，而风险又是和损失紧密相连的。最小错误率贝叶斯决策是使误判率最小，尽可能做出正确判断。但是，我们没有考虑误判带来什么后果，有多大风险，造成多大损失。最小风险贝叶斯决策正是考虑各种错误造成损失不同而提出的一种决策规则。

在决策论中称所采取的决定为决策或行为。所有可能采取的各种决策集合组成的空间称为决策空间或行为空间。而每个决策或行为都将带来一定的损失，它通常是决策和状态类的函数。我们可以用决策损失表来表示以上的关系。决策损失表的一般形式如表 3-1 所示。

以上概念从决策论的观点可归纳如下：

(1)各观测向量 x 组成样本空间(特征空间)。

(2)各状态类 $D_1,D_2,\cdots,D_L$ 组成状态空间。

(3)各决策 $\alpha_1,\alpha_2,\cdots,\alpha_a$ 组成决策空间。

(4)损失函数为 $\lambda(\alpha_i, D_j)$，$i=1,2,\cdots,a$；$j=1,2,\cdots,L$，损失函数 $\lambda(\alpha_i, D_j)$表示将一个本

应属于 D_j 的模式向量误采用决策 α_i 时所带来的损失。可由决策表查得。显然应有 $\lambda(\alpha_i, D_i)=0, \lambda(\alpha_i, D_j)\geqslant 0, (i\neq j)$。

决策损失表　　表 3-1

状态 / 损失 / 决策	状态类					
	D_1	D_2	…	D_j	…	D_L
α_1	$\lambda(\alpha_1, D_1)$	$\lambda(\alpha_1, D_2)$	…	$\lambda(\alpha_1, D_j)$	…	$\lambda(\alpha_1, D_L)$
α_2	$\lambda(\alpha_2, D_1)$	$\lambda(\alpha_2, D_2)$	…	$\lambda(\alpha_2, D_j)$	…	$\lambda(\alpha_2, D_L)$
…	…	…	…	…	…	…
α_a	$\lambda(\alpha_a, D_1)$	$\lambda(\alpha_a, D_2)$	…	$\lambda(\alpha_a, D_j)$	…	$\lambda(\alpha_a, D_L)$

当引入损失的概念后，就不能只根据后验概率的大小来做决策，还必须考虑所采取的决策是否使损失最小。对于给定的 x，如果我们采用决策 α_i，则对状态类 D_j 来说，将 α_i 误判给 $D_1, \cdots, D_{(j-1)}, D_{(j+1)}, \cdots, D_L$ 所造成的平均损失应为在采用决策 α_i 情况下的条件期望损失 $R(\alpha_i/x)$，即：

$$R(\alpha_i/x) = E[\lambda(\alpha_i, D_j)] = \sum_{j=1}^{L}\lambda(\alpha_i, D_j)P(D_j/x) \qquad (i=1,2,\cdots,a) \tag{3-6}$$

在决策论中又把采取决策 α_i 的条件期望损失 $R(\alpha_i/x)$ 称为条件风险。由于 x 是随机向量的观测值，对于 x 不同的观测值，采用决策 α_i 时，其条件风险的大小是不同的。所以究竟采取哪一种决策将随 x 的取值而定。这样决策 α 可看成随机向量 x 的函数，记为 $\alpha(x)$，它本身也是一个随机变量。我们可以定义识别分类器的总期望风险 R 为：

$$R = \sum_{i=1}^{L}\int R(\alpha_i/x)P(x)\mathrm{d}x \tag{3-7}$$

式中 dx 是 d 维特征空间的体积元。积分是在整个特征空间进行。

在考虑误判带来的损失时，我们希望损失最小。如果在采取每一个决策或行为时，都使其条件风险最小，则对所有的 x 做出决策时，其总期望风险也必然最小。这样的决策就是最小风险贝叶斯决策。最小风险贝叶斯决策规则为：

如果
$$R(\alpha_k/x) = \min_{i=1,2,\cdots a} R(\alpha_i/x) \tag{3-8}$$
则
$$\alpha = \alpha_k$$

例 3.4　在例 3.3 条件的基础上，利用决策表按最小风险贝叶斯决策进行分类。已知 $P(D_1)=0.9, P(D_2)=0.1, P(x/D_1)=0.2, P(x/D_2)=0.4, \lambda(\alpha_1, D_1)=0, \lambda(\alpha_1, D_2)=6, \lambda(\alpha_2, D_1)=1, \lambda(\alpha_2, D_2)=0$。

解：由例 3.3 的计算结果可知后验概率为 $P(D_1/x)=0.818, P(D_2/x)=0.182$；

再按(3-8)式计算出条件风险：

$$R(\alpha_1/x) = E[\lambda(\alpha_1, D_j)] = \sum_{j=1}^{2}\lambda(\alpha_1, D_j)P(D_j/x) = \lambda(\alpha_1, D_1)P(D_1/x) + \lambda(\alpha_1, D_2)P(D_2/x)$$
$$= 0\times 0.818 + 6\times 0.182 = 1.092$$

$$R(\alpha_2/x) = E[\lambda(\alpha_2, D_j)] = \sum_{j=1}^{2}\lambda(\alpha_2, D_j)P(D_j/x) = \lambda(\alpha_2, D_1)P(D_1/x) + \lambda(\alpha_2, D_2)P(D_2/x)$$
$$= 1\times 0.818 + 0\times 0.182 = 0.818$$

由于 $R(\alpha_1/x) > R(\alpha_2/x)$，即决策为 D_2 的条件风险小于决策为 D_1 的条件风险，因此采用决策行为 α_2。即判断待检的设备状态为 D_2 类异常状态。

本例的结果恰与例 3.3 相反,这是因为这里影响决策结果的因素又多了一个“损失”。由于两类错误决策所造成的损失相差很大,因此“损失”起了主导作用。

除了上述两类决策判据之外,还可采用纽曼—皮尔逊(Neyman-Pearson)决策判据。最小错误率贝叶斯决策是使漏检概率和谎报概率这两类错误率之和为最小的判别决策,而纽曼—皮尔逊决策是在限定一类错误率的条件下使另一类错误率为最小的两类判别决策。例如在机械设备和结构故障诊断中,常常希望使漏检概率很小,在这种条件下要求谎报概率尽可能地小。它可以用求条件极值的拉格朗日(Lagnnge)乘子法来解决。纽曼—皮尔逊决策规则与最小错误率贝叶斯决策规则都是以似然比为基础的,所不同的只是前者用的阈值是拉格朗日乘子,而后者用的阈值是先验概率之比。

第二节　时间序列法

间时序列分析(TSA)为统计数学的一个重要分支,时间序列(Time Series)是以等间隔采样连续信号 $x(t)$所得到的离散序列数据 $x_1,\cdots,x_i,\cdots,x_N$,简记为$\{x_i\}$,处理和分析这种数据序列的统计数学方法就称为时间序列分析。时间序列可以包括随机过程 $X(t)$的随机序列,也可以包括按时间顺序或空间顺序或其他物理量顺序排列的数据,数据的排列顺序及其大小蕴含着客观事物及其变化的信息,表现着变化的动态过程,具有外延特性,因此,时间序列有时也称为“动态数据”。

时间序列分析分为时域分析和频域分析,前者是通过序列的相关分析建立和获得序列的统计特性规律;后者是通过序列的离散傅里叶变换进行的现代谱分析。

时间序列分析的特点是根据观测数据和建模方法建立动态参数模型,利用该模型可进行动态系统及过程的模拟、分析、预报和控制。按照参数形式的不同,可分为:自回归(AR)模型、滑动平均(MA)模型和自回归—滑动平均($ARMA$)混合模型。

一、参数模型的定义

(一)回归模型

表示观测值 y_t 对另一组观测值$(x_{1t},x_{2t},\cdots,x_{rt})$的相关性的回归模型为:

$$y_t = \beta_1 x_{1t} + \beta_2 x_{2t} + \cdots + \beta_r x_{rt} + \varepsilon_t \tag{3-9}$$

回归模型将随机变量 y_t 分解成两个部分,其一是因变量$(x_{1t},x_{2t},\cdots,x_{rt})$,它代表某些已知的可变化因素;另一部分是残差 ε_t,这是由随机因素及测量误差产生的,通常假定$\{\varepsilon_t\}$是零均值的独立序列,与前一部分相互独立。

(二)自回归模型 *AR*(n)

通过测量并经 A/D 变换获得一组随机信号的时间序列$\{x_t\}$,$t=1,2,\cdots,n$,参照回归模型并做一定修改得到一类新的线性模型:

$$x_t = \phi_1 x_{t-1} + \phi_2 x_{t-2} + \cdots + \phi_n x_{t-n} + \alpha_t \tag{3-10}$$

模型式(3-9)和式(3-10)形式上非常相似,后者是前者的推广,但存在本质的差异,在统计回归模型中,因变量$(x_{1t},x_{2t},\cdots,x_{rt})$是确定因素,$y(t)$的统计性质由$\{\varepsilon_t\}$来确定,因此,所描述的数据序列彼此间是相互独立的,它们都是同一总体的不同次独立随机抽样值,因此回归模型是一种静态数据模型。自回归模型中,x_t 和 x_{t-1}、x_{t-2}、$\cdots$、x_{t-n}同属于时间序列$\{x_t\}$,是序列中不同时刻的取值,它们彼此间有一定的相互关系,因此是一种动态数据模型。由于模型式

(3-10)描述的是输出序列$\{x_t\}$本身某一时刻的取值和前 n 个时刻取值之间的相互关系,故称此模型为 n 阶自回归模型,记为 $AR(n)$。模型中 $\phi_i(i=1,2,\cdots,n)$为自回归系数,表示各时刻取值对输出 x_t 的影响程度,$\{\alpha_t\}$是输入白噪声序列。

(三)滑动平均模型 *MA*(m)

当只考虑不同时刻的输入白噪声 α_t、α_{t-1}、α_{t-2}、…、α_{t-m}对观测值的影响时,与 $AR(n)$模型有类似的新的线性模型。

$$x_t = \alpha_t - \theta_1\alpha_{t-1} - \theta_2\alpha_{t-2} - \cdots - \theta_m\alpha_{t-m} \tag{3-11}$$

所描述的是序列$\{x_t\}$某一时刻观测值和前 m 个时刻的输入白噪声α_{t-1}、α_{t-2}、…、α_{t-m}之间的相互关系,称为 m 阶滑动平均模型,记作 $MA(m)$。其中 $\theta_j(j=1,2,\cdots,m)$为滑动平均系数,它表示前 m 个时刻输入的白噪声 α_{t-j}对输出观测值 x_t 的影响程度。

(四)自回归——滑动平均模型 *ARMA*(n,m)

对一个平稳的随机序列,若对输出$\{x_t\}$作自回归模型模拟,残差序列$\{\alpha_t\}$不符合上述假定,即$\{\alpha_t\}$不是白噪声,则是不合适的。此时,常用下列更广泛的线性模型来描述,即:

$$x_t - \phi_1 x_{t-1} - \phi_2 x_{t-2} - \cdots - \phi_n x_{t-n} = \alpha_t - \theta_1\alpha_{t-1} - \theta_2\alpha_{t-2} - \cdots - \theta_m\alpha_{t-m} \tag{3-12}$$

若 B^k 表示 k 步线性后移算子,即:$B^k x_t = x_{t-k}$,$B^k\alpha_t=\alpha_{t-k}$,$B^k c = c$(c 为常数);并令:

$$\begin{cases}\phi(B) = 1 - \phi_1 B - \phi_2 B^2 - \cdots - \phi_n B^n \\ \theta(B) = 1 + \theta_1 B + \theta_2 B^2 + \cdots + \theta_m B^m\end{cases} \tag{3-13}$$

于是式(3-12)可写为:

$$x_t = \phi^{-1}(B)\theta(B)\alpha_t \tag{3-14}$$

把 $\phi(B)$和 $\theta(B)$作为算子 B 的多项式,通常假定它们之间不出现公共因子。对于随机 $ARMA(n,m)$模型,其基本假设是,假设系统的输入$\{\alpha_t\}$是均值为 0,方差为 σ_a^2 的白噪声序列。

模型式(3-12)、式(3-14)中,用线性差分方程描述了输出$\{x_t\}$和输入$\{\alpha_t\}$两个序列不同时刻之间的线性关系,因此是一种线性时序模型,称为 n 阶自回归 m 阶滑动平均混合模型,记为 $ARMA(n,m)$。它具有普遍性,若 $n=0$,则 $ARMA(n,m)$成为滑动平均模型 $MA(m)$;若 $m=0$,则 $ARMA(n,m)$成为自回归模型 $AR(n)$;若 $n=m=0$,则模型式退化为 $x_t=\alpha_t$,即输出$\{x_t\}$为白噪声序列。

二、建模

建模是指对观测时序拟合出适用的 $AR(n)$或 $ARMA(n,m)$模型,其主要内容是数据的采集与预处理、模型参数估计和模型阶数的确定。

(一)数据的采集与预处理

对连续信号进行采样,获得时间序列$\{x_t\}$。采样频率应等于或大于信号中需要分析或有关最高频率的两倍。获得的$\{x_t\}$应进行平稳性检验和零均值处理等。

(二)参数估计

这是建模的关键,即要估计出 $AR(n)$模型中的 $\phi_i(i=1,\cdots,n)$。常用的方法有最小二乘估计、U-C 法估计、Marple 法估计和 Levinson 法估计等。它们在估计精度、速度、需用计算机内存大小等方面各不相同。对于 $ARMA(n,m)$模型的参数估计比较复杂,必须采用非线性回归方法。常用的有长回归计算残差法和先后估计法。

(三)模型的定阶

常用的方法有:

1.经验定阶法

根据 n 值,由经验可初定 m 的大小,如表 3-2 所示。

由经验试定模型的阶数 表 3-2

n	m	n	m
20~50	$n/2$	100~200	$2n/\ln 2n$
50~100	$n/3 \sim n/2$		

2.对 $AR(n)$模型可用 FPE 准则

FPE 值最小时的 n 即为适用的模型阶数。

$$FPE(n) = \frac{(N+n)}{(N-n)}\sigma_a^2 \tag{3-15}$$

式中:N——样本长度;

σ_a^2——模型的残差方差。

3. AIC 准则

对 $AR(n)$和 $ARMA(n,m)$模型均适用。对应于 AIC 最小值的模型阶次可认为是理想的模型阶次。

$$AIC = N\ln\sigma_a^2 + 2(m+n+1) \tag{3-16}$$

其他还有 BIC 准则、序列相关性准则和 F—准则等。实用中为保证定阶准确,常同时试用多个准则定阶。

4.常用的建模过程

建模过程如图 3-3 所示,先按定阶准则建立适用的 $ARMA(n,n-1)$模型,因为它比 ARMA

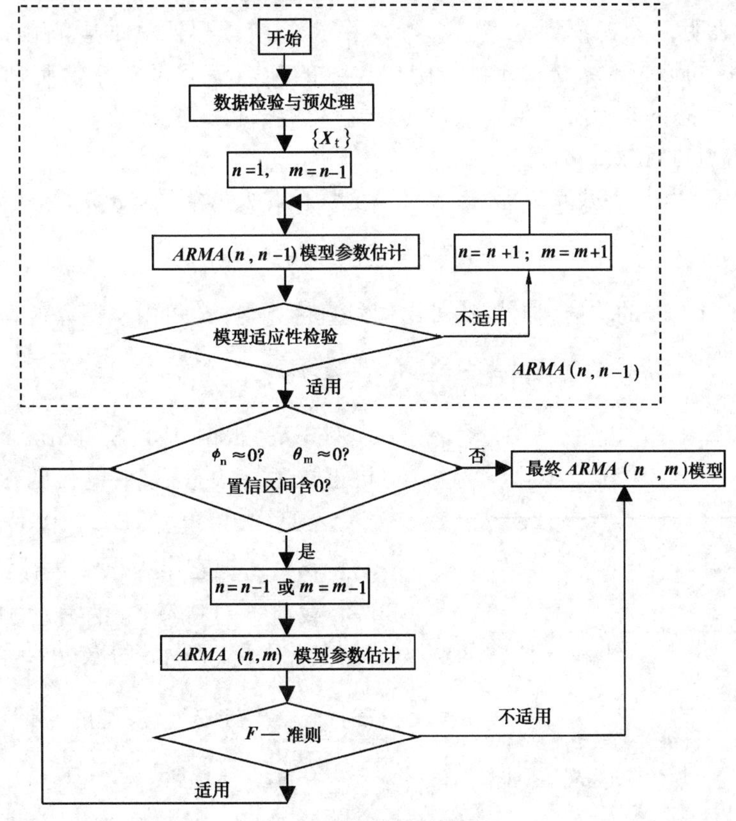

图 3-3 ARMA 模型建模过程

(n,m)简单。模型进行动态数据拟合时可取 n 的增量为 2，即 $ARMA(2n,2n-1)$，从低到高，最后选合适阶次的模型。然后可以进一步寻找更合适的 $ARMA(n,m)$模型($m \leqslant n+1$)。在机械设备诊断中，一般常用 $AR(n)$模型或 $ARMA(n,n-1)$模型。

三、时间序列法在故障诊断中的应用

(一)根据模型参数进行故障诊断

建立 $ARMA(n,m)$模型所用观测时序$\{x_t\}$蕴含着系统特性与系统工作状态的所有信息，因而基于$\{x_t\}$按某一方法估计出来的$(n+m+1)$个模型参数 $\phi_1,\phi_2,\cdots,\phi_n;\theta_1,\theta_2,\cdots,\theta_m$ 和 σ_a^2 中也必然蕴含着这些信息，这正是所有参数模型的一个最大的特点，即将大量数据所蕴含的信息凝聚成为少数若干个模型参数。可依据模型参数，特别是直接根据 ϕ_1,ϕ_2 进行系统的故障诊断。

例 3.5 为在线监控金属切削过程颤振的发生与发展，在车床尾架顶尖处测取振动加速度信号，根据加速度时序建立 AR 模型，在远离颤振时，每隔 3.6s 采样一次，建模一次，而在临近颤振发生时，每隔 0.9s 采样一次，建模一次，图 3-4 示出了颤振从无到有这一发展过程 AR 模型参数ϕ_1 的变化规律。由图可见，在远离颤振以前的 4 次采样间隔的时间 14.4s 内，ϕ_1 变化平坦；在第 4 次采样后颤振即将发生，ϕ_1 急剧增大，然后维持较大的数值。根据这种急剧增大的趋势，可建立报警限信号，以便采取控制措施，大量试验表明，$AR(2)$模型的第二个参数 ϕ_2 对系统阻尼比 ξ 的影响较大，而 ϕ_1 的影响则小得多。因此，可以把对系统稳定性按阻尼比 ξ 的判别转变为按ϕ_2 值判别，即当待检状态的 $\phi_{2.T}$接近参考状态的某上临界值 $\phi_{2.R}$时，颤振有可能即将发生。

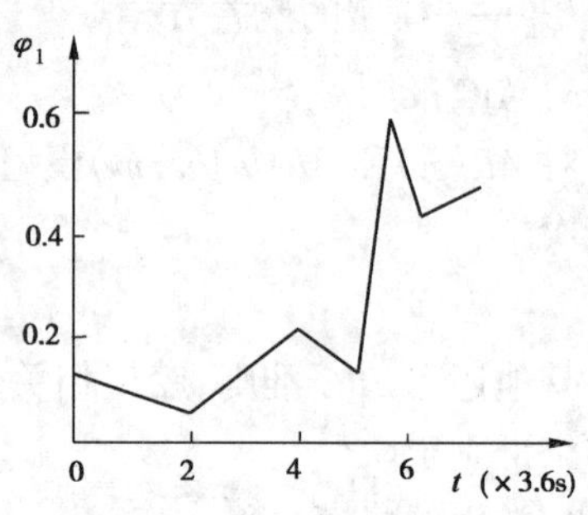

图 3-4 切削颤振识别的 ϕ_1 直接法

(二)根据方差进行故障诊断

信号的方差 σ_x^2 和模型残差方差 σ_a^2 含有系统状态的大量信息。σ_x^2 的算式为：

$$\sigma^2=\frac{1}{N}\sum_{t=1}^{N}(x_t-\overline{x})^2 \tag{3-17}$$

其中 $\overline{x}$ 是的序$\{x_t\}$的均值，显然 σ_x^2 可由信号直接算得；σ_a^2 可由模型算得，其算式为：

$$\sigma_a^2=\mathrm{v}_{ar}[\alpha_t]=\frac{1}{N}\sum_{t=n+1}^{N}(x_t-\sum_{i=1}^{n}\phi_i x_{t-i}+\sum_{j=1}^{m}\theta_j\alpha_{t-j})^2 \tag{3-18}$$

例 3.6 根据 σ_a^2 诊断电机转子质量偏心。在电机正常运行状态下，对电机的振动加速度信号建立 $ARMA(2,1)$模型，$x_t=1.96x_{t-1}-0.93x_{t-2}+\alpha_t+0.69\alpha_{t-1}$，把它作为正常状态参考模型。在不同偏心载荷下对持续 5s 的振动加速度信号采集 100 个数据，按式(3-17)计算出这 100 个数据对于正常状态 $ARMA(2,1)$模型的残差方差 $\sigma_a^2=\frac{1}{100}\sum_{t=3}^{100}(x_t-1.96x_{t-1}+0.93x_{t-2}-0.96\alpha_{t-1})^2$，并做出 σ_a^2 的点图，如图 3-5 所示。图中 $\overline{\sigma_a^2}$ 是电机正常运行

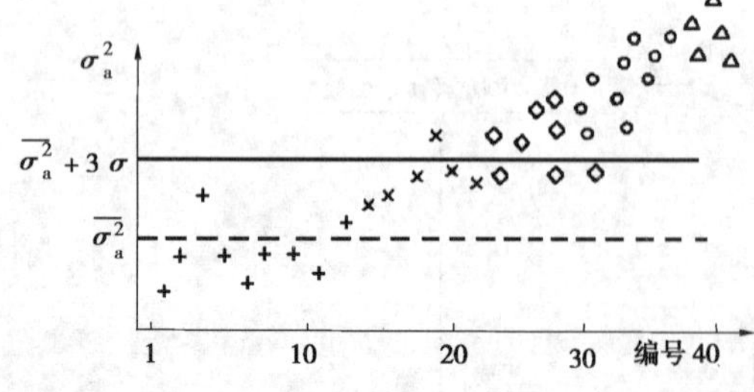

图 3-5 根据 σ_a^2 诊断电机转子质量偏心

+偏心质量 0g；×偏心质量 9.1g；◇偏心质量 27.2g；○偏心质量 45.2g；△偏心质量 90.7g

时 σ_a^2 的均值,$\overline{\sigma_a^2}+3\sigma$ 是 σ_a^2 的上限,横坐标是按偏心质量的大小对电机状态的编号。由图可见,偏心质量越大,σ_a^2 也越大,从而可根据待检信号算得的 σ_a^2 判断电机偏心质量的大小。

第三节　灰色系统法

一、概述

灰色系统理论是我国学者邓聚龙教授于1982年首先提出的。灰色系统是指系统的部分信息已知,部分信息未知的系统;区分白色系统与灰色系统的重要标志是系统各因素之间是否具有确定的关系。当各因素之间存在明确的映射关系时,就是白色系统;否则就是灰色系统或一无所知的黑色系统。灰色系统理论是控制论的观点和方法的延拓,它是从系统的角度出发,按某种逻辑推理和理性认识来研究信息间的关系。例如,一台运行的设备实际上是一个复杂的灰色系统,这个系统有的信息清楚,有的信息知之不准或不可能知道。故障诊断就是利用已知的有限信息去揭示未知信息系统的特性、状态和发展趋势,并对未来作出预测、决策和控制。因此,灰色故障诊断从灰色系统理论来看,实质上是对一个灰色系统白化的过程。系统的白化就是找出与反映系统内部联系的现象和因素等对应的某种特征量,并将其量化;然后通过信息处理、分析和系统建模,寻找其量化关系和规律;进而对未来的发展作出定量的预测、决策与控制。白化过程就是一个系统动态过程发展态势的量化比较分析。

灰色系统理论的主要内容包括灰色系统分析、灰色系统建模、灰色系统预测、灰色系统决策和灰色系统控制等问题。该理论在社会、经济、农业、生态等领域中已得到应用,并取得了明显的成果。在灰色系统理论中灰色预测、关联度分析、灰色统计、灰色聚类和灰色决策都可能成为设备故障诊断的有力工具。

二、灰色模型关联分析诊断法

设系统要建立的故障标准模式特征向量的个数,即要诊断的故障种类数为 m,每种标准模式特征向量中所包含的元素个数为 n,则可建立相应的故障标准模式特征向量矩阵:

$$X_R=\begin{bmatrix}x_{r1}\\x_{r2}\\\vdots\\x_{rm}\end{bmatrix}=\begin{bmatrix}x_{r1}(1) & x_{r1}(2) & \cdots & x_{r1}(n)\\x_{r2}(1) & x_{r2}(2) & \cdots & x_{r2}(n)\\\vdots & \vdots & \vdots & \vdots\\x_{rm}(1) & x_{rm}(2) & \cdots & x_{rm}(n)\end{bmatrix} \tag{3-19}$$

设实测信号的待检特征向量为: $$y_T=[y_t(1),y_t(2),\cdots,y_t(n)] \tag{3-20}$$

现研究待检特征向量 y_T 与标准特征向量矩阵 x_R 的关联程度。

现定义待检特征向量 y_T 与标准特征向量矩阵 x_R 中各标准模式特征向量对应的元素的最小绝对差值为:

$$\Delta_{min}=\min_{1\leqslant i\leqslant m}[\min_{1\leqslant j\leqslant n}|y_t(j)-x_{ri}(j)|] \tag{3-21}$$

$$i=1,2,\cdots,m;j=1,2,\cdots,n$$

相应的最大绝对差值为: $$\Delta_{max}=\max_{1\leqslant i\leqslant m}[\max_{1\leqslant j\leqslant n}|y_t(j)-x_{ri}(j)|] \tag{3-22}$$

则待检特征向量 y_T 与标准特征向量矩阵 x_R 在 k 点的关联度系数 $\xi_{ij}(k)$ 的表达式为：

$$\xi_{ij}(k) = \frac{\Delta_{min} + \rho\Delta_{max}}{|y_t(j) - x_{ri}(j)| + \rho\Delta_{max}} \tag{3-23}$$

$$i = 1,2,\cdots,m; j = 1,2,\cdots,n$$

式中 ρ 为分辨系数，满足$(0<\rho<1)$，是可事先确定的常数，一般取 $\rho=0.5$。

相应的关联度为：

$$r_i = \frac{1}{n}\sum_{k=1}^{n}\xi_{ij}(k) \tag{3-24}$$

$$i=1,2,\cdots,m; j=1,2,\cdots,n$$

从而可得关联度序列$[R]=[r_1,r_2,\cdots,r_m]$。用 r_i 值对系统进行故障诊断时，采用优势分析的思想，即将关联度序列从大到小依次排列，得到 $r_s>r_h>\ r_p$；式中 s,h,p 分别为$\{1,m\}$中某个自然数，这也体现了待检模式 y_T 与标准模式 s,h,p 的特征向量的关联程度从大到小的排列次序，从而提供了待检信号的故障模式划归为标准故障模式的可能性大小的次序。也就是说，当待检模式序列和某一标准故障模式序列关联度最大时，则可认为待检模式属于相应的标准模式，从而达到对模式的真正分类识别。鉴于不同特征参数对机器运行状态影响程度的不同，对每个特征参数赋与不同的权数 $\omega(k)$，则

$$r_i = \frac{1}{n}\sum_{k=1}^{n}\omega(k)\xi_{ij}(k) \tag{3-25}$$

$$i=1,2,\cdots,m; j=1,2,\cdots,n$$

式中 $\omega(k)$ 为针对第 k 个特征参数在机器诊断评判中的影响程度而定的百分比，要求 $\sum_k\omega(k)=1$。有关权数的确定允许其有一定的弹性，可凭工程实际诊断的应用情况来选择和调整。

第四节　模糊诊断法

模糊数学能够处理各种边界不明的模糊集合的数量关系。由于在机械设备故障分析中，常常出现许多异常征状与故障程度之间边界不明的模糊关系，例如振动“太大”与“严重”故障，泄漏“严重”与“恶性”事故等。因而引入模糊数学分析方法，是符合事物本质的。

在复杂机械系统中可能出现的各种故障，由于故障原因和它们所引起的相应症状之间的相互关系，一般没有明确的规律可循，也就很难甚至不可能用精确的数学模型来描述。然而，模糊数学分析法可将各种故障及其症状视为两类不同的模糊集合，它们之间的关系能够用一个模糊关系矩阵来描述。那么，两个模糊集合中子集合之间的相互关系就可以映射来确定。实际应用表明，在复杂机械系统故障分析中，模糊数学分析法是有效的，为机械状态分类与故障识别提供了一种新的分析方法。

一、模糊数学基本知识

(一)从属函数与模糊子集

模糊子集概念是美国学者扎德(L.A.Zadeh)在1965年首先提出的，它是传统集合论的引伸和发展。对于模糊集合就不能用特征函数来描述，而只能说某事件从属于该集合的程度。如果用A表示“喷油压力较低”集合，考察四个喷油压力值：$x_1=8.0$MPa，$x_2=10.0$MPa，$x_3=12.0$MPa，$x_4=15.0$MPa，以 $\mu\underset{\sim}{A}(x_i)(i=1,2,3,4)$表示某一压力值属于集合 $\underset{\sim}{A}$ 的程度，并可直观地给出：$\mu\underset{\sim}{A}(x_1)=1$，$\mu\underset{\sim}{A}(x_2)=0.5$，$\mu\underset{\sim}{A}(x_3)=0.3$，$\mu\underset{\sim}{A}(x_4)=0$，显然，用 A 就刻画了“喷油压

力较低”这一模糊子集。这样，称 $\mu\underset{\sim}{A}$ 为从属函数，称 $\underset{\sim}{A}$ 为在论域喷油压力 U 上的一个模糊子集。$\mu\underset{\sim}{A}(x)$ 叫做 x 对 $\underset{\sim}{A}$ 的从属度，它满足 $0\leqslant\mu\underset{\sim}{A}(x)\leqslant1$。一般如图 3-6 所示。如果论域 U 是有限集，可用向量来表示模糊子集 $\underset{\sim}{A}$ 的从属度。

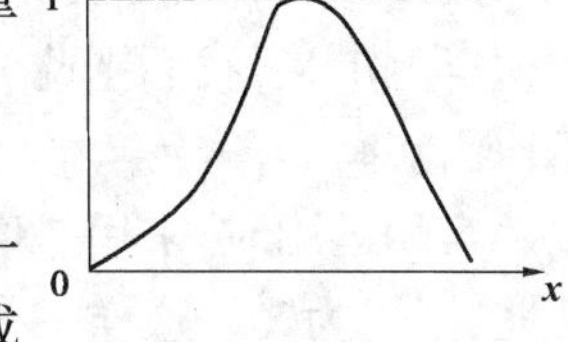

图 3-6 从属函数 $\mu\underset{\sim}{A}$

（二）模糊关系与模糊矩阵

设有两个集合 A 和 B，我们从 A 中取一个元素 a，又在 B 中取一个元素 b，把它们搭配起来成为 (a,b)，这叫做“序偶”，所有序偶构成一个新的集合 $A\times B$ 称为集合 A 与 B 的直积。比如：$A=\{1,2,3\}$；$B=\{4,5\}$ 则直积 $A\times B$ 为：$A\times B=\{(1,4),(1,5),(2,4),(2,5),(3,4),(3,5)\}$

直积 $A\times B$ 亦称“笛卡尔积”，一般来说 $(a,b)\neq(b,a)$。

定义：设有两个集合 A 和 B，则直积 $A\times B$ 为：$A\times B=\{(a,b)\mid a\in A,b\in B\}$，直积 $A\times B$ 的一个子集 R 叫做 $A\times B$ 的二元关系，推广到模糊集合中即为模糊关系。

定义：所谓 A，B 集合的直积 $A\times B=\{(a,b)\mid a\in A,b\in B\}$ 中的一个模糊关系 $\underset{\sim}{R}$，是指以 $A\times B$ 为论域的一个模糊子集，序偶 (a,b) 的从属度为 $\mu\underset{\sim}{R}(a,b)$。

若论域 $A\times B$ 为有限集时，则模糊关系 $\underset{\sim}{R}$ 可以用矩阵来表示，并称之为模糊矩阵 $\underset{\sim}{R}$，并记：

$$\underset{\sim}{R}=\begin{bmatrix} r_{11} & r_{12} & \cdots & r_{1n} \\ r_{21} & r_{22} & \cdots & r_{2n} \\ \vdots & \vdots & \vdots & \vdots \\ r_{m1} & r_{m2} & \cdots & r_{mn} \end{bmatrix}=(r_{ij})_{m\times n} \tag{3-26}$$

$$0\leqslant r_{ij}\leqslant1,1\leqslant i\leqslant m,1\leqslant j\leqslant n$$

在模糊诊断中，模糊矩阵 $\underset{\sim}{R}$ 是 $m\times n$ 维矩阵，其中行表示故障征兆，列表示故障原因，矩阵元素 r_{ij} 表示第 i 种征兆 x_i 对第 j 种原因 y_j 的隶属度，即 $r_{ij}=\mu\underset{\sim}{j}(x_i)$。模糊诊断矩阵 $\underset{\sim}{R}$ 的构造，需要以大量现场实际运行数据为基础，其精度高低，主要取决于所依据的观测数据的准确性及丰富程度。

例 3.7 某种柴油机“负荷转速不足”的五个主要原因是：y_1（气门弹簧断），y_2（喷油头积炭堵孔），y_3（机油管破裂），y_4（喷油过迟），y_5（喷油泵驱动键滚键）。六个征兆分别为：x_1（排气过热），x_2（振动），x_3（扭矩急降），x_4（机油压过低），x_5（机油耗量大），x_6（转速上不去）。

根据柴油机的经验资料和机理分析，确定每一征兆 x_i 分别对应每个原因 y_j 的隶属度 $r_{ij}=\mu\underset{\sim}{y_j}(x_i)$ $(i=1,2,\cdots,6;j=1,2,\cdots,5)$，由此得出模糊诊断矩阵 $\underset{\sim}{R}$ 如表 3-3 所示。

柴油机故障的模糊关系 表 3-3

征兆 \ 原因	气门弹簧断 y_1	喷油头积炭堵孔 y_2	机油管破裂 y_3	喷油过迟 y_4	喷油泵驱动键滚键 y_5
排气过热 x_1	0.6	0.4	0	0.98	0
振　　动 x_2	0.8	0.98	0.3	0	0
扭矩急降 x_3	0.95	0	0.8	0.3	0.98
机油压过低 x_4	0	0	0.98	0	0
机油耗量大 x_5	0	0	0.9	0	0
转速上不去 x_6	0.3	0.6	0.9	0.98	0.95

二、模糊诊断方法

定义 某类故障发生时共有 n 种症状（征兆），则在 n 维欧氏空间中即可组成有 n 个轴的坐标系。当第 i 征兆($i=1,2,\cdots,n$)存在时。对应的坐标值为 1,而第 i 征兆不存在时,坐标值为 0,这样每一个"征兆群"就对应着 n 维空间中的一个点。称此 n 维空间为征兆群空间。

定义 某种故障征兆的出现,可能由 m 种故障原因 $A_j(j=1,2,\cdots,m)$独立或同时起作用,类似以上定义,我们把此 m 个"故障原因群"看作是 m 维空间中的一个点,称此 m 维空间为故障原因空间。

实际运用时,采用二值逻辑来记录故障征兆的有无。若"有"某征兆,则记为"1";若"无"此征兆,则记为"0",这样一来,我们所考虑的故障诊断便化成一个由 1 或 0 构成的一个关系矩阵。

例如,我们考虑只有三个征兆的情况,于是就在三维空间里建立了三维直角坐标,总共有 $2^3=8$ 个征兆群,分别对应着三维空间的八个点,亦即(0,0,0),(0,0,1),(0,1,0),(0,1,1),(1,0,0),(1,0,1),(1,1,0)和(1,1,1)。这些点分别以 $x_1,x_2,\cdots,x_8$ 表示。

在有 n 个征兆的情况下,总数为 2^n 个点的集合,用 $X=\{x_i\}$,$i=1,2,\cdots,2^n$ 表示 m 个故障的原因,肯定会与 2^n 个"征兆群"中某些"征兆群"相对应,因此 X 可作为我们考虑的论域。当把故障原因 A_j 看成论域 X 的模糊子集时,故障诊断问题就是确定 X 的某个元素 x_i 以多大程度隶属于哪个模糊子集的问题,其中 $i=1,2,\cdots,2^n$。

现假定在论域 X 上划出了 m 个模糊子集($\underset{\sim}{A_1},\underset{\sim}{A_2},\cdots,\underset{\sim}{A_m}$),显然对任意$\underset{\sim}{A_j}$有$\underset{\sim}{A_j}\in X$,$j=1,2,\cdots m$。我们以 $\mu\underset{\sim}{A_j}(x_i)$表示 x_i 隶属于$\underset{\sim}{A_j}$的隶属度,亦即某征兆群 x_i 属于某种故障$\underset{\sim}{A_j}$的可能性。求出这些可能性的最大值,即得到了诊断结果。

下面讨论怎样得到 $\mu\underset{\sim}{A_j}(x_i)$。为此,我们先确定一个对故障原因(或病症)的"标准症状群" x_0^j,亦即中所具有的诸症状是病症$\underset{\sim}{A_j}$中最典型的症状,故有

$$\mu\underset{\sim}{A_j}(x_0^j)=\max\mu\underset{\sim}{A_j}(x_i) \tag{3-27}$$

$$1\leqslant i\leqslant 2^n;j=1,2,\cdots,m$$

其次,我们定义标准积分:
$$P_{\underset{\sim}{A_j}}^0=\sum_{r=1}^{p}a_r c_r \tag{3-28}$$

其中 $c_1,c_2,\cdots,c_p$ 是所具有的标准症状群,也就是第 j 种病症(故障原因)$\underset{\sim}{A_j}$所具有的最标准的症状群。上式中,c_r 均取 1($r=1,2,\cdots,p$),而 $a_1,a_2,\cdots,a_p$ 是相应的 c_r 的权系数。

然后,我们再定义实际积分:$\underset{\sim}{P_{A_j}}$:
$$P_{\underset{\sim}{A_j}}=\sum_{r=1}^{p}a'_r c'_r \tag{3-29}$$

$\underset{\sim}{P_{A_j}}$表示相应于某一给定的的加权求和,式中是 x_i 所具有症状,在上式中均取 1($r=1,2,\cdots,q$)。而 $a'_1,a'_2,\cdots,a'_q$ 是相应各症状的权系数,当 a'_r 所对应的症状能够在 x_0^j 中找到一个与它具有相同含义的症状时,则 a'_r 取 a_r 的值。反之,即 x_i 具有 x_0^j 中所没有的症状时,则 a'_r 取 0 或负值。负值表示具有否定作用的特异鉴别症状。

最后,可由 $\underset{\sim}{P_{A_j}^0}$和 $\underset{\sim}{P_{A_j}}$确定隶属度:

$$\mu\underset{\sim}{A_j}(x_i)=\begin{cases}0, & \underset{\sim}{P_{A_j}}<0\\ \dfrac{\underset{\sim}{P_{A_j}}}{\underset{\sim}{P_{A_j}^0}}, & \underset{\sim}{P_{A_j}}\geqslant 0\end{cases} \tag{3-30}$$

隶属度 $\mu\underset{\sim}{A_j}(x_i)$表示"故障症状群" x_i 属于某个故障$\underset{\sim}{A_j}$的可能性,所以诊断结论主要是比较所有的值。其中,隶属度最大者对应的故障原因就是选择的结果。由于 $\mu\underset{\sim}{A_j}(x_i)$在[0,1]闭区间内取值,所以若存在$\max\{\mu\underset{\sim}{A_j}(x_i)\}=\mu\underset{\sim}{A_j}(x_j^0)=1\quad 1\leqslant i\leqslant 2^n;j=1,2,\cdots,m$,则$\underset{\sim}{A_j}$就是诊断

结论；若 $\max\{\mu A_j(x_i)\}\neq 1$，一般取隶属度最大者所对应的故障原因作为诊断的结论。或者先根据经验确定一个阈值 λ，在 $\mu A_j(x_i)>\lambda$ 中选最大的作为结论。

模糊诊断是一种颇有前途的诊断方法，它采用多因素诊断，模拟了人类的思维方法，但隶属函数的确定具有一定难度，其精度的高低取决于统计资料的准确性和丰富程度以及专家的实际经验。

第五节 故障树分析法

一、故障树分析的基本概念

（一）概述

故障树分析（FTA，Fault Tree Analysis）不仅是可靠性设计的一种有效方法，也是故障诊断技术的一种有方法。故障树分析是一种针对某个特定的不希望事件的演绎推理分析，是一种将系统故障形成的原因进行由总体至部件按树枝状逐级细化的分析方法。

在故障树分析中，一般是把所研究系统最不希望发生的故障状态作为辨识和估计的目标，这个最不希望发生的系统故障事件称为顶事件也称终端事件；然后在一定的环境与工作条件下，首先找出导致顶事件发生的必要和充分的直接原因，这些原因可能是部件中硬件失效、人为差错、环境因素以及其他有关事件等因素，把它们作为第二级。依次再找出导致第二级故障事件发生的直接因素为第三级，如此逐级展开，一直追溯到那些不能再展开或毋需再深究的最基本的故障事件为止。这些不能再展开或不需再深究的最基本的故障事件称为底事件（也称初始事件）；而介于顶事件和底事件之间的其他故障事件称为中间事件。把顶事件、中间事件和底事件用适当的逻辑门自上而下逐级连接起来所构成的逻辑结构图就是故障树。下面较低一级的事件是门的输入，上面较高一级的事件是门的输出。

故障树分析在工程上的应用主要是：在设计中，应用 FTA 可以帮助设计者弄清系统的故障模式和成功模式；预测系统的安全性和可靠性，评价系统的风险；衡量元、部件对系统的危害度和重要度，找出系统或设备的薄弱环节，以便在设计中采取相应的改进措施；通过故障树模拟分析，可实现系统优化。在管理和维修中可进行事故分析和系统故障分析；制定故障诊断和检修流程，寻找故障检测最佳部位和分析故障原因；完善使用方法，判定维修决策，以便采取有效的维修措施，切实预防故障的发生。

故障树分析法具有以下特点：

(1)直观、形象

故障树以清晰的图形把系统的故障与其成因（直接的、间接的、硬件的、环境的和人为的）形象地表现为故障因果链和故障谱。

(2)灵活、方便

故障树既可用来分析系统硬件（部件、零件）本身固有原因在规定的工作条件所造成的初级故障事件；还可考虑由于错误指令而引起的指令性故障事件。即：可以反映系统内外因素、环境及人为因素的作用。对没有参与系统设计与试制的管理和维修人员来说，可作为使用管理、维修和培训的指导性技术指南。

(3)通用、可算

故障树具有广泛的通用性、不仅可用于可靠性分析、安全性分析和风险分析等工程技术方面,也开始用于社会经济的管理问题。

故障树不仅可进行定性分析,又可进行定量计算分析,并可应用电子计算机进行辅助建树计算。现已开发了大量相应的计算机程序,有效地提高了复杂系统故障树的效率,并已成功地用于故障监测与诊断专家系统知识库的建造。

故障树分析法的缺点主要是复杂系统的建树工作量大,数据收集困难,并且要求分析人员对所研究的对象必须有透彻的了解,具有比较丰富的设计和运行经验以及较高的知识水平和严密清晰的逻辑思维能力;否则,在建树过程中易导致错漏和脱节;大型复杂系统的故障树分析占用计算机的内存和机时很多,对于时变系统及非稳态过程需与其他方法密切配合使用。

故障树分析的步骤如下:

(1)选择顶事件;

(2)建立故障树;

(3)求故障树的结构函数;

(4)定性分析;

(5)定量分析。

(二)故障事件的分类

如果系统(或部件、零件)不能在规定的条件下和规定的时间内完成其规定的功能,则称它处于故障状态,这种事件称作故障事件。否则,称为正常状态,正常事件。

依功能的特点,故障事件可分为:

(1)过早投入运行;

(2)不能在规定的时间内投入运行;

(3)不能在规定时间内停止运行;

(4)在运行中自行停止;

(5)完成非正常功能,或执行任务不准确。

依起因不同,故障事件可分为:(1)一次故障事件,即硬件本身造成的故障事件;(2)二次故障事件,即环境因素、人为差错(包括软件差错)造成的故障事件。如部件因承受过大应力(泛指机械振动、冲击、电磁场作用,应力持续时间等超过了允许条件)而损坏。有的部件受过大应力作用不能正常地完成其功能,当过大应力消除之后又能自行恢复其功能;(3)受控故障事件,即部件的故障原因是系统内部其他部件输出了错误的信息。

(三)故障树符号

故障树分析所用的符号表3-4所示。

二、故障树的绘制与表达

故障树的建立有两类方法,人工建树和计算机辅助建树。人工建树要从顶事件开始向下经过若干层次(级)中间事件直到底事件为止逐级分解。其主要步骤是:确定顶事件、分析故障因果链,确定主流程,建立边界条件,画树和化简。

(一)确定顶事件

在故障诊断中,顶事件本身就是诊断对象的系统级(总体的)故障事件;而在系统可靠性预测时顶事件就有若干选择余地,选择得当可以使系统内部许多典型故障(作为中间事件和底事件)合乎逻辑地联系起来,便于进行可靠性分析。

故障树分析所用的符号 表 3-4

<table>
<tr><th>类别</th><th colspan="2">名称</th><th>符号</th><th>说明</th></tr>
<tr><td rowspan="6">事件符号</td><td rowspan="2">底事件</td><td>基本事件</td><td> </td><td>不能再分解或毋需再深究的底事件叫做基本事件,它总是某个逻辑门的输入事件而不是输出事件</td></tr>
<tr><td>未探明事件</td><td> </td><td>原则上应进一步探明其原因,但暂不必或暂不能探明其原因的底事件(又称省略事件或不完整事件)</td></tr>
<tr><td rowspan="2">结果事件</td><td>顶事件</td><td> </td><td rowspan="2">由其他事件或事件组合所导致的事件,叫做结果事件,若该事件是 FTA 最关心的且位于故障树顶端的最终结果事件,则叫做顶事件,位于底事件与顶事件之间的结果事件,叫做中间事件</td></tr>
<tr><td>中间事件</td><td></td></tr>
<tr><td rowspan="2">特殊事件</td><td>开关事件</td><td> 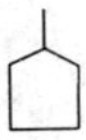</td><td>在正常工作条件下必然发生或必然不发生的特殊事件</td></tr>
<tr><td>条件事件</td><td> </td><td>描述逻辑门起作用的具体限制的特殊事件</td></tr>
<tr><td rowspan="8">逻辑门符号</td><td rowspan="3">基本门</td><td>与门</td><td> </td><td>仅当所有输入事件都发生时,输出事件才发生,与门表示了输入与输出之间的一种因果关系</td></tr>
<tr><td>或门</td><td>+</td><td>至少一个输入事件发生时,输出事件才发生,或门并不传递输入与输出的因果关系,输入故障不是输出故障的确切原因,只表示输入故障来源的信息</td></tr>
<tr><td>非门</td><td>~</td><td>输出事件是输入事件对立关系</td></tr>
<tr><td rowspan="4">修正门</td><td>顺序与门</td><td> (顺序条件)</td><td>仅当输入事件按规定的顺序依次发生时,输出事件才发生</td></tr>
<tr><td>持续时间与门</td><td> (时间条件)</td><td>仅当输入事件发生并持续一定时间时,才导致输出事件发生</td></tr>
<tr><td>表决门</td><td> r/n</td><td>仅当 n 个输入事件中有 r 个或 r 个以上的事件发生时,输出事件发生</td></tr>
<tr><td>异或门(互斥或门)</td><td> + 不同时发生</td><td>在或门诸输入事件中,仅当单个事件发生时,输出事件才发生</td></tr>
<tr><td>特殊门</td><td>禁门</td><td> 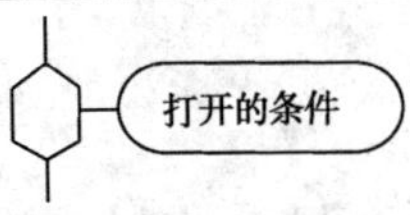打开的条件</td><td>仅当条件事件发生时,单个输入事件的发生才导致输出事件的发生</td></tr>
</table>

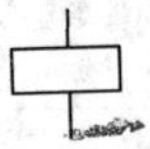

续上表

类别	名称		符号	说明
转移符号	相同转移符号	转向符号		表示“下面转到以字母数字为代号所指的子树去”
		转此符号		表示“由具有相同字母数字的转向符号处转到这里来”
	相似转移符号	相似转向		表示“下面转到以字母数字为代号所指结构相似而事件标号不同的子树去”,不同的事件标号在三角形旁边注明
		相似转此		表示“相似转向符号所指子树与此处子树相似,但事件标号不同”

对所选顶事件要求:有确切的含义而不模棱两可,要能分解使之便于分析顶事件与底事件之间关系,要能度量以便定量分析,要有代表性以扩大其指导范围。

选择顶事件,首先要明确系统正常和故障状态的定义。其次要对系统故障作初步分析,找出系统组成部分(元件、零件、组件)可能存在的缺陷,设想可能发生的各种人为因素,推出这些底事件导致系统故障发生的各种可能途径(因果链)。在各种可能的系统故障中筛选出最危险(最不希望发生)的事件作为顶事件,以确保安全。在故障分类排队时往往需要列出明细表,以便从各子系统的功能关系和事故因果链中进行比较。

对于复杂系统,顶事件不是惟一的。必要时还可以把大型复杂系统分解为若干相关的子系统,以典型中间事件当作若干子故障树的顶事件进行建树分析,最后加以综合,这样可以建树工作。

(二)确定主流程

主流程就是贯穿于系统各部件的功能故障,以这种主要的功能故障逐级演变的因果链为线索,从顶事件到底事件分解建树,可使思路展现清楚,所建故障树容易理解。

以图 3-7 所示油泵驱动电路为例,来说明主流程的确定。系统故障为“不供油”,已知:电动机故障率 $Q_D = 0.001$,油泵故障率 $Q_P = 0$。

不供油,可能是因为电动机转子卡住,K_1 或 K_2 未合上,电源故障和电动机未达额定电流。但是前述几项事件对系统来说是孤立事件不能作为主流程,只有电流是贯穿回路的。能否就以电流作为主流程呢?不可以,因为额定电流值未知,然而额定电压决定着额定电流,所以最好以额定电压为主流程。

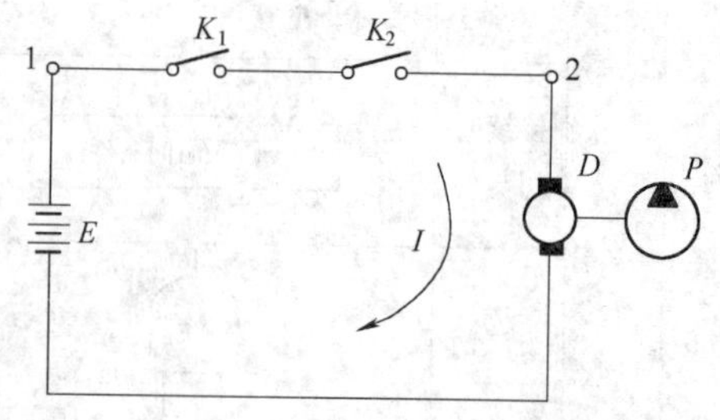

图 3-7　油泵驱动电路

E-直流电源;K_1-手动开关;K_2-电磁开关;D-电动机(220V);P-油泵

对于复杂大型系统往往每一子系统都有其主流程,因此要具体考虑、因树而异,不可牵强附会。

(三)建立边界条件和建树

建立边界条件的目的是合理划定故障树的范围。

建立边界条件的必要前提是:明确初始条件、已知的技术状态、选定的顶事件。

1.建立边界条件时要确认以下事项:

(1)指明不允许出现的事件;

(2)确定不可能发生的事件,一般把小概率事件当作不可能事件,建树时不予考虑。比如上例中忽略导线和接头的断路故障;

(3)给定某些事件发生的概率。如电动机 D 故障率 $Q_D = 0.001$;

(4)确定必然事件,即在一定条件下必然发生或必然不发生的事件。

在上例中油泵、联轴器、导线及接点的故障就视为必然不发生的事件,其故障率为零。有了上述边界条件,上例的顶事件就可以由"不供油"限定为"电动机不能启动",相应树的范围就缩小了。

2.建立边界条件和建树时要注意:

(1)忽略小概率事件并不意味着可以忽略小部件的故障和小故障事件,这是两个不同概念。挑战者号航天飞机的爆炸就只是由于一个密封圈失效的"小故障";

(2)有的故障发生概率虽小,可是一旦发生则后果严重,为了安全以备万一,这种事件就不能忽略;

(3)故障定义必须明确,避免多义性,否则会使故障树逻辑混乱出现错误;

(4)先抓主要矛盾,开始建树应先考虑主要的、可能性很大的以及关键性"以致命度、重要度衡量"的故障事件,然后在逐步细化分解过程中再考虑次要的、不常发生的以及后果不严重的次要故障事件;

(5)强调严密的逻辑性和系统中事件的逻辑关系,条件必须清楚,不可紊乱和自相矛盾。

3.建树:

根据以上确定的顶事件、主流程及边界条件建立故障树。油泵驱动电路的故障树见图 3-8 所示。

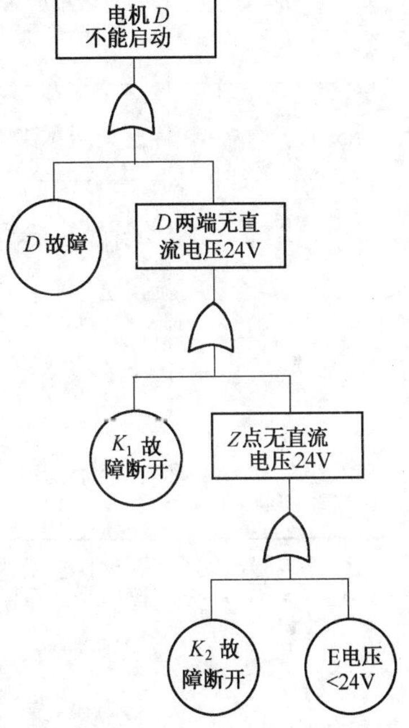

图 3-8 油泵驱动电路故障树

(四)故障树的化简

为进行故障树的定性和定量分析,需对初始绘出的故障树进行化简,去掉多余的逻辑事件,使顶事件与底事件之间呈简单的逻辑关系;对于不是与门、或门的逻辑门,按逻辑门等效变换规则变成等效的与门、或门。常用的化简方法有"修剪"法、模块法、卡诺作图法和计算机辅助化简法等。对于一般的故障树,可利用逻辑函数构造故障树的结构函数,然后再应用逻辑代数运算规则来简化故障树,获得其等效的故障树。

1.修剪法就是去掉逻辑多余事件的方法。对简单的小故障树可凭借直接观察或借助布尔代数(二值逻辑)运算等的简化。

如: $X \cup X = X, X \cap X = X,$

$$X\cup(X\cap X)=X,\ X\cap\overline{X}=0$$

逻辑运算的基本法则见表 3-5。

逻辑运算的基本法则 表 3-5

编　号	名　称	公　式	说　明
1	逻辑和运算	$A+B=B+A$	相当于加法交换律
2		$A+(B+C)=(A+B+C)$	相当于加法结合律
3		$A+A+\cdots+A=A$	
4		$A+1=1$	
5		$A+0=A$	
6	逻辑积运算	$AB=BA$	相当于乘法交换律
7		$A(BC)=(AB)C$	相当于乘法结合律
8		$A\cdot A\cdots A=A$	
9		$A\cdot 1=A$	
10		$A\cdot 0=O$	
11	否定运算	$\overline{\overline{A}}=A$	
12		$A+\overline{A}=1$	
13		$A\cdot\overline{A}=0$	
14	分配律	$A(B+C)=AB+BC$	可由真值表证明
15		$A+BC=(A+B)(A+C)$	
16	对偶律(摩根律)	$\overline{A\cdot B\cdots K}=\overline{A}+\overline{B}+\cdots+\overline{K}$	可由真值表证明
17		$\overline{A+B\cdots K}=\overline{A}\cdot\overline{B}\cdots\overline{K}$	
18	吸收律	$A+AB=A$	常用化简化
19		$A(A+B)=A$	
20	对合律	$AB+\overline{AB}=A$	
21		$(A+B)(A+\overline{B})=A$	

注:表中符号两方例题真值相等,称为同值命题。

因此,可将故障树包含的下列部分化简为如图 3-9 所示。

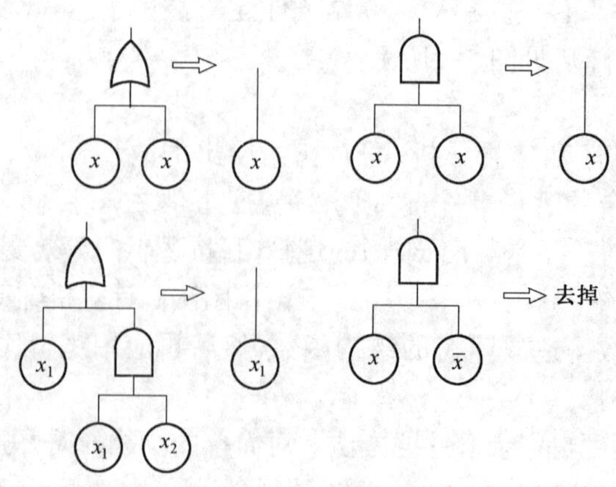

图 3-9　故障树化简举例(一)

2.模块化是把故障树中的底事件化成若干个底事件的集合,每个集合都是互斥的,即其包含的底事件在其他集合中没有重复出现。故障树模块化后,树的规模就变小了,在定性分析和定量分析时就简便了。例如图 3-10 所示。

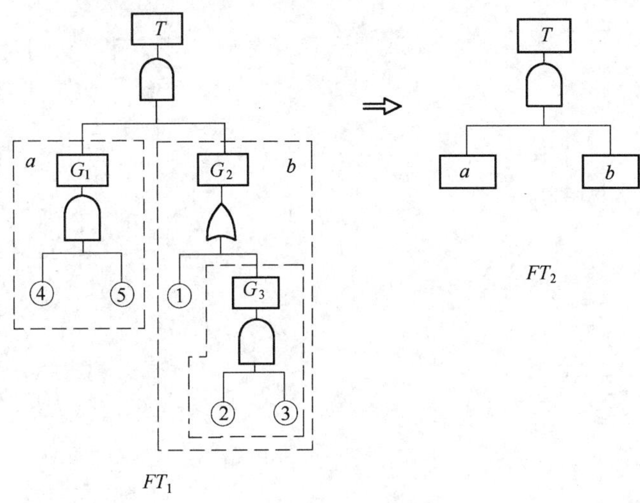

图 3-10 故障树化简举例(二)

(五)故障树的结构函数

故障树的结构函数是故障树的数学表达式,是定性和定量分析故障树的基础。

设故障树有 n 个独立的底事件,以二值变量 x_i 表示第 i 个底事件 e_i 的状态

$$x_i = \begin{cases} 1 & e_i \text{发生} \quad i = 1,2,\cdots,n \\ 0 & e_i \text{不发生} \end{cases}$$

同样,若以二值变量 ϕ 表示顶事件 T 的状态,则

$$\phi = \begin{cases} 1 & T \text{发生} \\ 0 & T \text{不发生} \end{cases}$$

因为顶事件状态完全由底事件的状态所决定,所以顶事件的状态变量取值也完全由底事件状态变量取值所决定。若定义 ϕ 是 $X = (x_1, x_2, \cdots, x_n)$ 的函数,并记作

$$\phi = \phi(X) \tag{3-31}$$

则称函数 ϕ 为故障树的结构数。

图 3-11 所示的与门结构故障树的结构函数为

$$\phi(X) = \bigcap_{i=1}^{n} x_i = \min(x_1, x_2, \cdots, x_n) \tag{3-32}$$

图 3-12 所示的或门结构故障树的结构函数为

$$\phi(X) = \bigcup_{i=1}^{n} x_i = \max(x_1, x_2, \cdots, x_n) \tag{3-33}$$

其中记号∪表示

$$\bigcup_{i=1}^{n} x_i = 1 - \bigcap_{i=1}^{n} (1 - x_i) \tag{3-34}$$

图 3-11 的与门故障树的结构函数式为(3-32),当全部底事件都发生(即全部 x_i 都取值 1),则顶事件发生[$\phi(x) = 1$]。图 3-12 的或门故障树的结构函数式为式(3-33),当任何一个底事件发生则顶事件发生。图 3-13 的结构函数可由树直观写出。

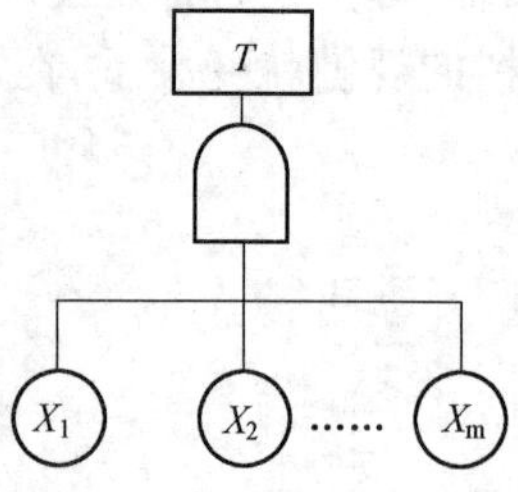

图 3-11　与门结构故障树

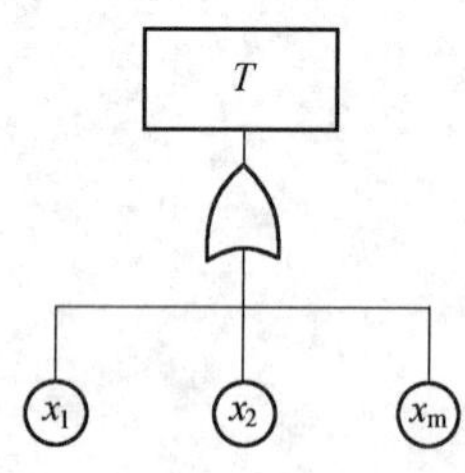

图 3-12　或门结构故障树

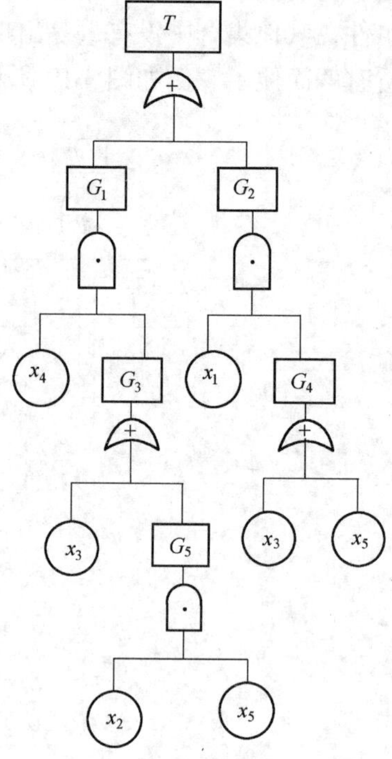

图 3-13　故障树举例

$$\varphi(X) = \{x_4 \cap [x_3 \cup (x_2 \cap x_5)]\} \cup [x_1 \cap (x_3 \cup x_5)]$$

通常要考虑故障树中的全部底事件与顶事件的关系。为了对故障树进行分析，需引入相干性的概念。

定义 1. 底事件的相干性

在底事件 $e_i(x_i=1)$发生的条件下顶事件发生的概率大于或等于 $e_i(x_i=1)$不发生时顶事件发生的概率。则称底事件 e_i 对结构函数是相干的，即：

$$\phi(1_i, X) \geqslant \phi(0i, X) \quad (3\text{-}35)$$

否则，底事件 e_i 对结构函数就是非相干的。

图 3-14 的故障树的结构函数可写作

$$\phi(X) = x_1 \cup (x_1 \cap x_2)$$

运用吸收律可化简为

$$\phi(X) = x_1$$

说明底事件 x_2 发生与否对顶事件无影响，故底事件 x_2 是非相干的。

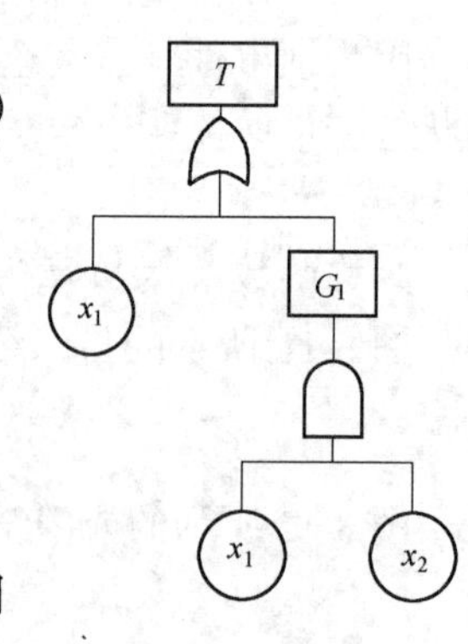

图 3-14　含非相干底事件的故障树

在通常的故障树分析时不画出非相干事件。

定义 2. 相干结构函数

如果结构函数 $\phi(X)$满足：

1. 各底事件 $e_i(i=1,2,\cdots,n)$对 $\phi(X)$是相干的；

2. $\phi(x)$对各变量 $x_i(i=1,2,\cdots,n)$是相干的，并且是非递减的。

则称函数 $\phi(X)$是相干的结构函数。

经过化简的由或门和与门构成的故障树都是相干故障树，其结构函数是相干结构函数。而具有异或门的故障树，其结构函数是非相干的。

三、故障树的定性分析

对故障树进行定性分析的主要目的是为了找出导致顶事件发生的所有可能的故障模式，也即弄清系统(或设备)出现某种最不希望的故障事件有多少种可能性。

(一)基本概念

设故障树全部底事件的集合为

$$E = \{e_1, e_2, \cdots, e_n\}$$

所对应的状态向量 X 为

$$X = \{x_1, x_2, \cdots, x_n\}$$

显然，对于有 n 个独立底事件的故障树，其状态向量数为 2^n，现定义：

1.割集和最小割集

如有子集 C_j 所对应的状态向量为

$$X_j = \{x_{j1}, x_{j2}, \cdots, x_{jl}\} \subset X \qquad (j = 1,2,\ k) \tag{3-36}$$

当满足条件 $x_{j1} = x_{j2} = \cdots = x_{jl} = 1$ 时，使 $\phi(X) = 1$，则该子集就是割集 C_j，式中 l 为割集的底事件数，k 为割集数；与该割集所对应的状态向量 X_j 称为割向量。

最小割集也是一些底事件的集合，仅当集合中的底事件同时发生时，顶事件才发生，若只要其中的任一底事件不发生则顶事件亦不会发生。因此最小割集是导致故障树顶事件发生的数目最小又最必要的底事件的集合，与最小割集包含的底事件相对应的状态向量称为最小割向量。一株故障树的全部最少割集的完整集合代表了顶事件发生的所有可能性，给出了系统故障模式的完整描述。据此，可找出系统中最薄弱的环节或必须要修理的部件。

2.路集和最小路集

路集是一些底事件的集合，若集合中的所有底事件都不发生则故障树的顶事件一定不会发生。

设故障树的结构函数

$$\phi = \phi(X)$$

如果有一子集 P_i 所对应的状态向量为

$$X_i = \{x_{i1}, x_{i2}, \cdots, x_{il}\} \subset X \qquad i = 1,2,\cdots,M \tag{3-37}$$

当满足条件 $x_{i1} = x_{i2} = \cdots = x_{iL} = 0$ 时，使 $\phi(X) = 0$，则该子集就是路集 P_i，式中 l 为路集的底事件数，M 为路集数；与该路集所对应的状态向量 X_i 称为路向量。

最小路集是导致故障树顶事件不发生的数目最少；而且又最必要的底事件的路集。与最小路集包含的底事件相对应的状态向量称为最小路向量。因此，一株故障树的全部最小路集的完整集合代表了顶事件不发生的可能性，给出了系统成功模式的完整描述，据此，可进行系统可靠性及其特征量的分析。

(二)最小割集算法

求最小割集的方法，对于简单的故障树，需将故障树的结构函数展开；使之成为具有最少项数的积之和表达式，每一项乘积就是一个最小割集。

但是,对于复杂系统的故障树,与顶事件发生有关的底事件数很多,要从这样为数众多的底事件中,先找到割集,再从中剔除一般割集求出最小割集,往往工作量很大,又容易出错,因此一般都需要用计算机来完成有如下方法:

1.下行法

1972 年 J·B·Fussell 根据 W·E·Vesely 编制的计算机程序 MOCUS 获得割集的方法,提出了一种手工算法,也叫下行法。因为是由顶事件开始,是自上而下地进行探索的方法。基本思想是:与门使割集容量增加,或门使割集数目增加。其步骤是:①自顶事件顺序向下,逐级用门的输入事件代替门事件;②置换时,凡遇“与门”,其输入事件横写,凡遇“或门”其输入事件竖写;③当全部符置换项皆变为基本事件时,则每一横行即是故障树的一个割集。但这只是布尔指示割集(Boolean Inclicatecl cut set)而不是最小割集;④比较各割集,将被包含的割集去掉(称为吸收),并取掉重复事件则剩下的即全部最小割集。

以图 3-13 故障树为例,用下行法求最小割集的步骤。

$$
\begin{array}{ccccccc}
T & G_1 & x_4G_3 & x_4x_3 & x_4x_3 & x_4x_3 & x_4x_3 \\
 & G_2 & G_2 & x_4G_5 & x_4x_2x_5 & x_4x_2x_5 & x_4x_2x_5 \\
 & & & G_2 & G_2 & x_1G_4 & x_1x_5 \\
 & & & & & & x_1x_5
\end{array}
\left\{
\begin{array}{l}
x_3x_4 \\
x_4,x_2,x_5 \\
x_1,x_3 \\
x_1,x_5
\end{array}
\right\}
$$

最小割集

2.上行法

1972 年塞迈特里斯(Semanders)首先提出求解故障树最小割集的 ELRAFT(故障树有效的逻辑简化分析)计算机程序,其原理是:①从最下一级开始,写出各门的布尔表达式。然后再代入上一级门的布尔表达式,直至顶事件的门。②凡遇与门则表示为其输入事件的逻辑乘;凡遇或门则表示为其输入事件的逻辑和。③简化:在各级的代入过程中,注意应用幂等律($A \cdot A = A$)对相乘项中出现两次以上的事件进行简化。经过简化最后得到的顶事件布尔表达式是许多相乘项的和,这些相乘项即此故障树的割集,但不是最小割集。④吸收:就所得的各相乘项进行比较,应用吸收律[$B \cdot (AB) = AB, B + (AB) = B$]把被包含项消去,最后所得之各相乘项即最小割集。

如上例:用上行法则如下:

$$G_5 = x_2 \cdot x_5 \qquad G_4 = x_3 + x_5 \qquad G_3 = x_3 + G_5 = x_3 + x_2 \cdot x_5$$

$$G_2 = x_1 \cdot G_4 = x_1 \cdot (x_3 + x_5) = x_1 \cdot x_3 + x_1 \cdot x_5$$

$$G_1 = x_4 \cdot G_3 = x_4 \cdot (x_3 + x_2 \cdot x_5) = x_4 \cdot x_3 + x_2 \cdot x_4 \cdot x_5$$

$$T = G_1 + G_2 = x_1 \cdot x_3 + x_1 \cdot x_5 + x_3 \cdot x_4 + x_2 \cdot x_4 \cdot x_5$$

其最小割集为[x_1, x_2],[x_1, x_5],[x_3, x_4],[x_2, x_4, x_5]

(三)最小路集算法

故障树的对偶树 T_D(Dual Fault Tree)简称对偶树,它表达了故障树 T 中的全部事件都不发生时,这些事件的逻辑关系,因此,它实际上是系统的成功树、功能树。

可根据摩根律把已知的故障树作出对偶树,其方法是把故障树的每一事件都变成其对应事件,将全部或门变成与门,将全部与门变成或门,这样便构成 T 的对偶树 T_D。

对偶树的特点:

(1)对偶树的全部最小割集就是故障树的全部最小路集,而且是一一对应的,反之亦成立。

(2)设对偶数 T_D 结构系数为 $\phi_D(\overline{X})$，故障树的结构函数为 $\phi(X)$，

则：$\phi_D(\overline{X})=1-\phi(1-\overline{X})$成立

或：

$$\phi(X)=1-\phi_D(1-X) \tag{3-38}$$

式中：$\overline{X}=1-X=\{1-x_1,1-x_2,\cdots,1-x_n\}=\{\overline{x}_1,\overline{x}_2,\cdots,\overline{x}_n\}$

利用上述的对偶性，只要首先构造故障树的对偶树，然后利用前面所介绍的最小割集算法求出对偶树的最小割集，这就是原故障树的最小路集。

四、故障树的定量分析

故障树定量分析的任务是求顶事件发生的特征量（如可靠度、重要度、故障率、累积故障概率、首次故障时间等）和底事件的重要度。

（一）计算顶事件发生概率

一般计算顶事件发生概率是在底事件发生概率和故障树结构函数已知的条件下进行的。故障树的结构函数用最小割集（或最小路集）来表示。

求系统顶事件发生的概率即要求 $\phi(X)=1$ 的概率，由于 $\phi(X)$是取 0 和 1 的二值函数，所以结构函数 $\phi(X)$的数学期望也就是顶事件的发生概率 g，于是有

$$g = P[\phi(X)=1] = E[\phi(X)] \tag{3-39}$$

令 E_j 为属于最小割集 C_j 的全部底事件均发生的事件，则顶事件发生的事件即是 K 个 E_j 中至少有一个发生的事件，因此

$$g=P\{\sum_{j=1}^{K}E_j\} \tag{3-40}$$

由于各割集间一般并非独立事件，因而上式求和公式展开为

$$g=\sum_{i=1}^{k}P(E_i)-\sum_{1\leqslant i\leqslant j\leqslant k}^{k}P(E_iE_j)+\sum_{1\leqslant i\leqslant j\leqslant l\leqslant k}^{k}P(E_iE_jE_l)-\cdots+(-1)^{K+1}P(E_iF_j\cdots E_k) \tag{3-41}$$

当求得各最小割集 C_j 的全部底事件均发生事件（$j=1,2,\cdots,k$），并已知各底事件发生的概率 $q_i=p(x_i=1)$后，即可利用式(3-41)求得顶事件发生的概率 $g(q)$，$q=(q_1,q_2,\cdots,q_n)$，通常可假设每一最小割集的底事件是统计独立的，可根据独立事件积的概率公式计算。

现以图 3-13 所示的故障树为例，计算顶事件发生的概率。该故障树共有四个最小割集，当最小割集中的全部底事件都发生时，利用公式(3-41)，则得顶事件发生概率为：

$$\begin{aligned}g(q) = {} & (q_1q_5+q_1q_3+q_3q_4+q_2q_4q_5)-(q_1q_3q_5+q_1q_3q_4q_5+q_1q_2q_4q_5+q_1q_3q_4 \\ & +q_1q_2q_3q_4q_5+q_2q_3q_4q_5)+(q_1q_3q_4q_5+q_1q_2q_3q_4q_5+q_1q_2q_3q_4q_5+q_1q_2q_3q_4q_5) \\ & -q_1q_2q_3q_4q_5 = q_1q_5+q_1q_3-q_1q_3q_4-q_1q_3q_5+q_2q_4q_5-q_1q_2q_4q_5-q_2q_3q_4q_5 \\ & +q_1q_2q_3q_4q_5\end{aligned}$$

若取　$q_1=q_2=q_3=1\times10^{-3}$，$q_4=q_5=1\times10^{-4}$

则　$g(q)=1.19981\times10^{-6}$

对于大型复杂故障树，由于底事件 n 很多，所以最小割集和最小路集数也很多，又因受到计算机的记忆和计算时间的限制，计算顶事件发生概率的精确解是非常困难的。而且，由于统计数据不可能很精确，底事件发生的概率一般有效数字只有一两位。因此只能采用近似计算。近似计算方法较多，如蒙特卡罗模拟法，概率上限法等。这里不详述。

（二）事件重要度计算

故障树的各个底事件（或各最小割集）对顶事件发生的影响，称作底事件（或最小割集）的

重要度。重要度的应用对于改善系统设计、确定系统需要监控的部位、制定系统故障诊断顺序、减少排除故障的时间,有效地提高整系个统的可用度等均是有重要意义。

工程中实际用到的重要度种类很多,以下仅就结构重要度、概率重要度和关键重要度作简要介绍。

1.结构重要度

某个底事件的结构重要度,是在不考虑其发生概率值的情况下,考察故障树的结构,以决定该事件的位置重要程度。

由于底事件 $e_i(i=1,2,\cdots,n)$ 的状态 X_i 取值为0或1,故当 e_i 处于某一状态后,其余$(n-1)$个底事件组合之系统状态数应为 2^{n-1}。因此,可定义底事件 i 的结构重要度 $I_{\phi(i)}$ 为

$$I_{\phi(i)}=2^{\frac{1}{n-1}}\sum_{(x/x_i=1)}[\phi(1_i,x)-\phi(0_i,x)] \tag{3-42}$$

式中$(0_i,X)=(x_1,x_2,\cdots,x_{i-1},0,x_{i+1},\cdots,x_n)$

$(1,X)=(x_1,x_2,\cdots,x_{i-1},1,x_{i-1},\cdots,x_n)$

2.概率重要度

当底事件 e_i 发生的概率值 q_n 变化时,引起顶事件发生概率值 $g(q)$变化的程度,称为概率重要度 $I_{g(i)}$,其数学定义为

$$I_{g(i)}=\frac{\partial g(q)}{\partial q_i} \tag{3-43}$$

在故障树为与门、或门结合的一般情况下,设 $g(1_i,q)$和 $g(0_i,q)$分别表示底事件 e_i 发生$(x_i=1)$和不发生$(x_i=0)$时,顶事件发生的概率,则有

$$g(q)=q_i g(1_i,q)+(1-q_i)g(0_i,q) \tag{3-44}$$

将式(3-44)代入式(3-43)式可行概率重要度

$$I_{g(i)}=g(1_i,q)-g(0_i,q) \tag{3-45}$$

即底事件 e_i 的概率重要度等于该底事件发生时顶事件发生的概率与它不发生时而顶事件依然发生的概率之差,所以 $0<I_{g(i)}<1$,顶事件发生概率 $g(q)$是底事件发生概率的非减函数。

3.关键重要度

底事件 e_i 的关键重要度定义为

$$I_{c(i)}=\frac{\partial \ln g(q)}{\partial \ln q_i}=\frac{\partial g/g}{\partial g_i/q_i} \tag{3-46}$$

它与概率重要度 $I_{g(i)}$的关系为 $I_{c(i)}=\frac{q_i}{g}I_{g(i)}$由此可见,底事件 e_i 的关键重要度是顶事件发生概率的变化率与引起顶事件概率变化的底事件 e_i 故障概率的变化率之比。

由此可见,关键重要度反映了元、部件触发系统故障可能性的大小,因此一旦系统发生故障,理应首先怀疑那些重要度大的元、部件。据此安排系统故障监测和诊断的最佳顺序,指导系统的保养和维修。特别当要求迅速排除系统故障时,按关键重要度寻找故障,往往会收到快速而又有效的效果。

第四章 智能诊断

第一节 概 述

诊断技术的发展至今已经历了三个阶段。在第一阶段。诊断结果在很大程度上取决于领域专家的感官和专业经验。传感器技术、动态测试技术以及信号分析技术的发展使诊断技术进入了第二阶段,并且在工程中得到广泛应用。近年来,为了满足复杂系统的诊断要求,随着计算机技术的发展及人工智能技术特别是专家系统在诊断问题求解中的应用,诊断技术已进入它的第三发展阶段——智能化阶段。

一、智能诊断系统的发展现状

故障智能诊断系统的发展历史虽然短暂,但在电路与数字电子设备、机电设备、军事设备等方面已取得了令人瞩目的成就。

在电路和数字电子设备方面,MIT研制了用于模拟电路操作并演绎出故障可能原因的EL系统;波音航空公司研制了诊断微波模拟接口MSI的IMA系统;意大利米兰工业大学研制了用于汽车启动器电路故障诊断的系统,等等。

在机电设备方面,日本日立公司研究了用于核反应堆的故障诊断系统;法国CGE研究中心研制的旋转机械故障诊断专家系统DIVA;哈尔滨工业大学和上海发电设备成套设计研究所联合研制的汽轮发电机组故障诊断专家系统MMMD-2;清华大学研制的用于锅炉设备故障诊断的专家系统,等等。

在军事设备方面,较有代表性的系统是美国佛罗里达空军基地研制开发的系统EMMA和美国马里兰大学计算机系研制开发的系统AMM。

二、现有故障智能诊断系统存在的问题

(一)与传统的故障诊断方法相比,故障智能诊断方法的优点

1.能够模拟人脑的逻辑思维过程,可解决需要进行复杂推理的复杂诊断问题。

2.可以储存和推广领域专家宝贵的经验和知识,更有效地发挥各种专门人才的作用,使一般的维修人员也能掌握复杂设备的故障诊断知识。

3.故障智能诊断系统在某些方面比人类专家更可靠,更灵活,可以在任何时候、任何条件下提供高质量服务,不受外界的干扰。

4.故障智能诊断系统具有人机合作完成诊断任务的功能,它可以在诊断过程中实现人机交互,通过人的参与使得诊断的结果更加准确。

5.故障智能诊断系统便于用户对知识库的修改和完善。先进的故障智能诊断系统还具有学习的功能,能够在诊断过程中自动完善知识库,提高系统的诊断能力。

(二)存在的问题

在20世纪80年代,故障智能诊断系统被认为是诊断技术的重要发展方向,这是因为,一方面故障智能诊断具有以上这些传统诊断方法无可比拟的优点,另一方面,复杂设备的故障诊断在很大程度上需要依赖专家的经验知识。因此国内外专家学者陆续开发了一大批基于知识的故障诊断系统,各种诊断方法和技术也在诊断系统中得到了应用。但是,从已取得的研究成果来看,目前的故障智能诊断系统还存在许多尚需进一步解决的问题。下面从诊断知识的角度给予分析。

1.知识库庞大

传统的故障智能诊断系统大都采用产生式规则来表达专家的经验知识。为了使诊断系统达到高效、实用的目标,必然需要大量的专家经验知识,以防知识库不完备时效率急剧下降,这样做的结果致使系统的知识库非常庞大。

2.解决问题能力的局限性

由于受系统中知识的限制,大多数诊断系统只能解决狭窄的专家知识领域以内的问题,而对其他领域的知识一无所知,一旦超出诊断系统知识领域的边界,系统的工作性能就会急剧恶化,而系统本身并不能判断什么时候或什么情况下遇到了超过系统能力的问题。

3.深、浅知识结合能力差

近来国外专家在对诊断与维修领域的专家系统研究中,越来越多地强调使用深知识。然而他们在如何将领域问题的基本原理与专家经验知识结合得更好方面所做的工作还很少,使得这些系统不能具备与人类专家能力相似的知识或能力,影响了系统发挥更大的效能。

4.自动获取知识能力差

知识获取是专家系统研制中的“瓶颈”问题,对于故障智能诊断系统来说也是如此。目前多数的诊断系统在自动获取知识方面表现的能力还比较差,限制了系统性能的自我完善、发展和提高。虽然一些系统或多或少地加入了机器学习的功能,但基本上不能在运行的过程中发现和创造知识,系统的诊断能力往往仅局限于知识库中原有的知识。

5.容错能力差

故障智能诊断系统的知识大都是集中存放于知识库,在结构上是将知识库与推理机分开的,它们在知识表示上基本上是采用局部表达方式。所以现有的诊断系统虽然具有一定的冗余容错能力,但仍然达不到令人满意的程度。

6.对不确定性知识的处理能力差

如何对不确定性知识进行表达和处理,始终是诊断领域研究的热点问题。虽然有很多不确定性理论在实际的故障诊断专家系统中得到了较好的应用,但是这一问题仍未得到十分有效的解决,在有效、合理、使用的不确定性知识处理方面存在着巨大的研究潜力。

总之,故障智能诊断系统无论在理论上还是在系统开发方面都已取得了很大的进步,但真正投入使用并且功能完善的系统并不多,大多数研究成果仍然停留在实验室阶段。造成这种理论与实践脱节有两个方面的原因,一方面是由于理论研究所限定的条件与实际应用时的情况相差甚远,另一方面是由于对诊断对象缺乏深刻的认识和研究,而且作为人工智能技术本身也有待于进一步发展和完善。

三、故障智能诊断系统的发展趋势

随着知识工程的发展以及数据库、虚拟现实、神经网络等技术的日新月异,必然引起故障智能诊断系统的在各个方面的不断发展。其发展趋势可概括为以下几点。

1.多种知识表示方法的结合

在一个实际的诊断系统中，往往需要多种方式的组合才能表达清楚诊断知识，这就存在着多种表达方式之间的信息传递、信息转换、知识组织的维护与理解等问题。近几年发展起来了一种称为面向对象的知识表示方法，为这一问题的解决提供了一条很有价值的途径。

在面向对象的知识表示方法中，传统的知识表示方法如规则、框架、语义网络等可以被集中在统一的对象库中，而且这种表示方法可以对诊断对象的结构模型进行比较好的描述，在不强求知识分解成特定知识表示结构的前提下，以对象作为知识分割实体，明显要比按一定结构强求知识的分割来得自然、贴切。另外，知识对象的封装特点，对于知识库的维护和修正提供了极大的便利。

2.经验知识与原理知识的紧密结合

在建造智能诊断系统时，不仅要重视领域专家的经验知识(浅知识)，更要注重诊断对象的结构、功能、原理等知识(深知识)，忽视任何一方面都会严重影响系统的诊断能力。

关于深浅知识的结合问题，目前较普遍的作法是，这两类知识可以各自使用不同的表示方法，从而构成两种不同类型的知识库，每个知识库有各自的推理机，它们在各自的权力范围内形成子系统，两个子系统再通过一个执行器综合起来构成一个特定诊断问题的专家系统。这个执行器记录诊断过程的中间结果和数据，并且还负责经验与原理知识之间的“切换”。这样在诊断过程中，通过两种类型知识的相互作用，使得整个系统更加完善，功能更强，可以解决那些无经验知识可用情况下的问题，即使遇到知识表示范围以外的问题，系统的性能也不至于显著下降。

3.诊断系统与神经网络的结合

用神经网络技术建立诊断系统，不需要组织大规模的产生式规则，也不需要进行树搜索，系统可以自组织、自学习，并可进行模糊推理，这对用传统人工智能方法建立专家系统最感困难的知识获取和推理等问题提供了新的解决办法。

神经网络实现的是右半脑直觉形象思维的特性，而专家系统理论与方法实现左半脑逻辑思维的特性，二者有着很强的互补作用。目前神经网络无论在理论上还是在应用上都还处于发展阶段。

4.虚拟现实技术将得到重视和应用

虚拟现实技术(VERTUAL REALITY，简称 VR)是继多媒体技术以后另一个在计算机界引起广泛关注的研究热点，它有四个重要的特征，即多感知性(multi-sensory)、存在感(presence)、交互性(interaction)和自主性(autonomy)。虚拟现实技术是人们通过计算机对复杂数据进行可视化、操作以及交互的一种全新的方式，应用该技术后，用户、计算机和控制对象被视为一个整体，通过各种直观的工具将信息进行可视化，用户直接置身于这种三维信息空间中自由地操作、控制计算机。可以预言，随着虚拟现实技术的进一步发展和在故障智能诊断系统中的广泛应用，它将给故障智能诊断系统带来一次技术性的革命。

5.数据库技术与人工智能技术相互渗透

人工智能与数据库技术是计算机科学的两大重要领域，越来越多的研究成果表明，这两种技术的相互渗透将会给故障智能诊断系统带来更广阔的应用前景。

人工智能技术多年来曲折发展，虽然成果累累，但比起数据库系统却相形见绌。其主要原因在于缺乏像数据库系统那样较为成熟的理论基础和实用技术。人工智能技术的进一步应用和发展越来越表明，结合数据技术可以克服人工智能不可跨越的障碍，这也是智能系统成功的关键。

对于故障诊断系统来说，知识库一般比较庞大，因此可以借鉴数据库关于信息存储、共享、并发控制和故障恢复技术，改善诊断系统的性能。如数据库的基本范例（输入、检索、更新等）可作为新的知识库范例，数据库的基本目标（共享性、独立性、分布性）可作为新的知识库基本目标，数据库的三级表示与设计方法可用作新的知识库设计方法等。

第二节　故障诊断专家系统

专家系统萌芽于20世纪60年代，70年代主要在美国大学的研究所内迅速发展起来，进入80年代开始波及到产业界，目前已经在各个领域内取得了令人瞩目的成绩。

专家系统是指利用要研究领域的专家的专业知识进行推理，用与专家相同的能力，解决专业的、高难度的实际问题的智能系统。

故障诊断专家系统，是人们根据长期的实践经验和大量的故障信息知识，设计出一种智能计算机程序系统，以解决复杂的难以用数学模型来精确描述的系统故障诊断问题。

按照专家系统应用的性质，现有的专家系统包括如下一些类型：

——解释型，用于解释分析各种实验或勘测的结果；

——诊断型，用于诊断疾病或故障；

——设计型，用于进行某些设计与规则；

——教学型，用于计算机辅助教学；

——咨询型，用于某些领域的咨询或顾问；

——工具型，用于开发专家系统。

一、专家系统的构成及其功能

各种不同的专家系统都有各自不同的知识领域和应用范围，其结构常因所要解决的问题不同而不尽相同。但是，它们的基本结构却是大同小异的，其最基本的形式如图4-1所示。

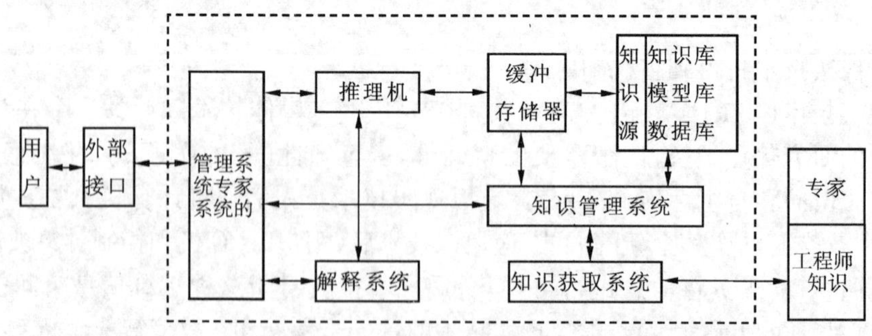

图4-1　专家系统的结构示意

（一）知识源

知识源包括知识库、模型库和数据库，知识源受知识管理系统的支配并与缓冲存储器交换信息。

知识库是专家知识、经验与书本知识、常识的存储器。知识库的结构形式取决于所采用的知识表示方式，常用的有：逻辑表示、语义网络表示、规则表示、特性表示、框架表示和子程序表示。

模型库存储着描述分析对象的状态和机理的数学模型。

数据库中存有分析对象当前情况的信息数据，而缓冲存储器则存放着运算和推理过程中产生的中间信息数据。

知识源的维护(增、删、改)一般要通过知识管理系统和知识获取系统，由专家和知识工程师进行。

(二)推理机

它是一组程序，用以控制、协调整个系统并根据当前输入的数据，利用知识库中的知识，按一定的推理策略去逐步推理直至解决当前的问题。推理策略有三种；

1.正向推理　它是由原始数据出发，按一定方式，运用知识库中专家的知识，推断出结论。由于这种推理是由数据到结论，所以也叫数据驱动推理；

2.反向推理　它是先提出假设(结论)，然后逐层寻找支持这个结论的证据的方法，又称目标驱动推理；

3.正反向混合推理　一般采取“先正后反”的途径，即由不够充分的原始数据出发，通过正向推理得出不太肯定的结论(假设)，然后再运用反向推理来证实(或推翻)这个假设。而在怀疑是否存在着其他结论时，可采取“先反后正”的推理途径，即先用反向推理去证实假设是否为真，然后利用正向推理看是否还有其他结论。

现代推理机还必须具备进行不精确推理的功能，即能利用客观世界中不确定的因果关系和不完备数据，经过推理得出近乎合理的结论。不精确推理的主要理论基础是：概率论、模糊集理论、证据理论和发生率理论等。

(三)解释系统

可以随时回答用户有关推理过程和结果的种种询问，如显示推理过程，解释电脑发出的指示，便于使用和软件调试并增加用户的信任感。

(四)专家系统的管理系统

用来监督和控制专家系统中其他部分，通常它与外部接口相通，以便协调工作。

(五)外部接口

目前常用键盘、屏幕、打印、绘图、磁记录等常规接口设备，发展方向是具备图像识别和自然语言理解的智能接口。

二、专家系统在故障诊断中的应用

例 4.1　在汽车中，发动机的电子控制越来越多如图 4-2 所示，是发动机控制系统的框图，其关键部件借助于车内的计算机或电控模块(ECM)的电子控制组件来实施控制。ECM 从氧气传感器、节气门传感器和冷却温度传感器等得到输入信息。为了使汽车排污、燃料经济性和动力性都最佳，ECM 根据输入信息，调节化油器或燃油喷射系统，获得最佳混合比。ECM 也以同样方式控制点火提前角。为了诊断发动机控制系统的故障，某些公司研究了诊断专家系统，图 4-3 就是其中的一个框图。

该专家系统通过来自诊断设备和驾驶人员输入的信息来诊断发动机的故障，发动机输入信息包括：由车上的自诊断系统断诊的故障编码；对混合比调节电磁线圈进行详细测量所得的结果；ECM 的输出电压；来自各个传感器电压以及其他输入。该专家系统有自动模拟数据输入功能，一旦与诊断的试验设备连接，专家系统就能模拟输入。目前采用的将系统与 ECM 线路或其他专用部件联接,测得上述数据,诸如起动困难、加速不良、燃料经济性差等问题的定性数据也应输入专家系统。

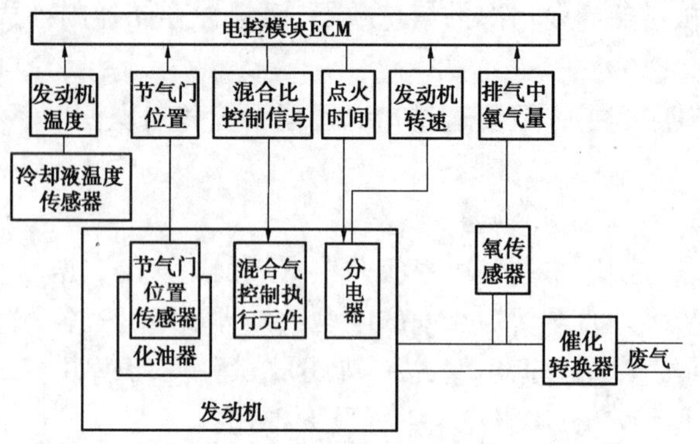

图 4-2　发动机控制系统框图

专家系统由许多解决特殊问题的子系统组成,从而可更有效地扩充信息库,且能在修理工作完成后,对所采用的特殊归纳做明确的说明。

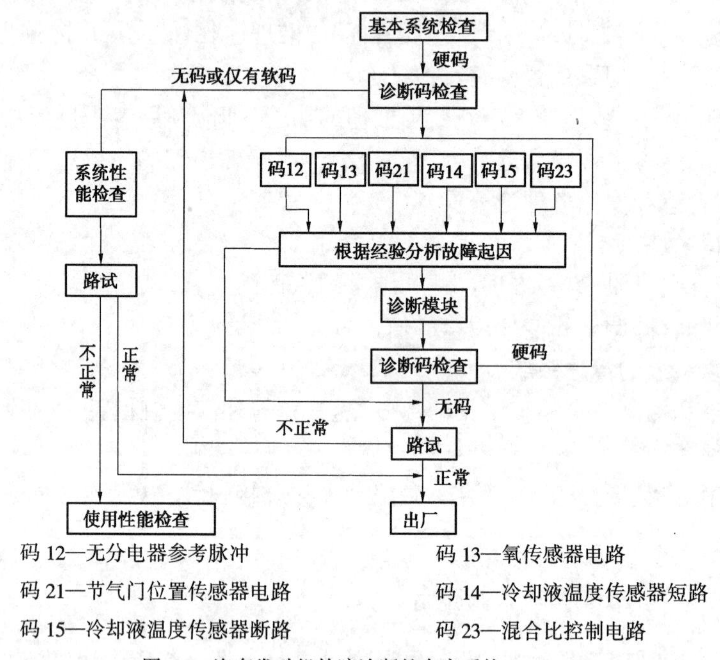

码 12—无分电器参考脉冲　　码 13—氧传感器电路

码 21—节气门位置传感器电路　　码 14—冷却液温度传感器短路

码 15—冷却液温度传感器断路　　码 23—混合比控制电路

图 4-3　汽车发动机故障诊断的专家系统

在诊断电子控制系统故障前,系统首先要询问驾驶员观察到的发动机故障情况,然后系统检查诊断编码。“软码”存贮在系统里用来记录,工作完成后,软码就自动消除,发动机运转足够长的时间后,才有硬码输入专家系统。如果没有硬码输入或仅有软码,说明专家系统正在诊断系统的性能。系统性能检查包括一系列诊断步骤,每一步都能使操作人员观察到电子控制系统是否正常运行,如果未检查出故障,操作人员就要用驾驶性能分析程序分析驾驶性能。这个分析程序不输入专家系统。

若硬码出现,就可在两个独立的模块中直接找出适合于该码的模块,其中一个是经验模块,利用它可直接判断出故障起因。若没有硬码出现,就直接回到完整的诊断模块继续诊断。各个事故码都诊断后,若没有查出故障,系统就询问操作人员,故障是否排除,如果还没有排除，系统就通知检查系统后，再继续工作。

例 4.2 液压传动系统故障诊断专家系统的设计

为了便于加深对专家系统的了解，引用了某液压传动系统故障诊断专家系统的设计，为了简化和缩小建造知识库和专家系统的编程目标，达到说明故障诊断专家系统的设计过程和内涵，将设计和描述范围作了如下的限定：

(1)机械产品中某台设备液压传动系统出现故障；

(2)液压传动系统的故障是由于液压缸不能实现正常运行而造成；

(3)液压缸不动作造成运动失效，问题出在换向阀元件上；

(4)换向阀出问题仅考虑阀芯、弹簧和电磁铁等出现故障。

下面就知识库、数据库，推理机的建造分别予以说明。

1.知识库

通过总结分析和向领域专家学习后，提取出有关换向阀出现问题的判定和处理知识，并进行形式化，以组建知识库。在本例中处理换向阀故障诊断的知识将由规则表示法设计实现。可用图 4-4 的推理网络进行表示。

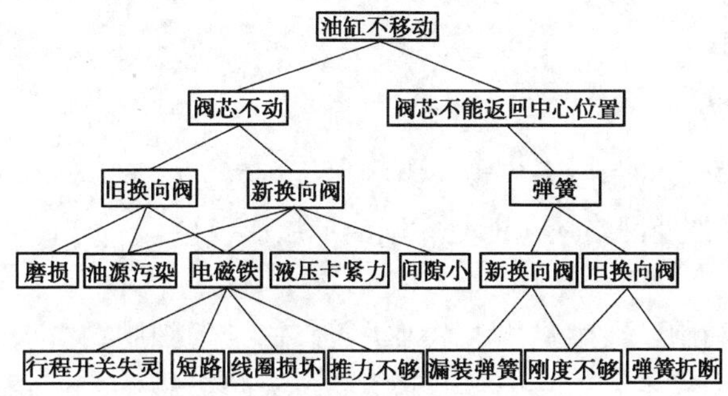

图 4-4 换向阀故障诊断推理网络

2.数据库

数据库是存放专家系统当前情况的，即存放用户告知的一些事实及由此推得的一些事实，它也是以表的形式存放的。例如，若已知以下事实：液压缸——完全不移动；换向阀——第一次使用；阀芯——不能被卡住；该阀——是电磁换向阀；弹簧——处于正常工作位置；电磁铁——线圈有电。要将这些事实用计算机语言编码形成一个表存入计算机当前的数据库中，实际上对一般专家系统而言，就是在计算机中划分出一部分存贮单元，存放以一定形式组织的该专家系统的当前数据，这就构成了数据库。数据库可以有多个表或用其他形式构造。

3.推理机

本例中就换向阀故障诊断问题进行正向推理机的设计。图 4-5 所示为正向推理机工作示意图。当知识库和数据库构造完成以后，正向推理机的工作步骤应是：

(1) 推理机用当前数据库中的事实与知识库中规则的前提条件事实进行匹配。

(2)把匹配成功的规则的结论部分的事实做为新的事实加入到当前数据库中去，这时数据库中的事实增加了。

(3)再用更新后的数据库中的所有事实，重复上述过程，如此反复进行，直到得出结论或不再有新的事实加入到当前数据库中为止。

到此，专家系统有了上述三部分：知识库中的知识表——规则函数；数据库中的已知事实表——数据库函数；数据库函数不断用知识“规则库函数”来扩充数据库的推理函数。按正向

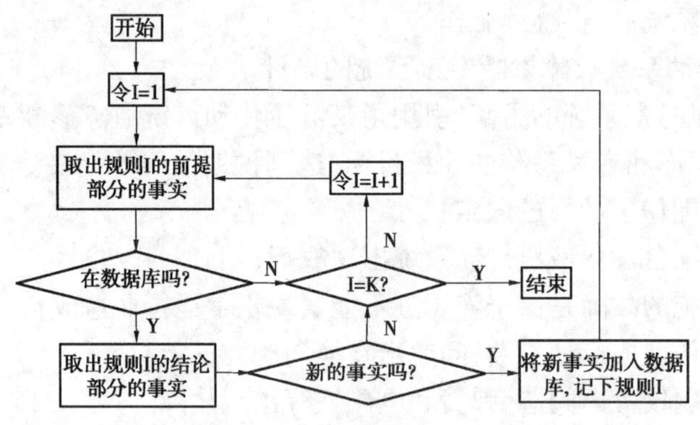

图4-5 正向推理工作示意图

推理方法就可以工作了。

第三节 故障诊断神经网络

一、神经网络的基本组成

神经网络是从生物学的角度来模拟人类的思维过程。由于人们对大脑的思维机制还很不了解,因此当前的人工神经网络还只能是大脑的低层次模拟。

(一)神经元

神经元就是神经细胞。在生物体内有种类繁多的神经细胞,它们在生物体内通过相互的连接构成一个有机的网络系统。一个神经元主要包含两个部分,一个是神经细胞体,细胞体内有一个细胞核,另一个是突触,它包含树突和轴突,树突对神经细胞来说相当于信息输入通道,轴突相当于输入信息经细胞体处理后的输出通道。一般来说,人体内有大约10^{13}个不同种类的神经元,构成一个复杂的有机体。我们的目的就是建立人工神经网络来模拟人的思维过程。

(二)神经元间的连接

生物体内的神经元是靠突触相互连接的。这些连接通道不仅起到传输信息的作用,而且还能对输入信息加权。对某一个神经元来说,各个输入信息所起的作用不同,有些输入信息起到兴奋作用,因此该信息的输入权值较大且是正的,而另外一些输入信息对神经元起抑制作用,因此该信息的输入权值是负值。一个神经元是否能被激活,主要取决于输入信息的大小。根据研究发现,一个神经元的输入信息可能有很多个,当这些输入信息的加权和超过神经元的门限值时,该神经元就被激活。

(三)神经网络

神经网络通过神经元之间的相互连接进行工作,有时也称为连接学习方法。问题求解时,每个神经元都是独立的信息处理单元,网络中各神经元并行处理通过竞争求出适合问题解的最佳模式,这使得神经网络信息处理具有容错性和鲁棒性(Fault Tolerance and Robustness)。另外神经网络运行时无中央控制器,它是靠各个神经元协同作用,相互制约达到求解目的。

二、人工神经网络的典型模型

神经元是神经网络的基本处理单元,它一般视为多输入单输出的非线性器件,其模型如图

4-6 所示。

其中 x_i 为输入信号，ω_i 示从输入信号与与第 j 个处理单元的连接权值，θ_j 为该处理单元的阈值，S_i 表示外部输入信号(在某些情况下，它可以控制神经元，使之保持在某一状态)，y_j 为输出。上述模型可描述为：

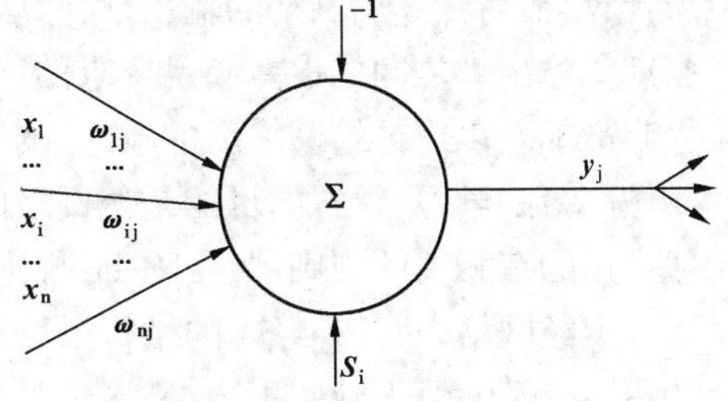

图 4-6 神经元模型

接收信号 $\sigma_j = \sum_{i=1}^{n} \omega_{ij} x_i + S_i - \theta_j$ (4-1)

输出信号 $y_j = f(\sigma_j)$ (4-2)

常用的神经元非线性特性(函数) $f(\sigma)$可有如下三种类型：

(1)阈值型：函数 f 为一阶跃函数，即当输入信号大于阈值时，神经元输出为 1，否则，输出为 0。

(2)分段线性型：输出与输入的关系呈分段折线形。

(3)S 型：其输出与输入的关系特性常取对数或正切等 S 状函数曲线饱和特性。

一个神经网络是由多个神经元相互连接而成的，它们的连接有以下四种形式(如图 4-7 所示)。

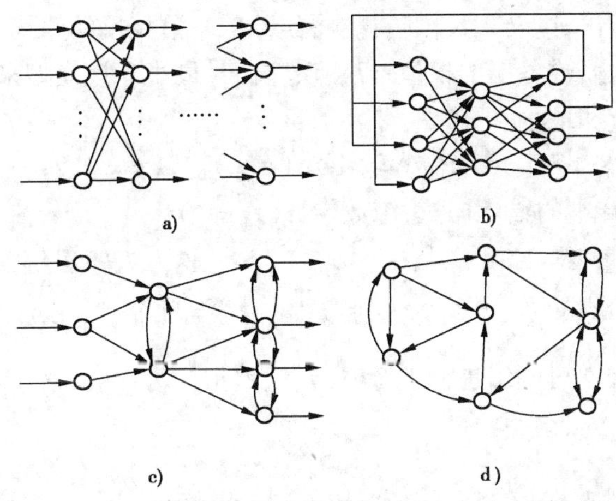

图 4-7 神经网络结构

(1)不含反馈的前向网络。如图 4-7a)所示，神经元分层排列，由输入层，隐层(中间层)和输出层组成，每一层的神经元只接受前二层的输入；输入模式经过各层的顺序变换后，得到输出层的输出。其中隐层可以是多层。

(2)有反馈的前行网络。如图 4-7b)所示，这种神经网络可以将输出层直接反馈到输入层。

(3)层内相互结合的前向网络。如图 4-7c)，同一层内的神经元之间的相互制约，以实现同一层内的横向控制。

(4)层内相互结合型网络，如图 4-7d)所示，这种网络是在任意两神经元之间都可以互连。输入信号经过这种网络时，要经过多次往返传递，网络经过若干次变化才能达到某种平衡状态。

神经网络的工作过程是这样的，给 N 组训练样本 $\{X_k, Y_k\}$，其中 $X = \{x_1, x_2, \cdots, x_n\}^T$，$Y = \{y_1, y_2, \cdots, y_m\}^T$，并给初始权值 ω，网络按照 $y_j = f(\sum_{i=1}^{n} \omega_{ij} x_i + S_i - \theta_j)$ 从输入经隐层到输出逐

层计算，最后计算出网络的输出 Y，然后网络再按照一定的算法修正权系数 ω，使实际输出 $\hat{Y}$ 与期望输出 Y 之间的误差满足要求的值。给网络足够的训练样本，经过训练后，神经网络就建立起来了。以后再给网络新的输入，网络就会求出输出结果。我们将网络修正权值 ω 的过程叫做网络的学习，学习的目的是使网络的实际输出更接近期望输出，学习的算法也有多种，一般常用的有相关的规则（常用 Hebb 规则）、纠错规则（δ 规则）和无教师学习三种学习规则。

神经网络中，各神经元的结构虽然相同，但是，激发函数 $y_j = f(\sigma_j)$ 的不同，网络互连形式的不同以及学习规则的不同，都导致了神经网络在种类上有很大的差异，至今已有 30 余种神经网络模型。典型的有 Hopfield 模型（HNN），MP 模型、BP 模型（反向传播算法），AM 模型（联想记忆）和 ART 模型（自适应共振理论）等。

三、BP 模型

BP 模型也叫反向传播模型，它是一种多层前向网络，如图 4-7a）所示，网络除输入输出层外，还有隐层（可以是多层）。通常激发函数 $y_j = f(\sigma_j)$ 选 S 型，常用的 Sigmoid 函数，即 $f(\sigma) = \frac{1}{1+e^{-\sigma}}$。该算法的学习过程由正向传播和反向传播组成。在正向传播过程中，输入信息从输入层经隐层处理，并传向输出层，每一层神经元的状态只影响下二层神经元的状态。如果在输出层不能得到期望的输出，则转入反向传播，将误差信号沿相反的路线从输出层经隐层逐层传至输入层，在此过程中，修改各层的权值，以使误差信号最小。该模型采用梯度最速下降法，最后的目标是使误差平方和最小。

设有 N 个训练样本，即有 N 个输入输出对 (X_k, Y_k)，$(k=1,2,\cdots,N)$。其中 $X_k = \{X_{k1}, X_{k2}, \cdots, X_{kn}\}$ 为第 k 个样本的输入向量，维数为 n；$Y_k = \{Y_{k1}, Y_{k2}, \cdots, Y_{kn}\}$ 为第 k 个样本的输出向量，也即目标输出向量，维数为 m，$\hat{Y}_k = \{\hat{Y}_{k1}, \hat{Y}_{k2}, \cdots, \hat{Y}_{km}\}$ 为输出层的实际输出；$O_k^p = \{O_{k1}^p, O_{k2}^p, \cdots, O_{kl}^p\}$ 为第 p 层隐层的输出，l 为其维数，ω_{ij} 为第 i 个输入到第 j 个输出的权值。

那么在用第 k 个样本对网络进们训练时，其误差指标为：$E_k = \frac{1}{2}\sum_{i=1}^{m}(\hat{y}_{ki} - y_{ki})^2$ (4-3)

总指标为：

$$E = \sum_{k=1}^{n} E_k \tag{4-4}$$

用 δ(Delta)学习规则，权值 ω 和阈值 θ 按下列规则修正：

$$\left.\begin{aligned} \omega_{ij}(k+1) &= \omega_{ij}(k) + \Delta_k\omega_{ij} \\ \theta_j(k+1) &= \theta_j(k) + \Delta_k\theta_j \end{aligned}\right\} \tag{4-5}$$

其中 $\Delta_k\omega_{ij}$ 和 $\Delta_k\theta_j$ 分别表示权值和阈值的修正量（增量），它们分别为：$\Delta_k\omega_{ij} = \mu\delta_{kj}O_{ki}$ 和 $\Delta_k\theta_{ij} = \mu\delta_{kj}$；式中 $\mu > 0$，叫学习速度，也即按梯度搜索的步长，δ_{kj} 表示第 k 个样本在 j 层的训练误差，对于激发函数为 Sigmoid 型的 BP 模型有：

$$\left.\begin{aligned} \delta_{kj} &= (\hat{y}_{kj} - y_{kj})O_{kj}(1 - O_{kj}) \quad \text{（输出层）} \\ \delta_{kj} &= O_{kj}(1 - O_{kj})\sum_{l}\delta_{kl}\omega_{lj} \quad \text{（隐层）} \end{aligned}\right\} \tag{4-6}$$

下面我们给出 BP 模型的具体训练步骤：

1. 置 ω_{ij} 和 θ_j 的初始值 $\omega_{ij}(0)$ 和 $\theta_j(0)$（较小的随机数）。

2. 提供训练样本，即输入向量 $X_k(k=1,2,\cdots,N)$ 和目标输出 $Y_k(k=1,2,\cdots,N)$，对每个样本进行下列(3)～(5)步的计算。

3. 计算网络的实际输出及隐层的状态（正向传播）。对于第 k 个样本，网络第 p 层的输出为：

$$O_{kj}^{p}=f(net_{kj})=f(\sum_{i}\omega_{ij}^{p}O_{i}^{p}+\theta_{j}^{p}) \tag{4-7}$$

4.计算训练误差(反向传播)：

采用式(4-6),对于输出层 $\delta_{kj}=(\hat{y}_{kj}-y_{kj})O_{kj}(1-O_{kj})$；

对于隐层 $\delta_{kj}=O_{kj}(1-O_{kj})\sum_{l}\delta_{kl}\omega_{lj}$。

5.修正权值 ω_{kj}和阈值 θ_j：

采用式(4-5),即：$\omega_{ij}(k+1)=\omega_{ij}(k)+\Delta_k\omega_{ij}$；$\theta_j(k+1)=\theta_j(k)+\Delta_k\theta_j$。

有时候,为了使学习速率大些(μ 选大些)而又不产生振荡,常在修正值(增量)上增加一个势态项,使现在值受过去值的牵制,即：

$$\left.\begin{aligned}\Delta_k\omega_{ij} &= \mu\delta_{kj}o_{ki}+a[\omega_{ij}(k)-\omega_{ij}(k-1)]\\ \Delta_k\theta_j &= \mu\delta_{kj}+a[\theta_j(k)-\theta_j(k-1)]\end{aligned}\right\} \tag{4-8}$$

a 为一常数,表示过去值对当前值的影响程度。

6.训练 N 次后,判断误差指标是否满足精度要求,即 $E<\varepsilon$?(ε 为很小的数)。若满足则停止训练,否则再转入第 3 步循环,直到 $E<\varepsilon$ 为止。

BP 算法是一种很有效的算法,从提出以来,已解决了许多问题。如基于神经网络的专家系统工具 PESS(该 PESS 已用于建立核反应堆事故诊断专家系统 Nesrad)。目前 BP 模型已经成为神经网络的重要模型之一。

四、BP 算法的改进

学习系统对神经网络而言是关键部分,一个网络是否可用,关键就在于其学习的效果如何,这也是神经网络研究的重点。BP 算法一个很大的缺点是学习速度太慢,很多学者又提出了许多算法。下面是对 BP 算法的一种综合修正：

1.对样本进行分批分期学习,首先学习标准样本,为网络提供智能化初始值,再对全体样本学习,这里标准样本是利用模糊信息分配法首先对大量样本数据进行预分类处理而得到的。

2.用“渐进式”方式学习,BP 网络对最近一次学习的样本特征起增强作用,而削弱其他样本的特征,导致网络对样本的重复学习。采用批处理方式,避免了渐进式算法频繁地修正权值易走回头路的不足,学习样本之间互不影响,学习效率与样本排列顺序无关。

3.初始权重应赋予随机数,不能将同一层各权重赋以相同的值,否则将导致算法的失败。用较小的随机值[$-0.5,+0.5$)初始化权值,以免网络过早进入假饱和状态。

4.阈值作为网络的一个附加节点一起训练。

5.在“梯度型”算法中存在如下问题：

若 μ 过大导致算法在最优点附近振荡,若 μ 过小,则算法在开始时收敛速度极慢。本系统中自适应调整学习率和动量项,因而初态步长的设定也不像未改变时那样至关重要了,完全可以用较大的步长开始,在进程中进行调整,使学习可以较快的速度进行,提高了学习效率。算法为：

$$\mu(n+1)=\begin{cases}(1+\beta)\mu(n), E_n > E_n+1\\ (1-\beta)\mu(n), E_n\leqslant E_n+1\end{cases} \tag{4-9}$$

其中 β 为一小正数,一般为[0.01,0.03]

五、BP 算法在大型旋转机械故障诊断中的应用

BP 算法在工程中应用很多。在应用中如何选取网络的结构参数(网络的输出节点数、隐层节点数及网络层数)是我们非常关心的问题。具有两个隐层的网络可以得到任何要求的判决边界以实现分类。输入层节点数一般是根据输入的特征多少来定;输出层节点数的选取有两种方式,一种是根据输出的个数来定,另一种是将输出按二进制编码。但隐层节点数选取还不够清楚,一般靠经验来选取。在我们所编制的神经网络学习及诊断系统中,故障数与网络输出数相等,隐层节点数等于输入层节点数,输入层节点数为外界提供给系统的信号特征数。经过多次试验,最后选定三层网络。

例 4.3 表 4-1 是一组旋转机械故障的训练示例。表内的值表示各训练示例的特征值大小,其取值区间为[0,1],如在不平衡训练示例中,其 0~1/4 倍频振动幅值的当量值为 0,1~3/4 倍频的振动幅值的当量值为 0,3/4~1 倍频的振动幅值的当量值为 0,1 倍频的振动幅值的当量值为 0.9,2 倍频的振动幅值的当量值为 0.1,等等,其余类推。

旋转机械的故障训练示例 表 4-1

	0~1/4 倍频	1/4~3/4 倍频	3/4~1 倍频	1 倍频	2 倍频	3 倍频	高次偶频	高次奇频
不平衡	0	0	0	0.9	0.1	0	0	0
油膜涡动	0	0.6	0	0.3	0.1	0	0	0
不对中	0	0	0	0.6	0.4	0	0	0

将这些故障示例输入到一个具有 8 个输入层节点,8 个中间层节点,3 个输出层节点的网络中,经过 1200 次迭代,形成了一个网络,该网络的记忆效果如表 4-2 所示,经过 12000 次迭代所形成的网络的记忆效果如表 4-3 所示。

经过 1200 次迭代所形成的网络的记忆效果 表 4-2

	不平衡	油膜涡动	不对中
不平衡故障	0.94	0.00	0.06
油膜涡动故障	0.00	0.96	0.04
不对中故障	0.06	0.04	0.90

经过 12000 次迭代所形成的网络的记忆效果 表 4-3

	不平衡	油膜涡动	不对中
不平衡故障	0.98	0.00	0.02
油膜涡动故障	0.00	0.96	0.04
不对中故障	0.06	0.02	0.92

表 4-2 中第一行表示,当输入一组不平衡故障后,得出该故障的置信度为 0.94,而其他故障几乎为 0。第二行表示,当输入一组油膜涡动故障后,得出该故障的置信度为 0.96,而其他故障几乎为 0。第三行表示,当输入一组不对中故障后,得出该故障的置信度为 0.90,而其他故障几乎为 0。表 4-3 的结果有所改进,其值已趋于稳定。通过比较表 4-2 和表 4-3 可看出训练中迭代次数越多,所得的网络越能更好地联想出训练示例。但训练次数也不宜过长,只要满足精度要求,训练次数应尽可能少,以减少训练时间。

第五章 油样分析

第一节 概　　述

油样分析的对象可以是新油也可以是在用油或用过的旧油，从现代诊断技术的观点出发则主要是对在用油的分析，其目的首先是判断油液本身是否合乎使用要求，从而确定合理的换油时间，更重要的目的是通过油液带来的种种信息判断机器的工作状态是否正常。

在用油液中含有大量由于机器零件磨损或其他机理产生的各种微粒状物质。这些产物包含着有关零部件的磨损状态、部件的工作状态及整个系统污染程度等方面丰富的信息。通过油液样品的分析，便可在不拆机的情况下实现对机器故障的诊断和预报。

油样分析技术就是抽取在用油油样并测定其劣化变质程度及油液中磨损磨粒的特性，来分析判断机械零部件的磨损过程、部位、磨损机理、失效类型及磨损程度等，得到机械零部件运转状态的信息。磨损磨粒的特性主要指磨粒的含量、尺寸、成分、形态、表面形貌及粒度分布等。油样分析技术通常包括油液理化性能分析技术、铁谱分析技术、光谱分析技术、颗粒计数技术、磁塞技术等。

油样分析技术的应用见表5-1。

油液监测与诊断技术的应用　　表5-1

应　用	检　测　对　象
航空	发动机、液压系统、传动系统、雷达系统
船舶	柴油机、传动系统、起重设备、液压系统
工程机械	柴油机、传动系统、液压系统
汽车	发动机、传动系统、液压系统
石化	柴油机、发电机、压缩机、鼓风机、挤压机
冶金	传动系统、轧钢机、起重设备、传送机构
机床	传动装置、液压系统、加工中心
电力	汽轮机、柴油机、蒸汽轮机、传动装置、变压器、液压系统

油样分析工作分为采样、检测、诊断、预测和处理五个步骤进行。

采样时，必须采集能反映当前机械中相关零部件运行状态的油样，即具有代表性的油样。检测是指对油样进行分析，用适当的方法测定油样中磨损磨粒的各种特性，初步判断机械的磨损状态是正常磨损还是异常磨损。当机械属于异常磨损状态时，需要进一步进行诊断，即确定磨损零件和磨损的类型(例如，磨料磨损、疲劳磨损等)。预测是根据磨损规律对已磨损的机械零件的剩余寿命和今后的磨损类型进行估计。根据所预测的磨损零件、磨损类型和剩余寿命即可对机械进行相应处理(包括确定维修的方式、维修的时间以及确定需要更换的零部件等)。

目前常采用的三种油样分析技术的机理、分析内容及使用的仪器见表5-2。

油样分析技术及仪器　　表5-2

油样分析技术	机　　理	分析内容	仪　　器	适用场合
油液理化指标及污染度检测	油液物理、化学性能指标及其他综合指标的变化，反映油品的劣化变质程度。超过一定数值，润滑油成为废油，必须更换	粘度、酸碱值、闪点、水分、机械杂质、积炭、颗粒数及油液污染综合指标等	振荡式粘度计、滴定仪、闪点计、红外光谱仪、颗粒计数器、污染监测仪等	
油液铁谱分析	借助于高梯度、强磁场的铁谱仪将油液中的金属磨粒有序分离出来进行分析，从而检测机械运转状态，磨损趋势，判断磨损机理	磨粒尺寸、磨粒数量、磨粒形貌、磨粒成分	分析式铁谱仪、直读式铁谱仪、旋转式铁谱仪、在线式铁谱仪	铁磁材料粒度5～100μm
油液光谱分析	通过测量物质燃烧发出的特定波长、一定强度的光，从而检测磨粒的元素成分及含量浓度、机械运转状态、磨损趋势、判断磨损部位	金属磨粒元素成分及含量浓度值；添加剂元素成分浓度；杂质污染元素成分及浓度	直读式发射光谱仪、吸收式光谱仪	有色金属粒度<10μm

不同的油液分析技术的技术原理、所用仪器的工作原理及结构、检测油样的制备、数据处理、结果分析和应用范围等方面各具特点，表5-3为常用的几种油液分析方法的性能比较。

油液分析技术的性能比较　　表5-3

项　　目	铁谱分析	光谱分析	颗粒计数	磁　　塞
磨粒浓度	好(铁磨粒)	很好	好	好(铁磨粒)
磨粒形貌	很好			好
尺寸分布	好		很好	
元素成分	好	很好		好
磨粒尺寸范围(μm)	>1	0.1～10	1～80	25～400
局限性	局限于铁磨粒及顺磁性磨粒，元素成分的识别有局限性	不能识别磨粒的形貌、尺寸等	不能识别磨粒的元素成分和形貌等	局限于铁磨粒，不能做磨粒识别
检测用时间	长	极短	短	长
评价	磨损机理分析及早期失效的预报效果很好	磨损趋势检测效果好	用作辅助分析、污染度分析	可用于检测不正常磨损
分析方式	实验室分析、现场及在线分析	实验室分析、现场分析	实验室分析、现场分析	在线分析

第二节　光谱分析

光谱分析油样可以有效地检测机械设备润滑、液压系统中油液所含磨损颗粒的成分及其含量的变化,同时也可以准确地检测油液中添加剂的状况及油液污染变质的程度。油液中各磨损元素的浓度与零部件的磨损状态有关,故可根据光谱检测结果来判断零部件磨损状态及发展趋势,诊断机器故障。

光谱分析油样主要用来检测零件磨损而产生的悬浮的细小金属微粒的成分和尺寸,分析速度快,操作简便,分析费用低。检测尺寸范围一般小于 10μm。

一、光谱分析原理

原子都是由原子核和绕核运动的电子组成,在正常情况下,原子处于稳定状态,这种状态称为基态。基态原子受到热、电弧冲击、粒子碰撞或光子照射时,会吸收一定量的能量 ΔE,核外电子就跃迁到高能级,处于高能态的原子被称为激发状态。激发状态的原子很不稳定,会自动回到基态,同时发射出当初吸收的能量 ΔE。每一种元素的原子在跃迁过程中所吸收或发射的能量 ΔE 以光的形式表现出来,不同的原子或离子吸收或发射光的波长都是单一固定的(如图 5-1 所示)。用仪器测出吸收或发射的光的波长,可以知道元素的种类;测出该波长光的强度变化,可以知道该元素的数量。前者被称为原子吸收光谱分析,后者被称为原子发射光谱分析。

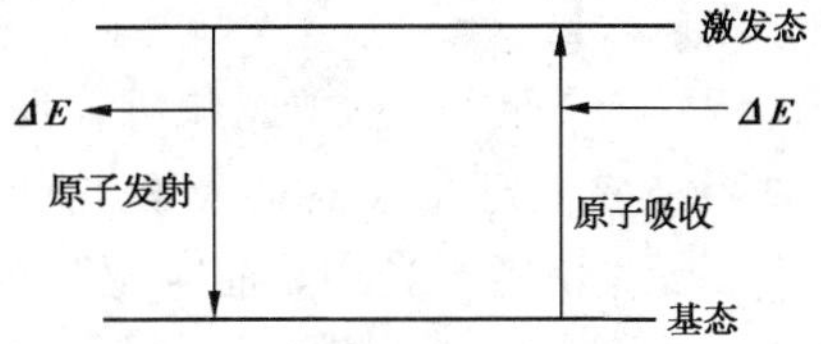

激发态
ΔE
ΔE
原子发射
原子吸收
基态

图 5-1　光谱分析原理

二、发射式光谱分析

原子发射光谱分析是根据原子所发射的光谱来测定物质的化学组分。由于各种元素原子结构的不同,在光源的激发作用下,可以产生许多按一定波长排列的谱线组,称此为特征谱线。通过检查谱线上有无特征谱线的出现来判断该元素是否存在,进行光谱定性分析;根据特征谱线强度求出元素含量,进行光谱定量分析。

原子发射光谱分析仪器的主要作用是把不同波长的辐射按波长顺序进行空间排列,获得光谱。在现代发射光谱分析中常用的光谱仪有棱镜摄谱仪、光栅摄谱仪和光电直读摄谱仪。

采用光电直读光谱仪测定润滑油中各种金属元素的浓度的工作原理是:用电极产生的电火花作光源,激发油中金属元素辐射发光,将辐射出的线光谱由出射狭缝引出,由光电倍增管将光能变成电能,再向积分电容器充电,通过测量积分电容器上的电压达到测量试油内金属含量浓度的目的,如果测量和数据处理由微机控制,则速度更快。

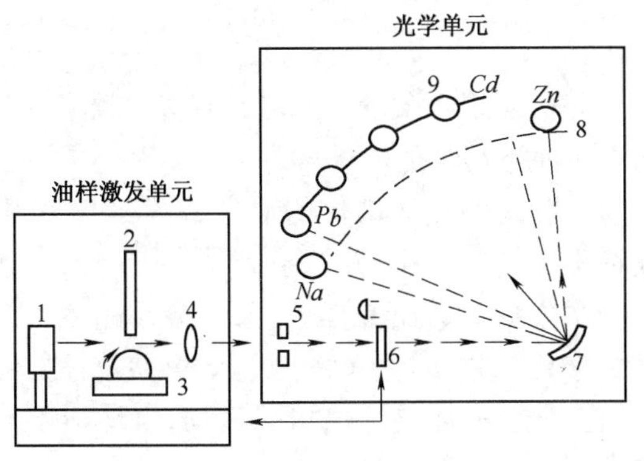

图 5-2　FAS-2C 型直读式发射光谱仪的工作原理

1-汞灯;2-电极;3-油样;4-透镜;5-入射狭缝;6-折射波;7-光栅;8-出射狭缝;9-光电倍增管

图 5-2 是美国 Baird 公司生产的 FAS-2C 型直读式发射光谱仪的原理图。它是目前较为先进的润滑油分析发射光谱仪。仪器工作原理是:激发光源采用电弧,一极是石墨棒,另一极是缓慢旋转的石墨圆盘。石墨圆盘的下半部浸入盛在油样盘中的被分析油样中,当石墨圆盘旋转时,便把少量油样带到两极之间。电弧穿透油膜使油样中微量金属元素受激发发出特征谱线,经光栅分光,各元素的特征谱线照到相应的位置上,由光电倍增管接受辐射信号,再经电子线路的信号处理,便可直接读出和测定油样

中各元素的含量。

发射光谱仪可对多种元素进行定性和定量分析,有的仪器可同时测定20多种元素。

三、原子吸收式光谱技术

原子吸收光谱是根据气态原子对辐射能的吸收程度确定样品中分析物的浓度。原子吸收光谱分析是基于原子对光的吸收现象。

原子吸收光谱技术是将待测元素的化合物(或溶液)在高温下进行试样原子化,使其变为原子蒸气。当锐线光(单色光或称特征谱线)源发射出一束光,穿过一定厚度的原子蒸气时,光的一部分被原子蒸气中待测元素的基态原子吸收。通过分光器将其他发射线分离掉,检测系统测量特征谱线减弱后的光强度。根据光吸收定律就能求得待测元素的含量。

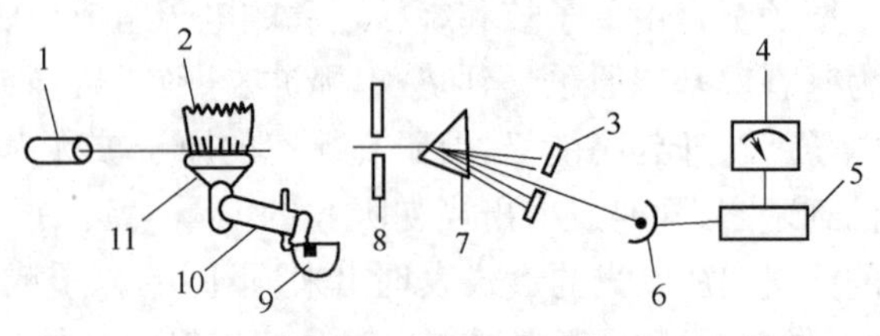

图5-3 原子吸收光谱仪的工作原理

1-阴极灯;2-火焰;3-出射狭缝;4-表头;5-放大器;6-光电管;7-分光器;8-入射狭缝;9-油样;10-喷雾器;11-燃烧器

图5-3是原子吸收光谱仪工作原理图。空心阴极放电灯是仪器的光源,能发射被测金属元素的特征光线。油样经喷雾器以雾状喷入喷灯的火焰中燃烧,使金属元素还原成原子态。光源发射的光谱线通过火焰时被所测金属元素的原子吸收,吸收的程度有棱镜、透镜、缝隙等组成的波长选择器(是一个单色光镜,可选择被测光的相应波长)测得,并传输给光电倍增管、放大器电路和指示装置,在传输的过程中由光信号转变为电信号,然后放大、处理、输出。从指示装置上读出的数值是吸光度,根据该吸光度可在标准谱中查出金属元素的浓度。标准谱中的浓度可以从1ppm(甚至更小)到可能遇到的最大浓度,例如对铁、铜可达500ppm。

该技术的优点在于分析灵敏度高,适用范围广,取样量少,多采用微机进行数据处理,分析精度高,分析功能强,价格适中。但测一种元素需要更换一种元素灯,油样预处理较发射光谱仪繁琐,用燃料气加热试样不方便也不安全(先进的仪器采用石墨加热炉加热)。美国生产的PE型系列原子吸收光谱仪,可同时测几种元素,油样预处理较为简便,微机处理数据,有石墨炉电源与自动取样器等。

四、X射线荧光光谱仪

X射线荧光光谱仪的激发源是一种硬X射线。分析元素受激后发射出具有特征频率的软X射线,将它检出并测定其强度,便可得知所含元素的种类及含量。

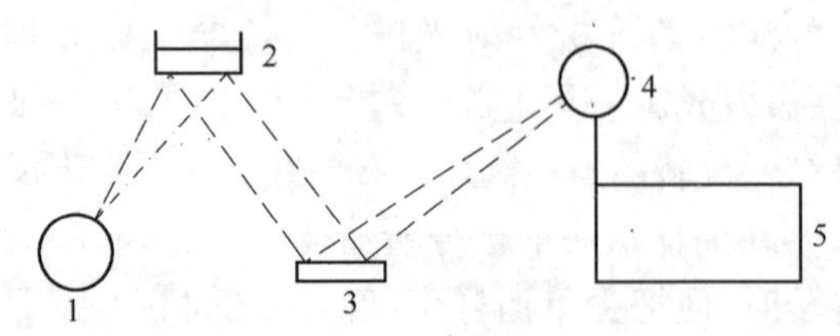

图5-4 X射线荧光光谱仪的原理

1-X射线源;2-油样;3-分析晶体;4-盖格探测器;5-记录器及计算机

X射线荧光光谱仪的原理如图5-4。X射线在伦琴管内产生,并照射到试样上。试样元素二次发射到分析晶体上,又被分析晶体衍射到一个盖格探测器,最终通过记录器及计数器输出。分析晶体的平面可以转动,以适应不同波长辐射的衍射角度。

这种光谱仪结构紧凑、体积小、灵敏度高、操作简便、可靠性高,因油样无需处理,故分析速度快。探测Fe、Cr、Mn、Ni的灵敏度高于发射式和吸收式光谱法。可制作成移动式,更适于机器状态监测。

第三节 铁谱分析

油液铁谱分析技术利用高梯度强磁场的作用,将油样中所含的机械磨损微粒有序地分离出来,并借助不同的仪器对磨屑进行有关形状、大小、成分、数量及粒度分布等方面的定性和定量观测,从而判断机械设备的磨损状况,预测零部件的寿命。铁谱技术的主要内容包括油液取样技术、铁谱制谱技术、磨粒分析技术等。铁谱分析技术中主要使用的仪器是铁谱仪,铁谱仪根据对磨粒的分离、检测的方法不同,分为分析式、直读式、旋转式、在线式等。

一、分析式铁谱仪(Analytical Ferro graph)

1.原理　分析式铁谱仪的工作原理如图 5-5 所示。由具有低稳定速率的微量泵将制备好的油样输送到与磁场装置呈一定角度并在磁场装置上方的特殊制备的玻璃基片(也叫铁谱基片)上端,油样由上端以约 15m/h 的流速流过高梯度强磁场区后,从基片下端流入集油杯。油样在流过基片时,可磁化的金属磨损颗粒在高强度及高梯度磁场、液体粘性阻力和重力共同作用下,由大到小依序沉积在基片的不同位置上,沿磁力线方向(与油流方向垂直)排列成链状。待试样全部流过基片后,用四氯乙烯为溶剂清洗基片上的残油,经固定工序后颗粒沉积在基片上,这就制成了可供分析的铁谱片如图 5-6 所示。在铁谱片的入口端(左端)即 55 ~ 56mm 位置处,沉积的是大于 5μm 的磨屑;在 50μm 处沉积 1 ~ 2μm 的磨屑;在 50mm 以下位置则分布着亚微米级的磨屑。利用各种分析仪器对铁谱片上沉积的磨屑进行观测,便可得到有关磨粒形态、大小、成分和浓度的定性及定量分析结果,包括有关摩擦副状态的丰富信息。

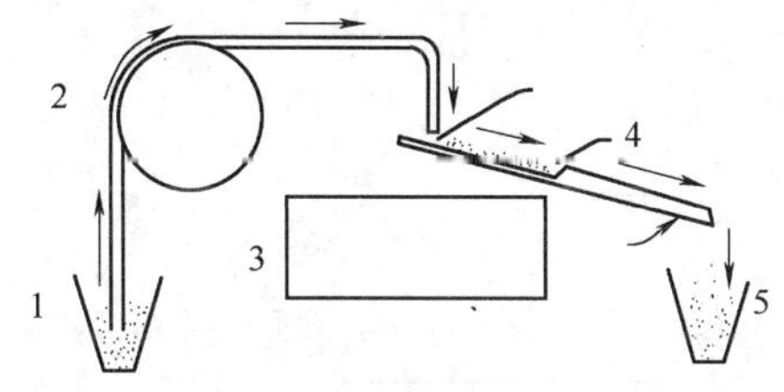

图 5-5　分析式铁谱仪的原理

1-油样;2-微量泵;3-磁铁;4-铁谱片;5-废油

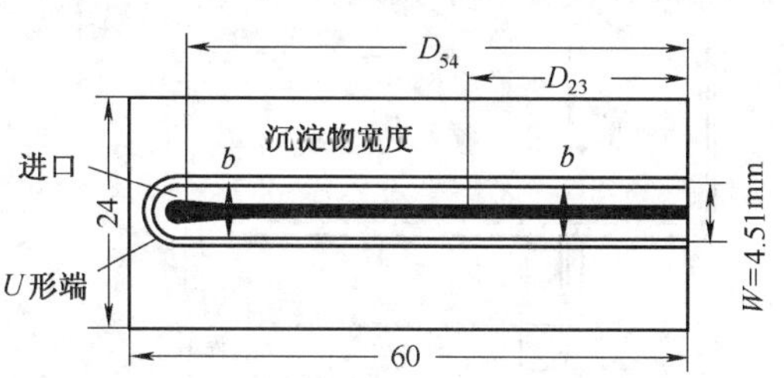

图 5-6　铁谱片

2.铁谱显微镜(Ferro scope) 铁谱显微镜是分析式铁谱仪配套使用的专用分析仪器。它由双色显微镜和铁谱片读数器组成。在双色显微镜下可以观察铁谱片上沉积磨屑的形态。分析磨屑的成分,测量磨屑的尺寸。铁谱片读数器可以分别测出大磨屑(大于 5μm)和小磨屑(1 ~ 2μm)的覆盖面积百分比 Al 和 As,由此得出油样的磨屑粒度的分布。

3.扫描电子显微镜(SEM) 由于扫描电子显微镜分辨率高、焦深长,从而弥补了铁谱显微镜高倍光学镜焦深短的弱点。它能更准确地观察磨屑形态、分析磨屑表面细节,还能得到立体感很强的照片。

利用与扫描电子显微镜配套的 X 射线能谱分析系统可以对磨屑进行成分的定性定量分析。它有三种分析方式:(1)某微区的元素组成;(2)某元素在某扫描线上的一维分布曲线;(3)某元素在某一区域的二维分布图。对磨屑成分做出准确的分析,便可判断某些产生严重磨损的磨屑的来源,从而进行故障定位并辨别失效模式。

4.图像分析仪(Quantimet) 该仪器能够对铁谱片上一矩形区域内的沉积磨屑进行统计分析。它的计算机系统可以对不同粒度磨屑进行精确计算,最终拟合成威布尔分布规律并给出其参量值。此外,它还可以自动而高速地测出磨屑长短轴比值、磨屑周长和特征参数等。由于此类仪器能提供准确而丰富的数据和信息,应用日益广泛。

5.铁谱加热法(HFA) 铁谱片加热法是由铁谱技术发展起来的判断磨屑成分的简易实用方法。其原理是:厚度不同的氧化层其颜色不同。具体操作是把铁谱片加热到330℃,保持90s,冷却后放在铁谱显微镜下进行观察。此时不同合金成分的游离金属磨粒就会呈现不同的回火色。如:铸铁变为草黄色、低碳钢变为烧蓝色、铝屑为白色。采用铁谱片加热法,仅利用铁谱显微镜便可大致区分磨屑成分,免于购置大型昂贵设备,适用于要求精度不高的监测,其应用亦相当广泛。

二、直读式铁谱仪

直读式铁谱仪的工作原理如图5-7所示。利用虹吸作用使制备好的油样经吸油毛细管流过倾斜安装的沉淀管时,位于沉淀管下方的高强度、高梯度磁场将油样中的铁磁性磨损颗粒由大到小依序沉积在沉淀管内壁不同位置上。磨粒的沉淀速度取决于本身的尺寸、形状、密度和磁化率,以及油液的粘度、密度和磁化率等许多因素。当其他因素固定后,磨粒的沉降速度与其尺寸的平方成正比,同时还与磨粒进入磁场后离管底的高度有关。因此,沉淀管的左侧沉淀有大磨粒和部分小磨粒,右侧沉淀有部分小磨粒,如图5-8所示。

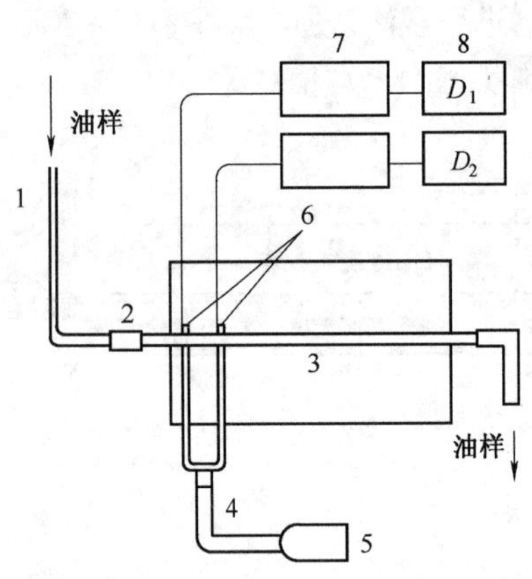

图5-7 直读式铁谱仪的工作原理

1-油样管;2-沉积管;3-磁铁;4-光导纤维;5-光源;6-光电探头;7-信号调制;8-读出装置

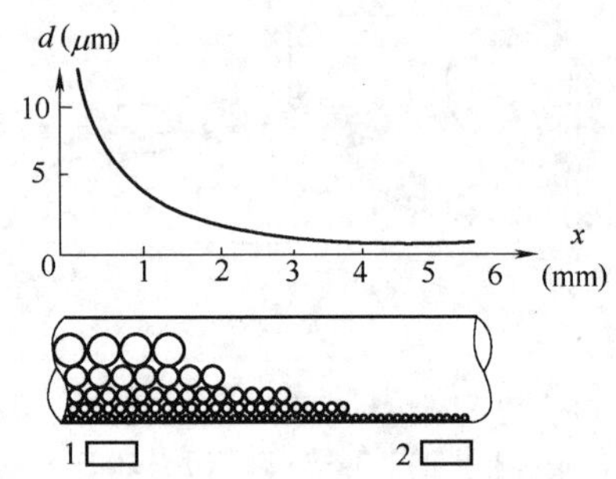

图5-8 沉淀管内磨粒的排序情况

1、2-光电池

在沉淀管大、小磨粒沉淀位置由光导纤维引两道穿过沉淀管的光束,两只光敏探头接收穿过磨粒层的光信号。随着磨粒在沉淀管壁上的不断沉淀,光敏探头所接收的光强度将逐渐减弱。接收到的光信号经电子线路放大、A/D转换处理,最终在数字显示屏上直接显示出代表大小磨粒沉积相对数量的读数值。

直读式铁谱仪主要用来直接测定油样中磨粒的浓度和尺寸分布,只能做定量分析,能够方便、迅速而较准确地测定油样内大小磨粒的相对数量,因而能对机械状态做出初步的诊断。如果不但要了解磨损微粒的数量及分布情况,而且要观察分析磨粒的形态、表面形貌和成分等因素，做出较准确的诊断，就需使用分析式铁谱仪。

三、旋转式铁谱仪

旋转式铁谱仪保留了分析式铁谱仪可以分析观察磨粒形貌、尺寸大小、材质成分等优点，同时又避免了分析式铁谱仪制片时间长、操作费用高、谱片入口区磨粒堆集严重、油样需高度稀释、谱片上有大量污染物和大颗粒被压碎或不能通过的缺点。旋转式铁谱仪利用永久磁铁、极靴和磁轭共同构成闭合磁路，以极靴上的 3 个环形气隙(0.5mm 的窄缝)作为工作磁场。工作位置的磁力线平行于玻璃基片，当含有铁磁磨屑的润滑油流过玻璃基片时，铁磁磨屑在磁场力和离心力的作用下，滞留于基片上，而且沿磁力线方向(径向方向)排列。旋转式铁谱仪的结构原理如图 5-9 所示。制谱片时，用注射器式输送管把定量油样滴注到固定于磁头上端面的面积约为 $30mm^2$ 的玻璃基片中心，基片利用定位套定位，并使用橡胶密封带固定位置。磁头和基片在驱动轴的带动下旋转。由于离心作用，油样沿基片四周流动。油样中铁磁性及顺磁性磨屑在磁场力、离心力、液体的粘滞阻力、重力作用下，按磁力线方向(径向)沉积在基片上，其排序为一系列的同心圆，残油从基片边缘甩出，经收集导油管排入油杯。然后用洗涤管从溶剂瓶内吸上溶剂，洗涤谱片上的颗粒。颗粒沉降时使装置以 70r/min 的速度回转，洗涤时以 150r/min 旋转，最后再以大约 200r/min 的速度旋转 5～10min 使之干燥。谱片干燥后，拉开固定用的橡胶带使谱片松开即可取出。

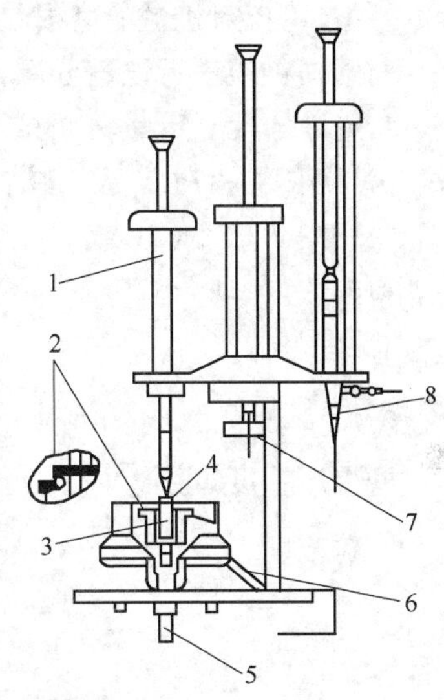

图 5-9　旋转式铁谱仪原理

1-注射器式输送管；2-基片固定带；3-磁头；4-油样流向基片；5-驱动轴；6-到清洗瓶；7-基片定位套；8-洗涤管

旋转式铁谱仪制出的铁谱片，磨屑排列为 3 个同心圆环。内环为大颗粒，大多数为 1～50μm。对于工业上磨损严重并有大量大颗粒及污染物的油样，采用旋转式铁谱仪可以不稀释油样一次制出，对于磨屑比较少的油样则可以增加制谱油样量。制出的谱片还可以在图像分析仪上进行尺寸分布的分析。

四、在线式铁谱仪

在线铁谱仪由一个装在油循环旁路中的传感器和一个磨损分析仪组成。传感器由从油中分离磨粒和控制油流的硬件组成；磨损分析仪有电子控制与显示单元，并有可调浓度的报警器，报警器可以在磨粒浓度超过预定极限时发出警报信号。

传感器中有一高梯度磁场，用来截获磨损颗粒，由于磨粒的沉淀具有按尺寸分布的特点，传感器中的有表面效应的敏感元件可以定量测定沉淀的大、小磨粒的数量。

磨损分析仪把传感器传送的测量值与通过的油样体积进行比较计算，测定出磨料浓度和大于 5μm 的微粒的读数百分比。每次测量完毕系统通过冲洗敏感元件并重新开始下一次自动循环测量过程。测量时间间隔取决于磨损颗粒的密度，密度越高，测量间隔越短，循环越快，一般测量间隔从 30s 到 30min 不等。

在线铁谱仪的工作过程是首先冲洗，润滑油经玻璃管流向底部，冲走上次测定时所沉淀的磨粒，冲洗结束后，油泵自动关闭，一个强度变化的磁场便自动接通。与此同时，沉积管上方储油器里的润滑油靠重力自流而通过沉积管,粒子按大小沉积在管里,并由传感器测定输送到显示装置上,从而给出磨粒浓度与大磨粒百分数。

五、铁谱分析方法

磨损颗粒是在机械中最常见,危害最严重的污染物。其数量多少、尺寸大小、尺寸分组成分和形貌特征等都直接与机械零件的磨损状态密切相关。铁谱技术不但能定量测量油液内大小磨粒的相对数量,更独到之处在于能直接考察磨粒的形态、大小和成分。运用铁谱分析所得到的数据,可以对机械的磨损状态进行分析。

对磨损颗粒进行铁谱分析,主要包括形貌分析和定量分析。

1.定量分析　定量分析的指标有总磨损量(Q)、磨损严重度($L-S$)、磨损严重度指数(Is)、磨粒浓度(WPC)、大磨粒百分比、和累积值曲线等几种。

我们用 L 表示(A_L 或 D_L)尺寸大于 5μm 的磨粒的数量,S 表示(A_S 或 D_S)尺寸为 1~2μm 的磨粒的数量,则:

总磨损量
$$Q = L + S \tag{5-1}$$

磨损严重度
$$L - S \tag{5-2}$$

磨损严重度指数
$$I_S = L^2 - S^2 \tag{5-3}$$

磨粒浓度
$$WPC = L + S \tag{5-4}$$

$$\text{大磨粒百分表} = \frac{L-S}{L+S} \text{或} = \frac{L}{L+S} \tag{5-5}$$

磨粒浓度可定量地表示油样中磨粒的浓度,从而定量地表示机械磨损的程度。但磨粒浓度与机械使用时间相关,机械运转时间统计不准确,用磨粒浓度很难准确表达机械的磨损状态。

大磨料百分比主要表达的是大尺寸磨粒在磨粒总数中所占的比重。通常磨粒中大磨粒所占的比重增加了,就是机械的磨损状态异常,机械已经或即将发生故障。

磨损严重指数度包含了磨粒浓度和磨粒尺寸分布两重信息,能准确、灵敏地反映机械的磨损状态,但分散性较大的铁谱分析数值使 I_S 的标准值或极限值很难确定。

累积值曲线是以时间为横坐标,分别将每一个新测得的 $L+S$ 和 $L-S$ 累加到以前全部读数的总和上作为纵坐标,形成两条曲线。磨损正常的机械应该是两条逐渐分开的直线。如果这两条曲线上某点突然相互靠拢,两条曲线斜率在某时刻迅速增加,则说明机械发生了异常磨损。正如前面提到的,铁谱分析数值的分散性较大,相同型号机械,甚至同一台机械的分析值能发生数量级的差别,因此用一个极限值很难对机械的损坏情况做出预测。数量分散的原因在于分析操作不规范和机械制造、使用条件差异两方面。前者通过严格操作规程可以减轻其影响,后者则以长期、连续监测、观察分析数据变化趋势的方法,可以排除分散性对状态检测的影响。

2.形貌分析　形貌分析是通过对磨粒形态的观察分析,来判断磨损的类型。磨损机理不同,摩擦表面会产生出不同形态及尺寸特征的磨粒。钢或合金钢材质组成的摩擦副发生磨损产生的微粒的特征见表 5-4。

有色金属磨粒在铁谱片上不按磁场方向排列,以不规则的方式沉淀,大多数偏离铁磁性微粒链或处在相邻两链之间,它们的尺寸沿谱片分布与铁磁性微粒有根本的区别。白色有色金

钢或合金钢磨损微粒特征　　表 5-4

磨损类型	磨粒尺寸、厚度、形状	磨损性质与特征
正常磨损	长轴尺寸 0.5 ~ 10μm 厚度 0.5 ~ 1μm	表面因疲劳产生小片剥落磨屑，表面光滑呈“鳞片”状
严重滑动磨损	磨屑尺寸在 20μm 以上，厚度在 2μm 以上，长轴尺寸与厚度的比约为 10:1	整个摩擦表面发生剥落，大磨粒比例高，表面有划痕，有直的棱边
切削磨损	磨屑尺寸长度 25 ~ 100μm，宽度 2 ~ 5μm。外来污染物或零件磨损微粒嵌入较软摩擦表面的切削磨损微粒，厚度可小到 0.25μm，长度可达 5μm	磨屑有环状、螺旋状、曲线状，类似车床切削加工产生的切屑
滚动疲劳磨损	磨粒呈 $\phi 1 \sim \phi 15\mu m$ 球状，间有厚度为 1 ~ 2μm，大小为 20 ~ 50μm 的片状磨粒，长轴尺寸与厚度之比约为 30:1	母材滚动疲劳、剥落，有疲劳剥落磨粒、球状磨粒和层状磨粒
滚动疲劳兼滑动疲劳磨损	磨粒的长轴与厚度之比为 4:1 到 10:1，磨屑较厚，达到几个微米	疲劳及胶合和擦伤，常见齿轮副、凸轮副传动中。磨粒具有光滑表面和不规则外形

属（如铝、银、铬、镉、镁、钼、钛和锌等）可使用 X 射线能谱法进行确定，也可用湿化学分析或对铁谱片加热处理等方法进行区分与鉴别；铜合金呈黄色，金属钛、巴氏合金呈棕色，易于识别。

铁谱片上出现铁的红色氧化物，说明润滑系统中有水分存在；铁谱片上出现黑色氧化物，说明系统润滑不良，在磨屑生成过程中有过高热阶段；铁谱片上出现局部氧化了的铁性深色金属氧化物，则是润滑不良的反映，大块的深色金属氧化物的出现，是部件毁灭性失效的征兆。

第四节　其他油液检测技术

一、红外光谱分析

红外光谱油液分析是通过测量各种化合物在红外光谱区（波长 2.5 ~ 25μm）吸收的特定波长光线的能量，对油液中的化合物进行定性和定量分析。傅立叶变换红外光谱仪（FT-IR）已广泛用于油液分析，其检测的项目包括油液降解产物、添加剂耗损和外界侵入的化学污染物等。红外光谱仪测试速度快，并且能同时检测油液多方面的质量指标，适用于对使用中油液的性能进行状态检测和趋势分析。

表 5-5 为矿物油红外光谱分析的表征参数及对应的特征波数。

特征波数 表 5-5

表征参数	特征波数(cm^{-1})
降解产物	
氧化	1725 ~ 1670(1720)
氧化/硫酸盐	1300 ~ 1000(1150)
硝化	1630
硝化/羧酸盐	1650 ~ 1538
硫酸盐	640 ~ 590(610)
抗磨剂耗损	700 ~ 650
污染物	
水(羟基)	3650 ~ 3150
乙二醇	1120 ~ 1010
燃料稀释	830 ~ 790,780 ~ 760
积炭	3800 ~ 1980

二、自动颗粒计数技术

自动颗粒计数技术可自动地对样液中的颗粒尺寸测定和计数,不需从样液中将固体颗粒分离出来。

自动颗粒计数技术中所用的仪器主要是自动颗粒计数器。自动颗粒计数器按工作原理分为遮光型、光散射型和电阻型等,应用最普遍的是遮光型。

遮光型颗粒计数器的传感器由光源、传感区、光电二极管和前置放大器等组成,其工作原理如图 5-10 所示。从光源发出的平行光束通过传感区的窗口射向一光电二极管。传感区由透明的光学材料制成,被试样液沿垂直方向从中通过,在流经窗口时被光束照射。光电二极管将接收的光转换为电压信号,经放大后输入到计数器。当液流中有一颗粒物进入传感区窗口时,一部分光被颗粒遮挡,光电二极管接收的光量减弱,于是输出电压产生一个脉冲,其幅值与颗粒的投影面积或宽度尺寸(取决于光束相对于颗粒的高度)成正比,因而输出电压脉冲的幅值直接反映颗粒的尺寸。

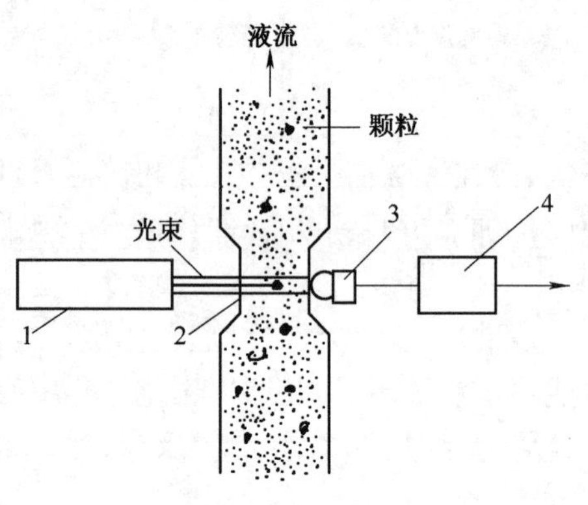

图 5-10 遮光型颗粒计数器原理图

1-光源;2-传感区窗口;3-光电二极管;4-前置放大器

传感器的输出电压传输到计数器的模拟比较器,与预先设置的阈值电压相比较。当电压脉冲幅值大于阈值电压时,计数器即计数。计数器设有若干个比较器电路(或通道),预先将各个通道的阈值电压设置在与要测定的颗粒尺寸相对应的值上。每一通道对大于该通道阈值电压的脉冲电压信号进行计数,因而计数器可以同时测量各种尺寸范围的颗粒数。

该技术可以鉴别颗粒的大小,并由计数器计数;可以同时对不同尺寸范围内的颗粒计数,以得到粒度分布的情况。这样可以测试到大的颗粒的发展趋势,可以早期预报机械中部件的磨损。自动颗粒计数技术可用于实验室内进行的污染分析、在线污染监测及现场油液污染度测定。

采用该技术时应注意，样液的颗粒浓度高时应稀释，以免引起计数误差；测试中通过传感器的流量不得超过规定的值，测试样油中不得含有气泡和水珠。

三、其他油液分析技术

油液分析技术的种类较多，常见如表5-6所示。

常用油液分析技术类型　　表5-6

类　　型	内　　容	特　　点
重量(或质量)分析技术	将一定体积样液中的固体颗粒全部收集在微孔滤膜上，通过测量滤膜过滤前和过滤后的质量，计算污染物的含量(参照ISO4405)	报告数据：污染物浓度(单位：mg/L) 结果只反映污染物总量，不能反映颗粒物的尺寸分布及浓度，操作费时间，目前应用不普遍
显微镜计数技术	将过滤一定体积样液的滤膜在光学显微镜下观察，对收集在滤膜上的颗粒物按给定的尺寸范围计数(参照ISO4407)	报告数据：每mL(或100mL)中各种尺寸范围的颗粒数，测量尺寸为颗粒的最大长度 能观察到颗粒的形貌，可大致判断颗粒物的种类 计数的准确性与操作人员的经验和主观性有关；测试时间长 用于一般实验室和现场油液分析
显微镜比较分析技术	在专门的显微镜下，将过滤样液的滤膜和标准污染度样片(具有不同等级污染度)进行比较，由此判断油液的污染度等级	操作简便，测试速度快，但只能给出大致的污染度等级，准确度较差 用于现场粗略的油液污染度测定
滤器(网)堵塞技术	通过测量由于颗粒物对滤膜(网)堵塞而引起的流量或压差的变化，确定油液的污染度	报告数据：大致的油液污染度等级 结构简单，体积小，操作方便，适用于现场油液污染度检测
扫描电子显微镜技术	利用扫描电镜和统计学方法对收集在滤膜上的颗粒物进行尺寸和数量测定	测试精确度高，仅用于颗粒分析要求极高的情况，如标准试验粉尘颗粒尺寸分布的验证
图像分析技术	利用摄像机将滤膜上收集的颗粒物或直接将液流中的颗粒物转换为显示屏上的影像，并利用计算机进行图像分析	20世纪70年代生产的与显微镜配合的I-IMC图像分析仪，因设备复杂而未能推广 今后用于在线颗粒分析仍有发展前景

第六章　工程机械的一般检测与诊断方法

第一节　工程机械的简易检测与诊断

简易检测与诊断就是靠人的感官功能(视、听、触、嗅等)或再借助一些简单仪器、常用量具对机械设备的运行状态进行检测和诊断的过程。

简易检测与诊断虽然是定性的、粗略的和经验性的,但对机械设备的管理和维修具有一定的现实意义。首先,代表先进水平的精密检测技术的应用还不普及,其开发和推广应用还需一段较长的时间。其次,在普通机械设备上应用过于复杂的高价值检测仪器很不合算。再说,即使科学技术高度发展了,人的感官检测技术也不可能由现代化的精密检测技术完全取代。因此,从实际出发,推广应用简易检测与诊断技术是非常必要的,特别是对于普通工程机械设备尤为必要。

一、感觉检测与诊断

(一)听诊法

机械正常运转时,伴随发生的声响总是具有一定的音律和节奏。只要熟悉和掌握这些正常的音律和节奏,通过人的听觉功能就能对比出机械是否出现了重、杂、怪、乱的异常噪声,判断机械内部出现的松动、撞击、不平衡等隐患。用手锤敲打零件,听其是否发生破裂杂声,可判断有无裂纹产生。

(二)触测法

用人手的触觉可以检测机械的温度、振动及间隙的变化情况。

用手晃动机件可以感觉出0.1~0.3mm的间隙大小。用手触摸机件可以感觉振动的强弱变化和是否产生冲击。

(三)观察法

人的视觉可以观察机械上的机件有无松动、裂纹及其他损伤等;也可以通过观察发动机的排烟状况确定发动机工作是否正常;可以检查润滑是否正常,有无干摩擦和跑、冒、滴、漏现象;可以查看油箱沉积物中金属磨粒的多少、大小及特点,以判断相关零件的磨损情况;可以观察机械运动是否正常,有无异常现象发生;可以观看机械上安装的各种反映机械工作状态的仪表,了解数据的变化情况;可以通过测量工具和直接观察表面状况,检测产品质量,判断机械工作状况。把观察的各种信息进行综合分析,就能对机械的状态及是否存在故障、故障部位、故障的程度及故障的原因作出判断。

二、简单仪器检测与诊断

借助于一些简单仪器对机械进行检测实际上是扩大了对机械检测的手段范围,并可提高检测的准确性。

用配有表面热电偶探头的温度计测量滚动轴承、滑动轴承、主轴箱、电动机等机件的表面温度，具有判断热异常位置迅速、数据准确、触测过程方便的特点。

电子听诊器是一种振动加速度传感器。它将机械振动状况转换成电信号并进行放大，检测人员用耳机监听运行机械的振动声响，以实现对声音的定性测量。通过测量同一测点的不同时期、相同转速、相同工况下的信号，并进行对比，来判断机械是否存在故障。当耳机出现清脆尖细的噪声时，说明振动频率较高，一般是尺寸相对较小的、强度相对较高的零件发生局部缺陷或微小裂纹。当耳机传出混浊低沉的噪声时，说明振动频率较低，一般是尺寸相对较大的、强度相对较低的零件发生较大的裂纹或缺陷。当耳机传出的噪声比平时增强时，说明故障正在发展，声音越大，故障越严重。当耳机传出的噪声是杂乱无规律地间歇出现时，说明有零件或部件发生了松动。比如，目前工程机械使用的217听诊器就是一种简易故障诊断仪。其测振传感器安装在一个磁吸座上，数据采样时只要往被测部件上一按即可；一个七档滤波网络，能对被测部件的振动信号频率有初步了解；三种输出：第一是模拟电压输出，能基本表达振动信号原貌；第二是四位数字液晶显示输出，示值为加速度有效值，将数字示值和振动信号能量联系起来；第三是耳机声音输出，对机械内部振动信号反应很灵敏。这样我们可以对被测部件的振动强度有个总体的了解。运用217听诊器可成功地检测出大轴承固定支承裂缝、变幅平衡梁液压缸铰座缺油或松动、发电机组底座松动等故障。

通过仪器，观察从机械润滑油中收集到的磨损颗粒，实现磨损状态检测的简易方法是磁塞法。它的原理是将带有磁性的塞头插入润滑油中，收集磨损产生出来的铁质磨粒，借助读数显微镜或者直接用人眼观察磨粒的大小、数量和形状特点，判断机械零件表面的磨损程度。用磁塞法可以观察出机械零件磨损后期出现的磨粒尺寸较大的情况。观察时，若发现小颗磨粒且数量较少，说明机械运转正常；若发现大颗磨粒，就要引起重视，严密注意机械运转状态；若多次连续发现大颗粒，便是即将出现故障的前兆，应立即停机检查，查找故障，进行排除。

第二节　噪声诊断技术

噪声是多个频率、不同声强、不同声音无规律的组合。机械运转过程中所产生的振动与噪声是反映机械工作状态信息的重要来源，机械的噪声值是其质量的评价指标之一。机械在运行中不可避免地要产生振动和噪声，不同的机械都以其自身可能的方式产生振动和噪声，但机械的振动和噪声较正常状态下的增加，意味着机械产生严重磨损或其他损伤，已出现故障。研究掌握机械及其零部件的声振机理和特征，可对机械的状态进行诊断。

在机械设备检测与诊断技术中，噪声诊断也是常用的方法之一。

一、声学基础

1.声与机械振动　人们听觉的频域在20~20000Hz之间。频率低于20Hz的为次声波，频率高于20000Hz的称为超声波。

次声波波长很长，不易被一般物体反射和折射，在媒质中不易被吸收，传播距离远，可用来探测气象，分析地震，进行军事侦察，也用于机械设备的状态检测。

超声波传播时定向性好，穿透性强，在不同媒质中其波速衰减和吸收特性有较大差异，在医学、机械维修、无损探伤及机械故障诊断中应用较广泛。

通常我们称产生声波的振动系统为声源，机械振动在媒质中的传播过程称为机械波。声波是一种机械波。声波的特征通常用频率、周期、波长和声速等物理参量表示。

声波从声源向空间传播，这一有声传播的空间称为声场，声波在声场传播时，其相应相同的各点可以连成一个面，称为波阵面。波阵面有球面波和平面波。

实际工程中振动体不会小得成为一个点，也不会大得发出平面波，多数发声体发出的声波在一个角范围内沿振动体的振动方向前后发射。其他方向也有声波发射出去，但比较弱。大多数发声体发出的声波总是在某些方向上强些，而在某一些方向上弱些，这就是声波的指向性，可利用它对故障源进行定位。

2.声压、声速与声场中的能量　声压、声强、声功率是常用的度量噪声的物理量。

1)声压　声压为有声波时，媒质中的压力与静压的差值，单位为 Pa。若媒质中的静止压力为 P_0，则有声波传播的总压力 $P(x)$ 将在 P_0 附近波动，即

$$P(x) = P_0 + p \tag{6-1}$$

这个交变波动的附加压力 P 称为声压。声波在大气中传播，使大气压力产生微弱的变化，这个变化量就是声压。通常大气静压力为 10^5Pa，而声压 $P = 0.00002 \sim 20$Pa。

2)声速　一定频率的声波在媒质中传播时，单位时间所传过的距离称为声速，声速 c、波长 λ、频率 f 和周期 T 有以下关系：

$$c = \lambda f = \lambda / T \tag{6-2}$$

声速主要与媒质有关，但受温度的影响。

3)声场中的能量　声波的传播过程实质上就是声振动能的传播过程。

(1)声能量密度　单位体积中的声波能量称为声波的能量密度 e，简称声能密度。

通常用一个周期中能量密度的平均值来反映媒质中某点处声波能量的存储情况。

(2)声功率　声波在单位时间内沿传播方向通过某一波阵面所传递的平均能量称为平均声能量流或称为声功率 W。

(3)声强　单位时间通过垂直于传播方向上单位面积的平均声能量流称为声能量流密度，又称为声强 I。它与声源辐射的声功率有关，与离开声源的距离亦有关。

声强与声压或质点振速的平方成正比。

3.声级　人耳对声音感觉上的强度(亦称响度)与客观上声强或声压是接近于对数关系的；另外，正常人耳的听阈声压与痛阈声压之比为 $1:10^6$，相差百万倍，听阈声强与痛阈声强之比为 $1:10^{12}$，相差亿万倍，故直接用声强或声压的绝对值来表示声音的强弱或声能的大小是非常不方便的。所以，在声学测量中人们常用一个成倍比关系的对数量(即"级")来表示声音的强弱，即声强级、声压级、声功率级。"级"是相对量，无量钢，单位为分贝(dB)。声强级 L_I 的数学表达成为

$$L_1 = 10\log(I/I_0) \tag{6-3}$$

式中：L_1——声强级(SIL)，(dB)；它和人耳主观上感觉到的响度是一致的；

I——待测声强；

I_0——基准声强，取 $I_0 = 10^{-12}\text{W/m}^2$。

由于测量声压比测量声波的其他参数较为方便，故通常用声压强(SPL)。其数学表达式为

$$L_p = 20\log(p/p_0) \tag{6-4}$$

式中：L_p——声压级(SPL)，(dB)；

p——待测声压有效值；

p_0——基准声压。

声功率级 L_W 的数学表达式为

$$L_W = 10\log(W/W_0) \tag{6-5}$$

式中：L_W——声功率级（SWL），（dB）；

W——待测声功率；

W_0——基准声功率，取 $W_0 = 10^{-12}$W。

声压级和声强级的测量随测点和环境的不同，测量结果会有所不同，误差较大。而声功率级测量考虑的是声源的功率输出，受测点位置和测量环境的影响较少，结果较为精确。

在空气中，基准声压规定为可听阈声压，即 $p_0 = 2\times10^{-5}$Pa。显然，该可听阈声压级为0dB，而痛阈的声压级则为120dB。SIL 与 SPL 在数值上相差甚微，因此可认为 $SIL \approx SPL$。

声级是相对比较结果的对数量，因此声级的合成与分解必须按对数法则进行运算。

4.频程与频谱　声音听起来有的尖锐，有的低沉，这是由于音调高低的不同，而音调的高低主要取决于声源的振动频率。

对于20～20000Hz可闻声，频率有1000倍的变动范围。人们出于方便的需要，而将宽广的频率范围划分为若干较小的频段，这就是通常所说的频程或频带。频程有上限频率值 f_u，下限频率值 f_l 和中心频率值 f_0，上下限频率之差 Δf 称为频带宽度，简称带宽。实践证明，两个不同频率的声音作相对比较时，有决定意义的是两个频率的比值，而不是它们的差值，所以频程的划分用其上限频率 f_u 和下限频率 f_t 的比值来确定，即：

$$f_u/f_l = 2^n \tag{6-6}$$

其中，当 $n=1$，则称为1倍频程：当 $n=1/3$，则称为1/3倍频程。

在噪声测量与控制中常用倍频程和1/3倍频程。

实际的声音通常由许多不同频率、不同强度的纯音组合而成。对由声源发出来的声音进行频率成分和相应强度的分析，称为频率分析。通常以频率为横坐标以相应频率成分的声压级、声强级或声功率级为纵坐标，将频率和强度的关系用图形曲线表示出来，就称为频谱，这与振动检测中频谱的概念是一致的。若以倍频程中心频率为横坐标，以相应每一倍频程中心频率测得的声压级为纵坐标，可得到噪声的倍频程频谱图。

二、噪声的测量

噪声测量中的主要参数和主要对象是声压和声强。噪声采用声压级、声强级或声功率表示其强弱，采用声压级和噪声频谱表示其特性。

噪声测量系统一般由传声器，放大器和记录器，以及分析装置等组成。传声器的作用是将声压信号转换为电压信号，其类型有电容传声器、压电陶瓷传声器和驻极体式传声器，噪声测量中常用前两种。由于传声器的输出阻抗很高，所以需加前置放大器进行阻抗变换。在两放大器之间通常还插入带通滤波器和计权网络，前者能够截取某频带信号，对噪声进行频谱分析；后者则可以获得不同的计权声级。输出放大器的输出信号必须经检波电路和显示装置，以读出总声级，A、B、C、D计权声级或各频带声级。

随着电子计算机技术的迅速发展，在机械噪声检测技术中，广泛采用FFT分析仪进行实时的声源频谱分析。另外还采用了双话筒互谱技术进行声强测量，利用声强的方向性进行故障定位和现场条件下的声功率级的确定。

1.声级计　声级计是现场噪声测量中最基本的噪声测量仪器,可直接测量出声压级。一般由传声器、输入放大器、对数转换器、计权网络、带通滤波器、输出放大器、检波器和显示装置所组成,如图 6-1 所示。

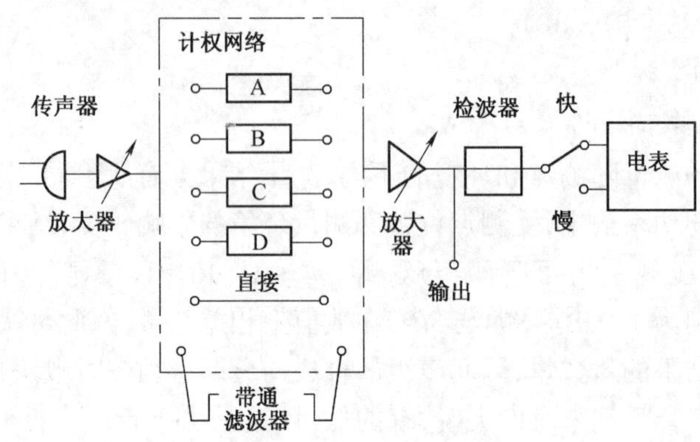

图 6-1　声级计组成框图

由传声器及前置放大器获得与声压成比例的电压信号,对数转换器将其转换成以分贝(dB)值表示的声压级信号。计权网络是考虑到人耳听觉对不同频率有不同的敏感性而设置的特殊滤波器。IEC 标准规定了 A、B、C 三种标准计权网络,通常用 A 网络测得的声级代表噪声的大小,称 A 声级,记作分贝(A)。有些声级计还设有专为飞机飞过的噪声烦恼程度而设计的 D 计权网络。与声压成比例的电压信号经一系列的分析、处理和显示,从表头或数显装置上直接读出声压级的分贝(dB)数。

2.声强测量　声强测量用于判断噪声源的位置,进行声源功率等声学测量。

声强测量一般用声强测量仪进行。声强测量仪由声强探头、分析处理仪器及显示仪器等部分组成。声强探头通常由两个传声器组成,具有明显的指向特征。

由于可在现场进行一系列声学测量和寻找声源的功能,在识别噪声源中别有特色,声强测量仪具有较高的使用价值。

第三节　温度检测与诊断技术

温度是机械运转的重要检测参数之一,它是表征机械运行状态的重要指标,机械、电气及液压系统的故障一个明显特征就是温度的升高,同时,温度的异常变化又是引发机械故障的一个重要因素。

利用物质的某种物理特性(如长度、容积、电导率、热电势、辐射强度等)随温度变化的规律,可以间接地获得被测物体的温度值。

温度测量方式可分为接触式与非接触式两大类。

接触式测温是把测温元件与被测物直接接触,经过足够长的时间进行热交换,达到热平衡而进行温度测量的方式。

非接触式测温是利用物体的热辐射随温度变化的原理,用测温元件测定被测物体的热辐射率而进行温度测量的方式。接触式测温与非接触式测温方式的比较见表 6-1。

接触式与非接触式测温的比较 表 6-1

	接触式测温	非接触式测温
必要条件	检测元件与测量对象有良好的热接触;测量对象与检测元件接触时,要使前者的温度保持不变	检测元件应能正确接收到测量对象发出的辐射;应明确知道测量对象的有效发射率或重现性
特点	测量热容量小、运动的物体的温度有困难;受环境的限制;可测量物体任何部位的温度;便于多点、集中测量和自动控制	不会改变被测物体的温度分布;可测量热容量小的物体、运动的物体的温度;一般是测量表面温度,可显示被测对象的表面温度
温度范围	容易测量 1000℃以下的温度	适合于高温测量
响应速度	较慢	快
缺点	产生测量滞后现象,往往会破坏测量对象的温度场,可能会受到被测介质的烧蚀或腐蚀	受物体辐射率及被测环境的影响大,测量误差较大

一、常用的温度测量仪器

1.接触式温度测量仪器　常用于机械设备检测的接触式温度测量仪器有利用液体或固体热胀冷缩性质而制成的水银温度计、双金属温度计、压力表式温度计等;用电阻值随温度变化而改变的金属导体或半导体材料作为感温元件的电阻式温度计;利用热电效应制成的热电偶做为感温元件把温度直接转化成电量的热电偶温度计。

2.非接触式温度测量仪器　非接触式温度测量仪器是一种以热辐射为基础的测量方法。它把探温技术、电子技术和滤光技术结合起来,为辐射测温打下了广阔的发展基础。非接触式温度测量仪器有多种形式,如有利用受热物体的单色辐射强度随温度升高而增强的原理制成的光学测温计,有根据物体的热辐射效应来测量物体温度的辐射高温计。

常用于机械设备检测的非接触式温度测量仪器有利用物体表面温度变化时红外辐射强度将大大变化的原理而制成的红外点温仪、红外线温度仪、红外电视和红外成像系统等。

测温仪器分类见表 6-2。

测温仪表、仪器分类表 表 6-2

测温方式	分类名称	作用原理
接触测温	膨胀式温度计{液体式、固体式}	液体或固体受热膨胀
	压力表式温度计{液体式、气体式、蒸气式}	封闭在固定容积中的液体、气体或某种液体的饱和蒸气受热体积膨胀或压力变化
	电阻温度计	导体或半导体受热电阻值变化
	热电偶温度计	物体的热电性质
非接触测温	光电高温计	物体的热辐射
	光学高温计	
	红外测温仪	
	红外热像仪	
	红外热电视	

二、测温仪表选用原则

1.根据测温范围、精度要求、环境条件及操作维护等条件正确选择温度测量仪表。正常使用范围一般为全量程的30%~90%。

2.现场进行接触式测温的仪表中,玻璃液体温度计用于指示精度较高和现场没有振动的场合。压力式温度计用于就地集中测量,要求指示清晰的场合。半导体温度计用于间断测量固体表面的场合。

3.用于远距离测温的热电偶、热电阻,应根据测温要求与测温范围,选用适合的规格品种、惯性时间、连接方式、补偿导线、保护套管与插入深度等。

4.测量细小物体和运动物体的温度,或测量高温,或测量具有振动、冲击而又不能安装接触式测温仪表的,应采用光学高温计、辐射高温计、光电高温计或比色高温计。

第四节　无损探伤技术

无损探伤技术是指在不破坏、不损伤或不改变被测物体的前提下,利用物质因存在缺陷而使其某一物理性能发生变化的特点,完成对该物体的物理性质、工作状态和内外部结构的检测,检验并评价其完整性、连续性和其他物理性能的技术手段的总称。无损探伤和无损评价构成无损探伤技术的全部内容。

无损探伤技术主要包括射线探伤(X射线、γ射线、高能X射线、中子射线、质子和电子射线等)、声和超声探伤(声振动、声撞击、超声脉冲反射、超声共振、超声成像、超声频谱、声发射和电磁超声等)、电学和电磁探伤(电阻法、电位法、涡流法、录磁与漏磁、磁粉法、核磁共振、微波法、巴克豪森效应和外激电子发射等)、力学和光学探伤(目视法和内窥法、荧光法、着色法、脆性涂层、光弹性覆膜法、激光全息摄影干涉法、泄漏和应力测试等)、热力学方法(热电动势法、液晶法、红外线热图法等)和化学分析法(电解检测法、激光检测法、离子散射、俄歇电子分析法以及穆斯鲍尔谱等)。现代无损探伤技术还应包括计算机数据和图像处理、图像的识别与合成和自动化检测。目前,在工程技术、工业生产检验中应用最广泛的无损探伤技术主要是渗透探伤、磁粉探伤、X射线探伤、超声波探伤和涡流探伤等常规的几种测试方法,声发射探伤、红外线探伤和激光全息摄影探伤也得到了迅速发展和应用。

表6-3为14种主要无损探伤的方法与比较。

部分无损探伤方法　　表6-3

序号	方法	检测性质	检测的典型缺陷	典型应用	优点	缺点
1	目视法(窥视法)	表面开口缺陷	裂纹、孔洞、蜂窝、龟裂、接缝裂口	各种零部件的表面和内壁	简便、价廉	只能发现较大的裂缝
2	渗透法	表面开口缺陷	裂纹、孔洞、蜂窝、龟裂、接缝裂口	铸件、锻件、焊件,疲劳或应力腐蚀件	简便、价廉、便携	只适于表面开裂缺陷,易污染,易造成假象

续上表

序号	方 法	检测性质	检测的典型缺陷	典型应用	优 点	缺 点
3	磁粉检测法	局部表面磁力线异常	表面或近表面的裂纹、龟裂、蜂窝及夹渣	铸、锻件，冲压件	简便、价廉	只适于铁磁性材料，易污染，常出现无关的指示，要求表面仔细处理，操作要熟练
4	涡流检测法	物体表层的电导率、磁导率异常	裂纹、裂缝	线材、管材、金属薄板等，厚度测量	价格适中，易实现自动操作，可携带，可永久记录	只适于导电材料、只能探测表面及近表面，与形状尺寸有关，需经常参考标准
5	超声波检测法	声阻抗异常	裂纹、砂眼、蜂窝状、分层	铸、锻件，冲压件，内部缺陷厚度测量	穿透力极好，易实现自动化，有良好的灵敏度和分辨率，可永久记录	要求与表面机械耦合，手动检测较慢，通常要参考标准，与操作者技术有关
6	X、γ射线照像法	厚度、密度、组织不均匀性	孔洞、蜂窝、夹渣和裂纹	铸件、锻件、焊件、组合物	测定内部缺陷，可用于多种材料，可携带，可永久记录	X射线费用高，对于微细的层状裂纹、疲劳裂纹和层离不太灵敏，对人体有危害
7	中子射线照像法	各种原子核对中子捕获能力的不同	内部相应组织成分是否存在缺陷或错位、组织是否均匀	密封弹药、内部装填的炸药或推进剂的检查	对大多数金属结构有良好的穿透性，对某些材料有其特有的灵敏度，可永久记录	费用高，不便携带，清晰度差，危害人体
8	声发射检测法	缺陷的扩展	材料内部结构发生变化(晶体结构变化滑移变形、裂纹扩展)	材料研究、焊接质量监视、压力容器及其他构件的完整性	不受材料限制，可连续长期监视缺陷的安全性	操作者要有丰富的知识，干扰噪声大
9	脆性涂层法	机械应变	不用于缺陷的测定	大多数材料的应力应变分析	价廉，能产生大面积的应变范围图像	对于以前剩余应变不灵敏、脏物影响准确度
10	应变计法	机械应变	不用于缺陷的测定	大多数材料的应力应变分析	价廉，可靠	对以前剩余应变不灵敏，小面积要求表面粘接
11	超声波全息法	声阻抗异常	裂纹、砂眼、蜂窝状分层	小型的几何形状规则的零部件检查	产生一个可观察的裂纹图像	费用高，限于小型部件，与射线照像法相比清晰度差

续上表

序号	方 法	检测性质	检测的典型缺陷	典型应用	优 点	缺 点
12	激光全息法	机械应变	脱接、层裂、塑性变形	蜂窝、合成结构轮胎、精密部件(如轴承)等	非常灵敏,可产生应变范围图像,可永久记录	价贵,复杂,要求有相当熟练的技术
13	微波测试法	复合介电系数异常,导体表面异常	介质中不连续的砂眼、大型裂纹、金属表面裂纹	玻璃纤维、树脂结构,塑料、陶瓷水分含量、厚度测量	非接触式,易实现自动操作快速检查	不能穿透金属,对缺陷分辨力差
14	泄漏测定法	流体流动	密封装置的泄漏	真空装置、气体和液体存放信号器,管道	良好的灵敏度,测试仪器仪表,适用范围大	污染,昂贵

一、超声波探伤技术

超声波如前噪声检测中所述,它是一种质点振动频率高于20kHz的机械波($f=2\times10^5\sim2\times10^9$Hz),用于检测的超声波频段为0.5~5MHz。

超声波因其指向性好(可定向发射能形成窄的波束)、波长短(毫米数量级,小的缺陷也能很好地反射)、穿透能力强(能量高、传播时能量损失小、传播距离远)、距离的分辨能力好(缺陷的分辨率高)等特性,故被广泛地应用于无损探伤。

(一)超声波探伤原理

超声波通过不同介质的界面时,会产生反射和折射。当超声波在被检零件内部传播,遇到缺陷时,单向传播的超声波能量有一部分被反射回去,使穿过界面的能量减少,根据反射波的产生和接受波的衰减可以发现缺陷。超声波探伤就是利用电振荡在发射探头中激发高频超声波,入射到被测物内部后,若遇到缺陷,超声波会被反射、散射或衰减,再用接收探头接收从缺陷处反射回来(反射法)或穿过被检工件后(穿透法)的超声波,并将其在显示仪表上显示出来,通过观察与分析反射波或透射波的时延与衰减情况,即可获得物体内部有无缺陷以及缺陷的位置、大小及其性质等方面的信息,并由相应的标准或规范判定缺陷的危害程度。

超声波根据声波传播时介质质点的振动方向与波的传播方向的相互关系的不同,分为纵波、横波、表面波和板波等。介质质点振动方向与波的传播方向一致叫纵波,纵波可以在一切介质中传播。介质质点振动方向垂直于波的传播方向时叫横波,横波只能在固体介质中传播。表面波沿固体表面传播,质点的振动随着离开表面的深度而迅速衰减,表面波又叫端利波。板波又叫兰姆波,在厚度与波长相当的弹性薄板中传播的一种特有波形,整个金属板都参与传播。

当超声波垂直地传到由不同介质形成的界面上时,一部分超声波被反射,剩余部分就穿透过去,这两部分的比率决定于界面的两种介质的密度和其中的声速。如钢中的超声波传到空气界面或空气中的超声波传到钢的界面时,由于二者的声速和密度相差很大,超声波在界面上几乎100%的反射回来。

当超声波斜射到界面上时,在界面上会产生反射和折射,折射波的方向与入射波方向一般不相同。反射角和折射角是由两种介质中的声速来决定的。

当超声波碰到缺陷(即异物或空洞)时,就在那里反射和散射。可是当缺陷的尺寸小于波长的一半时,由于衍射作用,波的传播就与缺陷的是否存在没有什么关系了。因此,在超声波探伤中缺陷尺寸的检出极限为超声波波长的一半。

缺陷的尺寸比半个波长大得愈多,其反射愈容易。但由于缺陷形状和方向的不同,其反射的方式也有所不同。超声波与光十分相似,具有直线前进的特性,因此反射的方式就如图 6-2 所示。假如超声波垂直地射入到平面状的反射体(如裂纹)上时,超声波就非常顺利地反射,能得到很高的缺陷回波。可是球状缺陷(如气泡)的反射波,因为是向各个方向散射的,返回的反射波较少,所以缺陷回波也较低。另外,虽然是平面状反射体,但如果平面是倾斜的话,也可能几乎没有回波。又如在成直角的地方(如焊缝根部未焊透),因为在直角部位的两次反射,这时缺陷的回波就很高。从超声波入射面(即探伤面)对侧的反射面(即底面)反射回来的波叫底面回波。

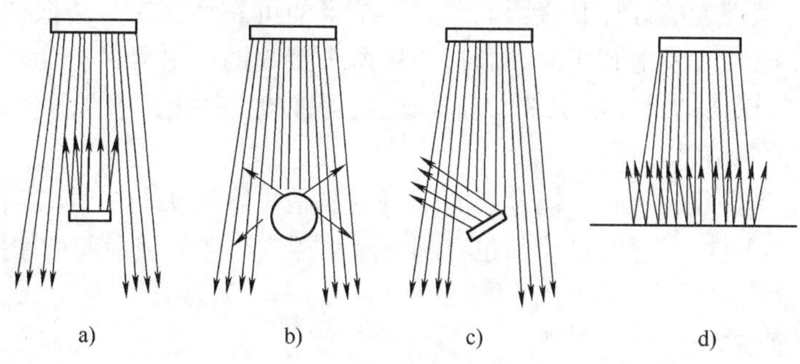

图 6-2　超声波在缺陷处的反射

超声波的频率越高,方向性越好,就能以很狭窄的波束向介质中传播,很容易确定缺陷的位置,同时频率越高,波长就短,能检测的缺陷尺寸就越小。但频率越高,传播中的衰减也愈大,传播的距离就越短,因此,频率的选择要适当,通常要使零件材料晶粒度尺寸在检测的声波波长范围内。

(二)超声波探伤设备

超声波探伤设备主要包括超声波探头、超声波探伤仪,若采用直接耦合方式将探头与被测件接触,还需在它们之间放置耦合剂。

1.超声波探头　探头又称为超声波换能器。它按功能的不同分为发射探头和接收探头两大类。发射探头的功能是将电能转换成超声能;接收探头的功能是将超声能转换成电能。

超声波探伤用的探头多为压电型,其作用原理为:发射探头是压电晶体在高频电振荡的激励作用下产生高频机械振动,并发射超声波;接收探头是压电晶体在超声波的作用下产生机械变形并因此产生电荷。

超声波探头随被探伤工件的形状和材质、探伤的目的和条件不同而需使用不同的形式,因此其类型很多。如按照产生的波形不同就可分为纵波探头、横波探头、板波探头和表面波探头等,还可按入射声束方向、耦合方式、晶片数目、声束形状、频带、使用环境等方式分类。在超声波探伤中常用的探头主要有直探头、斜探头、表面波探头、双晶片探头、水浸探头和聚焦探头等。

直探头又称平探头，应用最普遍，可以同时发射和接收纵波，多用于手工操作接触法探伤。既适宜于单探头反射法，又适家于双探头穿透法。它主要由压电晶片、阻尼块、壳体、接头和保护膜等基本元件组成。其典型结构如图6-3a)所示。

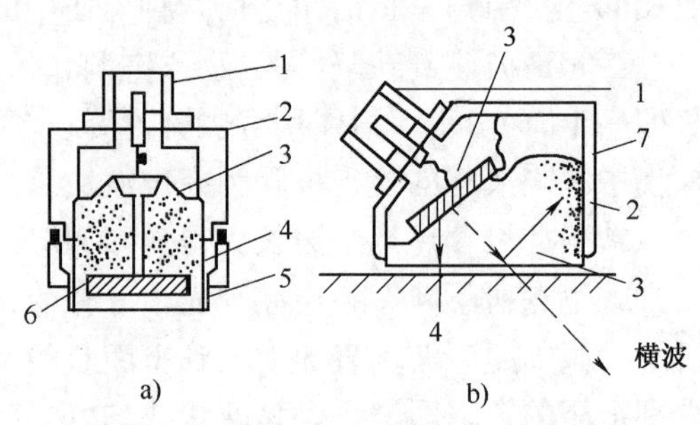

图 6-3　常见超声波探头的典型结构
a)纵波直探头；b)横波斜探头
1-接头；2-壳体；3-阻尼块；4-压电晶片；5-保护膜；6-接地环；7-吸声材料

斜探头利用透声楔块使声束倾斜于工件表面射入工件。压电晶片产生的纵波在斜楔和工件界面发生波型转换。依入射角的不同，斜探头可在工件中产生纵波、横波和表面波，也可在薄板中产生板波。斜探头主要由压电晶片、透声楔块及声材料、阻尼块、外壳和电气接插件等几部分组成，其典型结构如图 6-3 b)所示。

2.超声波探伤仪　超声波探伤仪是超声波探伤的主体设备，其性能的好坏直接影响到探伤结果的可靠性。超声波探伤仪的作用是产生电振荡并加于探头，使之发射超声波，同时，还将探头接收的电信号进行滤波、检波和放大等，并以一定的方式将探伤结果显示出来，人们依此获得被检工件内部有无缺陷以及缺陷的位置、大小和性质等方面的信息。

3.耦合剂　在超声波探伤中，耦合剂的作用主要是排除探头与工件表面之间的空气使超声波能有效地传入工件。当然，耦合剂也有利于减小探头与工件表面间的摩擦，延长探头的使用寿命。

(三)超声波探伤方法

超声波探伤方法按探伤原理不同，可分为脉冲反射法、穿透法和共振法等；按超声波的波形不同，可分为纵波法、横波法、表面波法和板波法等；按探头的数目的多少，可分为单探头法、双探头法和多探头法等；按探头与试件的耦合方式的不同，可分为直接接触法和水浸法两大类等。

脉冲反射法是根据缺陷回波和底面回波来进行探伤的；穿透法是根据缺陷的影形来检测缺陷情况；共振法是根据被测工件所发生的超声驻波来检测缺陷情况或检测板厚的。

二、红外线无损探伤技术

红外线探伤是利用被测工件的热传导、热扩散或热容量变化时，物体内部存在裂纹或气孔一类的缺陷部位将引起这些热性能的改变的原理而进行探伤。一般主要是测定被测工件温度的分布状态，使被测工件在加热或冷却过程中被测量到其温度变化的差异，从而判明缺陷的存在。

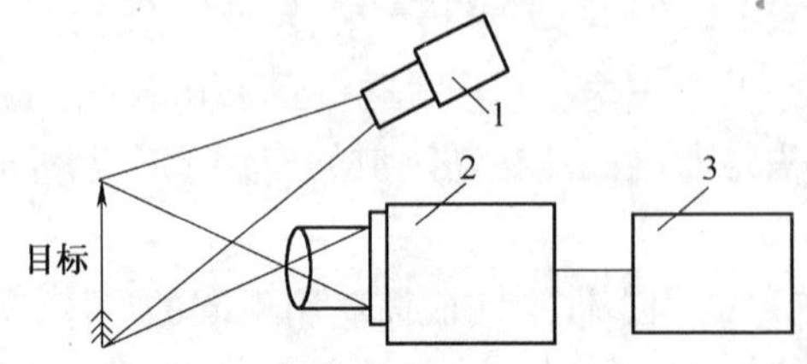

图 6-4　主动式红外成像原理
1-红外光源；2-摄像机；3-监视器

红外线探伤的主要仪器是热成像装置，我们在非接触测温一节里介绍过。红外成像可分为主动式和被动式两种。主动式红外成像是用一红外辐射源照射物体，利用被反射的红外辐射摄取物体的像，如图 6-4 所示。被动式红外成像是利用物体自身发射的红外辐射摄取物体的像。通常被动式红外成像称为热像，显示热像的装置称为热像仪。被动式红外成像由于无需外部红外光源照射，使用方便,所成之像反映了被摄取物体温度差别信息,故已成为红外技术的一个重要发展方向。红外线探伤也分为主动探伤和被动探伤两类。

1.主动探伤　主动探伤是用一外部热源对被测工件进行加热,在加热的同时或以后,测量被测工件表面温度和温度分布。加热工件时,热量将沿表面流动,如果工件无缺陷,热流量是均匀的;如果有缺陷存在,热流特性将改变,形成热不规则区,从而可发现缺陷所在。

2.被动探伤　被动探伤是将工件加热或冷却在一个显著区别于室温的温度下,保温到热平衡,然后用红外辐射计或热像仪进行扫描。其原理是利用被测工件自身发射的红外辐射不同于环境红外辐射的特点来检查被测工件表面的温度及温度分布。表面温度梯度的不正常反映了工件中存在的缺陷。由于被动探伤无需外部热源,特别是在生产现场应用起来尤为方便。

红外线技术应用于无损探伤有其突出的优点:加热和探测设备比较简单;能根据特殊需要设计出合理的检测方案;有广泛的用途,对金属、陶瓷、塑料、橡胶等各种材料中的缺陷,如裂缝、孔洞、异物、气泡、截面变异等,均可方便地进行探测。

三、磁粉探伤

磁力线通过铁磁性材料时,若材料内部组织均匀一致,磁力线通过零件的方向也是一致和均匀分布的;如材料内部有缺陷(裂纹、空洞、非磁性夹杂物等),这些缺陷的地方磁阻增加或磁性不连续,磁力线便发生偏转出现局部方向改变。当缺陷在材料的表面或近表面(2～5mm 以内)时,缺陷外产生漏磁场,如图 6-5 所示,其强度取决于缺陷的尺寸、位置及试件的磁化强度。这时把磁粉撒在试件的表面,则有缺陷的部位就会吸附更多磁粉而明显区别于没有缺陷的部位,这就是磁粉探伤的原理。

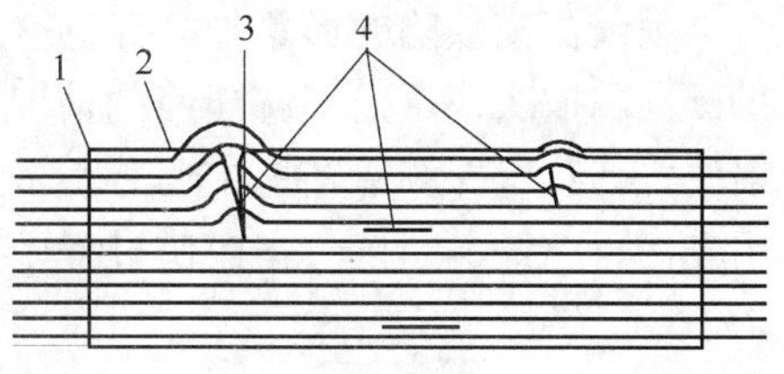

图 6-5　磁力线在铁磁物质中的方向

1-零件,2-磁力线,3-磁粉,4-缺陷(裂纹)

磁粉探伤方法适用于探测铁磁性材料的表面和近表面的裂纹、折叠、夹层、夹渣、空洞等缺陷。通常用交流电磁化检查近表层 2mm 以内的浅表面缺陷,用直流电磁化检查 6mm 以内的表面缺陷。深度再增加,探伤效果不很明显。在规定的探伤条件下可以测出 0.1μm 宽的裂纹,但只能知道缺陷的位置和长度,无法测出其深度,且缺陷走向必须与磁力线垂直,才能明晰地发现缺陷,当缺陷走向与磁力线平行时,磁力线变化较小,缺陷不易测出。

四、渗透探伤

渗透探伤法是将特殊的渗透液涂于试件表面,当试件表面有开口缺陷时,渗透液渗到缺陷中,去除表面多余的部分,经过显示处理、放大显示等程序来检查零件表面缺陷的无损探伤方法。渗透探伤适用于零件表面有开口的缺陷,对零件的材料没有特别要求。

渗透探伤按渗透液的不同有着色探伤和荧光探伤两种方式,其原理都一样,只是采用的渗透液及观察环境不同。着色探伤法简单方便;不需其他设备;荧光探伤法必须有干燥器、自来水和电源,与着色探伤法相比,操作较复杂,但可检测微米级裂纹,灵敏度高。

渗透法的基本步骤是首先对试件进行表面预处理,再进行渗透、清洗、显像,最后对试件表面进行观察,检查是否有缺陷。

渗透探伤的显像法有湿式显像、快干式显像、干式显像和无显像剂式显像四种。

渗透探伤的最小检出尺寸取决于渗透液的性能、探伤方法、操作技术水平和试件表面粗糙度等因素，一般能测出微米级宽、深 20μm 的裂纹。通常缺陷状况的判断以长度方向为准，判废标准为大于 1.5μm 的缺陷规定为不合格。

五、射线探伤

射线种类很多，其中易于穿透物体的主要有 X 射线、γ 射线和中子射线三种。X 和 γ 射线的区别只是发生的方法不同，都是波长很短的电磁波，两者本质相同。中子和质子是构成原子核的粒子，发生核反应时，中子飞出核外形成中子射线。

射线探伤就是利用 X 射线、γ 射线和中子射线能穿透物体的能力，用物体的透视摄影来检查零件内部缺陷的探伤方法。工业上常用的是 X 射线、γ 射线。

射线在穿过物质的过程中，由于受到物质的散射和吸收作用而使其强度衰减，强度衰减的程度取决于物体材料的性质、射线种类及其穿透距离。当把强度均匀的射线照射到物体上的一个侧面，在物体的另一侧使透过的射线在照相底片上感光、显影后，就可得到与材料内部结构或缺陷相对应的黑度不同的图像，即射线底片。通过观察射线底片，就可探测出物体表面或内部的缺陷，包括缺陷的种类、大小和分布情况，并做出评价。

射线探伤缺陷的形象非常直观，对缺陷的尺寸、性质等情况判断比较容易。采用计算机辅助断层扫描法还可以了解断面的情况，可以进行自动化分析。射线探伤对所探测检查物体既不破坏也不污染，但射线探伤成本较高，且对人体有害，在探伤过程中必须注意要做好安全防护。

射线探伤常用的方法有：照相法、透视法、电视观察法、工业 CT 法等多种形式。图 6-6 所示为射线探伤的直接照相法的原理图。一般把被检物放在射线发生装置 50cm 到 1m 的位置，使被测工件处于射线穿透厚度为最小的方向，把胶片盒紧贴在工件的背后，让一定强度的射线照射适当的时间进行充分曝光。把曝光后的胶片进行显影、定影、水洗和干燥等暗室处理后，就可以在显示屏的观察灯上根据底片上的黑度差别和图像来判断缺陷存在的情况。

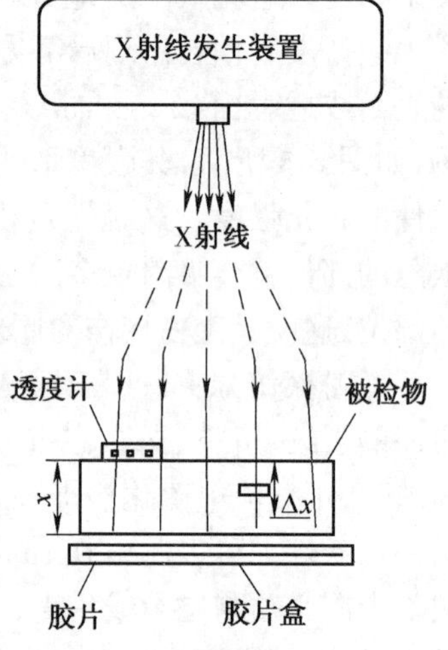

图 6-6　射线探伤直接照相法

射线探伤（照相法）的适用范围较广，适用于试件内部缺陷的探测，在工程机械维修中一些重要部件的探伤中可使用。

对厚的被检工件来说，可使用硬射线，薄的被检工件则使用软射线。射线穿透钢铁的最大厚度约为 450mm，铜约为 350mm，铝约为 1200mm。

射线探伤对气孔、夹渣、铸造孔洞及与射线照射方向平行的裂纹等缺陷很敏感，对有一定面积但厚度很薄的缺陷则难探测，因此，有时要改变照射方向来进行。

要直观地知道缺陷的两维形状大小及分布，并能估计缺陷的种类、缺陷厚度以及离表面的位置等，需以不同照射方向对工件进行探检。如有较高的探伤要求，可采用近年发展较快的工业 CT 技术来进行。

中子射线不同于 X、γ 射线，主要用于照相探伤。它常应用在检查由含氢、锂、硼物质和重金属组成的物体，对陶瓷、固体火箭燃料、子弹、反应堆等进行试验研究工作。

六、声发射探伤技术

当物体受到外力或内应力作用时，物体缺陷处或结构异常部位因应力集中而产生塑性变形，其储存能量的一部分以弹性应力波的形式释放出来，这种现象称为声发射。利用声发射现象的特点，用电子学的方法接受发射出来的应力波，进而根据声发射信号特征，进行处理和分析以评价缺陷发生、发展的规律，以寻找和推断声发射源的缺陷及危险性的技术称为声发射技术，也叫做声发射探伤。

材料在受载的情况下，缺陷周围区域的应力再分布以范性流变、微观龟裂、裂纹的发生和扩展等形式进行，实际上是一种应变能的释放过程，而其中一部分应变能以应力波的形式发射出来。所以材料在滑动、孪晶、位错、相变、开裂、断裂等过程中都有声发射现象发生。因此，接收和研究声发射现象，就可以利用声发射的信号对材料缺陷进行探测、预报和判断，并对材料或物件进行评价。

第七章　工程机械发动机的诊断与检测

发动机是工程机械的心脏、动力源，是最主要的总成之一。发动机技术状况的好坏将直接影响工程机械的动力性、经济性、可靠性及生产效率的高低。由于发动机结构复杂、工作条件差，因而故障率最高，对发动机的诊断与检测将成为重点对象。

发动机技术状况的变化，主要表现在故障增多、性能降低和损耗增加上。用来诊断发动机技术状况的诊断参数如表7-1列。在进行发动机技术状况诊断时，除了故障诊断外，应当测出有关的诊断参数值，然后与标准值对照，即可确知发动机的技术状况。

发动机常用诊断参数　　表7-1

诊断对象	诊断参数
发动机总体	功率，kW 曲轴角加速度，rad/s^2 单缸断火时功率下降率，% 油耗，L/h 曲轴最高转速，r/min 废气成分和浓度，%或ppm
气缸活塞组	曲轴箱窜气量，L/min 曲轴箱气体压力，kPa 气缸间隙(按振动信号测量)，mm 气缸压力，MPa 气缸漏气率，% 发动机异响 机油消耗量，L/100km
曲柄连杆组	主油道机油压力，MPa 连杆轴承间隙(按振动信号测量)，mm
配气机构	气门热间隙，mm 气门行程，mm 配气相位，(°)
柴油机供油系	喷油提前角(按油管脉动压力测量)，(°) 单缸柱塞供油延续时间(按油管脉动压力测量)，(°) 各缸供油均匀度，% 每一工作循环工油量，mL/工作循环 高压油管中压力波增长时间，曲轴转角(°) 按喷油脉冲相位测定喷油提前角的不均匀度，曲轴转角(°) 喷油嘴初始喷射压力，MPa 曲轴最小和最大转速，r/min 燃油细滤器出口压力，MPa

续上表

诊 断 对 象	诊 断 参 数
供油系及滤清器	燃油泵清洗前的油压,MPa 燃油泵清洗后的油压,MPa 空气滤清器进口压力,MPa 蜗轮压气机的压力,MPa 蜗轮增压器润滑系油压,MPa
润滑系	润滑系机油压力,MPa 曲轴箱机油温度,℃ 机油含铁(或铜铬铝硅等)量,% 机油透光度,% 机油介电常数
冷却系	冷却液工作温度,℃ 散热器入口与出口温差,℃ 风扇皮带张力,N/mm 曲轴与发电机轴转速差,%
点火系	初级电路电压,V 初级电路电压降,V 电容器容量,μF 断电器触点闭合角及重叠角,(°) 点火电压,kV 次级电路开路电压,kV 点火提前角,(°) 发电机电压,电流,V、A 整流器输出电压,V
起动系	在制动状态下起动机电流,A;电压,V 蓄电池在有负荷状态下的电压,V 振动特性,m/s^2

第一节　发动机功率的检测

发动机输出的有效功率,是发动机的一个综合性评价指标。通过该项指标可定性地确定发动机的技术状况,并定量地获得发动机的动力性。测量发动机功率可在水力(或电力)测功机上进行稳态测功,也可用无负荷测功器进行较粗略的动态测功。

一、稳态测功

稳态测功是指发动机在油门拉杆(柴油机)或节气门开度(汽油机)一定,转速一定和其他参数保持不变的稳定状态下,在水力测功器或电涡流测功器上给发动机施加一定负荷,测出其转速及相应扭矩,从而计算出功率的一种方法。

发动机的有效功率 P_e，扭矩 T_e 和转速 n 具有下列关系：

$$P_e = \frac{T_e \times n}{9550} \quad (\text{kW}) \tag{7-1}$$

稳态测定发动机最大的有效功率是在供油拉杆处在最大供油位置(或节气门全开)情况下，给发动机施加一定负荷，测出额定转速及相应扭矩，即可由上式计算出功率数。在测发动机的外特性时，应测 6~8 个转速点，它们包含最大功率、最大扭矩转速在内，并在发动机最低稳定转速和最大功率转速之间均匀分布。测试时调整测功机负荷，使发动机转速由低到高，记下各测点转速与相对应的扭矩值。

稳态测功的结果比较准确可靠，在发动机设计、制造、院校和科研部门做性能试验采用较多，在一些大的机械修理厂也用来检验发动机大修后的动力性能。稳态测功较费时费力，检测成本较高，需要大型且固定安装的测功器，被检测的发动机需与测功器实现同心度精度较高的机械连接，不适用在机械上的发动机的不解体检测。稳态测功，必须对发动机施加外部负荷，因而也称为有负荷测功或有外载测功。

二、动态测功

动态测功也叫无负荷测功，它是指发动机在供油拉杆位置(或节气门开度)和转速均为变动的状态下，测定其功率的一种方法。

动态测功的方法是：当发动机在怠速或空载某一低速下运转时突然将供油拉杆放置在最大供油位置，使发动机克服惯性和内部摩擦阻力加速运转，用其加速性能的好坏直接反映最大功率的大小。因此只要测出加速过程中的某一参数，就可得出相应的最大功率。

角加速度、加速时间与发动机有效功率的关系如下：

1.测角加速度

扭矩与角加速度的关系：

$$T_e = J\frac{d\omega}{dt} = J\frac{\pi}{30} \times \frac{dn}{dt} \quad (\text{N} \cdot \text{m}) \tag{7-2}$$

式中：T_e——发动机有效扭矩(N·m)；

J——发动机运动部件对曲轴中心线的当量转动惯量(N·m·s^2)；

n——发动机转速(r/min)；

$\frac{d\omega}{dt}$——曲轴的角加速度(1/s^2)；

$\frac{dn}{dt}$——曲轴的加速度(r/s^2)。

把 T_e 带入式(7-2)得：

$$P_e = \frac{\pi I}{9549.3 \times 30} n \frac{dn}{dt} \quad (\text{kW}) \tag{7-3}$$

令：

$$C_1 = \frac{\pi I}{9549.3 \times 30}$$

则：

$$P_e = C_1 n \frac{dn}{dt}$$

由于加速过程是非稳定工况，因而测得的功率值小于同一转速下的稳态测功值，所以上式应乘以修正系数 K，即

$$P_e = KC_1 n \frac{dn}{dt}$$

令：

$$C_2 = KC_1$$

则：

$$P_e = C_2 n \frac{dn}{dt} \tag{7-4}$$

上式表明，发动机加速过程中，在某一转速下的有效功率与该转速下的瞬时加速度成正比，因此只要测的加速过程中的这一转速和对应的加速度，即可求出该转速下的有效功率。

2. 测加速时间

如要求出某指定转速范围内的平均有效功率，可将式(7-4)变化成式：

$$P_e\, dt = C_2\, n\, dn$$

经积分，得平均功率为：

$$P_{eav} = \frac{1}{2} C_2 (n_2{}^2 - n_1{}^2) \frac{1}{t} \tag{7-5}$$

令：

$$C_3 = \frac{1}{2} C_2 (n_2^2 - n_1{}^2)$$

得：

$$P_{eav} = C_3 \frac{1}{t} \tag{7-6}$$

式中：P_{eav}——平均有效功率(kW)；

n_1、n_2——指定的起、止转速，为一定值(r/min)；

t——加速时间(s)。

从上式可以看出，平均有效功率与加速时间成反比。发动机由起始转速加速到终止转速的时间愈长，表明发动机有效功率愈小，反之亦然。因此，测得某一转速范围内的加速时间，便可获得平均有效功率值。

3. 动态测功仪的构成　动态测功仪的仪器方案有两种：一种是测瞬时角速度，一种是测加速时间。

测加速时间的动态测功仪由转速信号传感器、转速脉冲整形装置、起始转速触发器、终止转速触发器、时标、计算与控制装置和显示装置组成，如图 7-1 所示。这种测功仪能把汽油机点火系初级电路断电器触点开闭初级电流的感应信号或柴油机高压油泵某缸的高压油管中的压力信号作为曲轴转速的脉冲信号，经整形成为矩形触发波，然后再把矩形的转速脉冲变成平均电压信号。

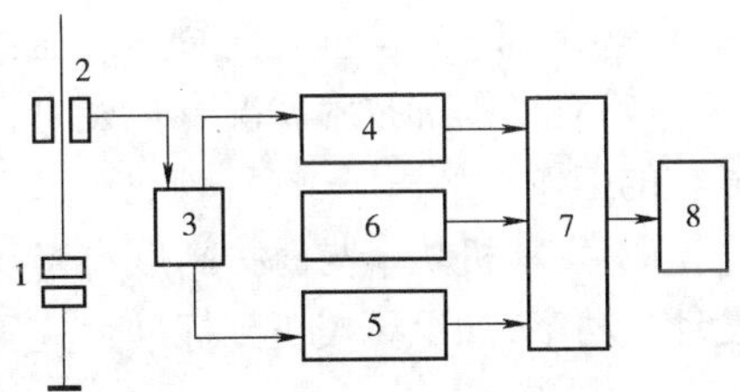

图 7-1　平均加速功率测量仪方框图

1-分电器触点；2-转速信号传感器；3-转速脉冲整形装置；4-起始转速触发器；5-终止转速触发器；6-时标；7-计算与控制装置；8-显示装置

当柴油机供油拉杆放置在最大供油位置加速到起始转速 n_1 时，与起始转速对应的电压信号去触发计算与控制电路，使时标信号进入计算器并寄存。当发动机转速加速到终止转速 n_2 时，终止转速对应的电压信号又去触发计算与控制电路，使时标信号停止进入计算器，并把寄存的时标脉冲数转换成电压信号显示在显示器上。

测瞬时角速度的动态测功仪由传感器、脉冲整形装置、时间信号发生器、加速度计数器和控制装置、功率指示表和转速表等组成，其方框图如图 7-2 所示。它是通过测量加速过程中某一转速的角加速度 dn/dt，来测得瞬时功率的。它的电磁感应传感器是非接触式的，装在飞轮壳下部的一个专门加工的孔内，并使其与飞轮齿顶保持一定距离。在曲轴转动时，飞轮齿圈的每一个齿越过传感器时就产生一个脉冲信号，每分钟脉冲信号数除以飞轮齿圈齿数，就是发动机的转速。传感器将转速脉冲信号输入到整形装置进行整形放大后，变成矩形触发脉冲信号再输入到加速度计算器。发动机转速达到规定值 n_1 时，整形装置才输出触发脉冲信号。触发脉冲信号通过检测装置触发加速度计算器工作，计算一定时间间隔内整形装置输入到计算器的脉冲数，并把这些脉冲数累加起来。时间间隔由时间信号发生器控制。每一时间间隔内的脉冲数与发动机转速成正比，加速度又与发动机的功率成正比。而后一时间间隔与前一时间间隔的脉冲数值差与发动机的加速度成正比，转换分析器把计算器输出的脉冲，即与发动机功率成正比的相对加速度脉冲信号变成直流电压信号，并把它输入到已按功率单位标定的电压表，以便显示被测发动机的功率。

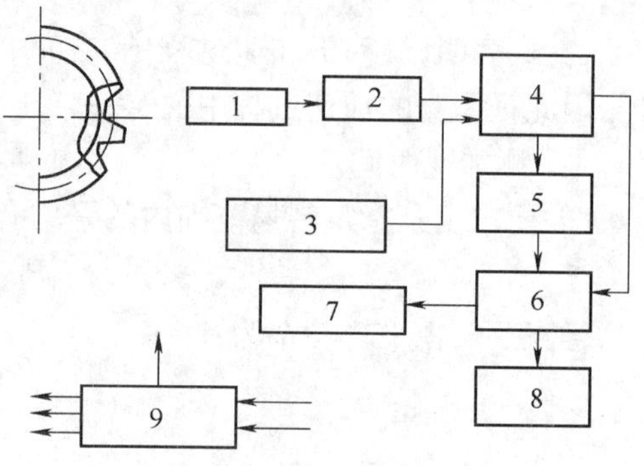

图 7-2　瞬时角加速度方框图

1-传感器；2-整形装置；3-时间信号发生器；4-计数器和控制装置；5-转换分析器；6-转换开关；7-功率表；8-转速表；9-电源

动态测功仪既可以制成单一功能的便携式测动仪，也可以与其他测试仪表组合成为台式发动机综合测试仪。

4.动态测功仪的使用　用加速测功仪测量发动机功率时，应先将发动机运转到正常工作温度，然后让发动机停机。将测功仪接通电源并预热，检查调整至正常。把转速传感器安装到合适位置。将测量仪器一切准备就绪，起动发动机在怠速稍高的转速下运转一会后，将发动机的油门一脚踩到底，n_1、n_2 指示灯相继闪亮，发动机自动停机。此时显示器上的显示值为发动机最大功率。一般测试应重复 3 ~ 4 次，取其平均值。根据测试结果，对发动机技术状况进行判断。

(1)各种发动机都有一定的标准值。若达不到额定功率，应对油、电路进行调整。若调整后功率值仍低时，应检查气缸压缩压力值、进气管中真空度等，判断是哪一缸出现了故障。

(2)对个别缸技术状况有怀疑时，可对其单缸断油或断火后再测功，从功率下降情况判断该缸的工作好坏。

(3)发动机功率与海拔高度有密切关系，动态测功仪测量结果是在实际大气压力下测得的发动机功率，如果要校正到标准大气压下的功率，需要乘上一个系数。

三、单缸功率的检测

检查各缸动力性能是否一致是发动机检测的一个重要内容。动态测功仪既可以检查发动机的整机功率，又可以测量某气缸的单缸功率。检查单缸功率的方法是：先测出发动机的整机功率，再测出某缸断油或断火时的功率，两功率值之差即为断油或断火之缸的功率。技术状况良好的发动机，各缸功率是一致的，否则将造成发动机运转不平稳。比较各缸功率，可判断各缸的工作状况。

一种更简单检测各缸功率的方法是测得在某缸断油或断火时的转速降来判断其工作状况。工作正常的发动机在某一转速下稳定运转时，发动机的指示功率与摩擦功率是平衡的。此时取消任何一缸工作，发动机转速会下降相同值。当发动机在 800r/min 下稳定运转时，每停止一缸工作致使转速下降值见表 7-2。要求最高和最低下降值之差不大于平均下降值的

30%，如果下降值偏低，说明停止工作之缸工作不良。

单缸停止工作后发动机转速正常平均下降值(r/min) 表 7-2

发动机缸数	转速正常平均下降值	发动机缸数	转速正常平均下降值
4 缸	80 ~ 100	8 缸	40 ~ 50
6 缸	60 ~ 80		

单缸断火的常用方法是使用螺丝刀将火花塞接柱与缸盖直接短路。单缸断油是将试验缸高压油管接头拧松。当使用发动机检测仪时，可以直接显示或打印转速下降值。

应当指出，在进行断火试验时，试验的时间不宜过长，因为没有燃烧的燃油会洗掉气缸壁上的油膜，造成润滑不良加速气缸磨损，也使润滑油被稀释造成污染及加速变质。

综上所述，动态测功仪仅能对发动机动力性能进行评价，并不能找出故障部位。要想分析故障原因，需测量一些局部的诊断参数，如气缸压力、曲轴箱窜气量等，进行深入诊断。

第二节　气缸密封性的检测

气缸密封性与气缸、气缸盖、气缸衬垫、活塞、活塞环和进排气门等包围工作介质的零件有关。这些零件组合起来(以下简称为气缸组)成为发动机的心脏，它们的技术状况好坏，不但严重影响发动机的动力性和经济性，而且决定发动机的使用寿命。在发动机使用过程中，由于上述零件的磨损、烧蚀、结胶、积碳等原因，引起了气缸密封性下降。气缸密封性是表征气缸组技术状况的重要参数。

气缸密封性的诊断参数主要有气缸压缩压力、曲轴箱漏气量、气缸漏气量或气缸漏气率等。

一、气缸压缩压力的检测

检测活塞到达压缩终了上止点时气缸压缩压力的大小，可以表明气缸的密封性。检测方法有以下几种。

1. 气缸压力表检测

气缸压力表是一种专用的压力表。它由压力表头、导管、单向阀和接头等组成。压力表头多为鲍登管(Bouedon tude)式，其驱动元件是一根扁平的弯曲成圆圈的管子，一端为固定端，另一端为活动端。活动端通过杠杆、齿轮机构与指针相连。当压力进入弯管时弯管伸直，于是通过杠杆、齿轮机构带动指针动作，在表盘上指示出压力的大小。其结构如图 7-3 所示。

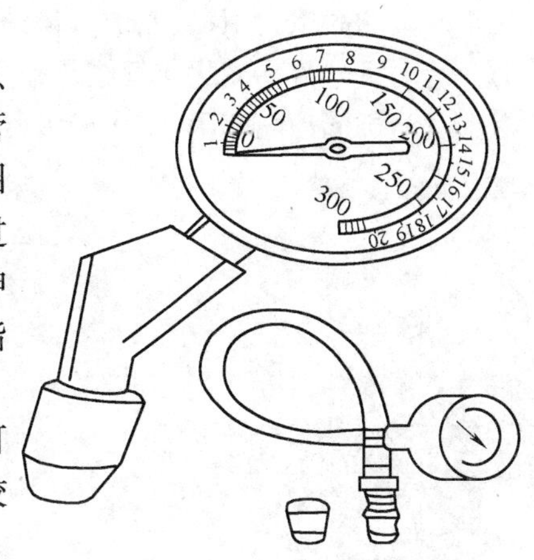

图 7-3　气缸压力表

气缸压力表的接头有两种。一种为螺纹管接头，可以拧紧在喷油器的螺纹孔内；另一种锥形或梯形的橡胶接头，可以压紧在喷油孔上。

(1)检测条件　发动机应运转至正常热状态，此时冷却水温度应达到 85 ~ 95℃，机油温度应达到 70 ~ 90℃。

(2)检测方法　测量前先将喷油器安装孔周围清洗干净，避免异物落入气缸。然后拆下全部喷油器，把专用气缸压力表的锥形橡皮头插入被测缸的喷油器孔内，扶正压紧。将供油拉杆放置在停供的位置,用起动机带动发动机运转 3 ~ 5s,其转速应在 100 ~ 150r/min 之内。待气缸压力表指针指示并保持最大压力读数后停止转动。取下压力表,记下读数。按下单向阀,使压力表回零。按此法依次测量各缸,每缸测量不少于 2 次。

(3)检验标准　气缸压缩压力标准一般由制造厂提供。也可以根据下述公式进行推算。

$$P = 0.15\varepsilon - 0.22 \quad (\text{MPa}) \tag{7-7}$$

式中:ε——气缸压缩比。

测量气缸压缩压力不低于标准的 30%。同一发动机各缸压力差应不大于 0.1MPa。

(4)结果分析　测得压力如果超过原厂的规定标准,说明燃烧室内积碳过多,气缸垫过薄或气缸体与缸盖接合平面经过多次修磨磨削过多;测得的压力如果低于原厂规定标准,可向该缸喷油器孔内注入 20 ~ 30ml 机油,然后重新用气缸压力表测量气缸压力值,并记录。

①如果第二次测得的压力值比第一次高,接近标准压力值,表明气缸、活塞环、活塞磨损大或活塞环对口、卡死断裂及缸壁拉伤等原因造成气缸不密封。

②如果两次测得的结果相差不大,并且两相邻缸都比较低,说明两邻缸气缸垫烧损窜气。

③第二次测得的压力与第一次略同,即仍比标准压力值低,说明进、排气门或气缸衬垫不密封。

以上仅对气缸活塞组不密封部位进行分析和推断,并不能十分有把握地确诊。为了准确地判断故障部位,可在测出气缸压力之后,针对压力低的气缸,可采用气缸漏气率的检测方法进行判断。

用普通气缸压力表测量气缸压缩压力是常规的测量方法,必须把喷油器拆下,逐缸地测量,费工费时,且存在测量误差大的缺点。研究表明,这种方法的测量结果不仅与气缸各处的密封性有关,而且还与曲轴的转速有关。图 7-4 表示了某发动机气缸最大压缩压力与发动机转速的关系。从图中可以看出,只有当曲轴的转速超过 1500r/min 以后,气缸的压缩压力变化才不大。而在低速范围内较小的转速变化会带来较大的气缸压力值变化。

2.测起动机电流法

利用测量起动机的电流来检测气缸压缩压力依据的是:起动机带动发动机曲轴所需的扭矩(T_e)是起动机电流(I)的函数,并与气缸压缩压力成正比。发动机起动时的阻力有:曲柄连杆机构产生的摩擦力矩(近似地看作是稳定的常数)、压缩阻力(随压缩的进程而变化)和惯性阻力。起动机电流的变化与气缸压缩压力的变化间存在着相对应的关系。从示波器直接记录的六缸发动机起动电流图(图 7-5)中可以看出,波动曲线类似一个正弦曲线,其峰值与各缸的

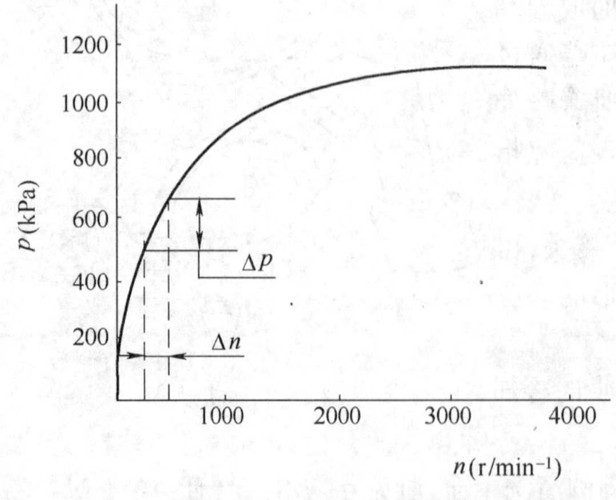

图 7-4　气缸最大压缩压力与曲轴转速之间的关系

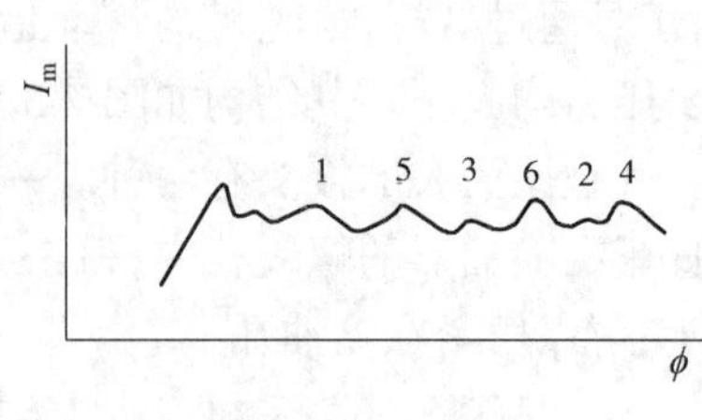

图 7-5　起动电流与曲轴转角关系曲线

压缩压力最大值有关,按工作顺序找出各缸的对应的起动电流峰值,并通过一定的标定,即可表示出该缸压缩压力的大小。

用上述原理制作的测试仪,如在检测时显示的电流变化曲线幅度一致,电流峰值在规定范围内,说明各缸压缩压力符合要求且压力均衡;如果起动电流变化曲线幅度不一致,对应某缸的电流峰值低于规定范围,则说明该缸压缩压力不足。

3.测起动机电压法

测起动机电压检测气缸压缩压力的原理与上述测起动机电流检测气缸压缩压力相同。它是通过起动机在发动机起动时遇到的阻力不一样,引起起动机电压变化来反映各缸压缩时气缸内的实际密封状况。检测仪器测量并显示起动机电压的变化,如果各缸引起的电压变化曲线幅度一致,又处在规定范围内,说明各缸压缩压力符合要求且压力均衡;反之,若某缸对应的电压变化曲线低于规定范围,则说明该缸压缩压力不足。

目前,用测电流法,测电压法来检测气缸压缩压力的仪器较多,尤其是在一些发动机综合测试仪上,主要采用这两种方法。

二、气缸漏气率的检测

发动机不工作时,用漏气率测试仪测试气缸漏气率,在不解体的情况下判定气缸与活塞组件、气门与气门座、缸盖与气缸垫间的密封情况。

气缸漏气率检测仪的结构简图如图 7-6 所示。它主要由减压阀,进气压力表、测量表、出气量孔、软管、接头开关和测量塞头等组成,外接气源压力为 0.6~0.8MPa。

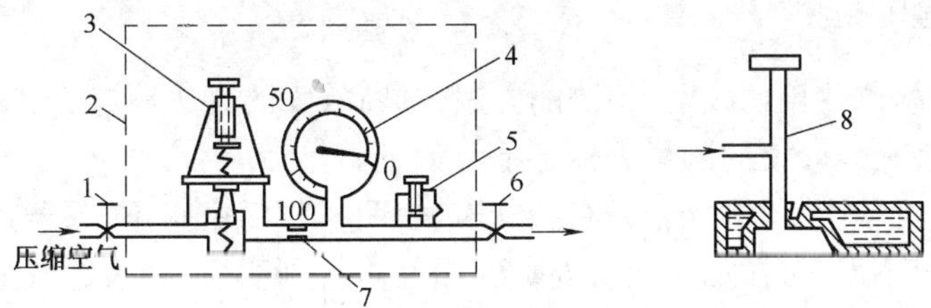

图 7-6　气缸漏气率检测仪结构示意

1-压缩空气进入接头与开关;2-仪器箱;3-减压阀;4-漏气率表;5-气压调节阀;6-仪器与测量塞头的接头开关;7-出气量孔;8-测量塞头

检测时,将发动机预热到正常工作温度后停机,拧下喷油嘴并清除安装部分周围的脏物,将第一缸活塞处于压缩行程某一位置,采用变速器挂挡或其他防止活塞被压缩空气推动的措施后,将仪器与气源接通,先关闭开关 6,观察漏气量表上的指针是否在 0 点,若不在 0 点上,用调整螺钉进行调整,然后把测量塞头压紧在安装喷油嘴的孔上,打开开关 6 向气缸充气,测量表上的读数,即反映一缸的密封情况,其他缸也以此方法进行测量。

气缸漏气率的测量原理是:压力为 p_1 的压缩空气,经量孔进入处于压缩行程的气缸内,因各配合副有一定的间隙,压缩空气从不密封处泄漏,这样在量孔前后形成一定的压力差,其值为:

$$P_1 - P_2 = \rho \frac{v^2}{2\alpha^2 f^2} = k \frac{v^2}{\alpha^2} \tag{7-8}$$

式中:k——$\rho/2f^2$;

P_1——进气压力;

P_2——量孔后的空气压力;

v——空气漏气量；

α——量孔阻力系数；

f——量孔截面积；

ρ——空气密度。

由式(7-7)可知，当进气压力一定，量孔截面积一定，压力差或者 P_2 就决定了漏气率。漏气率表实际上是一个压力表，它采用百分比刻度，当打开开关 1，接通压缩空气，开关 6 关闭时，调整减压阀，使漏气率表的指针指向 0 点；当打开出气阀 6，压缩空气经量孔直接排入大气中时，指针指示刻度为 100%。在 0 与 100 之间等分 100 等分，每一等分为 1% 的漏气量。表 7-3为气缸漏气率的诊断标准。

气缸漏气率诊断标准(单位：%)　　表 7-3

测量条件	测量时活塞位置	发动机气缸直径(mm)				
下列情况漏气率超过右列数值者必须进行修理		汽油机			柴油机	
		51～75	70～100	101～130	76～100	101～130
经活塞环、气门总漏气率	压缩行程开始的位置	8	14	23	24	29
活塞环、气门单独漏气率	压缩行程开始位置	4	8	14	18	18
经气缸总漏气率	压缩行程终止位置	16	28	50	45	52
压缩行程终止位置与开始位置两次之差值		12	20	30	30	30

三、气缸漏气量的检测

气缸漏气量的检测使用的仪器，检测的方法，判断故障的方法等与气缸漏气率的检测基本一致，只是气缸漏气量检验仪的测量表标定单位为千帕。

在对气缸充气过程中，若排气管内有漏气声，表明排气门密封不严；若进气管道内有漏气声，表明进气门密封不严；若在加机油口处听到漏气声特别明显，则表明气缸套与活塞组件磨损严重；若在水箱内有漏气声并伴有水泡，表明气缸垫漏气；若被测气缸的相邻喷油嘴安装孔有漏气声，则是气缸垫在相邻缸间烧穿。

四、曲轴箱窜气量检测

气缸活塞组配合副的磨损、活塞环弹性下降或粘结均会使气缸的密封性下降，窜入曲轴箱的气体将会增加，如有的新发动机曲轴箱的窜气量约为 15～20L/min，而工作时间较长，气缸活塞组配合副零件有较大磨损时其窜气量可高达 80～130L/min。气缸与活塞、活塞环间的密封性越差，曲轴箱的窜气量越大。发动机在确定的工况下工作，单位时间内窜入曲轴箱气体的数量，表示了气缸活塞组的技术状况和磨损程度，可作为其检测密封性的一个尺度。

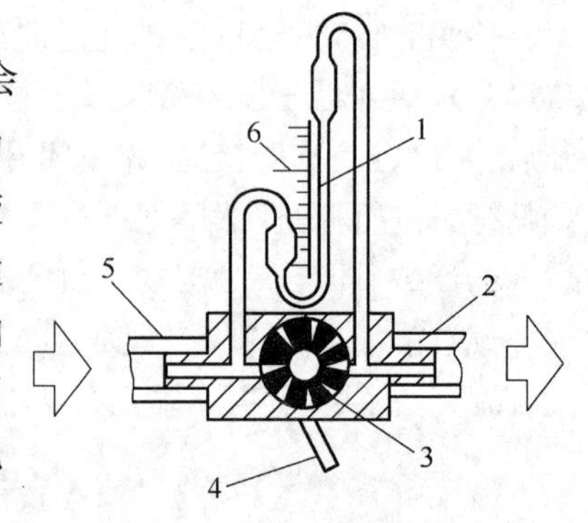

图 7-7　气体流量计示意图

1-压力计；2-通大气管；3-流量孔板；4-流量孔板扳手；5-通曲轴管胶管；6-刻度板

检测曲轴箱窜气量的测量仪多采用玻璃转子式流量计，如图 7-7 所示。它实际上是一种压差式流量计。测量时，应将机油尺口、曲轴箱通气口等堵住，使曲轴箱密封，在加油口处将漏窜气体用橡胶软管导出(此连接处不得有泄露),输入气体流量计,漏窜气体在流量计中如图中箭头所示方向流动时,在流量孔板两侧产生压力差,促使两头分别与流量孔板两侧连通的压力计中的水柱移动,直至气体压力与水柱落差相平衡。压力计通常以流量刻度,这样,从压力计水柱的高度就可确定窜入曲轴箱气体的数量。有不同孔径的多种规格的流量孔板,测量时可根据窜气量的范围适当选择。就机检测时,采用加载,油门拉杆在最大供油位置,柴油发动机在1000~1600r/min转速条件下进行。这是因为曲轴箱窜气量与发动机的转速及外负荷有很大关系。各种柴油发动机曲轴箱窜气量的参考值,请查阅相关资料。

第三节　柴油机燃油供给系的诊断与检测

柴油机的燃油供给系是柴油机的心脏,其性能的好坏直接影响柴油机的动力性和经济性。燃油供给系也是柴油机故障多发的系统,该系统的故障发生率占整个柴油机故障的60%以上。因此对该系统的故障诊断和检测尤为重要。有经验诊断法和仪器诊断法。

一、柴油机燃油供给系的仪器诊断和检测

柴油机工作性能的好坏,与燃料供给系的工作状况密切相关。喷油泵和喷油器的工作状况,可以通过高压油管中压力的变化情况和针阀升程反映出来,因此,用测量仪器检测高压油管中压力和喷油泵凸轮轴转角之间的变化关系、喷油器针阀升程与喷油泵凸轮之间的变化关系,就可以判断出柴油机燃料供给系的工作是否良好。一些柴油机专用示波器和综合测试仪(如QFC-5型和CFC-1型等)均能在柴油机不解体情况下,以多种形式观测各缸高压油管中的压力波形和喷油器的针阀升程波形。综合测试仪还能定量地、准确地测出高压油管中的最大压力、残余压力和供油提前角等参数,并能进行异响分析、配气相位测量等项目,为全面分析、判断燃油系技术状况提供波形和数据。

1.主要检测项目及波型介绍

利用示波器可观测柴油机燃料系的以下主要项目。

1)观测压力波形　可观测到各缸高压油管中压力变化的波形。这些波形能以多缸平列波、多缸并列波、多缸重叠波、单缸选缸波和全周期单缸波的形式出现。

(1)全周期单缸波:即单独将某一缸高压油管中的压力随喷油泵凸轮轴转过360°时的变化情况显示出来的波形,如图7-8所示。波形上有一个人工移动的亮点,指针式表头可以指示出亮点所在位置的瞬态压力。因此,移动亮点可准确测出某缸高压油管中的残余压力(p_r)针阀开启压力(p_0)、针阀关闭压力(p_b)和最大压力(p_{max})。

(2)多缸平列波:即以各缸高压油管内的残余压力(p_r)为基线,将各缸波形按着火次序从左向右首尾相连的一种排列形式,如图7-9所示。利用该波形可以观测到各缸p_0、p_b和p_{max}点在高度上是否一致,因而可用于比较各缸上述压力值的一致性。

(3)多缸并列波:即将各单缸波形按着火次序自下而上单独放置并将其首部对齐的一种排列形式,如图7-10所示。通过观测各缸波形三阶段面积大小,可用于比较各缸供油量、喷油量的一致性。

(4)多缸重叠波:即将各单缸波形之首对齐并重叠在一起的一种排列形式,如图7-11所示。利用该波形可观测到各缸波形在高度、长度和面积的一致程度,可用于比较各缸p_0、p_b、p_{max}、p_r、供油量和喷油量的一致性。

2)观测针阀升程波形:可观测到喷油器针阀升程与喷油泵凸轮轴转角的对应关系和针阀升程与高压油管中压力变化的对应关系。

3)检测瞬态压力:可观测出高压油管内的最高压力和残余压力,有些仪器甚至能测出喷油器针阀开启压力和关闭压力。

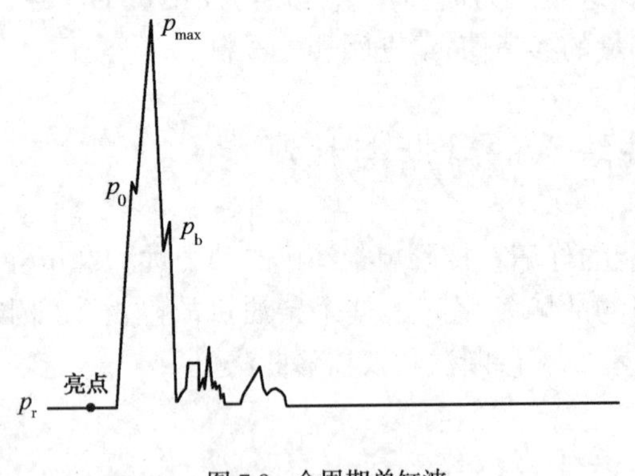

图 7-8　全周期单缸波

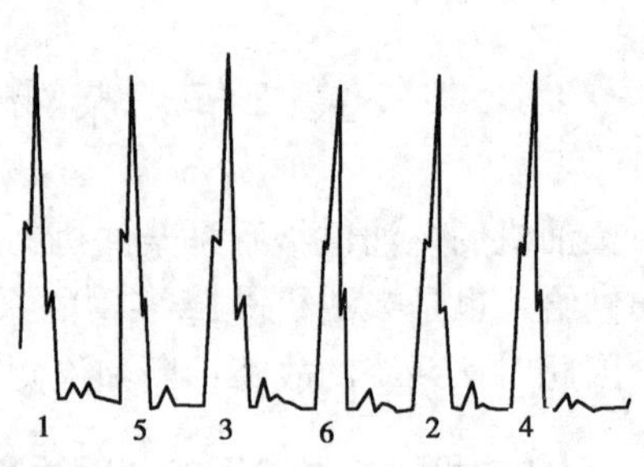

图 7-9　六缸平列波

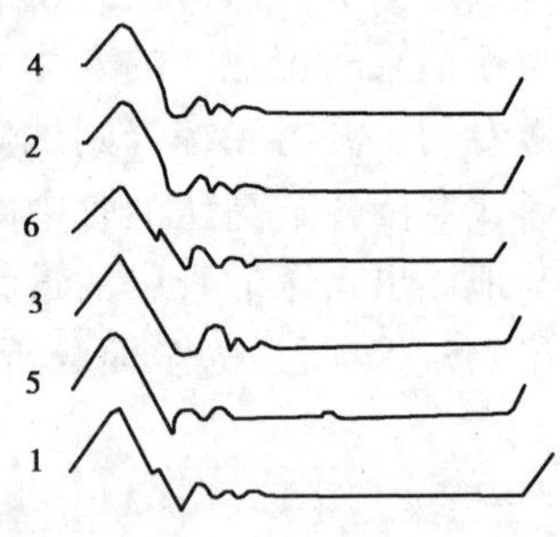

图 7-10　六缸并列波

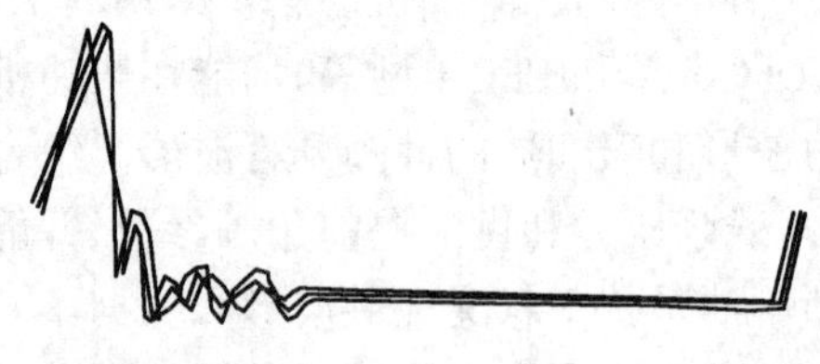

图 7-11　六缸重叠波

4)供油均匀性判断:通过比较各缸高压油管中压力波形的面积,可观测到各缸供油量的一致性,并能找出供油量过大或过小的缸。

5)观测异常喷射:根据针阀升程波形,客观测到停喷、间隔喷射、二次喷射、喷前滴漏、镇阀开启卡死和喷油泵出油阀关闭不严等现象。

6)检测供油正时和喷油正时:利用闪光法或缸压法,再配合以被测缸高压油管中压力波形和针阀升程波形,可测得 1 缸或某缸的供油提前角和喷油提前角。

7)检测供油间隔:通过观测屏幕上各缸并列线对应的凸轮轴角度,可检测到各缸供油间隔的大小。

2.喷油压力波形与针阀升程波形

图 7-12 是在柴油机有负荷情况下实测的某缸高压油管内压力(P)和针阀升程 S 随高压泵凸轮轴转角 θ 的变化曲线。图中,p_r 为高压油管中的残余压力,p_0 为针阀开启压力,p_b 为针阀关闭压力,p_{max}为最高压力。在横坐标方向上,整个曲线分为三个阶段:I 为喷油延迟阶段,调高针阀开启压力 p_0、高压油管渗漏、出油阀偶件或喷油器针阀偶件不密封造成残余压力 p_r 下降、随意增加高压油管的长度或增加高压油系统的总容积等都会使这个阶段增长;II 为主喷油阶段,该阶段长短主要与柴油机负荷有关,对于柱塞式喷油泵来说即与柱塞的有效供油行程

长短有关，有效喷油行程愈大，该阶段愈长；Ⅲ为自由膨胀阶段，若高压油管内最高压力不足，可使该阶段缩短，反之使该阶段延长。

从图中可以看出，第Ⅰ、Ⅱ阶段为喷油泵的实际供油阶段，第Ⅱ、Ⅲ阶段为喷油的实际喷油阶段。在循环供油量一定的情况下，若Ⅰ阶段延长和Ⅲ阶段缩短，则喷油器针阀升程所占凸轮轴转角减少，使喷油量减小；反之若Ⅰ阶段缩短，Ⅲ阶段延长，则喷油量增多。因此，曲线上三个阶段的长短，对该缸工作的好坏是有影响的。多缸发动机各缸对应的Ⅰ、Ⅱ、Ⅲ阶段如果不一致，则对发动机工作性能的影响更大。所以，对柴油机喷油压力的检测应根据缸数的多少串接同缸数相等的压力传感器，在同一工况下将各缸的压力波同时取出来，以全周期单缸波、多缸平列波、多缸并列波和多缸重叠波等多种形式进行对比观测。

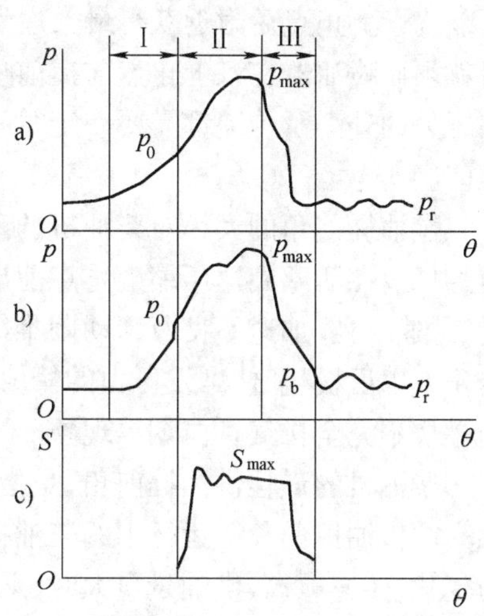

图 7-12　高压油管内的压力曲线和针阀升程曲线

a)喷油泵端压力曲线；b)喷油器端压力曲线；c)针阀升程曲线

通过对各种转速下压力波形，针阀升程波形和瞬态压力的观测，可以有效地判断气缸供油量、喷油量、供油压力、喷油压力和供油间隔的一致性。针阀升程是判断实际喷油状况的重要参数。因此，通过对针阀升程波形的观测，可发现喷油器有无间断喷射、二次喷射和停喷等故障，常见的故障波形见图 7-13 所示。①喷油泵不供油或喷油器针阀在开启位置“咬死”的故障波形如图7-13a)所示；②喷油器针阀在关闭位置不能开启的故障波形如图7-13b)所示；③喷油器喷前滴油的故障波形如图 7-13c)所示；④高压油路密封不严的故障波形如图 7-13d)所示；⑤残余压力(p_r)上下抖动的故障波形如图 7-13e)所示，说明喷油器有隔次喷射现象。

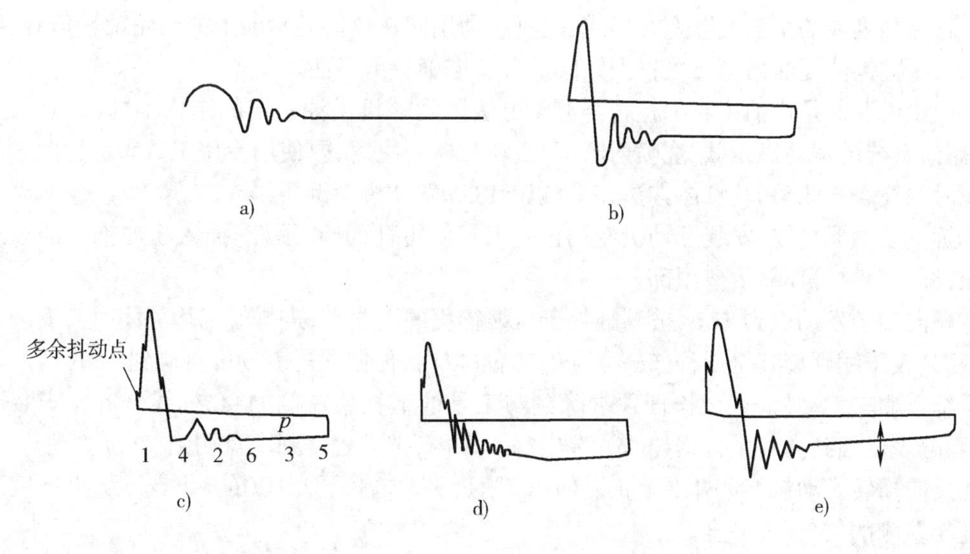

图 7-13　供油系常见故障波形

3.供油正时的检查与调整

供油正时,是指喷油泵正确的供油时间,一般用供油提前角(曲轴转角)表示。供油提前角,是指喷油泵1缸柱塞开始供油时,该缸活塞距压缩终了上止点的曲轴转角。要想使活塞在压缩终了上止点后附近获得最大爆发压力,在考虑柴油在气缸中燃烧存在着火落后期等因素后就须使喷油器在该上止点前提前喷油。喷油泵向喷油器供油时,由于高压油管的弹性变形和压力的升高及传递都需要一定时间,因而喷油泵开始供油时间比喷油器开始喷油时间还要提前。

供油提前角的大小对柴油机的工作性能影响很大。当供油提前角过大时,气缸内爆发压力的峰值在活塞到达压缩上止点前出现,将造成功率下降、工作粗暴、油耗增加、着火敲击声严重、怠速不良、加速不良及起动困难等现象;当供油提前角过小时,气缸内的速燃期在压缩终了上止点以后发生,使爆发压力的峰值降低,会造成功率下降、油耗增加、加速不灵、发动机过热、因燃烧不完全排气冒白烟等现象。

柴油机的最佳供油提前角,是指在转速和供油量一定的情况下,能获得最大功率及最小耗油率的供油提前角。运行中的柴油机,其发动机的最佳供油提前角应随转速和供油量的变化而变化,转速愈高,供油量愈大时,最佳供油提前角也应愈大。

根据发动机的转速、气门定时、进排气系统的构造、有无涡轮增压器等,每一种发动机都规定有最佳的喷油正时。但是,随着定时齿轮、凸轮、气门推杆的磨损,由于凸轮轴、推杆的弯曲,以及维修中垫片的丢失、损坏等,会使发动机的实际喷油时间错过规定的喷油正时。

供油提前角的检查有人工检测法和仪器检测法两种方法。人工检测法主要是使发动机1缸活塞处于压缩行程中,并将飞轮或曲轴皮带轮上的供油提前角记号与飞轮壳上的标志对准的同时,检查喷油泵联轴器从动盘上刻线记号是否与泵壳前端面上的刻线记号对正。两刻线记号对正,喷油泵1缸开始供油时间是准确的;若联轴器从动盘刻线记号还未达到泵壳前端面的刻线记号,1缸柱塞开始供油时间太晚;反之联轴器从动盘刻线记号已越过泵壳前端面的刻线记号,则1缸柱塞开始供油时间过早。

仪器检测法有多种方式,其中之一是根据光源的频闪效应,用闪光灯将发动机的1缸上止点记号移到并列波的1缸波形上并形成一亮点,利用同在仪器显示屏上的凸轮轴转角刻度,准确地测出1缸供油提前角。还可根据针阀的升程准确测出喷油提前角。

必须要说明的是供油正时的检查与调整方法因发动机供油系统的结构不同而不同,如采用PT燃油系统的发动机,其燃烧喷射时间,由喷油器所决定,要使用专用工具来进行此发动机喷油正时的检查与调整,其具体方法如下(以NT855发动机为例):

①拆下喷油器总成,安装发动机专用正时工具使短杆(升程顶杆)插入喷油推杆的球形承窝,而长杆(顶规杆)顶靠活塞顶部。

②顺向转动发动机到TDC(被测缸处于压缩行程的上止点,进排气门均关闭时),安装顶规表,使百分表压缩到离其全行程(5mm)约0.25mm以内,再把顶规表刻度盘调到"0"位。

③继续顺转发动机,直至长杆顶端降到与工具的上托架左侧的90°标线平齐。安装升程表,使百分表压缩到离其全行程(5mm)约0.2mm以内,把升程表刻度盘调到"0"位。

④反向摇转发动机,到BTC(上止点前)45°附近,即长杆升到TDC(上止点)后,再继续下降到与托架左侧的45°标线齐全。

⑤正向缓慢转动发动机,同时看顶规表,当顶规表读数为-5.16mm时停转发动机,此时正是BTC(上止点前)19°,即活塞顶在上止点下5.16mm。再读升程表的标准值为-0.9144mm,提前值为-0.864mm,延迟值为-0.965mm。

⑥如果测得升程表读数超过上述值,则应增加或减少凸轮摆杆轴座与缸体之间的垫片来进行调整:超过提前值,则减少垫片;超过延迟值,则增加垫片。

对六缸发动机只对1、3、5缸或2、4、6缸的喷油器进行喷射正时检查和调整即可,这是因为1、2缸、3、4缸、5、6缸的凸轮摆杆轴座分别为一体所致。

二、柴油机燃油供给系常见故障及经验诊断法

柴油机燃油供给系的常见故障有启动困难、功率不足、工作不稳、排气烟色不正常和飞车等。

常见故障的现象、原因和诊断方法见表7-4。

柴油机燃油供给系常见故障及经验诊断法　　表7-4

故障	故障现象	故障原因	诊断方法
起动困难	1.起动时无着车征兆或多次起动发动不起来; 2.起动时排气管冒烟极少或不冒烟; 3.排气管冒白烟。	1.油箱无油或开关未打开;2.油箱盖通气空堵塞;3.油管堵塞.破裂或接头漏油;4.油路中有水或气.或气缸内有水;5.柴油滤清器堵塞或不密封;6.输油泵工作不良.进出油阀关闭不严或进油滤网堵塞;7.所用柴油牌号不对或柴油品质差;8.喷油泵柱塞偶件磨损严重或柱塞弹簧折断柱塞不回位;9.供油拉杆上的调节拨叉或柱塞套筒上的可调齿扇松动;10.出油阀偶件关闭不严或其弹簧折段;11.高压油管破裂或接头松动;12.供油时间不对或联轴器松动;13.喷油器针阀偶件磨损严重、下锥体密封面不密封、弹簧折断或调整不当等原因造成喷射压力过低;14.喷油器针阀卡住,不能关闭或打开;15.喷油器喷孔堵塞或喷雾不良;16.气缸压缩压力不足或空气滤清器严重堵塞;17.起动转速太低或起动预热不够;18.喷油泵供油拉杆在停车位置上卡住或起动油量调整不足等	柴油机顺利起动的必要条件是:足够的起动转速,较高的缸压,充足的空气和燃油,燃烧室内的良好预热,冬季对整机的预热等。在环境温度高于5℃时,一般在5s内顺利起动。1.若起动时排气管不冒烟,说明不供油,按图7-14方法诊断;2.若起动时冒白烟或灰白烟,但仍不易着火。按图7-15方法诊断
功率不足	机械工作时动力不足、加速不灵、转速不能提高到应有的范围	1.上述起动困难中的2~16条原因造成;2.机械冬季保温措施不足,使柴油机工作温度太低;3.配气相位不准确;4.供油拉杆或调速器犯卡、调速弹簧折断,造成供油拉杆不能到达额定供油位置;5.调速器调整不当;6.额定供油量调得不准;7.个别缸不工作或工作不良;8.油底壳内机油太多或气缸上机油等	可按图7-16流程诊断
工作不稳	发动机运转不稳,机体抖振严重	1.怠速调得太低;2.高压油管漏油;3.油路内有空气或水;4.个别缸不工作或工作不良;5.喷油泵供油时间太早;6.各缸供油间隔不均;7.各缸供油量不等;8.各缸喷油压力、喷雾质量不一;9.各缸密封性不同;10.调速器飞球组件不灵活或间隙太大,造成稳速性能不佳;11.各缸柱塞偶件、出油阀偶件技术状况不一;12.供油拉杆上的拨叉或柱塞套筒上的扇齿枪动;13.喷油器堵塞或滴油;14.空气滤清器赃污严重;15.选用柴油标号不当或质量不佳,使柴油机工作粗暴等	可参照图7-16功率不足的流程方法进行诊断。这里不再举出诊断流程

续上表

故障	故障现象	故障原因	诊断方法
排黑烟	柴油机工作时排出黑烟	主要是燃烧不完全导致,有以下原因:1.空气滤清器严重堵塞,进气量不足;2.喷油泵供油量过多或各缸供油不均匀度太大;3.喷油器喷雾质量不佳或喷油器滴油;4.供油时间晚;5.气缸工作温度太低或压缩压力不足;6.柴油质量低劣;7.经常在超负荷下运行;8.机油进入燃烧室过多;9.校正加浓供油量太大等	1.怠速、额定转速和超负荷运转时冒黑烟,说明循环油量太大,必须检查与调整循环供油量。2.气缸密封不严排黑烟,伴随功率不足。3.油质不好 、机油进入燃烧室等加剧排黑烟
排白烟	柴油机工作时排白烟	总体来说是柴油蒸气未着火燃烧或柴油中有水的结果。有以下原因:1.柴油中有水,或因气缸衬垫烧蚀、缸套缸盖破裂漏水等原因造成气缸进水;2.气缸工作温度太低或气缸压缩压力不足;3.喷油器喷雾质量不佳;4.供油时间太迟;柴油质量低劣或选用牌号不符合要求等	冬季的早晨,柴油机冷起动后排白烟,但当发动机热起动后白烟自行消失,是正常现象。主要是检查柴油中是否有水或喷雾质量
排蓝烟	柴油机工作时排蓝烟	主要是机油进入燃烧室受热蒸发成油气的结果。有以下原因:1.柴油机机油池内机油油面太高;2.油浴式空气滤清器内机油平面太高;3.由于气缸间隙太大、漏光度太大、活塞环磨损过甚、活塞环弹力太小、活塞环装反等造成气缸上机油严重;4.进气门与导管磨损间隙太大;5.气门油封损坏或脱落;6.增压器漏油;7.机油粘度太小等	气缸上机油、进气门与导管间隙太大、增压器油封损坏式机油进入燃烧室导致烧机油排蓝烟,因此主要检查这几处的情况
飞车	柴油机在机械运行中或自身空转中,尤其是全负荷或超负荷运转突然卸荷后转速自动升高超过额定转速而失去控制	1.供油拉杆(或齿杆)在其承孔内因缺油、锈蚀、油腻等原因造成犯卡,使其在额定供油位置上回不来;2.调速器因飞球组件犯卡、锈蚀、松矿或解体等原因失去效能或效能不佳;3.供油拉杆(或齿杆)与飞球组件脱开;4.调速器内加机油过多或机油粘度太大,使飞球甩不开;5.机油池机油太多或气缸上油严重,使气缸额外进入燃料等	可按图 7-17 流程诊断

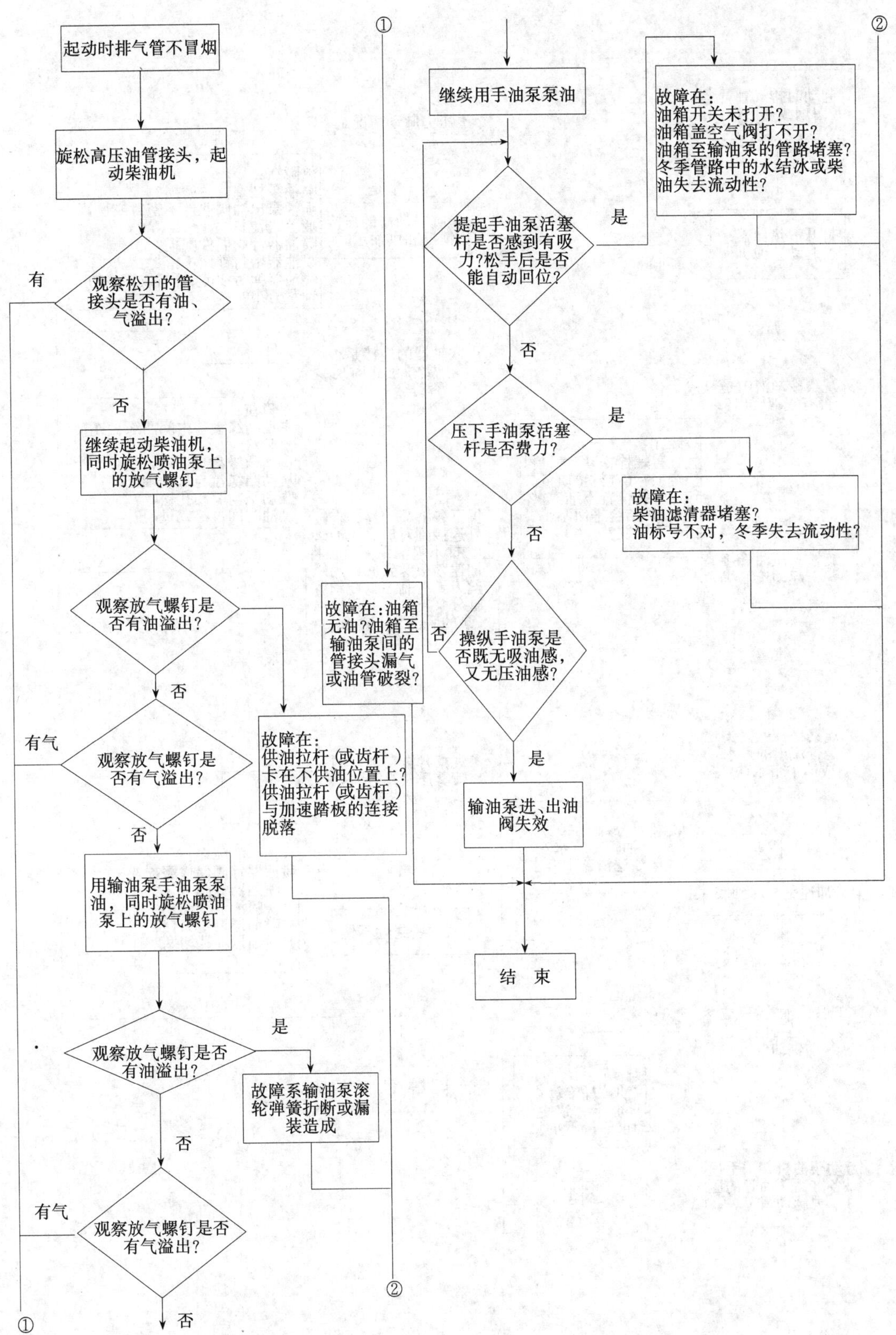

图 7-14　起动困难诊断流程图一

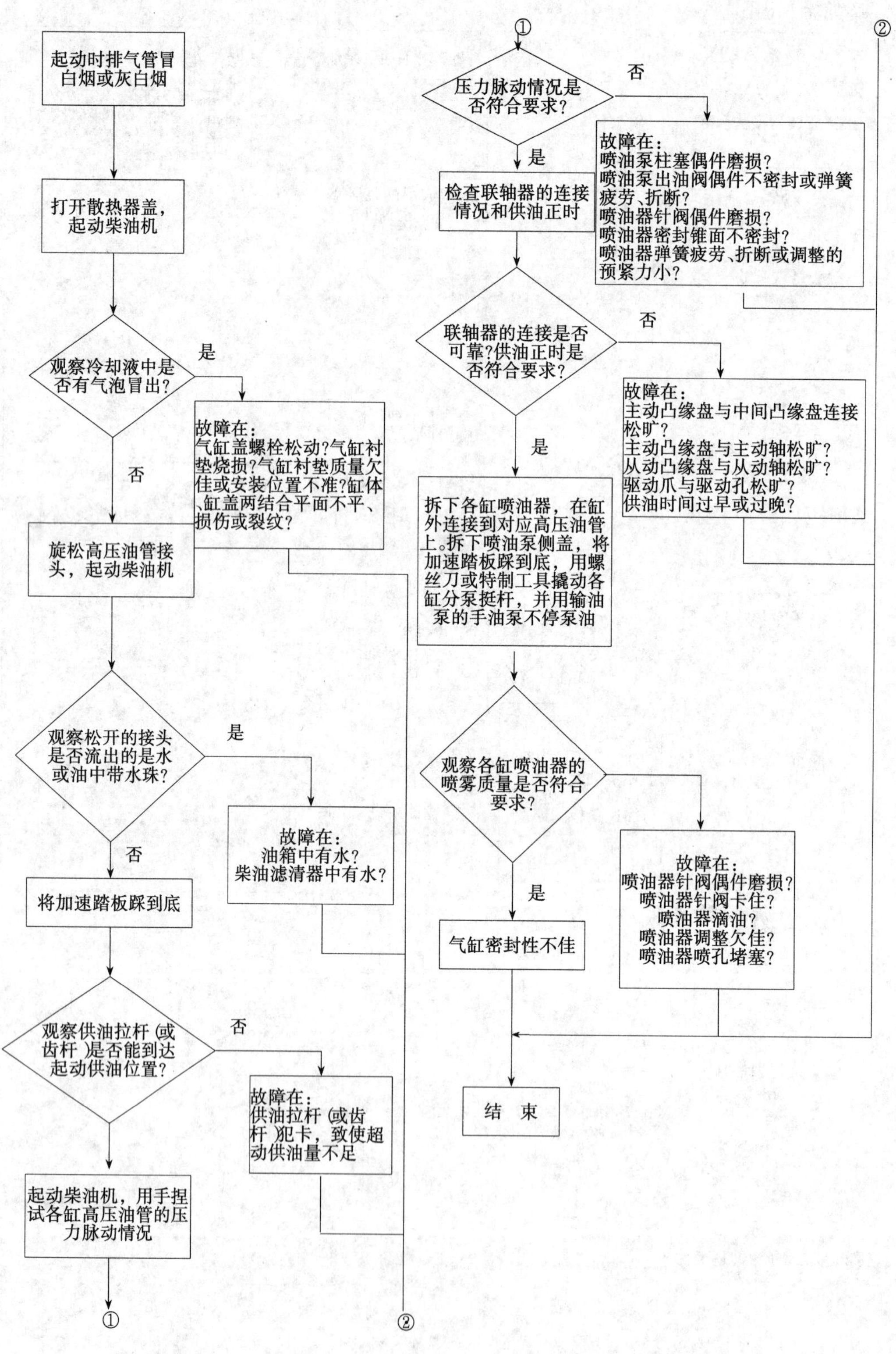

图7-15　起动困难诊断流程图之二

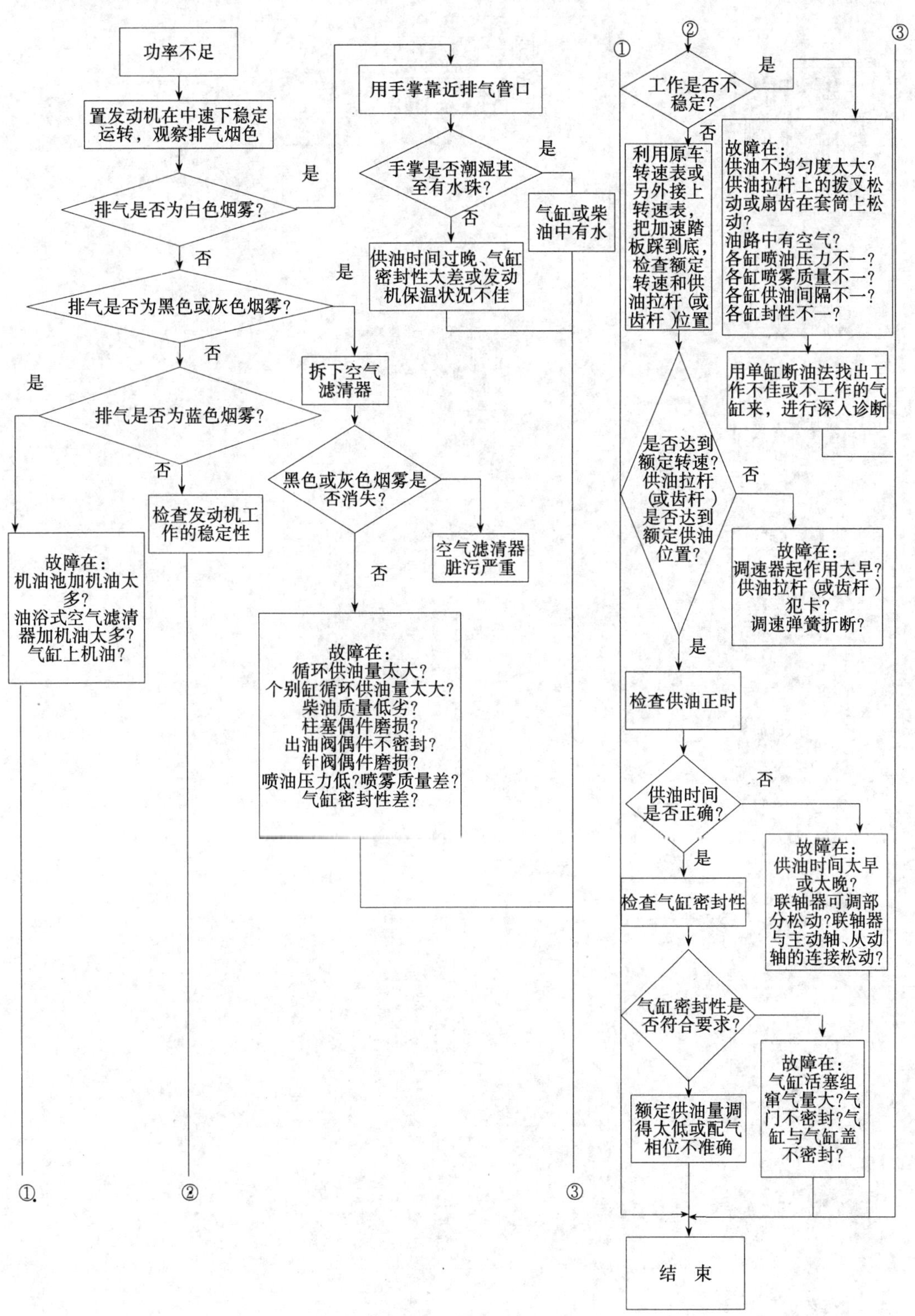

图 7-16　功率不足诊断流程图

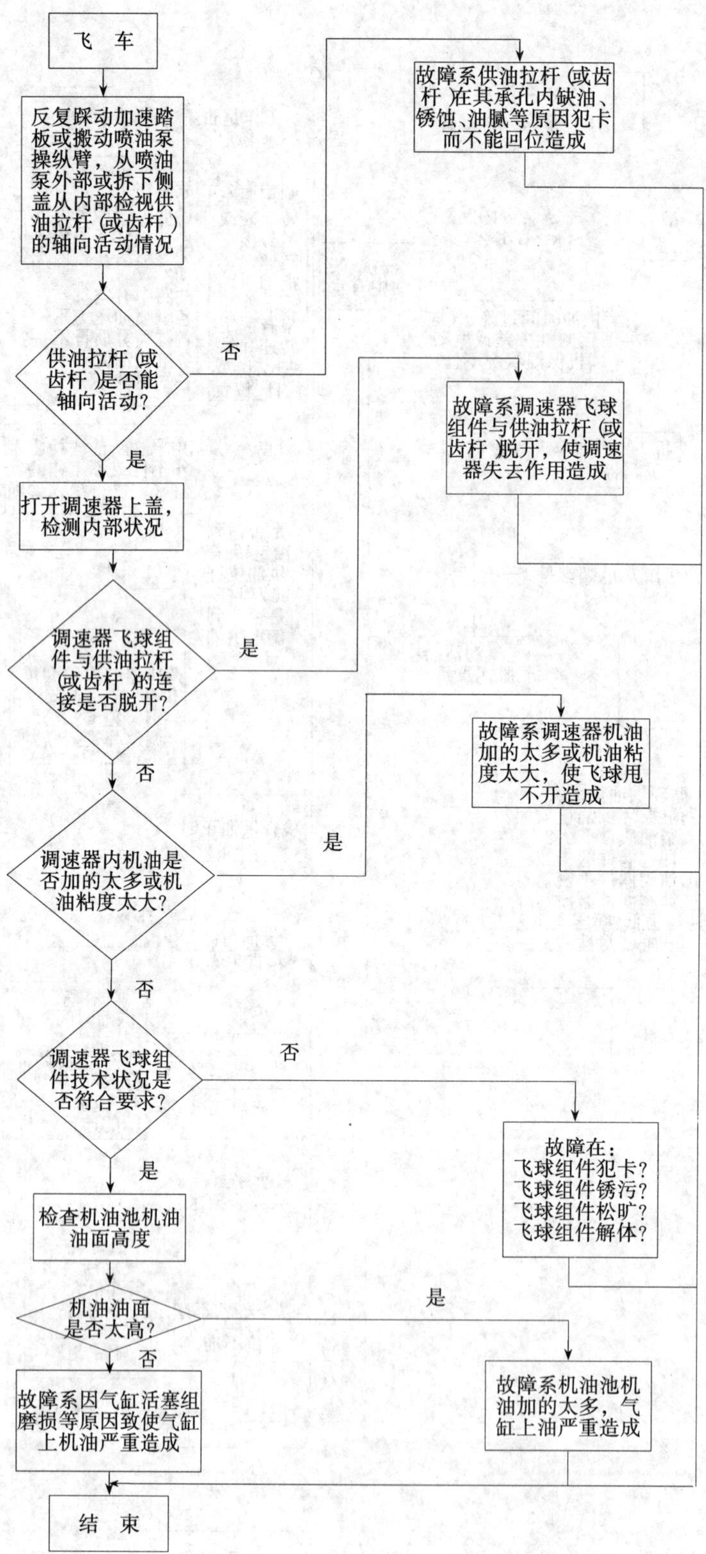

图 7-17　飞车诊断流程图

第四节　发动机润滑系的诊断与检测

发动机润滑系的技术状况好坏，直接影响整机的工作性能和使用寿命。对发动机润滑系的诊断与检测主要是对机油压力、机油品质和机油消耗量等进行检查，使这些检查项目既能表现润滑系的技术状况，又可直接或间接说明曲柄连杆机构中有关配合副的技术状况。

一、机油压力的检测与故障诊断

机油压力是发动机润滑系技术状况的重要指标，工作正常的发动机在常用转速范围内，柴油机的油压应为294～588kPa。如发动机在中等转速下运转时的机油压力低于98.1kPa，在怠速下运转时机油压力低于49kPa，则应立即使发动机停止运转。

机油压力的大小，取决于机油的温度、粘度、机油泵的供油能力、限压阀的调整量、机油通道和机油滤清器的阻力大小、油位的高低、曲轴主轴承、连杆轴承和凸轮轴轴承的间隙大小等。

1.机油压力的检测

机油压力值，通常是由发动机仪表板上的机油压力表或油压信号指示灯显示而测得。正常情况下，当打开起动开关时，机油压力表指针指示为"0"，如装有油压信号指示灯则此灯亮。发动机起动后，油压信号指示灯在数秒内熄灭，机油压力表则指示润滑主油道的瞬时机油压力值。若需校核机油压力表的精度或其他需要测量机油压力的场合，可先起动发动机进行预热，使机油温升至50℃以上后发动机熄火，取下缸体上的测压堵头，安装上油压表后，重新起动发动机，分别测试怠速机油压力和高速空转机油压力。

2.机油压力不正常的故障诊断

机油压力不正常有压力过低和压力过高，其现象、原因和诊断方法见表7-5。

机油压力不正常的故障诊断　　表7-5

故障	故障现象	故障原因	诊断方法
机油压力过低	发动机在正常温度和转速下，机油压力表读数低于规定值	1.机油压力表失准；2.传感器效能不佳；3.机油粘度降低；4.汽油泵损坏汽油进入机油池或燃烧室未燃汽油混和气进入机油池，稀释了机油；5.柴油机喷油器滴漏或喷雾不良，使未然柴油流入机油池，将机油稀释；6.机油池油面太低；7.机油泵齿轮磨损、泵盖磨损或泵盖衬垫太厚造成供油能力太低；8.机油集滤器滤网堵塞；9.机油限压阀调整不当、关闭不严或其弹簧折断；10.内、外管路有泄露；曲轴主轴承、连杆轴承或凸轮轴轴承磨损松旷、轴承盖松动、减摩合金脱落或烧损等	诊断流程见图7-18所示
机油压力过高	发动机在正常温度和转速下，机油压力表读数高于规定值	1.机油压力表或机油压力传感器失准；2.机油限压阀犯卡或调整不当；3.机油池油面太高；4.机油变稠或新机油粘度太大；通往各摩擦表面的分油道内积垢阻塞等	

二、机油品质的检验

发动机在工作过程中，其润滑油既有量的变化，也有质的变化。机油品质随发动机使用时间的增长逐渐变坏，其变质的主要原因是受机械杂质的污染，高温氧化，燃油的稀释，燃烧气体的影响和机油因添加剂消耗及其他原因造成自身理化指标降低等。变质的特征是颜色发生变异(被污染)，粘度下降或上升，添加剂性能丧失。

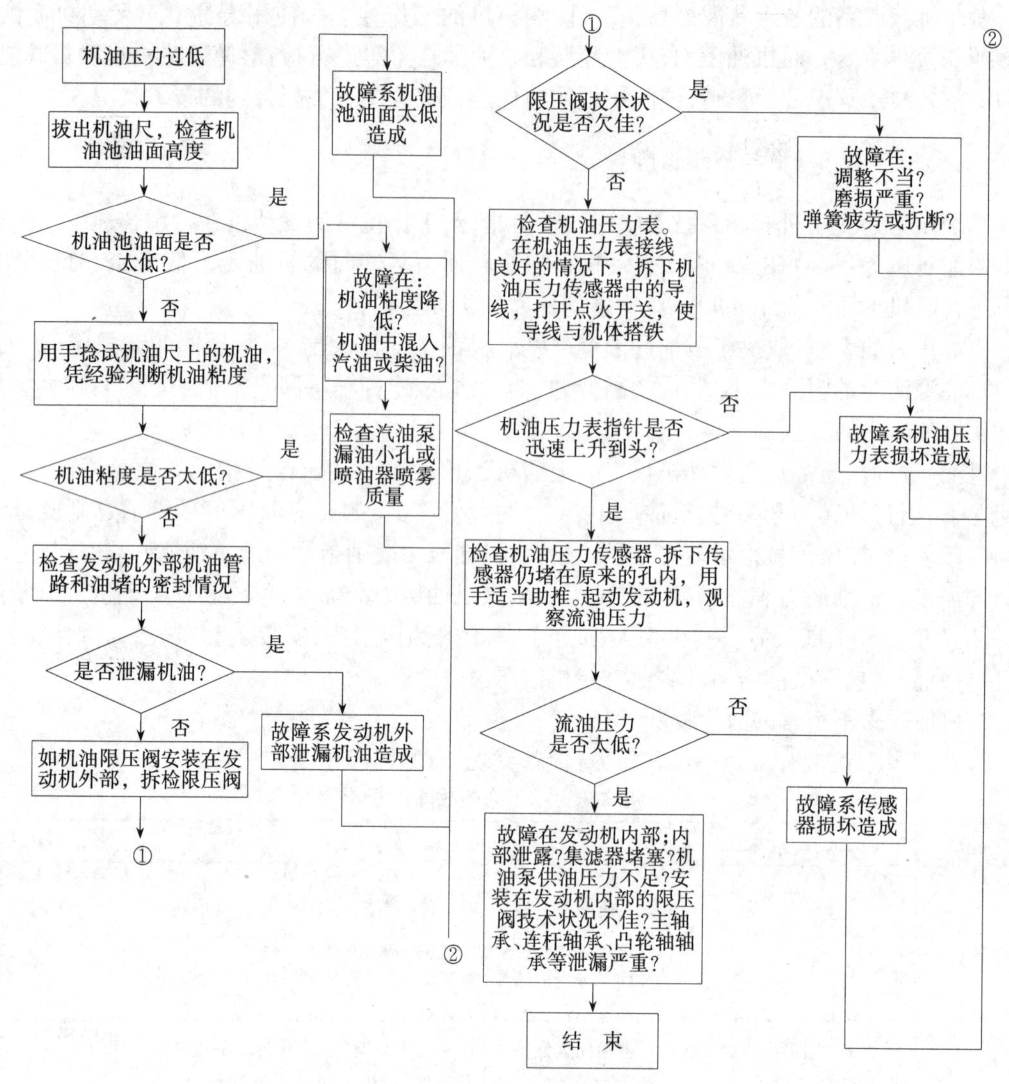

图7-18　机油压力过低诊断流程图

污染机油的机械杂质，主要是通过气缸进入机油中的道路尘埃、运动机件表面因磨损剥落下来的金属磨粒，以及未完全燃烧的重质燃料、胶质和积炭等。

从气缸漏入机油中的未燃燃油蒸气和水蒸气，会稀释机油，使机油的粘度及酸值发生变化，加速机油变质。

机油在发动机工作过程中的高温和氧化作用下，生成的氧化物和氧化聚合物逐渐增多，它们对机件有腐蚀，由此引起机油质量变化，通常称为机油的老化。

加强对在用机油品质变化的监测，不仅能确定合理的换油周期、减少机件磨损，而且能判断部分机械故障。

发动机机油的检验主要是现场快速检测，包括机油污染快速分析，滤纸油斑试验法等，也可进行第五章中介绍过的铁谱分析、光谱分析、颗粒计数和磁塞分析,对机械的故障部位进行定性分析诊断。

1.机油污染快速分析　机油快速分析是通过测量一定厚度的机油油膜的不透明度来反映机油内炭质物含量的一种方法,其分析仪的结构如图 7-19 所示。

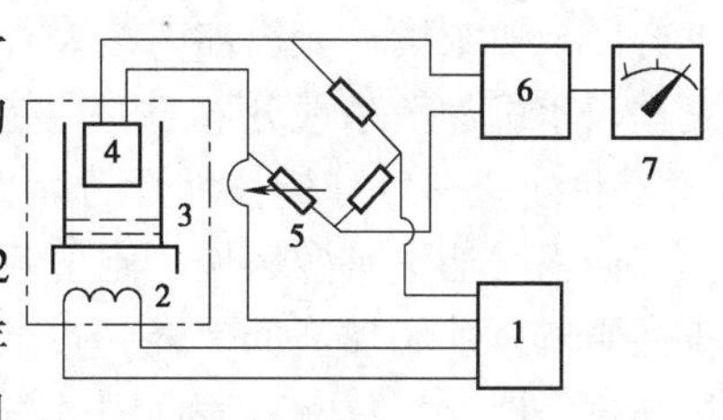

图 7-19　机油快速分析仪原理图

1-稳压电源;2-光源;3-油样油池;4-光导管组成的平衡电桥;5-可调电阻;6-直流放大器;7-透光度表

稳压电源用于保证光源和电桥电路电压稳定,光源 2 可用普通小灯泡。由上、下两个玻璃罩组成油池 3 用于存放油样。电桥的一边是光导管,机油的污染度不同,必然引起透光度不同,使作为一个桥臂的光电阻发生变化,原平衡电桥失去平衡。电桥的不平衡度通过直流放大器放大后在透光度表上显示出来。

透光度表采用百分刻度,指针“0”用标准干净油标定,指针 80%用达到污染极限允许值的脏机油标定,再用红黄绿三色表示大致的污染范围,进入红灯区表示需要换油。

仪器使用前应在油池中放入标准油样,调整可调电阻,使透光度表指标为“0”,然后换入需要测试的油样,由于透光度不同,电桥失去平衡,透光度表上指示出透光度值,即表示机油的污染程度。

2.机油清净性的检测与分析　机油的清净性也称作机油的污染度,一般用两个指标来表示:一是污染物的含量:二是清净性添加剂的消耗程度。机油老化后形成的氧化生成物与机件磨损产生的金属粉末等机械杂质混在一起,在机油中生成油泥沉积物。这种沉积物数量多时会从油中析出,造成油道及机油滤清器堵塞,活塞环槽处产生积炭等危害。机油中添加油溶性的多效清净分散剂的目的是使机油具有清净分散性,把发动机内零件表面的积炭和污物等有害物分散并移走,不致沉积,从而减少机件磨损,保持零件表面清洁、光亮,所以通常把清净性添加剂含量作为换油指标之一。

机油的清净性,可通过定期检测机油的污染状况和清净分散剂的消耗程度来获得,进而根据检测结果判断机油品质的状况,确定是否需要更换机油。滤纸油斑试验法利用测量方法可快速地测定机油的清净性。

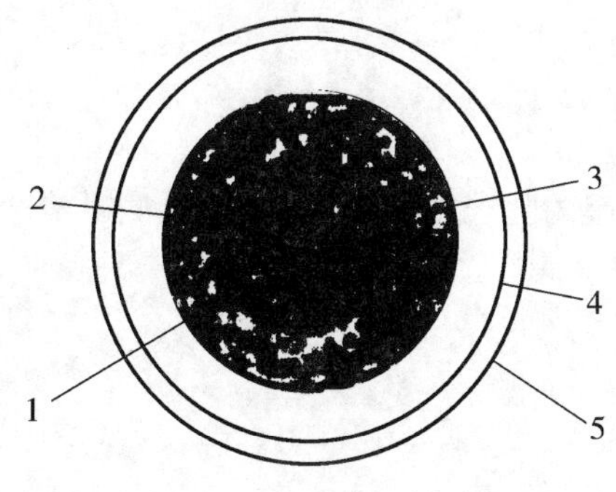

图 7-20　在用机油油斑示意图

1-中心沉淀圈;2-沉淀圈环带;3-扩散环;4-氧化环;5-光环

(1)测试原理　把一滴油滴在滤纸上,机油经纸内多孔性孔隙向外延伸。根据油膜层流理论,在机油向外扩散时,随着油膜厚度减薄,能够携带的杂质颗粒尺寸越小。因此,油斑的形状,可以代表油内杂质颗粒的分布情况(如图 7-20 所示)。

油斑中心沉淀圈 1 集中了油中的粗颗粒杂质。沉淀圈周围往往有一色度更深、边缘不整齐的环带 2,表示粗颗粒分散沉淀的边界。悬浮在油中的较细的的杂质继续向外扩散,又形成一个环形区域,此区域的颜色愈向外愈浅,颗粒也越细。这个环带为扩散环。扩散环外还有一个含有氧化胶质的环带,为氧化环带,其颜色取决于油的氧化深度,可以由浅黄色到褐色。最外层是浅色的环带称为光环。

如果机油的杂质颗粒小,清净性分散剂的性能良好,油层就向外扩散较远。杂质颗粒越大,清净性分散剂的性能越差,则机油中的杂质集中在中心区,扩散环较小,氧化环颜色变深。中心区杂质浓度代表机油内污染程度,用中心沉淀圈单位面积的杂质与扩散区单位面积杂质之差表示机油清净性分散剂的性能。

机油清净性分析仪就是分别测量油斑中部沉淀圈与其等面积的油斑扩散环处的阻光度并进行比较分析,掌握机油中清净性添加剂的消耗程度。图 7-21 表示了 JY-1 型机油清净性分析仪测试原理图。

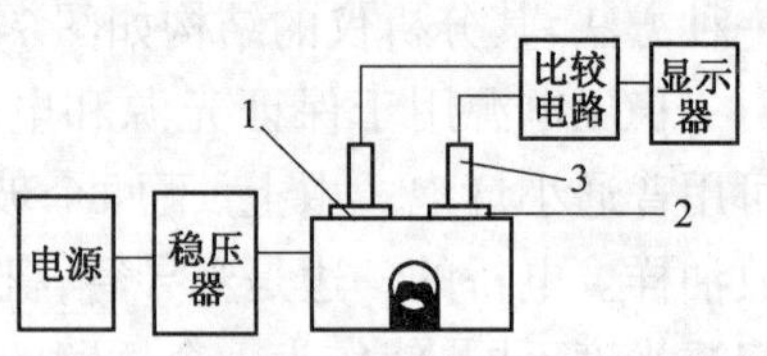

图 7-21　机油清净性分析仪测试原理图

1-新油斑;2-被测油斑 3-光电传感器

仪器采用双光电头式,一个光电头下为新油斑,另一个光电头下为旧油斑。进行新旧油斑的对比测试,用数字显示仪显示结果。

在光电头上可以放两种遮光片（见图 7-22)。一种遮光片中央开有直径略小于沉淀圈平均尺寸的圆孔，其半径为 r_z，用它来测量油斑沉淀圈的阻光度；另一阻光片是圆心都在 r_z 到 r_{max}之间半径为 r_k 的同心圆的圆周上，均匀分布的半径为 r_s 的四个小孔。四个小孔的面积正好等于中心圆面积，用它来测量油斑扩散区的阻光度。

$$\pi r_z^2 = 4\pi r_s^2 \tag{7-9}$$

$$r_z = 2r_s$$

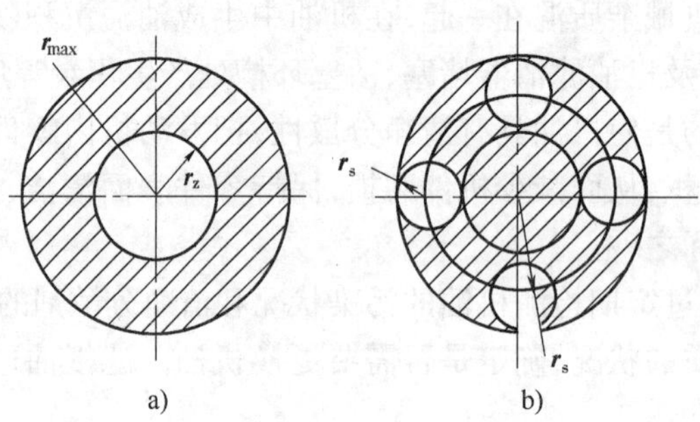

图 7-22　阻光片几何形状

a)半径为 γ_2 的阻光片;b)半径为 γ_s 四小孔的阻光片

设中心圈污染物引起的阻光度为 a,b 为扩散区污染物引起的阻光度。则 $a-b$ 值是测量清净性分散剂性能的重要参数。而 $a+b$ 直接反映了总杂质的浓度。

定义润滑油变坏的程度系数:

$$Q = \frac{a-b}{a+b} \tag{7-10}$$

现在讨论两种极端情况:

①当已用机油清净性保持理想状态时,整个油内污染物分布很均匀,因而,$a=b$,这时

$$Q = \frac{a-b}{a+b} = 0 \tag{7-11}$$

②当已用油不含任何清净添加剂或添加剂消耗尽时,油内颗粒杂质都集中在中心沉淀圈

内,阻光度 a 为一定值;而外围扩散环内几乎不污染,其阻光度 $b=0$。这时

$$Q=\frac{a-b}{a+b}=1 \tag{7-12}$$

其他情况都介于这二者之间,即 Q 取值为(0,1)。

定义已用油的清净性系数 $K=1-Q$,K 值为:

$$K=1-Q=\frac{(a+b)-(a-b)}{a+b}=\frac{2b}{a+b} \tag{7-13}$$

当 $K=1$ 时,表示清净性极好;$K=0$ 时表示已用油清净性完全丧失。其他情况都介于 0~1 之间。

(2)测试方法

①油斑制取　从正常热工况下的发动机中取出油样放入试管,滴棒插入试管离油面一定深度,拿出滴棒,取第三滴油(约 20mg)滴在定量滤纸上,送烘箱烤干,约半小时取出。重复上述步骤制取两个新油斑和两个旧油斑,标上记号 1 号,2 号。

②测试　仪器接通电源预热后分三步进行测试:首先在光电头Ⅰ、Ⅱ上均装上半径为 γ_2 的阻光片 A,用 1 号、2 号新油斑校正显示器读数为“0”后,取下光电头Ⅱ上的 2 号新油斑,换上 1 号旧油斑,记下显示器上的读数 a;第二步取下光电头Ⅱ上的阻光片 A,放上 $4\times r_s$ 的阻光片 B,测取 1 号旧油斑的透光度 b';第三步取下 1 号旧油斑,换上 2 号新油斑,测取其透光度为 γ。

用同样的方法对 2 号旧油斑进行平行试验。

③计算　被测试油的清净系数 K 按前述方法计算,式中取 $b=b'-\gamma$。

取两次平行试验值的算术平均值为试验结果。当 $K>0.4$ 时,表明机油清净性尚可。

判断机油质量可以根据测量结果决定,也可以观察油滴形状及油斑各部分的颜色。如果扩散区外面的半透明区呈米黄色,且区域较大为正常。如果扩散区缩小和消失,表明悬浮物凝聚,因而有产生沉淀物和堵塞的危险。

3.机油内金属微粒含量的检测与分析　发动机工作时,由于润滑系的机油具有一定的清洗作用,因而将各摩擦表面产生的磨损微粒带至机油油底壳并悬浮在机油中,这些磨损微粒的成分与摩擦表面的材料组成有关,其含量往往是机件磨损的函数。检测机油中金属微粒的含量,不仅能表明机油被机械杂质污染的程度,而且可用来确定机件磨损的程度,同时,机油中金属微粒含量的变化亦可反映机件磨损的程度。定期对金属微粒含量进行检测,可以间接表征发动机的技术状况。

对机油试验油样进行测定和分析的方法有:化学分析法、铁谱分析法、光谱分析法和放射性同位素分析法等,已在第五章进行过论述。

4.机油粘度的检测　机油经一定时间使用后,其粘度要发生降低或增高的变化。机油粘度降低,可能是被燃料稀释或机油内稠化剂分解造成的;而粘度增加,则往往是油内氧化物所致,如当气缸窜气量严重,使机油内炭质物增多时,机油粘度上升。

机油经一定时间使用后,若其粘度保持稳定,这种情况并不能说明粘度一直没有发生变化,只能说是上述多种因素综合作用而形成的结果,因此对机油粘度变化不能作简单的解释,除非机油的其他性能已经确知或所测粘度是把油内的杂质分离出去后获得的。

机油粘度的增加和降低,均将对发动机带来不良影响。粘度高时发动机运转阻力增大,功率损失增多;冷起动时,不仅造成起动困难,局部还会因供油不足润滑条件变差造成严重磨损;

粘度高的机油流动性差,其冷却作用和清洗作用降低。粘度过低时,机油不易形成足够厚的油膜,加剧了机件的磨损;机油的密封作用变差,增加了气缸的漏气量,降低了发动机功率,且机油受到稀释和污染;机油因粘度小,泄露增大,润滑系统油压不易建立,会造成远离机油泵的机件润滑不良。

机油粘度的测定按有关的国家标准进行,可参阅相关资料。

机油中混入水时其粘度降低,可用下列方法检查:

(1)若机油中混入较多水时,可以根据机油的乳化、冷却水的减少,机油油面增高来判断。

(2)冷车时打开机油口的加油盖,检查盖内侧是否有水珠。

(3)发动机运转到正常工作温度时,在不停止发动机运转的情况下,迅速抽出机油油尺,将粘附在油位尺上的机油滴在排气涡轮增压器的外壳上,看是否有水滴蹦爆出。

(4)取数滴发动机机油,滴入机油检验器的热板上,再将与该仪器相配的含水量为0.1%和0.2%的机油数滴滴在仪器热板上,将热板加热到标准温度时,对比气泡的发生情况。气泡越多则含水越多。水混入的允许限度是0.2%,如高于此值,则应找出水混入的原因并进行处理。

第五节　发动机冷却系统的诊断与检测

冷却系能维持发动机在最适宜的温度下工作。长期使用后冷却系的技术状况会发生变化,由于使用不慎、操作不当和机件损坏等因素,发动机会出现漏水、过热、过冷等常见故障现象。

一、冷却系的检测

如需要经常添加冷却水,应检查冷却系统的泄漏部位。若发现发动机油量增加或冷却水中有机油混入,应立即检查发动机内部的泄露部位。

1.水温的测量

(1)拆下散热器进水管上的水温计塞子,安装温度计传感器和热敏温度计。

(2)起动发动机,在工作状态下测温。水温过低时,必须检查节温器;水温过高时,必须检查冷却水量、风扇皮带张紧度及磨损情况、节温器及散热器管的堵塞情况。

2.防冻液冰点的测试

在进入寒冷季节之前,应用防冻液比重计对发动机冷却系中的防冻液进行测试,通常被测冰点温度应比当地最低气温低5℃,如不合乎要求,则应调整防冻剂的含量,保证发动机在本地区最低气温时,不致于因冷却液结冰而造成损坏。

3.水质的测试

取适量冷却水,用水质测试仪分别测试导电率,pH值和NO_2浓度。如不合乎要求,则应更换防腐蚀器或冷却水。

二、冷却系的故障诊断

冷却系的常见故障、原因、和诊断方法见表7-6。

冷却系的常见故障、原因和诊断方法 表 7-6

故障	故障想象	故障原因	故障诊断
油底壳里有水	起动发动机前检查机油油面升高;发动机运转后检查机油变成灰白色粘度下降	1.缸盖、缸体变形或裂纹;2.缸盖螺栓松动或未按规定顺序上紧;3.气缸垫损坏;4.湿式缸套下端封水不佳或水封失效;5.由正时齿轮带动的水泵水封损坏;6.湿式缸套由于穴蚀蚀穿等	诊断方法:1.检查缸盖螺栓是否松动或按规定上紧;2.检查水泵水封;3.在发动机工作时打开水箱盖观察是否有气泡向外串或向外喷水,如有说明缸垫坏或缸套有穴蚀空,如没有说明缸套下端水封坏等
过热	机械在运行中,在百叶窗完全打开的情况下,水温表指针常指在100℃上,并且散热器伴随有“开锅”现象;汽油机易发生突爆或早燃,柴油机易发生工作粗暴;发动机熄火困难	1.冷却水量不足;2.风扇皮带打滑或断裂;3.点火时间或供油时间太晚;4.混合气太稀或太浓;5.突爆或早燃;6.燃烧室积炭太多;7.气缸垫太薄或缸体、缸盖结合面磨削过多;8.风扇离合器结合时机太晚;9.散热器下部出水管冻结或堵塞;10.散热器上部水管凹瘪或堵塞;11.水泵泵水效能欠佳或水泵轴与叶轮脱开;12.节温器主阀门打不开或打开太迟;13.散热器和水套内沉积的水垢、锈蚀太厚;14.散热器的散热片严重堵塞;15.机油池油面太低、机油太稠、机油老化变质,致使润滑性能、散热性能降低;16.机械长时间超负荷工作等	诊断方法见图 7-23 所示
过冷	冬季在百叶窗关闭、水温表及传感器技术状况完好的情况下,发动机达不到正常工作温度,动力不足,油耗增加	1.对于汽车冬季运行时,汽车头部未套保温被或保温被覆盖不严;2.发动机两侧下部的挡风板失落或严重变形不起挡风作用;3.未装节温器或节温器损坏;4.风扇离合器结合太早等	检查保温装置是否良好;检查节温器是否良好
散热器口向外喷水	发动机工作时散热器内有响声,打开散热器加水口盖则向外喷水	1.缸盖螺栓松动或未按规定顺序上紧;2.气缸垫烧蚀损坏;3.燃烧室壁或湿式缸套有裂纹或穴蚀空等	检查缸盖螺栓并按要求的扭矩重新上好,如还喷水,说明故障是缸垫烧蚀或湿式缸套穴蚀

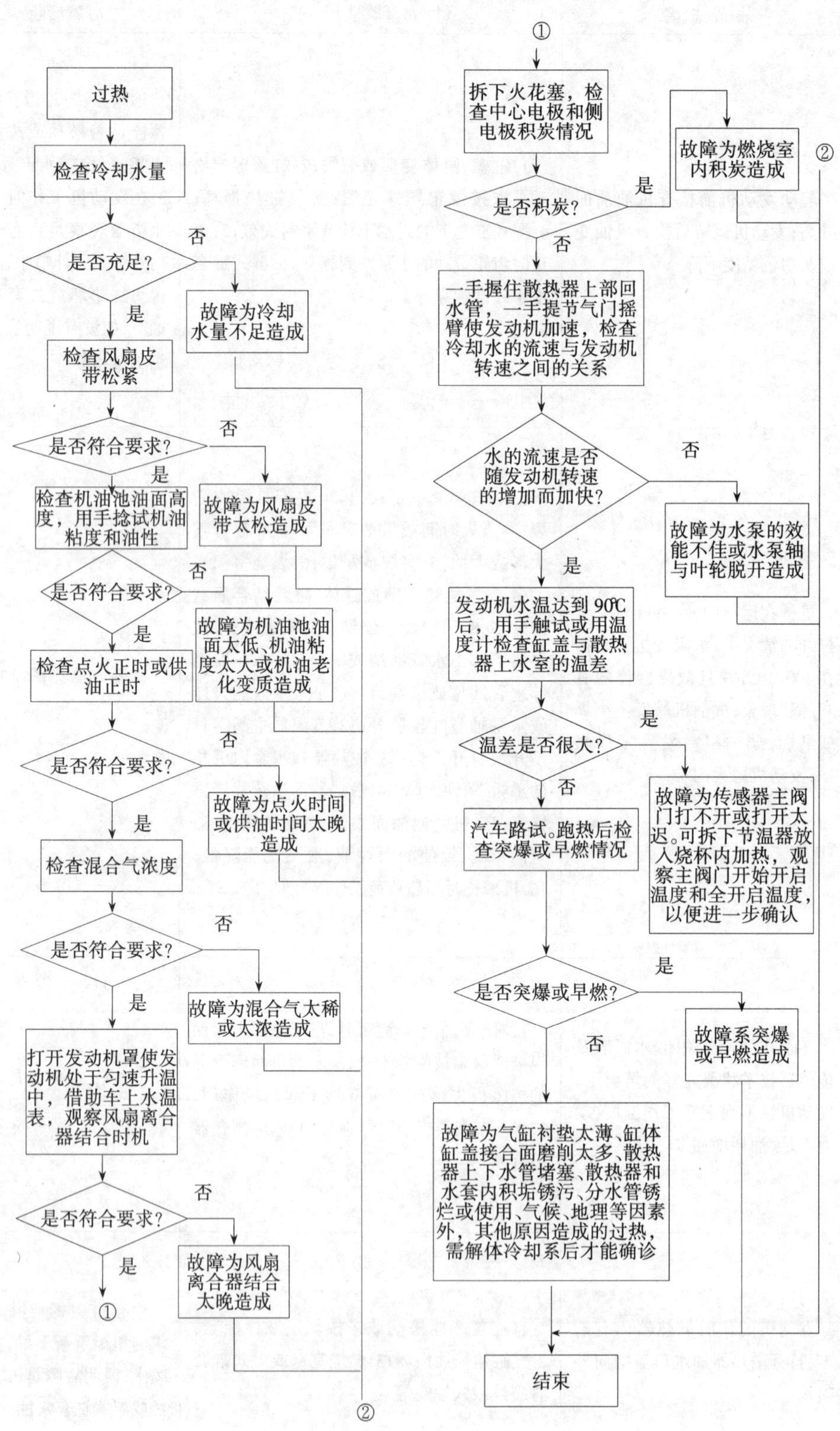

图 7-23　发动机过热诊断流程

第六节　发动机异响的诊断与检测

发动机的异响主要有机械异响、燃烧异响、空气动力异响、电磁异响等。

机械异响主要是运动副配合间隙太大或配合面有损伤，运动中引起振动和冲击产生声波，如曲轴主轴承响、连杆轴承响、凸轮轴轴承响、活塞敲缸响、活塞销响、气门脚响、正时齿轮响等。这些异响多是因配合间隙不适，润滑不良造成，有些也可能是配合面（如正时齿轮）有损伤或其他原因造成的。

燃烧异响主要是发动机不正常燃烧造成的。如柴油发动机的供油时刻过早使其工作粗暴，气缸内产生极高的压力波，发出强烈的类似敲击金属的异响。

空气动力异响主要是在发动机进气门、排气门和运转中的风扇处，因气流振动而造成的。

电磁异响主要是在发电机、电动机和某些电磁元件内，由于磁场的交替变化，引起机械中某些部件或某一部分空间容积产生振动而造成的。

异响与发动机的转速、温度、负荷和润滑条件等有关。

一般发动机的转速越高机械异响越强烈，但高转速时各种响声混杂在一起，对某些异响反而不易辨清，如气门响和活塞敲缸响时，在怠速或低速时就能听得非常明显，转速一高反而不易辨别。因此，检测及诊断异响应在响声最明显的转速下进行，并尽量在低速下进行，以减少不必要的噪声和损耗。

热膨胀系数大的配合副与发动机的热状况关系极大。如活塞敲缸异响在发动机温度低时，响声明显，一旦发动机温度升高，响声即减弱或消失。再如柴油机过冷时，往往产生着火敲击声、工作较粗暴，当工作温度一高，发动机工作就恢复正常。

许多异响与发动机的负荷有关。如曲轴主轴承响、连杆轴承响、活塞敲缸响、气缸漏气响等，都随着负荷增大而增强，随负荷减小而减弱；柴油机着火敲击声随负荷增大而减小；气门响与负荷变化无关。

当润滑条件不佳时，一般机械异响都很严重。

在发动机上，不同的机件、不同的部位和不同的工况、声源所产生的振动是不同的，因而发出的异响在音调、音高、音频、音强出现的位置和次数等方面均不相同。

一、人工简易检测诊断法

用人工凭经验对发动机异响进行检测诊断时，可用木柄长螺丝刀为工具，也可用电子听诊器在发动机不同部位、不同工况进行听诊，同时可采用单缸断油、加速、减速、接合或分离离合器、观察机油压力、调整供油时刻等辅助方法配合听诊。

柴油发动机异响特征、原因等见表 7-7。

柴油机异响常用简易检测方法见表 7-8 所示。

二、示波器诊断法

用示波器的拾振器把各种异响对应的振动拾取出来，经过选频放大后送到示波器上，所显示出的波形，能准确、迅速地判断出异响的种类、部位和严重程度。示波器显示异响波形，同时能对异响进行频率鉴别和幅度鉴别，如再辅之单缸断油、转速变换等方法，可非常有效地把各种异响的特点表征出来，从而做出准确判断。

柴油发动机异响特征、原因 表 7-7

异 响 特 征	异 响 部 位	原 因
发动机突然加速时发出沉重而有力的“嘡、嘡、嘡”或“刚、刚、刚”金属敲击声。转速升高、负荷增加响声也增大。单缸断油响声明显变化，相邻两缸同时断火响声明显减弱，温度变化时响声不变化，机油压力明显降低 声音钝重发闷 声音较脆、较轻 低速突然加大油门，可听到较沉重的声音	缸体曲轴箱内 后道轴承响 前道轴承响 轴向窜动	曲轴主轴承响： 1.主轴承盖螺栓松动； 2.主轴承和轴颈磨损过大； 3.轴向止推装置磨损过大； 4.曲轴弯曲； 5.机油压力太低或机油变质
发动机突然加速时有“噹、噹、噹”连续明显的敲击，有时怠速运转也能听到明显的响声，机油压力降低，发动机温度变化时响声不变化，负荷增加响声增强；单缸断油，响声明显减弱或消失，供油后响声又出现	加机油口处直接倾听响声最明显	连杆轴承响： 1.连杆轴承盖螺栓松动或断裂； 2.连杆轴承磨损过度； 3.连杆轴颈磨损过度； 4.机油压力太低或机油变质
发动机在怠速、低速和从怠速向低速抖动供油拉杆时，可听到明显而又清脆的“嗒、嗒、嗒”好像两个钢球相碰的声音，响声严重时，随转速的升高响声增大。机油压力不降低，单缸断油时响声明显减弱或消失，恢复供油瞬间，响声又出现或连续出现两个响声	气缸上部或气缸盖上	活塞销响： 1.活塞销与连杆小头衬套配合松旷； 2.活塞销与活塞上的销孔配合松旷
发动机在怠速或低速运转时，气缸的上部发出清晰而明显的“嗒、嗒、嗒”的响声，发动机中速以上运转时，异响会减弱或消失。冷车时响声明显，热车时减弱或消失。单缸断火，响声减弱或消失；响声严重时，负荷越大响声也愈大。机油压力不降低	气缸上部	活塞敲缸响： 1.活塞与气缸壁配合间隙太大； 2.活塞与气缸壁间润滑条件太差
发动机在怠速运转时发出连续不断的有节奏的“嗒、嗒、嗒”或“啪、啪、啪”的敲击声，转速增高时响声亦随之增高，温度变化和单缸断油时响声不减弱。有时声音显得杂乱（多个气门响）	缸盖气门脚处气门座处	气门响： 1.气门间隙太大； 2.气门脚间隙调整螺钉松动； 3.气门间隙处两接触面不平； 4.配气凸轮磨损过度或外形加工不准； 5.气门脚处润滑不良； 6.气门杆与气门导管配合间隙过大； 7.气门头部与气门座圈接触不良； 8.气门座圈松动

续上表

异响特征	异响部位	原因
响声复杂,有的有节奏,有的无节奏。在有节奏的响声中,有的属于间响,有的属于连响。转速越高,响声往往越大。单缸断火响声不减弱。	正时齿轮室盖处	正时齿轮响: 1.齿轮啮合间隙过大; 2.齿轮啮合过紧; 3.齿轮啮合间隙不均; 4.齿轮齿面损伤; 5.齿轮发生根切
柴油机在低速无负荷运转时,有时听到尖锐、清脆和连续的"嘎啦、嘎啦"或"刚啷、刚啷"的响声,冷起动时,响声尤其明显,发动机温度升高和负荷增大时,响声减弱或消失,但发动机过热和超负荷运转时响声又增大	缸盖、缸体上燃烧室部位	均匀粗暴敲击声: 1.柴油品质差; 2.供油时刻太早; 3.超负荷运转; 4.发动机过冷或过热; 5.设计问题 非均匀粗暴敲击声: 1.供油间隔不均匀; 2.供油量不均匀; 3.个别缸喷油质量不佳; 4.个别缸密封性差
从加机油口处听到曲轴箱内发出"嘣、嘣、嘣"的漏气声,负荷转速越高,响声越大。单缸断油、响声减弱或消失。随着响声的出现,加机油口处脉动地向外冒烟	加机油口	气缸漏气异响: 1.活塞环与缸套间漏光度太大或磨损过度; 2.活塞环开口间隙太大; 3.活塞环弹力差或其侧隙、背隙太小; 4.活塞环卡死在环槽内; 5.缸套拉伤出现间隙

柴油机异响常用简易检测方法见表7-8所示。

柴油机异响常用简易检测方法 表7-8

检测名称	检测方法	诊断异响对象
抖动并加大供油量试验	发动机低速运转,用手微微抖动并反复加大供油量	主轴承异响、活塞销
从加机油口听诊	打开加机油口盖,反复变更发动机转速或单缸断油,倾听响声变化	主轴承、连杆轴承、气缸漏气
踩离合器踏板试验	踩下离合器踏板保持不动。听响声变化情况	曲轴轴向窜动异响
降速试验	加大供油拉杆行程后再迅速收回	避开着火敲击声的干扰,诊断主轴承、连杆轴承

续上表

检 测 名 称	检 测 方 法	诊断异响对象
变换转速试验	发动机怠速运转,然后由怠速到低速,低速向中速,再由中速向高速	连杆轴承
单缸断油	发动机运转过程中,将某缸高压泵出油口接头松开,不给此缸燃烧室供油	主轴承、连杆轴承、活塞销、活塞敲缸、气缸漏气、着火敲击声
加机油试验	将发动机熄火,卸下有响声气缸的喷油器,往气缸内倒少许机油并转动曲轴数圈,然后装上喷油器,起动发动机试验响声变化	活塞敲缸响、气缸漏气响
听诊	用简易听诊杆或电子听诊器,在所需听诊的部位进行检测	主轴承、连杆轴承、活塞销、活塞敲击、气门、正时齿轮、着火敲击声
加速试验	通过加大再减小供油量的方法使发动机由怠速或低速反复向中、高速进行试验	主轴承、连杆轴承、着火敲击声

用示波器诊断时,一般把发动机缸体、缸盖、机油油底壳等机件的外部表面作为声源的测试部位,这些测试部位实质上是由发动机运动件引起的机械振动形式的主声源激发出来的二次声源,它们的振动规律(频率、振幅、相位、持续时间等)既和主声源的振动规律有关,也和该点的固有振动频率有关。

对发动机的异响除用上述两种简易检测方法外,还可用异响频谱分析仪、振声分析仪等检测仪具进行检测。异响频谱分析时,先由加速传感器在发动机相关测点上获取振动信号。由于发动机工作是周期性的,其异响是周期性振动信号与其他噪声的综合,可用离散频率上的正弦波和余弦波描述。经过数学变换变成一基频和一系列谐波频率。各次谐波描述了其振幅随频率变化的分布情况,这称为频谱分析,最常见的是分频式机械听诊器。

近年生产的发动机综合测试仪具也具有异响测试分析功能。

第八章　工程机械底盘的诊断与检测

第一节　概　　述

工程机械的底盘结构因机械类型不同而不同。以铲土运输机械的底盘为例，它一般由传动系、行驶系、转向系和制动系组成，其中根据行走方式的不同又有轮式和履带式之分。履带式机械底盘一般在传动系中没有差速器，但有转向离合器，履带式机械底盘中的行驶系和转向系与轮式机械的完全不同。

工程机械种类繁多，但自行式的机械不外乎以轮式行走机械或履带式行走机械为基础车，再设置特定的工作装置，完成推、拖、挖、铲、转、运、铺、拌等作业任务。

工程机械工作的环境条件与一般车辆大不相同，技术性能要求也大不相同，如轮式的工程机械，虽然也要求其机动性好，但更重要的是要求其牵引性能要好，这就决定了轮式工程机械的运行速度比汽车低，制动性能侧重于低速或坡道制动，对转向轮的定位要求与汽车相比不太严格甚至无法要求。再如工程机械一般是在低速大扭矩工况下工作，其外负荷的变化频率和幅度很大，这也与汽车在公路上行驶的状况有很大不同。

工程机械种类的繁多，社会保有量较汽车少得多，加之其工作的特殊工况等决定了对工程机械底盘的技术状态检测的复杂性、多样性和不经济性。因此，目前对汽车底盘的检测已有比较成熟的技术和设备，而对工程机械底盘的检测还在探索与发展阶段。

工程机械底盘的技术状况影响到发动机动力的传递和燃油的消耗，关系到整机的生产性、可靠性、经济性及操作的稳定性和安全性。评价工程机械底盘技术状况的主要参数有：行驶装置的输出功率或牵引力、传动系的传动效率、传动系的振动和异响、制动系的制动力与制动距离、各总成的温度、轮式机械的转向间隙等。

工程机械的牵引性能测试主要用于新研制或引进的样机及原有产品的质量检查，这部分内容请参阅有关资料。工程机械的发展方向是机电液一体化，有关电控系统、液压系统检测与诊断的内容见第九、十、十一章。

第二节　传动系的检测与诊断

传动系是工程机械底盘的主要组成之一，分为机械式和液力机械式两种类型。机械式传动系一般由主离合器、变速箱、分动箱、万向传动轴、驱动桥和终传动器等组成；液力机械式传动系一般由液力变矩器、动力换档变速箱、分动箱、万向传动轴、驱动桥和终传动器等组成。传动系中的某一个组成部分技术状况变化都将直接影响发动机的动力传递。因此，对传动系的诊断和检测将是针对各主要组成部件的诊断和检测。

一、传动系的检测

(一)传动系机械效率的检测

对于履带式机械传动系机械效率的检测,可参考有关履带式机械性能检测的内容,对轮式机械传动效率的检测,可分为低速工作状态检测和行驶状态检测,由于低速工作状态检测不确定因素较多,故采用行驶状态检测其传动效率较合理。

发动机所发出的功率 P_e 经传动系传至驱动轮的过程中,为了克服传动系各部件中的摩擦,消耗了一部分功率。如以 P_T 表示传动系中损失的功率,则传动系的机械效率为:

$$\eta_T = \frac{P_e - P_T}{P_e} = 1 - \frac{P_T}{P_e} \tag{8-1}$$

传动系的功率损失由传动系中的部件——液力机械变速箱、传动轴万向节、中央传动等的功率损失所组成。其中液力机械变速箱和中央传动的功率损失占比重最大,其余部件的功率损失较小。

传动系的功率损失可分为机械损失和液力损失两大类。机械损失是指齿轮传动副、轴承、油封、摩擦离合器等处的摩擦损失。机械损失与啮合齿轮的对数、传递的扭矩等因素有关。液力损失指消耗于变矩器、润滑油的搅动、润滑油与旋转零件之间的表面摩擦等功率损失。液力损失与变矩器的速比、润滑油的品种、温度、箱体内的油面高度以及齿轮等旋转零件的转速有关。

可用五轮仪检测传动系的效率。

1.检测原理　机械的行驶方程可以表示为:

$$\delta m \frac{dv}{dt} = F_t - (F_f + F_w + F_i) \tag{8-2}$$

式中:δ——旋转质量换算系数;

m——机械质量(kg);

dv/dt——直线行驶的加速度(m/s^2);

F_t——驱动力(N);

F_f——滚动阻力(N);

F_w——空气阻力(N);

F_i——坡度阻力(N)。

滚动阻力、空气阻力、坡度阻力可以分别表示为:

$$F_f = Gf \tag{8-3}$$

$$F_w = 0.6129 C_D A v^2 \tag{8-4}$$

$$F_i = G_i \tag{8-5}$$

式中:G——机械的重力(N);

f——滚动阻力系数;

C_D——空气阻力系数;

A——机械迎风面积(m^2);

v——机械行驶速度(m/s);

i——道路的坡度。

工程机械的行驶速度一般较低,因此 F_w 一般可忽略不计。

式(8-2)两端乘以速度 v 并将式(8-3)、式(8-4)、式(8-5)代入式(8-2)得到:

$$P_t = Gfv + Giv + 0.6129C_DAv^3 + \delta mv\frac{dv}{dt} \tag{8-6}$$

式中:P_t——底盘输出功率(W)。

式(8-6)右端第一项是机械在行驶过程中克服滚动阻力消耗的功率,第二项是克服坡度阻力消耗的功率,第四项是克服惯性阻力消耗的功率。对于某一具体机型和试验道路来说,参数 G、f、i、C_D、A、δ 都是定值。因此,只要测量机械在加速度过程中速度 v 及加速度,便可以根据式(8-6)计算底盘输出功率。

在油门全开的情况下,柴油机功率 P_e 是转速 n 的函数,即:

$$P_e = f(n) \tag{8-7}$$

在机械加速过程中,同时记录行驶速度 v 和柴油机转速 n,根据式(8-6)、(8-7)计算底盘输出效率 P_t 和柴油机输出功率 P_e,便可计算底盘传动效率 η_T:

$$\eta_T = \frac{P_t}{P_e} \tag{8-8}$$

传动系的传动效率是由两大部分组成的,可以表示为:

$$\eta_T = \eta_1\eta_2$$

η_1 是液力变矩器的效率,η_2 是液力变矩器后的动力变速箱、中央传动、轮边减速等机械变速装置的传动效率,η_1 取决于变矩器涡轮与泵轮的转速比 i_{TP},而:

$$i_{Tp} = \frac{n_T}{n_p} \tag{8-9}$$

泵轮的转速 n_P 与柴油机转速相同,涡轮的转速 n_T 为:

$$n_T = 2.653i_gi_o\frac{1}{r}v_a \tag{8-10}$$

式中:i_g——变速箱的传动比;

i_o——主传动和轮边减速的传动比;

r——驱动轮滚动半径(m);

v_a——行驶速度(km/h)。

如果功率 P_t 用 kW 做单位,速度 v 用 km/h 做单位,则式(8-6)可以改写成

$$P_t = \frac{Gfv_a}{3600} + \frac{Giv_a}{3600} + \frac{C_DAv_a^3}{76140} + \frac{\delta mv_a dv_a}{3600dt} \tag{8-11}$$

在试验中,机械行驶速度用五轮仪测量,而柴油机转速用反射式光电传感器或磁电式传感器测量。根据式(8-9)、式(8-10)计算出 i_{TP},查变矩器的外特性曲线便可以得到变矩器效率 η_1。

在试验中,如果道路比较平坦,坡度 $i=0$,则在式(8-2)中,坡度阻力 $F_i=0$,同时,工程机械行驶速度慢,空气阻力 F_w 很小,滚动阻力 F_f 近似于常数,因此,F_f+F_w 可以近似等一常数 C,式(8-2)变成:

$$\delta m\frac{dv}{dt} = F_t - C = F_{tq} \tag{8-12}$$

式(8-12)两边同乘以速度 v 得:

$$\delta mv\frac{\mathrm{d}v}{\mathrm{d}t} = P_{\mathrm{tq}} \tag{8-13}$$

在柴油机油门最大开度，机械加速的过程，在 t_1 时刻，车速为 v_1 时刻，在 t_2 时刻，车速为 v_2，从 $t_1 \sim t_2$ 对式(8-13)两边积分得：

$$\int_{v_1}^{v_2}\delta mv\mathrm{d}v = \int_{t_1}^{t_2}P_{t2}\mathrm{d}t$$

$$\frac{1}{2}\delta m(v_2^2 - v_1^2) = P_{\mathrm{tq}}(t_2 - t_1)$$

令 $K=\delta m(v_2^2-v_1^2)/2, \Delta t=t_2-t_1$ 则：

$$P_{\mathrm{tq}} = \frac{K}{\Delta t} \tag{8-14}$$

当机械的型号、加速过程的初速度和末速度确定下来以后，K 是常数，底盘输出功率(扣除用以克服滚动阻力和空气阻力的部分)就可以根据加速时间 t 来确定。

如前所述，底盘的传动效率主要是由两部分元件的技术状况决定的，一部分是液力变矩器，另一部分是液力变矩器以后的所有机械传动。机械行驶时，若底盘机械传动部分的润滑、调整不良(如各轴承故障)及制动拖滞，都会使底盘输出功率小，机械行驶无力，油耗过高，测试滑行距离时将会出现滑行不良的现象。因此，还可以在某初始速度 v_0 时，空挡滑行，用五轮仪记录滑行距离，以此判断底盘的行驶阻力。

当机械底盘输出功率小时，根据发动机的无负载测功，加速性能检测和滑行距离检测结果便可以确定是发动机故障、液力变矩器故障还是底盘机械传动部分故障。

2. 五轮仪的构造　数字电子式五轮仪常用来记机械加速或滑行距离。五轮仪由电子电路显示和机械部分两部分组成，如图 8-1、图 8-2 所示。若配合磁带记录仪及 X-Y 记录仪，就能准确、迅速地直接绘制出速度—时间($v-t$)或速度—行程($v-S$)曲线。

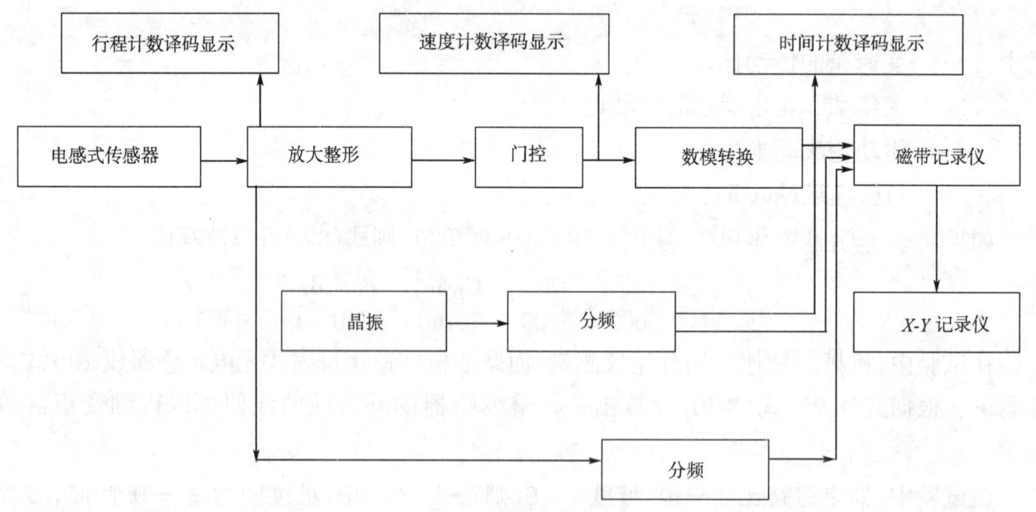

图 8-1　数字式电子装置五轮仪电子电路方框图

数字式五轮仪由电感式行程传感器发出机械行程的信号，一般一个信号等于机械行驶 1cm；石英晶体振荡器发出时间信号，作为采样时标，控制门控；由计数译码器计数，用数码管显示出一定时间间隔内机械的行程,即该段时间中的平均速度,时间间隔一般为36ms 。机械速度除可用数码管显示外,也能经过数模转换(D/A),变为模拟量(电压)输出至磁带记录仪、录入磁带。同样,加速过程中的行程、时间也能用数字显示或输入磁带记录仪。在加速性能试验中,既可由数字显示读得加速时间的数值,也能用磁带记录仪记录加速过程,试验完毕后,利用 $X-Y$ 记录仪得到表示加速过程的曲线。

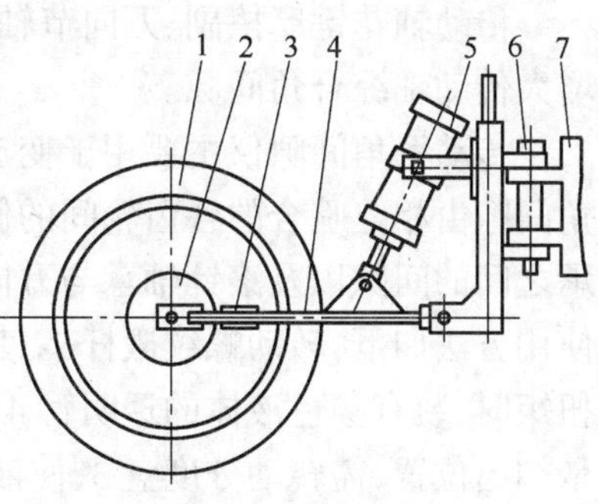

图 8-2 五轮仪机械部分示意图

1-车轮;2-齿盘;3-电磁式传感器;4-车架;5-弹簧缸;6-安装螺栓;7-机械后桥(或机架)

用五轮仪进行测试时,由于道路的不平整会使第五轮产生跳动和侧滑,从而影响到测量的精度。近年来采用一种安装在机械上不与地面接触的速度测量仪器(参看图8-3),测量机械速度,它的基本原理是向地面发射光线并接收由地面反射回的光线,利用光电原理和跟踪滤波技术,将机械的行驶速度转换为电信号的频率来测量机械速度。非接触式机械速度计的优点是安装方便、测量精确,适于高速测量;其缺点是光源耗电大,在很低速度时的测量误差大(1.5km/h 以下不能测量),价格也比较高。利用超声波、激光技术测量机械速度的测量仪器也已广泛使用。

用五轮仪记录机械加速和滑行过程中的速度—时间($v-t$)曲线和速度—路程($v-S$)曲线计算底盘输出功率及传动效率的方法有两个问题:一是道路状况及滚动阻力等因素的影响,试验精度低;二是工程机械试验场地是个难解决的问题。

(二)离合器打滑测量

图 8-4 所示是离合器打滑测量仪。它由闪光灯 1、电极 2、电容 3、电阻 4 和蓄电池 5 组成。闪光灯用于指示离合器是否打滑,电极用于获得喷油或点火脉冲信号。

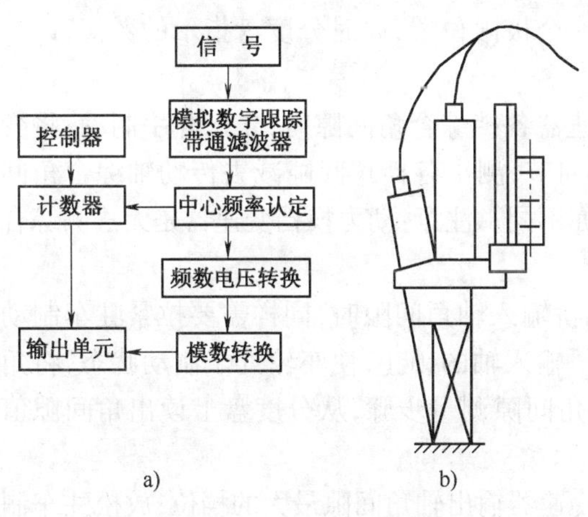

图 8-3 非接触式速度计

检查时,与发动机的转速成比例的脉冲信号每输出一个脉冲,闪光灯闪亮一次,闪光频率也与发动机转速成比例。将频闪灯的光点投到传动轴上,就可以发现离合器是否打滑。如果不打滑。传动轴看起来像不动一样,如打滑,则可以看到传动轴某点慢慢“转动”。

(三)传动轴和万向节的性能检测

1.万向节和传动轴中轴承温度测试 轮式机械工作一段时间,用点温计测量万向节和传动轴中轴承处的温度,若过高,其主要原因是中间轴承或万向节轴装配过紧,万向节磨损或十字轴各轴中心线不在一个平面内。

2.传动轴响声测试 传动轴响通常是花键摩擦副、万向节、中间轴承磨损松旷或传动轴不平衡所致。将驱动桥垫起使驱动轮离地以运行速度运转时,用机器听诊器的分频功能判定传动轴异响的部位和原因。

3.传动轴综合角间隙测试 传动轴圆周方向上的间隙称为传动综合角间隙。它包括变速器输出轴角间隙、传动轴本身的角间隙、驱动桥输入轴的角间隙三部分。该间隙过大,会使传动轴在动力传递过程中发响和振抖,是造成传动系功率损耗的重要因素。

传动轴花键摩擦副、万向节轴承、变速器齿轮、驱动桥齿轮磨损严重或装配间隙过大，均会增大传动轴综合角间隙。

传动系角间隙仪主要用于变速器、传动轴和后桥总成技术状况的检查。齿轮传动中总的角间隙由相应啮合的各齿轮间的侧向间隙相加而成的，传动轴的角间隙由十字轴颈和滚针轴承之间的间隙以及滚针轴承与万向节间的间隙组成。图 8-5 是传动系角间隙仪结构图。具体使用方法如下：转动螺纹搬杆 2，使钳口 1 夹紧在传动轴万向节上，当用手柄 7 在传动轴上施加扭矩时，装有颜色液体的透明管 4 内的液体便在分度盘 3 上指示出角间隙来。必须指出：在测量初始位置，需转动分度盘 3，使液面稳定在“0”位。

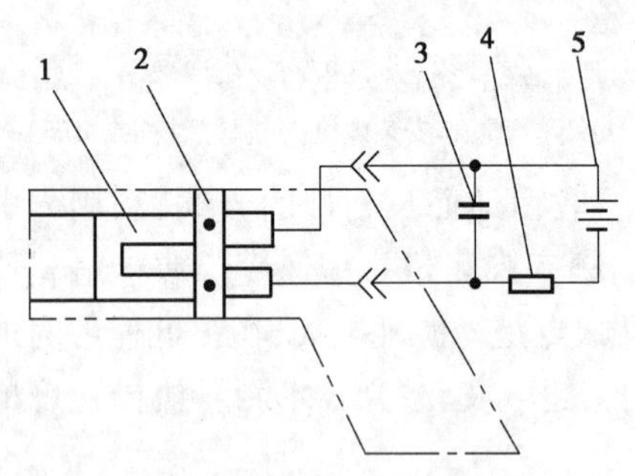

图 8-4　离合器打滑测量仪

1-闪光灯；2-电极；3-电容；4-电阻；5-蓄电池

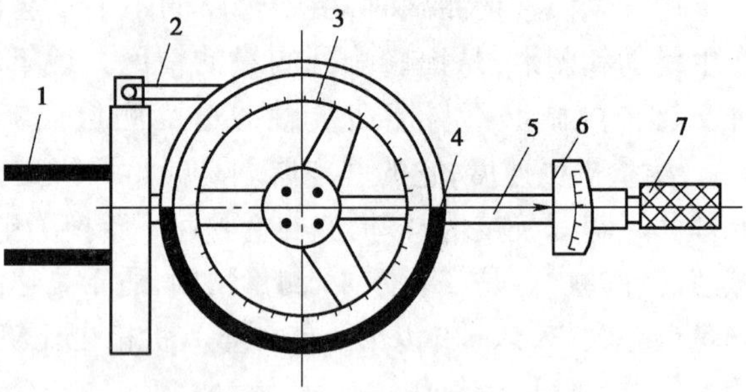

图 8-5　传动轴间隙测量仪

1-夹具刀；2-螺纹搬杆；3-分度盘；4-聚氯乙烯管中的带色液体；5-指针；6-测力手柄分度盘；7-扭力手柄

(1)传动轴综合角间隙的测量　测量时，关闭发动机，拉紧驻车制动(或用专用工具锁住驱动桥输入轴)，将测量仪夹具固定在传动轴上，此时透明环内的液体充满环的下半部，它作为测量水平面，用于指示传动轴角间隙值，扳动测力手柄到传动轴角间隙的一个极限位置，转动分刻度盘使其对零，再扳动测力手柄到角间隙的另一个极限位置，此时分度盘指示的数值，即为传动轴的综合角间隙。

(2)变速器各档综合角间隙的测量。测量变速器各档综合角间隙时，先松开手制动，将变速器依次挂入各档，用角间隙仪转动后桥前端万向节，测出各档角间隙减去传动轴综合角间隙。由于各档啮合的齿轮副数不同，角间隙大小亦不同。注意：动力换档变速器是无法测综合角间隙的。

(3)驱动桥输入轴角间隙的测量　测量驱动桥输入轴角间隙时，同样需要拉紧驻车制动(或用专用工具锁住变速器输出轴)，解除对驱动桥输入轴的锁止，使车轮处于制动状态，将角间隙测量仪固定到驱动桥输入轴上，重复传动轴角间隙测量步骤，从分度盘上读出角间隙值后，减去已测得的传动轴角间隙值。

(4)传动系最大综合角间隙　将变速杆置于变速器输出轴角间隙最大的档位，放松驻车制动，解除对变速器输出轴的锁止，重复传动轴角间隙测量步骤，此时分度盘上所指示的数值，即为传动轴、变速器输出轴和驱动桥输出轴的最大综合角间隙。

4.传动系静摩擦力的测试 将传动轴角间隙测量仪夹持在传动轴上，顶起驱动桥，踩下离合器踏板，扳动测力手柄至驱动桥开始转动，从测力手柄的刻度板上即可读取传动系静摩擦力值。

(四)液力变矩器的检测

液力变矩器的就机检测的项目主要有：主压力、变矩器进口压力、变矩器出口压力及变速器润滑压力、液力传动油油温等。

测试方法为：液力传动系统内的油温在正常的工作温度，起动发动机，在发动机高速运转时，使变矩器失速或停驶状态全油门时，分别测出变矩器的进口压力、出口压力和变速器的润滑压力。表 8-1 为 966D 装载机变矩器的技术标准。

966D 装载机变矩器压力 表 8-1

测试名称	压力（发动机高速运转）	调整方法
变矩器进口压力	冷油时最大值为 965kPa	无
变矩器出口压力	变速器挂在前进档 4 档上，后传动轴制动，变矩器处于失速状态，压力为 415 ± 35kPa	增加或减少垫片
变速器润滑油压力	150kPa 为最低值	无

当液力变矩器工作不太正常时应进行失速试验，其目的是确定是否有不正常工作的部件。在进行失速试验时，使用制动器，使机械可靠地制动。每次失速试验时间不应过长（< 30s）油门全开时间绝不能超过 5s，不能连续进行试验，必须等到发动机和自动变速器油冷却到正常温度才能进行第二个档位的失速试验，以防止油温过高。在两次试验之间，变速器处于空档，发动机以中速运转 2min，使油冷却。一般变矩器出口温度不允许超过 135℃。失速试验时将发动机加速至最大供油位置（此时，挂某档位的同时制动器也要起作用），记录发动机达到的最高转速、主压力、变矩器进出口压力及润滑压力。若测得的发动机最高转速较规定正常转速的差值超过 ± 150r/min，则说明发动机或液力传动装置工作不正常；若失速转速高于标准值，说明主油路油压过低或换档执行元件损坏；若失速转速低于标准值，则可能是发动机动力不足或液力变矩器有故障。例如，当变矩器导轮单向离合器打滑时，变矩器在偶合器工况下工作，从而使发动机的负荷增大，转速下降。

（五）动力换档变速箱的就机检测

动力换档变速箱在工程机械上常见的有行星式和定轴式两种，变速箱中的离合器或制动器是通过液压操纵系统进行接合或分离，从而实现换档的功能。

动力换档变速箱的就机检测项目主要有变速离合器压力和油泵压力（主油路压力），测试条件一般为发动机高速运转，变矩器为失速，液力传动油温为 75 ~ 85℃。测试方法为在发动机熄火后，在变矩器相应的压力检测点上安装好量程合适的压力表，然后起动发动机，并高速运转，同时使变矩器失速（踩下制动器），将变速杆拨到相应的档位，分别测出各档离合器油压值，如 W90-2 装载机动力变速箱各档压力标准值应为 1.9 ~ 2.1MPa。

（六）液力机械变速器的试验台检测

液力机械变速器修理装配后或从机械上拆卸下进行试验时，可在试验台上进行检测。

液力机械变速器试验台如图 8-6 所示。变矩器的驱动部分可用牵引电动机或发动机，驱动部分传给变矩器的扭矩用专门的测扭仪来测量。功率吸收部分可用测功器，一般为水力测功器。试验台设有专门的冷却器，用来冷却工作油。在仪表板上装有测量油压及油温的仪表。

修理装配后的液力机械变速器试验分三阶段进行。

第一阶段为无负荷磨合试验，试验时逐级变化发动机转速。在试验中检查液力机械变速器的运转情况：检查各部油压，并调整压力调节阀。在整个磨合期间，油温不得超过 100℃。

第二阶段为有负荷磨合试验。借助于调节水力测功器进、排水量，就可以调节测功器循环圆中的充水量。从而调节测功器的负荷。通过试验进一步检查液力机械变速器在负荷运转工况下,各机件的工作情况。

第三阶段为变矩器的性能试验。如果磨合试验正常或要检测从机械上拆卸下的变速器,可进行性能试验。试验时,应保持变矩器的输入转速不变,调节测功器负荷,使变矩器的输出转速逐渐变化。每次在转速稳定情况下,记录输入、输出转速及扭矩,记录各部油压及油温。应用这些数据,即可求得变矩器的特性。

试验结束后,应将工作油从液力机械变速器内放出,并加注新的工作油。

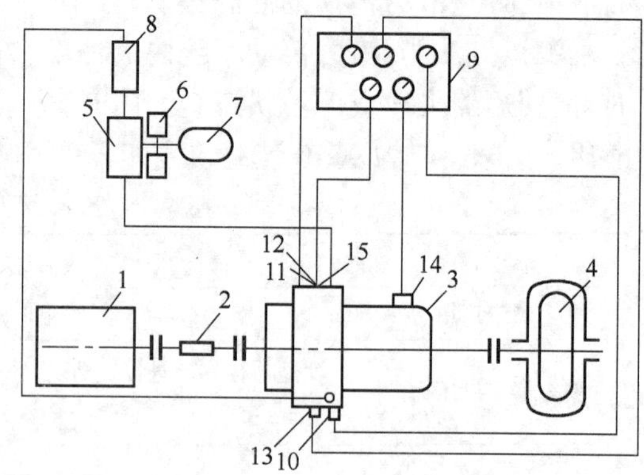

图 8-6　液力机械变速器试验台

1-驱动部分;2-测扭仪;3-液力机械变速器;4-测功器;5-冷却器;6-冷却风扇;7-电动机;8-滤油器;9-仪表盘;10-润滑压力传感器;11-主压力传感器;12-变矩器油压传感器;13-变矩器油温传感器;14-速度传感器;15-变矩油出口

液力机械变速器在试验台上进行检验的目的是:

(1)检查箱体和盖接合面以及管路接头的密封性;

(2)检查换档操纵机构是否灵活、准确;各档离合器接合是否迅速、平稳,分离是否彻底;

(3)检查液力机械变速器的工作情况,工作时是否平稳,是否有不正常噪声;

(4)检查油压和油温,对压力调节阀进行调整;

(5)进行液力变矩器的性能试验。

二、传动系的诊断

(一)主要部件的经验诊断法

1.主离合器的诊断

离合器的常见故障有分离不彻底、起步发抖、传力打滑和异响等。其故障现象和原因见表8-2所示。

离合器的常见故障和原因　　表 8-2

故　障	故障现象	故障原因
分离不彻底	发动机怠速运转,踩下离合器踏板,原地挂档有齿轮撞击声,且难以挂入;情况严重时,原地挂档后发动机熄火	1.离合器踏板自由行程过大;2.分离杠杆内端高度太低或内端不在同一平面上;3.新换的摩擦片太厚或从动片正反装错;4.从动片钢片翘曲变形或摩擦片破裂;5.双片离合器中间压板调整不当、中间压板个别支承弹簧折断或疲劳、中间压板在传动销上或在离合器驱动窗孔内移动不灵;6.从动片在花键轴上移动不灵;7.液压传动离合器液压系漏油、油量不足或有空气等
起步发抖	车辆低速起步时按操作规程结合离合器时,离合器不能平稳接合且产生抖振,严重时使车辆产生抖振现象	1.从动片或压盘翘曲变形;2.飞轮工作面圆跳动严重;3.分离杠杆内端高度不处在同一平面内;4.从动片上的缓冲片破裂、减振弹簧疲劳或折断;5.从动片油污、烧焦、表面不平、铆钉头露出、铆钉松动或切断;6.个别压力弹簧疲劳或折断,膜片弹簧疲劳或开裂;7.飞轮、离合器壳或变速箱固定螺钉松动;8.分离轴承套筒与其导管之间油污、尘腻严重,使分离轴承不能回位等

续上表

故　障	故障现象	故障原因
传力打滑	车辆低档起步时，离合器已接合，但不能起步或起步不灵敏；车辆加速时，车速不能随发动机转速升高而升高且伴随有离合器发热、产生糊味或冒烟等现象	1.离合器踏板没有自由行程，使分离轴承压在分离杠杆上；2.从动片油污、烧焦、表面硬化、表面不平或铆钉头露出；3.从动片、压盘和飞轮工作面磨损严重，厚度减薄；4.压力弹簧退火或疲劳，膜片弹簧疲劳或开裂；5.离合器盖与飞轮之间装有调整垫片或固定螺钉松动；6.分离轴承套管与其导管之间因油污、尘腻或卡住而不能回位等
异响	离合器分离或接合时发出不正常响声	1.分离轴承缺油干磨或轴承损坏；2.飞轮上的传动销与压盘上的传力孔或离合器盖上的驱动孔与压盘上的凸块配合间隙太大；3.分离杠杆与离合器盖的连接松矿或分离杠杆支撑弹簧疲劳、折断、脱落；4.从动片花键孔与其轴配合松矿；5.从动摩擦片铆钉松动或铆钉头露出；6.分离轴承套筒与其导管之间油污、尘腻严重或分离轴承回位弹簧与离合器踏板回位弹簧疲劳、折断、脱落，造成分离轴承回位不佳；7.分离轴承与分离杠杆内端之间没有间隙；8.从动片减振弹簧退火、疲劳或折断等

2.机械变速箱的诊断

机械变速箱的常见故障有异响、跳档和乱档等。其故障现象和原因见表8-3所示。

变速箱的故障和原因　　表8-3

故　障	故障现象	故障原因
跳档	车辆重载加速或爬坡时，变速杆有时从某档自动跳回到空档位置	1.相啮合的一对换档齿轮在啮合部位磨损成锥形；2.由于离合器壳后孔中心位置变动、离合器壳与变速箱壳体接合平面相对曲轴轴线的垂直度变动或第一轴、第二轴轴承过于松矿等原因，造成第一轴、第二轴、曲轴三者原来的关系变化；3.挂入档位后齿轮啮合未达轮齿全长或自锁钢球未进入凹槽内；4.各轴轴向间隙或径向间隙太大；5.自锁装置凹槽、钢球磨损严重或自锁弹簧疲劳、折断等
乱档	在离合器分离彻底的情况下，要挂档挂不上或要摘档摘不下；有时要挂某档，结果挂在别的档上	1.互锁装置损坏；2.变速杆下端长度不足、下端工作面磨损过大或变速叉轴上导块的导槽磨损过大；3.变速杆球头定位销松矿、折断或球头、球孔磨损过大等
异响	变速箱齿轮的啮合声、轴承的运转声等噪声太大；变速箱发出干磨、撞击等不正常响声	1.滚动轴承缺油，滚珠磨损，滚道有麻点、脱层、伤痕，内外滚道在轴上或壳体内转动，或轴承间隙太大；2.齿轮加工精度差或热处理工艺不当等造成齿轮偏摆或齿形发生变化；3.齿隙过大或花键配合间隙太大；4.修复过的齿面没有对毛刺、凸起等进行修整；5.齿面剥落、脱层、缺损、磨损过甚或换件修复中齿轮未成对更换；6.第一轴、第二轴或中间轴弯曲变形；7.壳体轴承孔搪孔镶套修复后，使两孔中心距发生变动或使两轴线不平行；8.变速杆弯曲变形使相关齿轮位置不准；9.各轴轴向定位失准；10.自锁装置凹槽、钢球磨损严重或自锁弹簧疲劳、折断，造成挂档时越位；11.个别轮齿断裂；12.齿轮油不足、变质、规格不符合要求或油中有杂物等

3.液力变矩器动力换档变速箱故障诊断

由于液力传动具有良好的自适应性能，另外，为了扩大液力变矩器的适应范围，提高传动效率，在其后配一变速箱组成了液力机械传动，这种传动方式在现代工程机械上得到了广泛应用。采用液力机械传动的自行式工程机械，其变矩器的用油和变速箱换档用油一般是一个系统，均由变速操纵总阀控制。因此，对这两部分的故障诊断作为一个整体介绍。

液力变矩器、动力换档变速箱的故障大多发生在控制油路中，其常见的故障、原因和诊断方法见表8-4所示。

液力变矩器、动力换档变速箱的常见的故障、原因和诊断方法 表8-4

故障	可能的故障原因	诊断方法
油温高	1.油位不当；2.油冷却散热片太脏（风冷）或冷却器、滤清器或管路堵塞；3.变矩器进油压力阀卡在关闭位置，使进油压力高；4.变矩器进油压力低或泄露严重；5.长时间大负荷工作；6.变速箱换档离合器打滑；7.变矩器工作轮碰磨；8.用油不合格等	1.检查油温表是否正常；2.检查油位和油品；3.检查进油压力是否正常；4.检查油箱出油口粗滤器、冷却器是否有脏物堵塞；5.检查滤清器或更换滤清器；6.听诊变矩器是否有机械碰击声；7.带负荷试车如果工作无力证明变矩器泄露严重或换档离合器打滑等
变矩器噪声	1.轴承失效，轴向和径向间隙大导致各工作轮碰磨；2.与发动机的连接螺栓松动或断裂；3.变矩器连接部分不紧等	如果是原因(1)会出现油温高、机械工作无力现象，并且油液中会有铝屑出现，可通过检查油液判断。否则是连接不紧
各档换档压力均低	1.油位过低；2.油管泄漏、进油管滤网、滤清器堵塞或油管接头松动；3.调压阀弹簧失效或断裂、调压阀调整不当；4.油泵磨损严重；5.各档油路泄漏；6.操纵阀磨损严重；7.油液质量不合格；8.压力表显示不准等	1.首先检查压力表是否正常；2.检查油位高度；3.检查油管接头是否松动、观察有无泄露；4.检查进油管滤网、滤清器是否堵塞并清理或更换；5.检查调压阀；6.检查操纵阀；7.检查油泵；如果以上项目检查并处理后仍不能解决则是各档油路泄漏要拆解变速箱
某档换档压力低	该档油路泄漏：密封件、活塞环、齿式离合器磨损或破裂	应解体检查维修
工作无力	1.各档压力均低的1~7项；2.变矩器严重泄漏；3.装有大超越式离合器的离合器严重磨损不能工作在锁紧状态（如柳工ZL40或50装载机）等	按各档换档压力均低的诊断顺序进行，解体后检查变矩器的旋转油封并更换；检查大超越式离合器

注：表中所列是一般液力机械传动的常见故障、原因和诊断方法，由于各种机型的液力机械传动结构和控制系统各有差异，因此应根据具体情况进行故障诊断和检查。

（二）仪器检测诊断法

1.用振动声学方法诊断传动系故障　传动系有故障时，常常引起机件的振动并发出各种响声，研究表明，每种故障引起的振动都有其特征频率。由于故障程度有差异，任何一种故障的振动对应某一频率范围。如传动轴弯曲、轴承间隙增大、磨损、齿轮啮合差等故障都可以用振动声学方法给出确定的结论。

振动声学方法的本质是当配合副间隙过大而继续工作时，零件间将产生撞击。在冲击时，传动系产生的振动信号是衰减振动形式，振动振幅值取决于运动副的技术状况和工作状态。

因此,振幅可以作为诊断参数。当传动系工作时,有连续不断的撞击发生,所以,其振动波形为反复的衰减正弦波。

不同故障造成不同频率的振动,根据振动的频率可以判断故障的部件及原因,表 8-5 列举了各种故障原因造成的振动的频率和振幅特征。

不同故障引起的振动振幅和频率特征 表 8-5

原　因	振　幅	频　率	备　注
不平衡	振幅与不平衡量成比例	1 倍不平衡部件的转速	通常径向振幅最大,悬臂式载荷(车轮、冷却风扇等)可能有轴向振动
联轴器、轴承、V 形槽带轮不同轴,轴弯曲	轴向振动较大,径向振动约为轴向振动的 50% 以上	通常为 1 倍的传速;某些情况为 2、3 倍和更高倍数的转速	不同轴或者带齿轮或轴承的轴弯曲,在齿数 × 转速或轴承滚动元件数 × 转速的高频率可能发生振动
机械松动	径向最大	通常为 2 倍的转速;在严重情况下可能有高谐次振动	检查安装螺栓是否松动,联轴器或万向节是否磨损,间隙过大
齿轮磨损、啮合不良或损坏	通常在配对齿轮中心联线上径向振幅最大	很高,齿轮齿数 × 齿轮转速(或损坏的轮齿齿数 × 转速)	振动可能是无规律的,尤其是齿轮负荷高时,如齿轮磨损严重可能出现高谐次振动
轴承故障	通常不稳定	很高,典型值 10 ~ 60kHz 范围,但不等于轴转速的整倍数,常是无规律的	轴承的高频振动不易传向其它部位,所以有故障的轴承是在检测出振动频率最高的部位
偏心	在径向最大	1 倍偏心件的转速	轮胎和车轮偏心可造成较大振动
空气动力和液力	依吸入/排出特性而定,可以径向或轴向出现	等于叶轮叶片数 × 转速	这种振动是冷却风扇、泵等所固有的,一般问题不大,除非受外部振源激发共振

变速箱和驱动桥的振动可以用压电式加速度传感器来测量,而万向传动装置的振动用无接触式的电涡流传感器直接测量振幅最方便,因传动系振动的频率和转速有关,还需同时记录下光电传感器输出的转速脉冲信号。

2.变速箱和驱动桥的油样分析　为了分析变速箱和驱动桥中离合器、齿轮和轴承等部件的磨损及其他故障,还应采用各种油样分析的方法和手段分析变速箱中的润滑油和驱动桥中的齿轮油。这种分析的内容和目的有两个:

(1)油的物理化学性能分析 用以评价油的润滑能力,决定是否更换润滑油及换油周期是否合适;

(2)润滑油中的机械杂质分析　根据磨损颗粒的成分、大小、形状和数量判断传动系的技术状况,是否有不正常磨损及不正常磨损与零件可能最后损坏的关系,并找出故障的原因与部位。

3.油温的监测　传动系各总成工作油的油温应在一定范围内,如阿里森(Allison)变速箱(CTBT 5861、5961、6061等)的正常工作油温为82~93℃,变矩器出口油温最高不超过135℃,这是根据工作油的性能及液力机械变速箱的结构和工作能力确定的。油温过高,油的粘度下降,性能变坏,氧化变质速度加快,不足以润滑承受重负荷的零件,同时破坏密封件,漏损增加。

传动系中相当部分故障都会使工作油温过高,且温度的测量简单、方便。因此,油温可以作为状态诊断参数,用来判断总成是否处于故障运行状态,是否需要进一步诊断。

第三节　转向系的诊断与检测

转向系对车辆的使用性能影响很大,直接影响到行车安全,轮式车辆转向系必须满足下列要求:

1.转向时各车轮必须作纯滚动而无侧向滑动,否则将会增加转向阻力,加速轮胎磨损。

2.操纵轻便。转向时,作用在转向盘上的操纵力要小。

3.转向灵敏。转向盘转动的圈数不宜过多,以保证转向灵敏。

4.工作可靠。转向系对轮式车辆行驶安全性关系极大,其零件应有足够的强度、刚度和寿命。

5.结构合理。转向系的调整应尽量少而简单等。

转向系根据驱动转向轮转向的动力来源分有人力式和动力式。人力式也称机械式由人来驱动转向执行机构,它的一整套传动机构只是用来放大作用力,一般用于小功率的整体式车架;动力式是利用液压或气压来驱动转向执行机构的。一般用于大功率机械。由于现在的工程运输车辆行驶速度高且多数采用机械式或液压助力式转向系统,而工程中所使用的自行式施工机械一般行驶速度低,但转向阻力大,多数采用液压式转向。因此,本节将主要介绍轮式工程机械机械式和液压式转向系统的故障诊断和检测。

一、转向系的检查

(一)机械式转向系统的检测

机械式转向系统的检测项目有:前轮定位的检测、转向盘自由行程的检测、转向盘转向力的检测等。

1.前轮定位值的检测

前轮定位包括前轮前束、前轮外倾、主销后倾、主销内倾,是前桥技术状况的重要诊断参数。前轮定位正确与否,将直接影响车辆的直线行使稳定性、安全性、燃油经济性、轮胎和有关机件的磨损及驾驶员的劳动强度等。因此,前轮定位值的检测不仅对在用车是十分必要的,而且对新车定型和质量抽查也是必不可少的。

前轮定位值的检测采用静态检测法,使用的检测设备有气泡水准式、光学式、激光式、电子式和电脑式等车轮定位仪,他们一般是利用前轮旋转平面与各定位角间存在的直接或间接的关系进行测量的。这些仪器具有结构简单、价格较低廉、便携或能移动等优点,在综合检测线和维修企业中获得了广泛应用,但也有安装、测试费时费力等缺点。

2.前轮侧滑量的检测

前轮侧滑量的检测必须采用动态检测法,检测的主要目的是为了确知前轮外倾的配合是否恰当,使用的检测设备主要有滑动板式侧滑试验台和滚筒式车轮定位试验台两种。

3.转向盘自由行程的检测

转向盘自由行程,是指车辆保持直线行驶位置不动时,左右晃动转向盘的自由转动量(游动角)。转向盘自由行程是一个综合诊断参数,当其超过规定值时,说明从转向盘至转向轮的传动链中有一处或几处的配合松旷。转向盘自由行程过大时,将造成驾驶员工作紧张,并影响行车安全。

转向盘自由行程可采用专用检测仪进行。简易的转向盘自由行程检测仪由刻度和指针两部分组成。刻度盘通过磁力座吸附在驾驶室仪表板或转向盘轴管上,指针则固定在转向盘的周缘上。也可以反过来。使用该种检测仪时,应使车辆处于直线行驶位置,调整指针指向刻度盘零度,再轻轻转动转向盘至空行程另一侧极端位置,指针所示刻度即为转向盘自由行程。

新车或大修车转向盘自由行程$\not>10°\sim15°$,正在使用车辆转向盘自由行程最大$\not>30°$。

转向参数测量仪或转向测力仪,一般都具有测量转向盘转角的功能,因此完全可以用来检测转向盘自由行程。

4.转向盘转向力的检测

操纵稳定性良好的车辆,必须有适度的转向轻便性。如果转向沉重,不仅增加驾驶员的劳动强度,而且因不能及时正确转向而影响行车安全。如果转向太轻,又可能导致驾驶员路感太弱或方向发飘等现象,同时不利于行车安全。

转向轻便性可用一定行驶条件下作用在转向盘上的转向力(即作用在转向盘外缘的圆周力)来表示。采用转向参数测量仪或转向测力仪等仪器,可以测得转向力及对应转角。

转向轻便性试验方法,一般有原地转向力试验、低速大转角转向力试验、弯道转向力试验等,可按有关国家标准的规定进行。

国标 GB 7258—87《机动车运行安全技术条件》规定,机动车在平坦、硬实、干燥和清洁的水泥或沥青路面上,以 10km/h 的速度从直线行驶过渡到直径为 24m 的圆周行驶,其施加于转向盘外缘的最大圆周力不得大于 245N。

关于机械式转向系的检测,由于篇幅有限这里不做详细介绍,详细内容可参考有关汽车安全技术检测站的资料。

(二)全液压式转向系统的检测

一般采用全液压式转向系统的工程机械,其行驶速度较低,对行驶的安全技术没有严格的标准。因此,对全液压式转向系统的检测主要是检测其液压系统的技术状况,保证机械转向可靠。有关转向液压系统的检测可见第九章。

二、转向系统的诊断

(一)机械式转向系统常见故障及其原因

大多数车辆的转向轴是前轴。前轴和转向系的常见故障是前轮轮胎磨损不正常、转向盘自由行程过大、转向沉重、自动跑偏和前轮摆头等。

前轴和转向系的常见故障和原因见表 8-6 所示。

前轴和转向系的常见故障、原因和诊断方法 表 8-6

故　障	故障现象	故障原因
前轮轮胎磨损不正常	轮胎磨损速度加快，胎面形状出现异常	1.轮胎气压不符合要求;2.轮胎长期未换位;3.前轮定位不正确，尤其是前束与外倾配合不正确;4.轮毂轴承松旷或转向节与主销松旷;5.纵横拉杆或方向机松旷;6.钢板弹簧U型螺栓松旷;7.钢板弹簧衬套与其销松旷;8.前轮径向圆或端面圆跳动太大;9.前轮旋转质量不平衡;10.前轮摆头;11.前轴与车架纵向中心线不垂直或车架两边的轴距不等;12.前轴或车架弯.扭变形;13.前轴刚度不足;14.转向横拉杆或横拉杆臂刚度不足;15.前轮放松制动回位慢或制动过猛;16.轮胎螺栓松动;17.经常超载、偏载、起步过急、高速转弯或制动过猛;18.经常行驶在拱度较大的路面上;19.转向梯形不能保证各车轮纯滚动，出现过多转向或不足转向;20.轮胎质量不佳
转向盘自由行程过大	车辆保持直线行驶位置静止位置不动时，轻轻来回晃动转向盘，感觉游动角度很大	1.转向器内主、从动啮合部位松旷或主、从动部分的轴承松旷;2.转向盘与转向轴的连接部位松旷;3.转向器垂臂与垂臂连接部位松旷;4.纵、横拉杆球头连接部位松旷;5.纵、横拉杆臂与转向节的连接部位松旷;6.转向节与主销松旷;7.轮毂轴承松旷
转向沉重	驾驶员转动转向盘时感到沉重费力，无回正感；当车辆以低速转弯行驶或掉头时转动转向盘非常吃力，甚至打不动	1.轮胎气压不足;2.转向节与主销配合过紧或缺油;3.纵、横拉杆球头连接调整过紧或缺油;4.转向器主动部分轴承预紧力太大或从动部分与衬套配合太紧;5.转向器主、从动部分的啮合调整得太紧;6.转向器无油或缺油;7.转向节承推轴承缺油或损坏;8.转向器转向轴弯曲或其套管凹瘪造成刮碰;9.主销后倾过大、主销内倾过大或前轮负外倾;10、前梁、车架变形造成前轮定位失准
自动跑偏	车辆行驶中自动跑向一边，必须用力把住转向盘才能保持直线行驶	1.两前轮轮胎气压不等、直径不一或车厢装载不均;2.左右两架前钢板弹簧挠度不等或弹力不一;3.前梁、后桥轴管或车架发生水平平面内的弯曲;4.车架两边的轴距不等;5.两边轮轮毂轴承或轮毂油封的松紧度不一;6.前、后桥两端的车轮有单边制动或单边拖滞现象;7.两前轮外倾角、主销后倾角或主销内倾角不等;8.前束太大或负前束;9.路面拱度较大或有侧向风
前轮摆头	车辆在某低速范围内或某高速范围内行驶时，有时出现两前轮各自围绕主销进行角振动的现象。尤其是高速摆头时，两前轮左右摆振严重，摆转向盘的手有麻木感，甚至可看到整个车头晃动	1.前轮旋转质量不平衡;2.前轮径向圆或端面圆跳动太大;3.前轮使用翻新轮胎;4.前轮外倾角太小、前束太大、主销负后倾或主销后倾角太大;5.两前轮的主销后倾角或主销内倾角不一致;6.前梁或车架弯、扭变形;7.转向系与前悬挂的运动互相干涉;8.转向系刚度太低;9.转向机垂臂与其轴配合松旷;10.转向机主、从动部分啮合间隙或轴承间隙太大;11.纵横拉杆球头连接松旷;12.转向节与主销配合松旷或转向节与前梁拳形部沿主销轴线方向配合松旷;13.前轮轮毂轴承松旷;14.转向机在车架上的连接松动;15.前悬挂减振器失效或左右两边减振器效能不一;16.左右两架前悬挂高度不一;17.前钢板弹簧U型螺栓松动或钢板销与衬套配合松旷;18.道路不平度太大，路面对车轮的冲击频率与前梁角振动的固有频率一致时，在陀螺仪效应的影响下，引起前轮摆头

第四节　制动系的诊断与检测

制动系是车辆底盘的主要组成之一，其技术状况变化直接影响车辆行驶、停车的安全性。工程机械的工作环境恶劣，制动性能是其主要性能之一。一台具有良好的动力性能而缺乏可靠的制动性能的机械，由于安全性太差，再优良的动力性能也无法发挥出来，且会造成重大事故发生。

一、制动系的检测

(一)制动系的检测参数

评价制动性能的主要指标有制动距离、制动减速度、制动鼓(盘)的温度等。制动系总体性能的检测参数有制动距离、制动减速度、制动力及它们在各轴两侧间的差值。局部的检测参数有压缩空气或液压系统的压力、制动力增长和下降的速度、制动响应时间、制动协调的时间等。

(二)轮式工程机械制动性能的检测

在制动试验台上检测制动性能具有迅速、准确、经济、安全、不受外界自然条件的限制以及试验重复性好和能定量地指示出各轮的制动力或制动距离等优点，因而成为制动系性能检测的发展方向。由于没有工程机械的大型试验台，工程机械制动系的性能检测可以用以下几种方法：

1.用五轮仪检测制动性能　用五轮仪检测机械的制动性能，可以测得从驾驶员开始踩下制动踏板到机械完全停止所走过的距离、制动系的响应时间及制动全程时间，并且可以记录制动全过程的速度—时间($v-t$)曲线和速度—距离($v-S$)曲线。若用磁带记录仪，则能更精确地记录制动的全过程，时间精度可以达到1ms，距离精度可以达到1cm，五轮仪在工程机械上的拆装也很方便，只有一个简单的联接件，便可以用销轴固定在牵引销孔上。

2.用减速度仪检测制动性能 减速度仪可测机械制动时的减速度，减速度也是衡量制动效能的指标之一。减速度仪不仅能够检测机械的制动性能，还能够检测机械的滑行性能，该仪器小巧轻便、便于携带、调校简单、示数直观、使用方便，对制动初速度和坡度要求不高，能检测制动过程的多个参数。

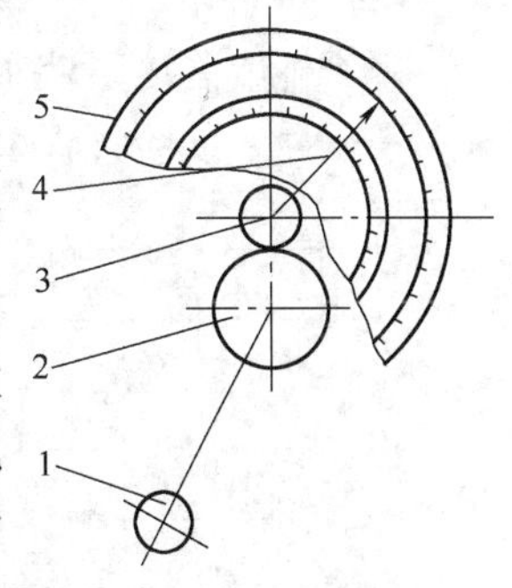

图8-7　减速度仪结构示意图
1-摆动元件；2、3-传动放大装置；4、5-测量显示装置

该仪器主要由振动元件、传动放大装置、阻尼器、测量显示装置等几部分组成。振动元件可以是金属摆、液体加速度传感器或其他惯性质量(相对于仪器外壳运动的部分称为惯性质量)。以金属摆为例，减速度仪的结构如图8-7所示。

仪器外壳固定在机械上，当机械静止或以不变的速度行驶时，摆在垂直位置不动。当机械进行制动或减速时，摆在惯性力的作用下产生位移，位移的大小表示了减速度的大小、摆角 θ 和机械减速度 a 的关系为(式中 g 为重力加速度)：

$$a = g\mathrm{tg}\theta \tag{8-15}$$

传动放大装置的作用是将惯性质量的小位移放大，并传递给测量显示装置，由测量显示装置将位移值转换为机械减速度值后显示出来。阻尼器是为了保证显示稳定。当金属摆处于自由振动中时，摆角不可能与机械的减速度成准确的比例关系，阻尼器的作用是吸收摆的动能。

该仪器的金属摆、齿轮等活动机件都密封于充满硅油的金属壳内形成一个有阻尼的密封的机械振动系统。

用制动时间和制动距离检测机械的制动效能时,制动初速度的误差会使结果产生较大误差。这是因为随着制动初速度的增加,制动时间直线增加,制动距离成平方关系增加,然而在一定制动初速度范围内制动时,减速度的变化并不大。同时,由于这类仪器在坡道上试验时其本身具有自动补偿功能,因而对试验场地的坡度要求不高,即使在20%的坡道上试验,其误差也不超过20%。

3.用制动试验台检测制动性能　制动试验台检测车辆的制动性能,能够克服前两种试验存在的缺陷。制动试验台固定在室内,可以作为移动的路面来近似地模拟实际制动过程。由于试验台检测制动性能具有迅速、准确、经济、安全、不受外界自然条件的限制,以及试验重复性好和能定量地指示出各轮的制动力或制动距离等优点,因而已成为验车的发展方向,有关制动试验台的结构和工作原理可参考汽车检测线的资料。

4.根据液压系统过渡过程诊断制动系故障　制动系的故障可以分为两部分:一部分是制动器本身的故障,另一部分是制动机构的故障。根据有关资料统计,后者的故障发生频率远远高于前者。

机械制动性能的好坏,主要取决于制动器的制动力矩和行走装置对路面的附着条件,制动系的主要任务是保证制动器有足够的摩擦力,这个摩擦力的大小是由两个因素决定的,即制动蹄(带)对制动鼓的正压力及它们之间的摩擦系数。

影响正压力的主要故障是制动器的故障,如:制动带与制动鼓之间有油污;摩擦片接合面积过小或制动鼓圆度误差大,使局部单位压力过大导致摩擦片过热,烧蚀而变质;制动带磨损严重;制动带与制动鼓之间间隙过大等。

采用气液综合式制动机构时,一般液压系统中的过渡过程分析方法可以应用于制动系液压系统。分析其在制动过程中的过渡过程特性,主要是分析压力过渡过程特性:$p=f(t)$,即压力随时间变化的曲线,以此确定制动机构的技术状况和诊断其故障。

为了测量制动系液压系统的压力,在测压点安装一压力传感器,在制动脚踏板处安装一触发信号开关。试验过程中仪器的连接方框图如图8-8所示。

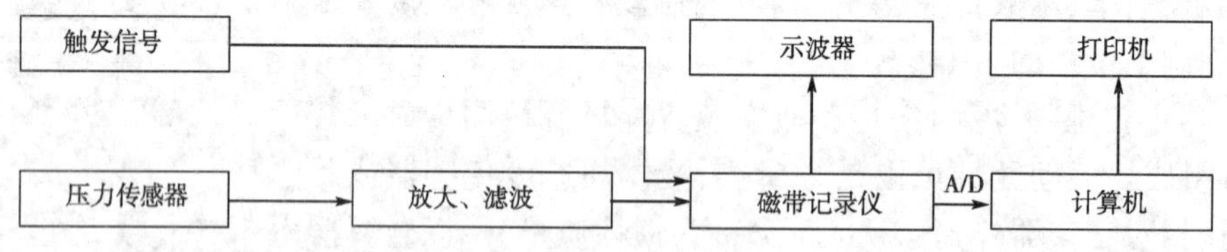

图8-8　制动液压系统压力测量仪器连接方框图

测试过程中,机械原地不动,在制动气压达到标准后,踩制动脚踏板(一脚到底),每制动一次,液压系统就有一个压力从上升、保持到下降的过渡过程,压力传感器电信号经放大、滤波后和触发信号一齐送入磁带记录仪记录下来,回放时,经过A/D转换后,由计算机采样,以触发信号到来的时刻为起始点,得到压力 p 随时间 t 变化的曲线 $p=f(t)$,如图8-9所示。结果由打印机打印输出。示波器的作用在于监视试验过程。

需要注意的是,图8-9中的 t_3 不是制动持续阶段的时间,而是与每次从脚踩下制动踏板时间到松开踏板时间有关,由于试验中的操作很难一致,每次试验时 t_3 会有较大出入,但这并不影响测量结果。对于确定制动机构技术状况和诊断其故障有意义的参数是:制动响应时间 t_1,制动协调时间 t_2,制动解除时间 t_4 和最大压力 p_{max}。

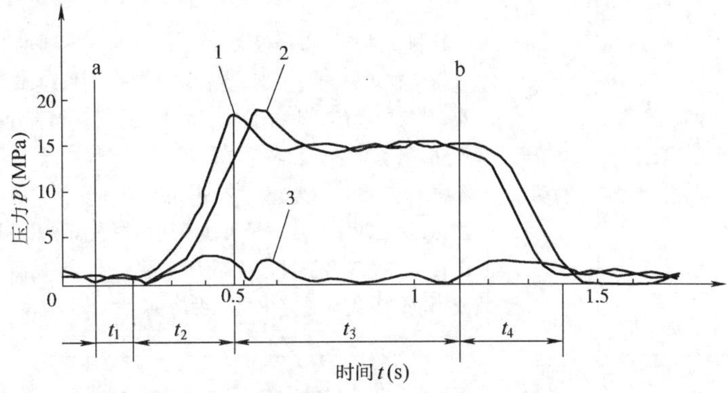

图 8-9 制动过程光线示波器照相图

a-踩下制动踏板;b-松开制动踏板

1-左轮;2-右轮;3-左、右两轮差值

用这种方法检测制动系的技术状况,不需要制动试验台和路试,可以分别测量出每个制动部位的 $p=f(t)$ 曲线,防止由于制动机构有故障造成的制动跑偏。由于制动液压系统的油管直径比较小,压力又较高,可以采用外卡压力传感器,给现场测试带来了很大方便。

5.制动鼓温度的测量 机械在制动时的动能和势能有相当一部分是通过制动器以热能的方式耗散。因此,通过测定制动器的温度,可以判断制动器所吸收能量的大小,从而评定机械的制动能力。比较各轮吸收能量的大小和它们之间的差值,还有助于判断动跑偏问题。

在获取机械诊断参数的各种检测方法中,温度的测定是最简便易行的。制动器温度的测定要注意两点:一是要在制动器的摩擦表面上测取;二是要分别测量制动前、后的温度及温度差。

二、制动系的常见故障及原因

制动系在使用过程中难免由于磨损、腐蚀、老化、断裂和失调而产生故障。常见故障、故障和原因见表 8-7 所示。

制动系的常见故障、原因及诊断方法 表 8-7

故 障	故 障 现 象	类 型	故 障 原 因
制动不灵	车辆制动时,驾驶员感到减速不足;车辆紧急制动时,制动距离太大	液压制动系	1.总泵、分泵、管路或接头漏油;2.总泵储液室存油不足或无油;3.制动液变质或管路内壁积垢太厚;4.制动液中有空气;5.总泵皮碗、活塞或缸筒磨损过甚;6.分泵皮碗、活塞或缸筒磨损过甚;7.总泵进油孔、补偿孔或储油室通气孔堵塞;8.总泵出油阀、回油阀不密封或活塞回位弹簧预紧力太小;9.总泵活塞前端贯通小孔堵塞或总泵皮碗发粘、发胀;10.分泵皮碗发胀、发粘;11.增压器或助力器效能不佳或失效;12.油管凹瘪或软管内孔不畅通;13.制动踏板自由行程太大;14.制动蹄摩擦片与制动鼓(盘)靠合面不佳或制动间隙调整不当;15.制动蹄摩擦片质量欠佳或使用中表面硬化、烧焦、油污及铆钉头露出;16.制动鼓磨损过甚或制动时变形

续上表

故　障	故障现象	类　型	故障原因
制动不灵	车辆制动时，驾驶员感到减速不足；车辆紧急制动时，制动距离太大	气压制动系	1.制动踏板自由行程太大；2.储气筒达不到规定气压；3.制动阀最大气压调整螺钉调整不当，造成制动气压太低；4.制动平衡弹簧预紧力太小，维持制动(双阀关闭)来得过早；5.制动阀膜片破裂或排气阀关闭不严；6.制动气室膜片破裂或制动管路漏气；7.制动管路凹瘪或软管内孔不畅通；8.制动蹄摩擦片与制动鼓(盘)靠合面不佳或制动间隙调整不当；9.制动蹄摩擦片质量欠佳或使用中表面硬化、烧焦、油污及铆钉头露出；10.制动鼓磨损过甚或制动时变形；11.制动凸轮轴在支承套内锈蚀或别动；12.制动管路内壁积垢严重
制动失效	踩下制动踏板，车辆不减速，即使连续几脚制动也无明显减速作用	液压制动系	1.总泵内无制动液；2.总泵皮碗严重破裂或制动系有严重泄漏之处；3.制动软管或金属管破裂；4.制动踏板至总泵的连接脱开
		气压制动系	1.制动踏板至制动阀的连接脱开；2.储气筒无压缩空气；3.制动阀的进气阀打不开或排气阀严重关闭不严；4.制动阀膜片、制动气室膜片严重破裂或制动软管断裂；5.制动管路内结冰或油污严重而阻塞
制动拖滞	抬起制动踏板后，全部或个别车轮的制动作用不能立即完全解除，影响车辆重新起步、加速行驶或滑行	液压制动系	1.制动踏板无自由行程；2.制动踏板与其轴的配合缺油、锈蚀或踏板回位弹簧脱落、拉断及拉力太小等；3.总泵活塞回位弹簧折断或预紧力太小；4.总泵活塞、皮碗的长度太大或皮碗发胀、发粘；5.总泵补偿孔被污物堵塞；6.分泵皮碗发胀、发粘或活塞犯卡；7.制动蹄回位弹簧脱落、折断或拉力太小；8.制动蹄与支承销锈污；9.制动蹄与制动鼓(盘)的间隙调整不当，制动放松后仍局部摩擦；10.通往分泵的油管凹瘪或堵塞；11.不制动时增压器辅助缸活塞中心孔打不开；12.轮毂轴承松旷
		气压制动系	1.制动踏板自由行程太小，造成制动阀的排气阀开启程度太小；2.制动阀的排气阀弹簧或促使排气阀打开的弹簧疲劳、折断或弹力太小；3.制动阀的排气阀橡胶阀发胀、发粘或在阀口上堆积的油污、胶质太多；4.制动踏板回位弹簧疲劳、折断、失落或拉力太小；5.制动气室膜片(活塞)回位弹簧疲劳、折断、失落或弹力太小；6.制动蹄回位弹簧疲劳、折断、脱落或拉力太小；7.制动凸轮轴在其套内缺油、锈蚀或卡滞；8.制动间隙调整不当，制动放松后制动摩擦片与制动鼓(盘)仍局部摩擦；9 制动蹄与支承销锈蚀；10.轮毂轴承松旷
制动跑偏	车辆制动时，车辆的行驶方向发生偏斜，紧急制动时，车辆出现扎头或甩尾现象	液压、气压制动系	1.左右车轮制动蹄摩擦片材料不一或新旧程度不一；2.左右车轮制动蹄摩擦片摩擦片与制动鼓(盘)的靠合面积不一、靠合位置不一或制动间隙不一；3.左右车轮分泵(气室及凸轮)的技术状况不一，造成起作用时间不一或张开力大小不一；4.左右车轮制动蹄回位弹簧拉力不一；5.左右车轮轮胎气压不一、直径不一、花纹不一或花纹深度不一；6.左右车轮制动鼓的厚度、直径、工作中的变形程度和工作面的粗糙度不一；7.单边制动管路凹瘪、阻塞或漏油(气)；8.单边制动管路或分泵内有气阻(液压制动系)；9.单边制动蹄与支承销配合紧或锈污；10.车架车桥在水平平面内弯曲、车架两边的轴距不等或前钢板弹簧刚度不等。

第九章　工程机械液压系统的诊断

随着科学技术的发展,液压技术广泛用于工程机械、冶金机械、运输机械、轻工机械、机床、农业机械及航天、航空、舰船及武器装备等国防工业的设备中,成为设备中不可缺少的重要组成部分。现今越来越多的工程机械采用液压传动系统来完成动力传递,这是因为采用液压系统有许多方面的优点。液压元件相对重量轻、惯性小、结构紧凑、整体布局方便;液压传动系统能在大范围内实现无级变速,传递运动平稳均匀,易实现缓冲、安全保护;操纵简单方便,当机电液联合应用时,实现自动化、智能化非常方便。液压伺服控制和电液比例技术的发展,大大提高了其控制精度和响应的快速性,因而在现代工程机械中被广泛使用。但是,液压系统在使用时也存在许多方面的问题,例如油液的泄漏和气体的混入将影响机构运动的平稳性和准确性;油液对温度变化范围和污染程度的要求比较严格;液压元件精度高,造价贵;特别是液压系统的故障诊断困难,影响了液压传动系统的推广和应用。液压系统的故障既不像机械传动那样显而易见,又不如电气传动那样易于检测。

一、液压故障诊断的概念

液压故障诊断,是判断机械设备液压系统的运行状态是否正常,液压系统是否发生故障,确定液压设备发生故障的部位及产生故障的性质和原因。

二、液压系统故障的特点

1.故障的多样性和复杂性　液压系统出现的故障可能是多种多样的,而且在大多数情况下是几个故障同时出现。例如:系统的压力不稳定,常和振动噪声故障同时出现,而系统压力达不到要求和动作故障联系在一起;机械、电气部分的毛病甚至也会与液压系统的故障交织在一起,使得故障变得复杂,新系统的调试更是如此。

2.故障的隐蔽性 液压系统是依靠在密闭管道内并具有一定压力能的油液来传递动力的,系统的元件内部结构及工作状况不能从外表进行直接观察。因此,它的故障具有隐蔽性,不如机械传动系统故障那样直观,而又不如电气传动系统那样易于检测。

3.引起同一故障原因和同一原因引起故障的多样性 液压系统同一故障引起的原因可能有多个,而且这些原因常常是互相交织,互相影响。如:系统压力达不到要求,其产生原因可能是泵引起的,也可能是溢流阀引起的,也可能是两者同时作用的结果。此外,油的粘度是否合适,以及系统的泄漏都可能引起系统压力不足。另一方面,液压系统中往往是同一原因,但因其程度的不同、系统结构的不同,与它配合的机械结构的不同,所引起故障现象也可以是多种多样的。如同样是混入空气,严重时能使泵吸不进油;轻者会引起流量、压力的波动,同时产生噪声和机械部件运动过程中的爬行。

4.故障产生的偶然性与必然性 液压系统的故障有时是偶然发生的,有时是必然发生的。故障偶然发生的情况如:突然卡死溢流阀的阻尼孔或换向阀的阀芯,使系统突然失压或不能换向;电器老化,使电磁铁吸合不正常而引起电磁阀不能正常工作。这些故障没有一定的规律。

故障必然发生的情况是指那些持续不断经常发生、并具原因引起的故障。如油粘度低引起的系统泄漏,液压泵内部间隙大容积效率下降等。随着使用条件的不同,而产生不同的故障。例如环境温度低,使油液液压阻力大,油液流动难;环境温度高,油液粘度下降引起系统和压力不足等;不干净的环境工作时,往往引起严重污染,并导致系统出现故障。另外,人员的技术水平也会影响到系统的正常工作。由于分析判断系统故障具有上述特性,所以当系统出故障后,要很快确定故障部位是比较难的,必须对故障进行认真地检查、分析、判断,才能找出其原因。然而,一旦找出原因后,往往处理却比较容易。

三、液压故障的分类

(一)按液压故障发生的时间分类

1.早发性故障:这是由于液压系统的设计原因。液压元件的设计、制造、装配及液压系统的安装调试等方面存在问题而引起的。如新购买的液压设备严重泄漏和噪声大等故障,一般通过重新检验测试和重新安装、调试是可以解决的。

2.突发性故障:这是由于各种不利因素的偶然出现影响的结果。这种故障发生的特点具有偶然性。如液压阀卡死不能换向;液压缸油管破裂,造成系统压力下降;液压泵压力失调等等。这种故障都具有偶然性和突发性,一般与使用时间无关,因而难以预测,但它一般不影响液压设备的寿命,容易排除。

3.渐发性故障:这是由于各种液压元件和液压油各项技术参数的劣化过程逐渐发展而成的。劣化过程主要包括腐蚀、疲劳、老化、污染等因素。这种故障的特点是其发生与使用时间有关,它只是在元件的有效寿命的后期才明显地表现出来。渐进性故障一旦发生说明液压设备的部分元件已经老化了,如液压缸,液压泵、液压马达的磨损等。

(二)按液压故障特性分类

1.共性故障:共性故障是指各类液压设备的液压系统和液压元件都常出现的液压故障,故障的特点是相同的。如振动和噪声、液压冲击、爬行、进气等故障。由于这些故障分析比较全面,所以故障规律性较强,诊断率也比较高。

2.个性故障:个性故障是指各类液压设备的液压系统和液压元件所具有的特有特殊性故障。其故障的特点是各不相同的。如各类压力设备的液压保压功能,各类机床的自动换向功能,电液伺服控制系统和电液比例控制系统等等,其故障特性均为个别特殊故障,故均称为个性故障。

3.理性故障:理性故障是由于液压系统设计不合理或不完善、液压元件结构设计不合理或选用不当而引起的故障。如溢流阀额定流量太小,导致发出尖叫声等。这类故障必须通过设计理论分析和系统性能验算后,才能最终加以诊断。

(三)按液压故障发生的原因分类

1.人为性故障:液压系统由于使用了不合格的液压元件或违反了装配工艺、使用技术条件和操作技术规程,或安装、使用不合理和维护保养不当,使液压设备过早地丧失了应有的功能,这种故障称为人为性故障。

2.自然性故障:液压设备在其使用和保存期内,由于正常的不可抗拒的自然因素的影响而引起的故障都属于自然性故障。如正常情况下的磨损、腐蚀、老化等损坏形式都属于这一故障范围。这类故障一般都在预防维修中,按期更换寿命终结的元件即可排除故障。

一套好的液压传动装置能正常、可靠地工作,它的液压系统必须具备许多性能要求,这些要求包括:液压缸的行程、推力、速度及其调节范围,液压马达的转向、转速及其调节范围等技术性能;以及运转平稳性、精度、噪声、效率等等。如果在实际运行过程中,能完全满足这些要求,整个设备将正常、可靠地工作;如有某些不正常情况,而不完全能或不能满足这些要求,则认为液压系统出现了故障。本章从液压传动系统的原理出发,着重讨论液压系统的状态检测及故障诊断方法,帮助读者了解液压系统常见故障的现象及产生的原因,掌握判断和排除液压系统故障的方法。

第一节　液压系统检测与诊断的基本原理和方法

一、液压系统的构成

液压传动系统由动力装置(液压泵)、执行元件(液压缸和液压马达)、控制元件(各种类阀)及辅助元件(液压油箱、接头、管道、滤油器、散热器、蓄能器等)和介质(液压油等)组成。按照液压油的循环方式,液压系统中液压泵的数目、形式以及向执行元件的供油方式的不同,可将液压系统进行各种形式的分类。液压系统的检测与诊断应该以分析其基本原理和基本类型为基础,做出正确判断。

1.单泵系统和多泵系统:根据系统中液压泵的数目,液压系统可分为单泵系统和多泵系统。

(1)单泵系统:由一个液压泵向一个或一组执行元件供油的液压系统,即为单泵系统。主要用于不需要进行多种复合动作的工程机械,如推土机、铲运机等铲土运输机械的系统;以及功率较小,工作变动不太频繁的工程机械,如起重量较小的汽车起重机、斗容在 0.4m^3 以下的小型挖掘机、高空作业车、叉车等机构的液压系统。

(2)多泵系统:有些工程机械动作比较复杂,如液压挖掘机、汽车起重机的工作循环中,既需要两个执行元件实现复合动作,又需要对执行元件能够进行单独调节。显然,采用单泵系统不可能很好地满足工况要求。为了更有效地利用发动机功率和提高工作性能,就必须采用双泵或多泵系统。例如采用双泵的挖掘机液压系统,甲泵可能向动臂液压缸、斗杆液压缸、回转马达及左行走马达供油,组成一条回路;乙泵可能向铲斗液压缸、动臂液压缸、斗杆液压缸及右行走马达供油,组成另一条回路,故为双泵双回路系统。这两个回路可以互不干扰,即可以各自独立地进行工作,保证进行复合动作,提高系统的生产率和发动机功率的利用率。而在挖掘机工作的一个周期中,由于动臂和斗杆都存在着单独动作的可能,为提高生率,可以采用双泵合流的方式,实现动臂和斗杆的快速伸出和缩进,从而进一步提高了生产率和发动机功率的利用率。为了进一步改进性能,近年来在一些大型液压挖掘机和液压起重机中,开始采用三泵系统。这种三泵液压系统的特点是回转机构采用独立的闭式系统,而其他二个回路为开式系统,这样,可以按照主机的工况,把不同的回路合在一起,获得主机最佳的工作性能。在多回路、多执行机构的液压系统中采用多泵供油系统,可以在生产率和发动机的功率利用率提高的同时,使机器的操作变得更加简单方便、动作更加灵活可靠,造价略微提高还是合算的。

2. 定量系统和变量系统:按照系统所采用液压泵形式的不同,可分为定量系统和变量系统。

(1)定量系统:采用定量泵的液压系统,称为定量系统,定量系统中所用的泵可以是齿轮泵、叶片泵或柱塞泵。在定量系统中液压系统功率是按理论功率选取的。对于定量泵,当发动机转速一定时，流量也是一定的。而压力是根据工作循环中需要克服的最大阻力来确定的，因此液压系统工作时，泵的功率是随工作阻力变化而改变的。定量系统对发动机的功率的利用率不高，但由于定量系统结构简单，相对而言造价低廉，所以应用广泛。

(2)变量系统：采用变量泵的液压系统，称为变量系统，变量系统中所采用的泵为叶片泵或柱塞泵，且以柱塞泵居多。变量系统比较复杂，价格较高，而操纵方式复杂多样，尤其是电液比例技术的应用，使液压系统流量和功率的调节更加方便、准确。在变量系统中，变量泵的输出流量可以根据负载需要来调整，按需供油，系统的效率较高。这样，虽然变量系统价格较高，仍然得到广泛应用。

3.串联系统和并联系统：根据向液压缸和液压马达等执行元件的供油方式和次序的不同，液压系统可分为串联系统和并联系统。在一些特殊回路中还用到串并联系统(俗称顺序单动或优先回路)。

(1)串联系统：在串联系统中，液压油依次进入每一个执行元件，串联系统中液压泵的出口压力约等于整个管路系统的压力损失与各串联液压缸(或液压马达)内有效工作压力之总和。在外载荷较小时，各串联缸可以同时动作，并且在供油流量一定时保持较高的运动速度。但当外载荷较大时，由于供油压力的限制，要各串联液压缸同时动作就较困难。因此，串联系统一般多用在高压、小流量的单泵供油系统中。

(2)并联系统：并联系统中的流量的分配是随各执行元件上外载荷的不同而变化，首先进入外载荷较小的执行元件。只有当各执行元件上外载荷相等时，才能实现同步动作。由此可看出，当液压泵流量不变时，并联系统中液压缸(或液压马达)运动速度随外载荷的变化而变化，这就是并联系统不能保证并联液压缸(或液压马达)同步动作的道理。因此，并联系统仅能用于对工作机构运动速度要求不甚严格或无同时动作的地方。并联系统的优点是分支油路中有一次压力降，因此液压缸(或液压马达)能克服较大的外载荷。

(3)串并联系统：多缸并联、串联的组合系统。这种串并联系统，其回路在任何时候只能有一个液压缸动作，不能进行复合动作，而且动作时，前一换向阀动作，就切断了后面各换向阀的进油。各液压缸只能顺序单动，故又称这种系统为顺序单动系统或优先系统。工程机械中如有些装载机就采用这种系统回路，可防止有时误操作后产生不必要的复合动作，保证操作安全。

4.开式与闭式系统：在液压传动系统中根据油液循环的方式不同，可分为开式循环系统和闭式循环系统。

(1)开式循环系统(简称开式系统)：液压泵自油箱吸油，经过换向阀等元件供给液压缸或液压马达对外作功。而液压缸或马达的回油及系统中的泄漏油则流回油箱。在系统中，油箱作为中间环节，其作用除了贮存一定量体积的工作介质(液压油)外，还具有散热、冷却及沉淀杂质的作用，因此需要有较大容积的油箱才满足要求。由于油箱中的油与空气接触面较大，使溶于油中的空气量增多，导致工作机构运动的不平稳及其他不良后果。为了保证工作机构运动的平稳性，应充分排气，同时在系统的回路上将设置背压阀，减少空气混入的可能性。这将引起附加的能量损失，而使温度升高，恶化系统工作条件。在开式系统中，采用的泵为定量泵或单向变量泵，为避免产生吸空，对自吸力差的液压泵，通常将其工作转速限制在额定转速的75%以内，或增设一个自吸力好的辅助补油泵。

(2)闭式循环系统(简称闭式系统)：液压泵和马达的进出油管直接首尾相接，形成一个闭合回路。当操纵液压泵或马达的变量机构时，便可调节马达的速度或使马达换向。为防止液压系统过载,设置双向安全阀。压力由过载阀(溢流阀)调定。为了补充油液的泄漏,还必须设置补油泵,其压力由溢流阀调定(应比马达所需背压略高)。补油量应高于系统的泄漏量。

闭式系统较开式系统结构复杂。它只能由一个液压泵驱动一个液压马达(有时也有并联液压马达的情况),且需采用双向变量泵或变量马达,造价高。由于油液仅在闭合回路内循环而温升较高。但它也具有如下一些优点:闭式系统中油液基本上在闭合回路内循环,与油箱交换的油量仅为系统的泄漏量和换油散热流量,因而补油系统的油箱容积较小,结构紧凑。闭式回路有背压,因而空气不易渗入系统。又由于油箱小,因而油与空气接触面小,从而使油中空气含量小,因此闭式系统运转平稳。闭式系统中,马达的回油直接到泵的入口,液压泵是在压力供油下工作,对主泵的自吸能力要求低。而开式系统对自吸能力要求较高。闭式系统通过改变液压泵或变量马达的变量机构来实现换向和调速,调速和制动比较平稳,且能量消耗小。在发热量较大的闭式系统中,为了降低油液温升改善散热状况,需将部分低压油排回油箱加以冷却,并需增大补油量。补油泵的流量一般可按主泵的流量的20%~30%来选择。现在许多生产厂家闭式系统中的各个阀集成到液压泵和马达当中,使用时只不过需要我们将液压泵和马达用两根软管对接,再接好吸油管和泄油管就可以了,非常方便。但是,这种闭式系统看不出其他内部连接管道,判断故障时一定要注意根据原理图逐项排除。

5.单级直动式和多级先导式控制:

(1)单级直动式是指主要元件直接由手动操纵或电磁操纵,多用于流量不大的系统。

(2)多级先导式控制是指主要元件操纵靠液压控制,多用于流量较大或需远程控制的系统。其结构复杂,判断故障困难,需分级排除。

二、液压系统故障诊断方法

(一)液压系统故障诊断的步骤

1.排除前的准备工作 阅读设备使用说明书,掌握以下情况:系统的结构、工作原理、性能及设备对液压系统的要求;液压系统中所采用各种元件的结构,工作原理,性能。阅读设备使用有关的档案资料,诸如生产厂家、制造日期、液压件状况、原始记录、使用期间出现过的故障及处理方法等,还应掌握液压传动的基本知识。由于同一故障可能是由多种不同的原因引起的,而这些不同原因所引起的同一故障有一定的区别,因此在处理故障时首先要查清故障现象,认真仔细地进行观察,充分掌握其特点,了解故障产生前后设备的运转状况,查清故障是在什么条件下产生的,弄清与故障有关的其他因素。

2.分析判断:在现场检查的基础上,对可能引起故障的原因做初步的分析判断,初步列出可能引起故障的原因。分析判断时应注意:首先,充分考虑外界因素对系统的影响,在查明确实不是该原因引起故障的情况下,再集中注意力在系统内部查找原因;其次,分析判断时,一定要把机械、电气、液压三个方面联系在一起考虑,切不可孤立地单纯对液压系统考虑;第三,要分清故障是偶然发生的还是必然发生的。对必然发生的故障,要认真分析故障原因,并彻底排除,对偶然发生的故障,只要查出故障原因并做出相应的处理即可。

3.调整试验:调整试验就是对仍能运转的设备经过上述分析判断后所列出的故障原因进行压力、流量和动作循环的试验,以去伪存真,进一步证实并找出哪些更可能是引起故障的原因。调整试验可按照已列出的故障原因,依照先易后难的顺序一一进行;如果把握不大,也可首先对怀疑较大的部位直接进行试验。

4.拆卸检查:拆卸检查就是对经过调整试验后,进一步认定的故障部位进行打开检查。拆解时,要注意保持该部位的原始状态,仔细检查有关部位,且不可用脏手乱摸有关部位,以防手上污物粘到该部位上。

5.处理:对检查出的故障部位修复或更换,勿草率处理。

6.重试与效果测试:按照技术规程的要求,仔细认真地处理。在故障处理完毕后,重新进行试验与测试。注意观察其效果,并与原来故障现象对比。如果故障已经消除,就证实了对故障的分析判断与处理正确;如果故障还未除,就要对其他怀疑部位进行同样处理,直至故障消失。

7.故障原因分析总结:按照上述步骤故障排除后,对故障要进行认真地定性、定量分析总结,以便对故障的原因、规律得出正确的结论,从而提高处理故障的能力,也可防止同类故障的再次发生。

(二)液压故障诊断

一般可分为简易诊断和精密诊断。

1.简易诊断技术:简易诊断技术又称主观诊断法。它是指靠人的五觉(问觉、视觉、嗅觉、听觉和触觉)及个人的实际经验,利用简单的仪器对液压系统出现的故障进行诊断,判别产生故障的部位及原因。

2.精密诊断技术:精密诊断技术,即客观诊断法。它是指在简易诊断法的基础上对有疑问的异常现象,采用各种最新的现代化仪器设备和电子计算机系统等对其进行定量分析,从而找出故障部位和原因。这类方法主要有仪器仪表检测法、油液分析法、振动声学法、超声检测法、计算机诊断专家系统等。

目前,精密诊断技术需要的各种仪器设备比较昂贵,所以,在实际机械设备液压系统故障诊断中,既要采用传统简易诊断手段,在必要时要采用新的精密诊断方法,因此两者无法替代,将长期共同存在。

(三)查找液压故障的方法

从故障现象分析入手,查明故障原因是排除故障的最重要和较难的一个环节。初级液压技术人员,出了故障后,往往一筹莫展,感到无处下手。现从实用的观点出发,介绍查找液压故障的典型方法。

1.根据液压系统图查找液压故障。认识液压图,是从事使用、维修工作的技术人员和技术工人的基本功,也是查找液压故障一种最基本的方法。

2.因果图(又称鱼刺图)分析方法,对液压设备出现的故障进行分析,既能较快,又能积累排除故障的经验。这是一种将故障形成的原因由总体至部分按树枝状逐渐细化的分析方法,是对液压系统工作可靠性及其液压设备液压故障进行分析诊断的重要方法。其目的是判明基本故障,确定故障的原因,影响和发生概率。这种方法已被公认为是可靠性、安全性分析的一种简单,有效的方法。

3.铁谱技术分析。

4.利用故障现象与故障原因相关分析液压故障。

第二节　液压系统状态检测

所谓液压系统状态检测就是利用现代科学技术手段和仪器设备,依据对液压系统中流量、压力、温度等基本参数的检测和执行机构(液压马达和液压缸)的运动速度、噪声,油液状态以及外部泄漏等因素的观测来判断液压系统的工作状态和液压元件的损伤情况。一台良好的液压传动设备,为了正常运转、可靠工作,它的液压系统必须具备以下性能要求:液压缸的行程、推力、速度及其调节范围;液压马达的转向、扭矩、转速 、调节范围等技术性能;运转平稳性、精度、噪声、效率、油温、多液压缸系统中各个液压缸动作的协调性等运转品质。如果液压系统在实际工作中,能完全满足这些要求,整个设备能够正常、可靠地工作;如果出现了某些不正常情况,而不能完全满足这些要求,影响到液压系统的正常工作,这样就可认为系统出现了故障。系统中会有许多检测点,我们可以用各种各样的仪器仪表得到上述参数来加以分析、判断,这些参数是评价和判断一个系统好坏的主要依据。

液压系统的评价:因为液压传动与其他传动方式相比,在控制精度、自动化程度及操作方便、省力以及传动平稳、速度变换平滑、迅速等方面具有非常明显的优势,所以液压传动已成为广泛采用的重要传动方式之一。随着液压技术的发展,工程机械采用液压传动已成为国内外工程机械的发展趋势。甚至有些工程机械用已具备的液压化程度来表明它的先进性。因此,对于采用液压传动的工程机械而言,其性能的优劣就主要取决于液压系统性能的好坏。这就是说,对液压系统的评价,就间接地表明了液压工程机械性能的优劣。液压系统性能的好坏是以系统中所用元件的质量好坏和所选择的基本回路恰当与否为前提的。评价液压系统性能的好坏,就是在满足机械静态特性及工艺循环要求的各种液压传动方案中,对表明性能好坏的各项指标加以比较。表明液压系统性能的主要指标有:系统的效率、功率利用率、调速范围及微调性能、操纵性能(自动化程度等)、冲击、振动和噪声、以及安全性、经济性、舒适性等。

一、液压系统的效率

液压系统的效率是指对输入液压系统的能量利用程度,也就是反映液压系统本身能量损失多少的参数。具体说,就是在一个工作循环内,各执行元件在每个工序中对外所做有用功率之和与输入系统的总功率之比。由于液压系统的结构原理及所使用液压元件的不同,液压系统的效率在很大范围内变动。引起液压系统效率变化的原因很多,其中主要的有:液压系统的传动方案,调速方案及元件、管路本身的特性等。例如,对完成同一个工作循环,采用定量泵加溢流阀的传动方案时,虽然所用元件简单、造价低,但由于液压泵的排量不能在每个工序中被全部利用,而是在溢流阀的调定压力下将多余的油液溢回油箱,转化成油液的温升损失掉了。油液温度的升高,又促使系统泄漏量增加,进一步降低系统的效率,并使系统的性能发生变化。其传动效率一般在30%左右;当采用压力补偿变量泵系统时,由于泵的排油量可根据负载需求大小自动调节,故效率可提高到70%~80%或更高些。由于节流调速简单、成本低,所以在中小型液压机械中广泛采用。但在节流调速过程中产生能量损失和溢流损失。若速度愈低,这种损失愈大,系统效率愈低;当采用容积调速方案时,由于没有节流损失和溢流损失,从而提高了系统效率。此外,诸如换向阀换向控制能量损失,液压元件本身的损失(以液压泵和马达和损失最大)及管路中的能量损失等原因,都会使系统效率下降。具体地说,有以下几个方面:

1.换向阀在换向制动过程中出现的能量损失:在开式系统中工作机构的换向动作只能借助于换向阀封闭执行元件的回油路,先制动后换向。当执行元件及其外部载荷的惯性很大时,在回油腔的压力增高较大,严重时可达几倍的工作压力。液体在如此高压作用下,将从换向阀或制动阀的开口缝隙中挤出,从而使运动机构的惯性能变为热耗,使系统的油温升高。在一些换向频繁,载荷惯性很大的系统中,如挖掘机的回转系统,由于换向制动而产生的热耗是十分可观的,有可能成为系统发热的主要因素。

2.元件本身的能量损失:元件的能量损失包括液压泵、液压马达、液压缸和液压控制元件等的能量损失,其中以液压泵和液压马达的损失为最大。液压泵和液压马达中能量损失的多少,可用效率来表示。液压泵和液压马达效率的高低,是作为其质量好坏的主要性能指标之一。液压泵和液压马达的效率等于机械效率和容积效率的乘积。机械效率和容积效率是与多种因素有关的,如工作压力、转速和工作油液的粘度等。一般情况下每一个液压泵和液压马达在一个额定的工作点,即在一定的压力和一定的转速下,会具有最高的效率,当增加或降低转速和工作压力时,都会使效率下降。管路和控制元件的结构,同样也可以影响能量损失的大小。因为油液流动时的阻力与其流动状态有关,为了减少流动时的能量损失,可在结构上采取改进措施:管件可增大截面积以降低油液流动速度;控制元件可增大结构尺寸,以增大通流能力。但增加的结构尺寸超过一定数值时,就会影响到经济性。此外,在控制元件的结构中,两个不同截面之间的过渡要圆滑,以尽量减少摩擦损失。

3.溢流损失:当液压系统工作时,工作压力超过溢流阀(安全阀或过载阀)的开启压力时,溢流阀开启,液压泵输出的流量全部或部分地通过溢流阀溢流。例如液压挖掘机中出现溢流的工况是:回转机构的启动与制动过程,此时负载太大,液压马达中的工作压力超过溢流阀的开启压力仍继续工作;动臂等工作机构液压油缸达到终止极限位置时而换向阀尚未回到中位。这些工况在系统工作时,应尽量减少时间以减少溢流损失。这可从设计因素和操作因素两方面采取措施。

4.背压损失:为了保证工作机构运动的平稳性,常在执行元件的回油路上设置背压。背压越大,能量损失亦越大。一般讲液压马达的背压要比液压缸的背压大;低速液压马达的背压要比高速马达的背压大。为了减少因回油背压而引起的发热,在保证工作机构运动平稳性的条件下,减少回油背压,或利用这种背压做功。

在液压系统,除选用性能优良的液压元件、尽量减少管路能量损失、尽可能采用高效率液压回路是提高液压系统效率的主要途径外,液压泵的数目及其控制方式,液压泵与执行元件的配合(在多执行元件的系统或在一个循环中具有多工序的系统)等,都会影响到液压系统的效率。有时局部回路的设置是否合理也会影响到系统的效率。总之,液压系统的效率是一个综合性指标,不能单单按某一局部回路的设置是否合理来评价,必须把整个回路设置与工艺循环过程结合起来考虑,才能做出最后的正确评价。

二、功率的利用

功率利用是指系统在工作循环中对发动机功率的利用程度,也就是整机效率问题。对于多回路、多执行元件的液压系统,它不仅与各回路的设置及其之间的配合有关,而且与液压泵的数目及其控制方式有直接关系。例如,采用双泵变量系统比采用定量泵系统的功率利用要合理;采用双联变量泵总功率控制系统比采用双联变量泵分功率控制系统的功率利用更加合理;在多数情况下,采用双泵合流及多功能控制,更有效地利用发动机功率。功率利用这项指标,不仅仅是反映对发动机功率利用的好坏,而且对节省能源,也具有很大的现实意义。为了提高功率利用率,在国外的工程机械液压系统中,对液压泵采用零位起调,即在工作压力小于液压泵起调压力时,泵的流量为最小,这样可以减少低压时的功率损失。

三、调速范围和调速特性

工程机械的特点之一是工作机构的负荷及其速度的变化都比较大。这就要求工程机械液压系统应具有较大的调速范围。不同的工程机械其调速范围是不同的，即使在同一工程机械中，不同的工作机构其调速范围也是不一样的。大小可以用速比来衡量。液压系统的调速范围与液压泵及执行元件的性能有关，或者说与系统的流量调节范围及系统压力有关。例如，在液压缸的调速范围中，液压缸的最大速度受到摩擦副最大运动速度的限制，一般情况下要求 $v \leqslant 0.4 \sim 0.5 \mathrm{m/s}$，因此使用液压缸的系统最大调速范围就取决于最小速度，即又受到节流元件的最小稳定流量的限制。节流元件最小稳定流量又受负载压力的影响。在变量液压泵和定量液压马达组成的容积调速系统中，最大转速由液压泵所能提供的最大流量决定，即液压马达的最高转速取决于变量泵的最大流量。但是，马达的最小稳定转速却与马达的结构有关。而对于低速大扭矩马达，则最低转速取决于变量泵所能提供的最小稳定流量。由上述分析可见，液压系统的调速范围，不仅与调速方案有关（容积调速系统的调速范围大于节流调速的调速范围），而且与调节元件本身及执行元件的结构性能有关。

所谓微调性能，是反映执行元件速度调节灵敏度的一项指标。它除了取决于调节元件本身的特性及其控制方式外，还与系统的动态特性有关。不同的工程机械对微调特性有不同的要求。如铲土运输机械、挖掘机对微调特性的要求不高。而有的工程机械如吊装用的起重机，要求负重时起落速度非常精准，只有稳定的微调特性才能确保调出需要的速度。

通过对液压系统以上性能指标分析，可以判定一个液压系统的好坏，最好能随时监测。这些指标若不理想，就应该考虑一定是哪里出现了问题，及时加以改善。

第三节　典型液压系统的故障诊断与分析

任何一种复杂的系统，从某种意义来说，出现故障是必然的。液压系统在工作过程中出现的故障可分为突发性和磨损性的两大类。前者，如泵的烧损、零部件的损坏、管路破裂等等，常与制造装配质量以及操作是否符合规程有关，它往往发生于系统工作的初期与中期。而作为磨损性故障，例如密封处漏油、执行元件的工作速度变慢等，在正常情况往往发生于液压系统工作的后期，是由结构件磨损引起的。但无论是突发性的还是磨损性的故障，不外乎是液压泵、油缸/马达、液压阀、管路、滤油器等基本元件的故障。液压系统的故障就是基本元件出现故障。因此分析、诊断系统出现的故障，也就是判断系统中哪个元件出现了故障。我们非常有必要了解各种液压件本身常出现哪些故障，以便掌握规律，及时排除。

一、液压元件的故障分析

在各类液压元件当中，故障情况非常庞杂。液压元件主要分为动力元件（液压泵）、执行元件（液压马达和液压缸）、控制元件（阀）和液压辅助元件（蓄能器、滤油器等），在本章第四节中列表说明。液压元件的故障判定是建立在对其原理和结构了解的基础上的。同时，液压元件的故障判断又是液压传动系统故障判断的出发点。

二、液压传动系统的故障分析

在使用液压设备时，液压系统可能出现的故障是多种多样的。即使是同一个故障现象，产生故障的原因也不一样，它是许多因素综合影响的结果。例如液压系统完全打不上压力时，故障并不限于溢流阀、液压泵、方向控制阀、流量控制阀、管路等液压系统的组成元件，就连驱动电磁阀和比例阀的电控线路也应予以检查。特别是在设备试车时，产生故障的原因更是多方面的，更应全面分析产生故障的原因。因此，在排除故障时，对引起故障的因素逐一分析，注意到其内在联系，找出主要矛盾，这样才能比较容易解决。但是，液压系统中，各种元件和辅助装置的机构以及油液大都在封闭的壳体和管道内，不能像机械传动那样直接从外部观察而且寻找故障原因。且排除故障也比较困难。一般情况下，任何故障在演变为大故障之前都会伴随有种种不正常的征兆，可归纳为以下几个方面：出现不正常的声音，例如泵、马达、溢流阀等部位的声音不正常；出现回转、行走等，马达以及各工作装置油缸作业速度下降及无力现象；出现油箱液位下降、油液变质现象；液压元件外部表面出现工作液渗漏现象；出现油温过高现象；出现管路损伤、松动及振动现象；出现焦糊气味等等。这些现象，只要在使用过程中细心留意，加强察觉这些征兆的能力，都可凭肉眼观察、手的触摸、鼻的嗅闻发现。在实际工作中，人正是通过这种现场手段来做为分析故障的第一手资料，然后根据经验，综合这些第一手资料，对实际问题进行具体分析，找出产生故障的原因，及早予以解决。然而在实际工作中往往不能一次就准确地判断出产生故障的原因，这时就需要几个反复，反复分析、反复检查，直到找出产生故障的原因为止。

三、液压传动系统的几种常见故障现象

液压传动系统的常见故障有漏油、压力失调、系统失灵等等。下面就这几个方面的问题进行分析。

1.漏油

液压系统的漏油分为内漏和外漏，通常所说的漏油是指系统的外部漏油。漏油最常见的是管接头出故障，此时拆卸并重新拧紧即可治愈。元件漏油常常是由于密封损坏，虽对某些元件来说少量漏油是正常的，如果密封过早损坏，应全力找出损坏的原因，因为换一种密封形式可能延长寿命。当密封件损坏而不得不拆卸元件时，还应检查元件摩擦表面的状态。变质或生锈这些原因也许是构成密封损坏的主要原因。内部漏油往往更难发觉，问题应有条理地加以解决，每次解决一个元件。在多数场合下可由回路图确定在给定条件下哪些口应和压力源脱开。如果拆掉与油口连接的管子把这个油口敞开，从油口流出的流量是明显的，必有内部漏油达到这个油口。回路图还能说明哪些元件构成从压力管到通油箱的回油管的漏油通路。

2.系统压力失常

在工作着的系统中不可避免地有压力变化，例如蓄能器有效压缩比的变化及背压效应在双作用油缸里造成的压力冲击。因此，系统中某一特定点的实际压力只能凭经验定。此时压力变化在整个工作循环里最好不超过3%～5%。压力不足是漏油或泵的某些故障的一般迹象，有时也可能是由于溢流阀或旁通阀的故障所致。一个旁路打开的座式阀也会使具体的管路缺油，因为阀芯有一种在液流中保持浮动的趋势，这种阀在预定的压力下开启后，要在一个低得多的压力下才能复位(启闭特性)。系统压力过高可能是由于部分堵塞所致。虽通常可由系统中的溢流阀来卸荷，但是过多的流量通过溢流阀会使供给执行元件的流量不足，造成运动速度降低。系统压力过高也会增加油液发热量并导致油温过高。系统中压力显著变化的最常见的原因如下：

(1)不带阻尼的旁通阀，这种情况的处理是换一个带阻尼的阀或恒压式阀。

(2)阀堵塞，需要清洗，必要时换成带有防堵塞运动的更合用的阀。

(3)泵的压力脉动，这种压力脉动通常可用蓄能器阻尼来减缓。或者可采用不同类型的压力输出特性比较恒定的泵。

(4)由于混入空气而使油箱中气泡太多,这可能是由于油箱设计不当,系统漏气或类似的设计过失,使得空气混入油液中。

3.系统操纵失灵

系统操纵失灵是指是操纵系统工作时,系统不能按照操作者的意愿工作,压力该升高不升高,流量该增大不增大。这里的基本问题主要是查明失灵到底是由于上述比较明显的故障引起的,还是由于控制系统工作的一个或几个液压元件的故障引起的。回路越复杂,各种元件的控制和动作的相互依赖关系就越紧密,可能涉及的单个基本回路就越多。此时故障诊断的基本方法是根据动作失灵的表现把故障划在具体的小范围里,据以确定使这个小圈子失灵的基本故障。处置措施具体到回路,并要求仔细研究回路和充分理解各个元件的功能。最简便的方法常常是从所涉及的执行元件往回查找,以确定行为和控制究竟是在哪一点开始丧失,而不考虑那些与故障的机能没有直接关系的元件。具体方法如下:

(1)系统压力正常,执行元件无动作。原因可能是无信号;收到信号的电磁阀中的电磁铁出故障;机械故障。

(2)压力正常,执行元件速度不够。原因可能是外部漏油;执行元件或有关管路控制阀内部漏油;控制阀部分堵塞;泵出故障或输出管堵塞,减少了输出流量,但不一定降级低压力;出口油液过热,粘度下降,致使泄漏量增多;执行元件过份磨损;过大的外负载使执行元件超载;执行元件摩擦加大;如由于压缩密封调整不当,弯曲载荷引起的变形等所致。

(3)系统压力低,执行元件速度不够。原因可能是泵出故障(磨损)或漏油使输出流量不足;蓄能器出故障或气压不足需要充气;泵的驱动出故障;阀的调整不正确,溢流阀或旁通阀出故障。

(4)不规则动作。通常是由于混入空气所致,按上述压力不稳检查。其他可能的原因是:摩擦太大,由于密封太紧或配合不当而楔紧所致,如果使用挡圈,在高压下O型圈可能被挤入间隙或楔紧,滑动副不足或卡紧等可能是摩擦增大的另一个原因;执行元件不对中,执行元件、工作台、滑块等不对中,导致不规则运动;压缩效应,油液在高压作用下的压缩性会影响精密的运动和控制,这是正常的油液特性,在这方面合成液压油好一些,混入空气会加大油的弹性。

(5)卸荷时系统压力仍很高。原因可能是把系统卸荷部分隔离出来的单向阀出故障;卸荷阀调整不好。注意:如果调整卸荷阀并不改变系统压力则故障出在单向阀上。

第四节　液压系统故障分析实例

液压系统故障可按故障分类分析、按分系统分类分析、按框图法分析、按列表分析。下面分别举例说明。

一、按故障分类分析

首先,我们先以ZL50装载机为例,按故障分类分析说明液压系统故障诊断的思路。如图9-1所示,系统的执行元件有转向液压缸、铲斗液压缸及动臂液压缸。系统的供油依靠转向油泵①、辅助油泵②和工作油泵③来完成。工作多路阀⑥操纵工作系统的动臂液压缸和铲斗液压缸,多路阀采用铲斗优先回路。转向液压缸由转向阀⑤来控制,而转向阀⑤本身是一个组合阀,由一个三位四通换向阀和一个二位四通换向阀组成,其中的二位四通换向阀的作用是当不转向时锁止转向液压缸。稳流阀④可以使进入转向阀⑤的流量不受发动机转速和负载大小的影响,保持稳定的转向流量。过载补油阀⑦限制铲斗液压缸工作压力,而在“撞斗”时为铲斗液压缸补油。气动控制阀⑧控制工作多路阀⑥动作。系统故障有如下几种情况:

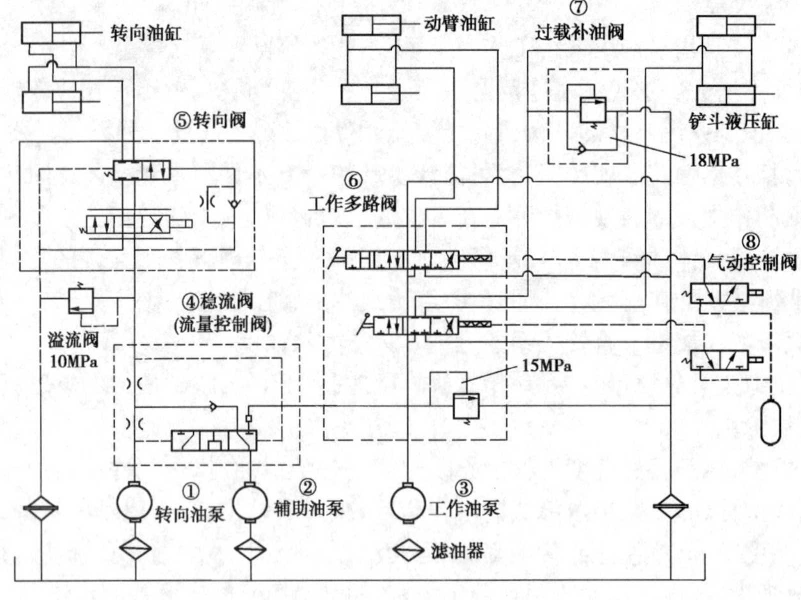

图 9-1 ZL50 装载机液压系统图

(一)铲斗及动臂均无动作

1.液压泵失效;测量工作油泵③的出口压力:

(1)泵轴折断或磨损;

(2)液压泵旋转不灵或咬死;

(3)滚柱轴承锈死卡住;

(4)外泄漏严重;

(5)固定侧板的高锡合金被严重拉伤或拉毛。

2.滤油器堵塞;伴随噪声;

3.吸油管破裂或吸油管与泵的管接头损坏松动;

4.油箱油液太少,无法吸吸;

5.油箱通气孔堵塞;

6.多路阀中的主溢流阀损坏失效。

(二)铲斗翻转力不够,即轻载时能翻转,重载时不能翻转

1.首先试验动臂升降,若动臂提升也无力,则故障原因是:

(1)多路阀中主溢流阀故障;

(2)液压泵因磨损、性能下降;

(3)吸油管破裂或吸油管与泵的管接头损坏松动;

(4)油箱油液太少,无法吸吸。

2.若动臂举升正常,则故障原因是;

(1)翻斗操纵阀泄漏严重;

(2)翻斗控制油路上的过载阀出现故障,造成过载阀提前开启;

(3)翻斗液压缸故障;

(4)管路泄漏。

(三)动臂起升力不够,轻载时可起升,重载时不能起升或起升慢

1.首先检查翻斗翻转情况,若翻斗无力:

(1)多路阀中主溢流阀故障;

(2)液压泵因磨损、性能下降;

(3)吸油管破裂或吸油管与泵的管接头损坏松动;

(4)油箱油液太少,无法吸吸。

2.若翻转动作正常,由故障原因是:

(1)动臂操纵阀泄漏;

(2)动臂液压缸故障;

(3)管路漏油。

(四)翻斗翻转和动臂起升运动速度都缓慢

1.液压泵磨损造成的容积效率降低;

2.多路阀故障:

(1)主阀芯拉毛或硬物划伤;

(2)主阀弹簧失效;

(3)针阀及阀芯密封不严有泄漏;

(4)调压弹簧失效。

3.双泵单路稳流阀④故障:

(1)阀芯划伤拉毛造成卡死;

(2)阀芯弹簧失效;

(3)单向阀阀芯卡死未能开启。

4.油箱油量少。

5.油温过高。

6.多路阀中的主溢流阀故障:

(1)主阀芯弹簧失效不能复位;

(2)针阀及阀座密封不严;

(3)主阀芯及阀座密封不严。

(五)动臂起升速度缓慢但翻斗翻转速度正常

1.动臂液压缸泄漏;

2.多路阀中动臂操纵阀阀芯和阀杆之间泄漏;

3.动臂起升油路过载阀有泄漏。

(六)翻斗翻转速度缓慢但动臂起升速度正常

参阅动臂起升速度缓慢故障现象,只需检查翻斗操纵阀和翻斗液压缸

(七)动臂液压缸不能锁紧,即操纵中位时,液压缸下沉较大。

1.动臂液压缸内泄漏现象;

2.阀杆复位不良,未能严格到中位。

(八)操纵阀操纵杆沉重或操纵不动

1.操纵连杆机构故障;

2.操纵阀阀杆变弯、拉毛或产生液压卡紧操纵。

(九)液压油油温过高

1.环境温度过高或长期连续工作;

2.系统经常在高压下工作,溢流阀频繁打开;

3.溢流阀调定压力过高;

4.液压泵内部有摩擦;

5.液压油选用不当或变质;

6.液压油油量不足。

(十)动臂缸动作不稳定有爬行现象

1.液压泵吸入空气或系统低压管路有漏气处;

2.动臂液压缸的杆端或缸底的连接轴销因磨损而松动;

3.对动臂油路上装有单向节流阀的系统,单向节流阀中单向阀不密合,节流口时堵时通。

(十一)全液压转向器故障

液压转向常见的故障有转向功能下降,转向系统转向不灵,转向油缸运动不平衡,转向系统存在咬住现象,或铰接机架达不到规定的偏转角等,产生故障的原因主要考虑转向液压缸、转向油泵①和转向阀⑤。

由以上可知对液压系统故障的判断、分析,应该首先将液压系统分解,才能分清故障产生的原因,尽快排除。

二、按分系统分类分析方法

以挖掘机液压系统为例说明按分系统分类分析方法,如图 9-2 所示。挖掘机系统回路的组成和特点总的来说是系统采用双泵双阀方式(2P2V)。液压泵组 2 包括两台轴向柱塞,恒功率调节变量液压泵和一台齿轮液压泵。前者为工作主泵,后者为辅助泵。两个主泵 P1、P2 分别通过多路换向阀 6、7 后向各工作回路提供液压油,多路换向阀 6、7 由减压先导操纵阀手动操纵。辅助泵除了给减压先导操纵阀提供压力油以外,还向主泵调节器提供动力转换压力 p_f,以及向双速行走回路提供控制高低速压力油等一些控制所需的压力油。另外系统回路中还设有动臂和回转优先阀,采用电子控制。电子控制器根据作业模式及其他一些相关信息通过向比例减压阀提供不同信号,以改变比例减压阀输出不同压力,实现对流量分配的优化,提高了做复合动作时不断调节生产效率。同时为了更好地利用发动机输出功率,提高生产效率,对系统中某些回路采用了合流。

本机液压系统由如下回路组成:总功率变量泵组调节回路、减压式先导操纵控制回路、回转回路、双速行走回路、动臂回路、斗杆回路、铲斗回路和备用回路。下面分别对它们具体分析说明,并对其常见的故障进行分析:

(一)总功率变量泵组调节回路

如图液压挖掘机系统采用两个并联的恒功率轴向柱塞变量泵,能自动调节发动机的功率输出。伺服变量系统由伺服阀 5、斜盘控制柱塞 4、p_{pr}阀 6(油泵调节电液比例阀)—p_{pr}阀输出的二次压力 p_f 回路,反馈流量控制溢流阀 8—反馈流量控制压力回路和两泵输出压力回路组成。二次压力 p_f、反馈流量控制压力和两泵的压力之和的每一个变化,都会引起主泵伺服阀的左右移动,由此产生斜盘控制柱塞左右端的压力变化而左右移动,带动主泵斜盘角度增大或减小,从而使柱塞的输出流量增多或减少。所以对泵的流量控制采用综合控制,包括电子控制即对压力 p_f 的控制,和压力控制即对两泵的压力之和控制和反馈压力控制(前者为总功率控

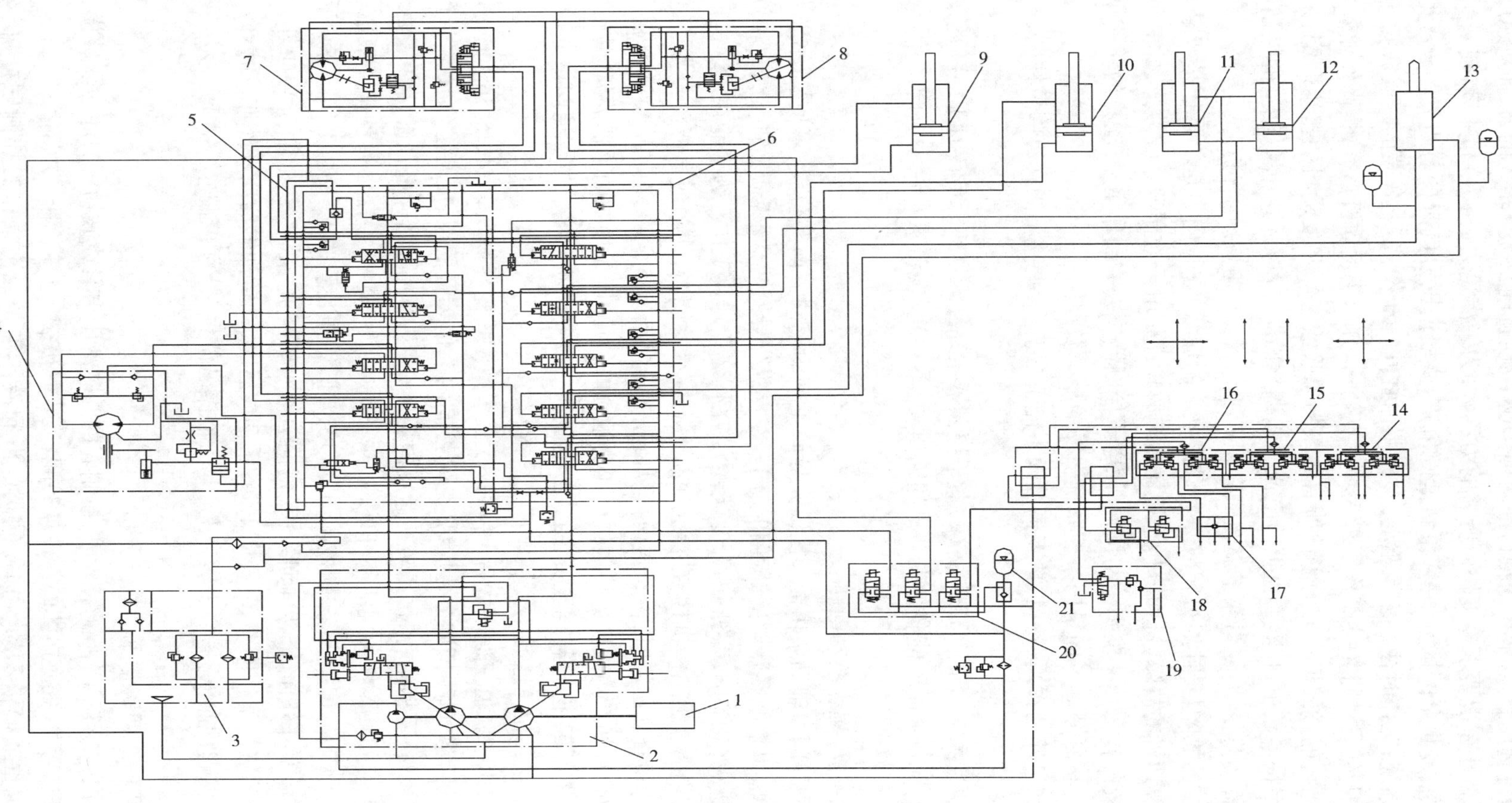

图 9-2　挖掘机液压系统

1-发动机;2-液压泵组;3-回油滤油器;4-回转液压马达;5、6-多路换向阀;7、8-左、右行走马达;9-斗杆油缸;10-铲斗油缸;11、12-动臂油缸;13-液压冲击锤;14、15、16-减压式先导操纵阀;17-选择阀;18-电控压力阀;19-压力阀组;20-电控二位三通阀;21-蓄能器

制,后者为反馈流量控制)。液压挖掘机油两种作业工况:掘削工况要求大的力,而对速度则不要求很大;搬运卸土工况要求速度快而所需的力不大,为了满足力(压力)和速度(流量)要求,必须采用变量泵,变量泵的排量(柱塞泵斜盘倾角)需要根据压力负荷自动调节。液压挖掘机是多泵多回路系统,工作时往往多泵驱动,多作用油缸同时动作,要求各泵的总吸收扭矩和发动机扭矩相匹配,使发动机始终工作于最大功率点处,充分利用发动机功率,提高作业效率,同时也防止了发动机的过载熄火。为了使所有的泵的总吸收扭矩和发动机的扭矩匹配,采用总功率调节。它根据各泵出口压力和的作用,来自动调整通向变量泵伺服操纵油缸的控制油缸,全功率系统随着负荷变动,变量泵的斜盘倾角跟着变化,具有响应快的优点。

泵控制系统的故障与排除:分析故障要根据故障的症状,首先确定是单泵还是双泵系统。是泵故障还是发动机的故障,进而分析是机械系统故障还是电子控制器系统故障,此时可以把电子控制器系统的备用开关拨到手动位置,使电子控制器失去控制作用,发动机的转速靠人工调节的方法来分析判断。下面是因泵控系统引发的故障及原因:

1.单泵控制组件动作缓慢:(1)单组伺服阀不能正常工作,调整不当;(2)单泵柱塞、配油盘磨损严重。

2.液压油温过高:(1)泵磨损严重;(2)电子控制器系统故障;(3)无负荷时不能降低发动机的输出功率;(4)无负荷时不能降低发动机的输出功率;(5)反馈流量控制溢流阀卸荷,或调整不当。

(二)减压式先导操纵控制回路

手动减压先导阀由辅助泵供油。操纵先导阀手柄的不同方向和位置,可使其输出带有一定范围的压力油,以控制多路阀的开度和换向。在操纵先导阀时,既轻便又有操纵力和位置的感觉。操纵力越大,对应的多路阀的开度就越大,工作装置越快工作。为了能在发动机不工作和出现故障时,仍能操纵工作机构,在操纵油路上设置有蓄能器,作为应急能源。为了避免旁人在驾驶员进行检查和维修时,由于错误操纵减压先导阀而发生危险,在回路中设置了一个电控的二位三通阀,来切断向减压先导阀提供压力油,此时对减压先导阀的手柄的任何操作都是无效的,工作装置不工作,这样驾驶员在自己不在场时,只要切断向该二位三通阀供电,就可以避免上述危险。该二位三通阀起到了保护安全的作。

压力油经过电控二位三通阀之后,并联进入三个减压式先导操纵阀 14、15、16。阀 16 控制斗杆和回转液压回路,单手柄四方位操纵,分别控制两工作装置的正、反两工作状态。手柄向左时,回转马达旋转;手柄向右时,回转马达反向旋转。手柄向前时,斗杆油缸活塞杆回缩,斗杆向外伸;手柄向后时,斗杆油缸活塞杆外伸,斗杆向内缩。阀 14 控制动臂和铲斗液压回路,同样的也是单手柄四方位操纵,分别控制动臂和铲斗两工作装置的正、反两工作状态。手柄向左时,铲斗油缸活塞杆外伸,铲斗向回缩;手柄向右时,铲斗油缸活塞杆内缩,铲斗向外伸。手柄向前时,动臂油缸活塞杆回缩,动臂向下降;手柄向后时,动臂油缸活塞杆外伸,动臂向上升。阀 15 由两个手柄进行操纵,每个手柄有上、下两个操纵位置,分别控制左、右行走液压回路的前进和后退。

减压式先导操纵回路常见的故障分析;

1.操纵操作杆,执行元件无动作:(1)控制阀的阀芯液压卡紧或破损;(2)滤油器破损,污物进入而卡住检查、清洗、更换损坏的零件;(3)配管、软管破裂;(4)控制压力低。

2.操纵杆沉重或操纵不动:(1)控制阀的滑阀液压卡紧或破损;(2)控制联杆机构有毛病。

(三)回转回路

液压挖掘机回转系统采用闭式回转制动,主要通过对回转制动过程的控制来实现。

(1)切断回转系统中作为回转动力源的液压马达的动力;

(2)控制液压马达中的机械闭式制动器实现机械闭式制动;

(3)两者有机结合使液压挖掘机实现对回转制动快速和平稳制动的要求。

回转系统回转:

系统回转时,回转控制多路阀工作于左位或右位,切断了压力油1回油箱,液控阀6工作于下位,压力油2通过液控阀,打开机械式制动器液压缸,解除回转制动;同时主油路压力又通过主控多路阀进入回转液压马达,实现液压挖掘机工作装置回转。

回转系统制动:

当工作装置需要定位,停止回转时,主控多路阀回到中位,切断液压马达3的动力,液压马达处于制动状态,起制动作用;与此同时,液控阀6的控制压力油回油箱1,在弹簧的作用下工作于上位,切断了机械制动油缸的来油,机械制动油缸在弹簧的作用下实现回转系统的机械制动。通过控制主多路阀来控制液压马达的动力。由于切断其动力后,液压系统和回转系统机构的惯性将给液压系统和回转机械系统带来非常大的液压和机械冲击,为此在回转液压马达的进出口上装置了平衡阀,以减轻冲击,同时可减轻机械制动器的制动力从而延长其使用寿命。闭式制动器设计在回转系统中扭矩最小的地方即回转液压马达中。闭式制动器的主要作用是在液压马达被切断动力后,通过液压马达本身的制动作用,使工作装置回转速度接近零时,才实现机械闭式制动。由于它设计在液压马达中,因而回转机构总体尺寸大大减小,同时也使闭式制动得以更好实现自动控制。同时闭式制动器的打开和关闭存在一个时间节拍问题,即时序控制。

回转回路常见的故障分析:

1)不能回转:(1)溢流阀或过载溢流阀调节压力偏低更换变形或折断的弹簧,调节到规定的调节压力;(2) 缓冲阀(平衡阀)有毛病检查、清洗、更换损坏的弹簧,其他动作不正常时更换缓冲;(3)旋转马达有毛病,分析马达压力进口部位,如能转动配油阀则输出轴损坏,应更换;检查活塞及联杆是否破损或烧坏,并更换;如果马达的阀烧损应加以更换。

2)回转速度缓慢:(1)调节压力低;(2)调节阀(溢流阀)有毛病;(3)先导操纵阀有毛病;(4)油泵油量少。

3)回转时启动停止有冲击:调节压力过高检查溢流阀,调节到规定的调节压力;回转不能停下来缓冲阀的弹簧折断或被污物卡住检查阀,清洗、更换不良的弹簧。

(四)双速左、右行走回路

双速左、右行走回路7、8完全相同,它采用变量轴向柱塞液压马达,根据负载自动改变马达斜盘倾角,达到实现高、低速行驶的目的,上述采用的是电控方式。它还具有如下几个特点:

1.平稳启动。由于制动阀2的两端的控制油路上均设有单向节流阀3、4,故使启动平稳无冲击。

2.失速、补油。当液压马达在任何情况下有失速现象时,由于液压泵对液压马达的进油腔的提供压力油不足,制动阀2将因为液控端压力不足而将向中位移动,从而使液压马达回路口逐渐关小,起到限速的作用;在极限情况下,失速严重时,液压马达制动阀完全回到中位,使回油同路切断,马达停止旋转,这时进油端会出现负压现象,则可通过单向阀3进行补油。

3.制动平稳、可靠。当液压泵停止给液压马达供油时,制动阀位于中位,切断了向机械制动油缸的供油。此时,机械制动油缸由于弹簧的作用,使机械制动,同时由于制动时序控制阀9的作用,使得制动平稳。而且采用常闭式制动,安全、可靠。

双速左、右行走回路中常见的故障分析:

1)行走速度缓慢无力:(1)泵油量不足更换泵组件;(2)工作油量不足检查油面,把油加至油面;(3)先导操纵不正常检修先导操纵阀;(4)主阀阀芯卡紧检查、维修主阀。

2)行走跑偏:(1)反馈流量控制阀压力不足检修反馈流量控制阀;(2)行走直行阀卡紧检查、清洗或更换行走直行阀。

3)单方向不行走:(1)溢流阀调节压力低,检查并调节好调整压力,检查清洗、更换损坏变形的弹簧;(2)油马达有毛病,检查、清洗,如损坏应加以更换。

(五)动臂回路

动臂液压回路中，动臂油缸 11、12 作为挖掘机的工作装置的重要组成部分，它用已完成动臂的升降。由于动臂的提升需较大的功率，所以常以双液压油缸驱动。工作中为了提高工作效率，使动臂快速上升，就要求油缸的进油流量要大，所以采用双泵合流供油；但当动臂下降时，因增加了工作装置自重，如果油缸进油量大的话，就有可能造成动臂下降速度太快而发生危险，所以下降时，由一个泵给油缸供油以避免上述危险。同时为了限制动臂下降速度，防止动臂失速，在主阀工作于动臂下降时，主阀中设置有单向阀，它有两种作用：第一，动臂下降速度过快，液压油供应不足，这时进油 端将会出现负压现象，可以通过单向阀提供补油；第二，在补油的同时在单向阀上弹簧的作用，它可以使动臂下降速度降低以达到限速的目的。

动臂回路中常见的故障分析:

1.操纵动臂先导阀后,动臂动作缓慢:(1)油泵性能降低;(2)溢流阀(调压阀)的调压能力偏低;(3)工作油量减少;(4)控制先导油压力不够;(5)操纵阀阀芯卡死。

2.动臂动作不稳定,有冲击:进油滤油器堵塞,引起气穴现象,清洗进油滤油器检查工作油液面,不够时补充。

3.动臂自重下落量大:(1)油缸内泄漏,更换活塞密封或油缸组件;(2)控制阀的滑阀漏损大,更换阀组件:(3)油缸活塞杆侧漏油,更换密封件,活塞杆拉伤、弯曲时更换油缸。

4.不操作控制先导阀,动臂仍有动作:(1)换向阀阀芯卡死、过度磨损或装配错误,更换换向阀;(2)先导操纵阀有故障,检查并维修先导操纵阀。

(六)斗杆回路

斗杆回路中,由于斗感动作频繁,且要承担一定的挖掘力,所以也采用双泵合流供应,以满足速度和驱动功率的要求。换向阀在中位时斗杆液压缸9能够暂时闭锁。在挖掘机开始挖掘任务前,斗杆油缸活塞杆外伸,斗杆内缩,此时由于斗杆、铲斗自身重量等负载的共同作用下会发生失速,造成危险,所以在换向阀内设有单向阀来限速。它的工作原理与动臂换向阀上的单向阀类似。同时它又能保证不会影响挖掘时对压力油的需要。液控单向阀的作用是:为了防止换向阀在换向过程中阀前压力瞬时过高,换向阀的轴向尺寸链常采用正开口,即开口量大于封油长度。当挖掘机挖掘完毕,要卸料(即斗杆向外伸)时,当阀杆移动距离小于开口量,大于封油长度时,阀的四个油口全通。因为斗杆液压缸有杆腔承受斗杆,铲斗及铲斗内的物料的重量等同向负载,故有很高的油压,这时斗杆液压缸有杆腔的液压油便可能倒流回油箱,于是斗杆不但不外伸,反而内缩。只有当换向阀阀杆移动距离超过开口量后,进油口才能和回油口的通道被截断，从进油口进入阀的油才会进入斗杆油缸有杆腔，斗杆向外伸。这种由于换向阀采用正开口的尺寸链，在换向过程中造成斗杆瞬间内缩，然后才外伸的现象称为“点头”现象，它可能造成物的洒落。要克服这种现象应在进油路上设置单向阀。

斗杆回路中常见的故障分析：

1.操纵斗杆先导阀后，斗杆无动作：(1)油泵出故障，更换泵组件；(2)工作油量不足；(3)吸油管破裂，把油加至油面线上检修、更换；(4)控制先导油压力不够，检查控制先导油路；(5)操纵阀阀芯卡死，检查、维修操纵阀。

2.操纵斗杆先导阀后，斗杆动作缓慢：(1)油泵性能降低，因磨损而性能下降时要更换泵；(2)溢流阀(调压阀)的调压能力偏低，检查并调节至规定的调节压力；(3)工作油量减少，加油至油面线；(4)吸油滤清器阻塞，清洗滤清器；(5)吸进空气，拧紧吸油管路。

(七)铲斗回路

铲斗液压缸 10 由前泵 P2 供油，并由多路换向阀的 xAk、xBk 联换向阀控制。换向阀在液压缸不工作时的暂时闭锁。在铲斗挖掘时由于需要很大的挖掘力，所以对它进行合流。它的过程如下：当挖掘时减压式先导操纵阀除了给多路阀 xAk 联提供先导控制压力油外，它还给 BC 阀的 xAk2 联提供压力油，使它工作于左位，切断后泵 P1 压力油直接回油箱，向铲斗油缸供油提高了作业效率。

铲斗回路常见故障分析：

挖掘力小(油缸无力)：(1)液压油泵性能降低，因磨损而性能下降时要更换；(2)溢流阀(调压阀)的调压能力偏低，检查并调节至规定的调节压力；(3)工作油量减少，加油至油面线；(4)吸油滤清器阻塞，清洗滤清器；(5)吸进空气，拧紧吸油管路；(6)油缸活塞密封不好，内泄漏量大，检查内泄漏，如果泄漏量大应更换油缸组件。

三、按框图法分析

以沥青混凝土摊铺机为例，说明液压系统诊断与排除方法。摊铺机作业条件恶劣，受自然气候的影响，液压密封件随着作业时间增加而老化，出现渗油、漏油。液压油氧化生成胶质或油液中混入杂质堵塞滤网，致使液压元件工作条件恶性循环化，磨损加剧，外泄漏增加，系统工作效率下降。如再继续使用将会发生严重的事故。因此，必须保证摊铺机液压油的清洁度，延长液压元件的工作寿命。摊铺机液压传动的某些重大故障，往往事前都会出现一些小的异常现象。通过仔细地日常检查和维护，及时发现和排除一切可能产生故障的不利因素。在发动机起动时，柱塞泵的斜盘处于中位，齿轮泵空转，经过一段时间后，操纵各执行元件，反复几次，再进入正常运转。起动过程中，若发现异常，应立即停止运转，检查原因，及时排除。与此同时要注意测听液压泵的噪声，如果噪声过大，停机排除后，方可进行正常工作。摊铺机作业过程中，应随时注意油量、油温、压力、噪声、等。还要检查液压缸、液压马达、换向阀、溢流阀的工作情况，并注意整个系统的泄漏和振动。

图 9-3 至图 9-8 列出了摊铺机液压系统常见故障诊断与排除方法。

1.系统过热　系统过热故障诊断与排除见图 9-3 所示。

2.系统响应迟缓　系统响应迟缓故障诊断与排除见图 9-4 所示。

3.系统执行元件在两方向不能工作　系统执行元件在两方向不能工作故障诊断与排除见图 9-5 所示。

4.液压油起泡　液压油起泡故障诊断与排除见图 9-6 所示。

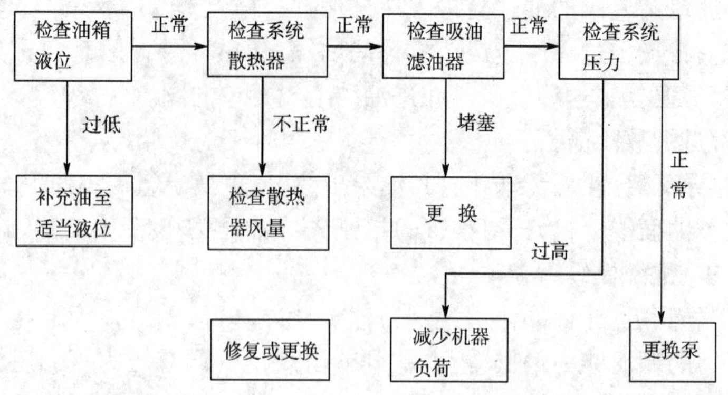

图 9-3　系统过热

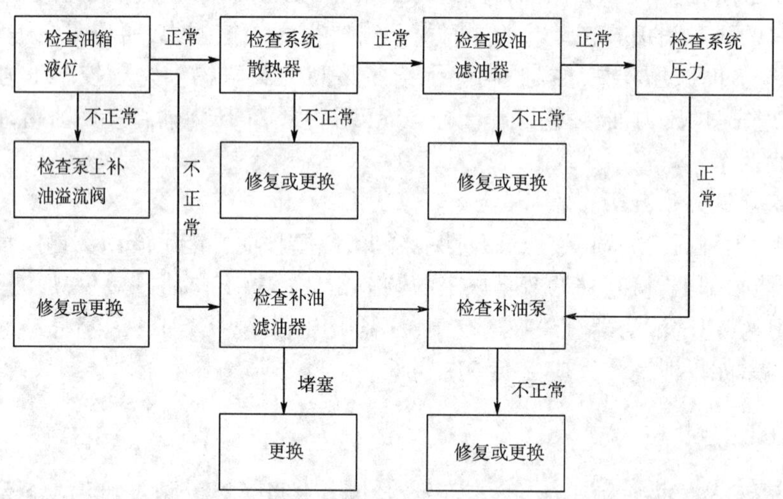

图 9-4　系统响应迟缓

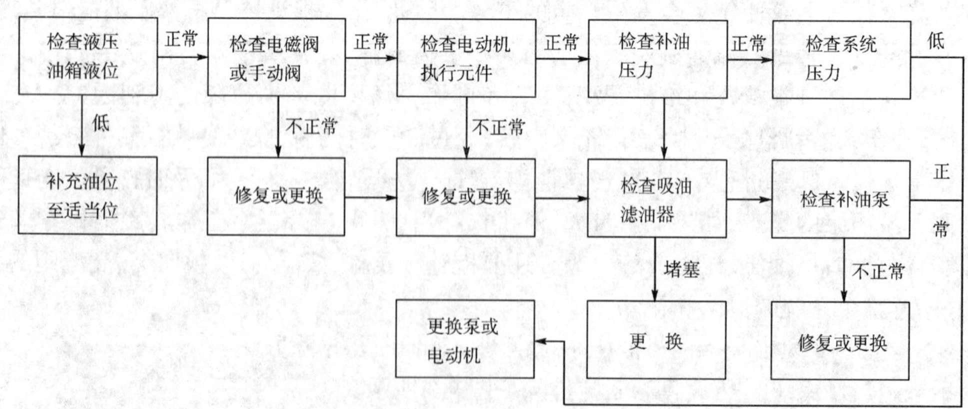

图 9-5　系统执行元件不能工作

5.油路泄漏　油路泄漏故障诊断与排除见图 9-7 所示。

6.噪声严重　噪声严重故障诊断与排除见图 9-8 所示。

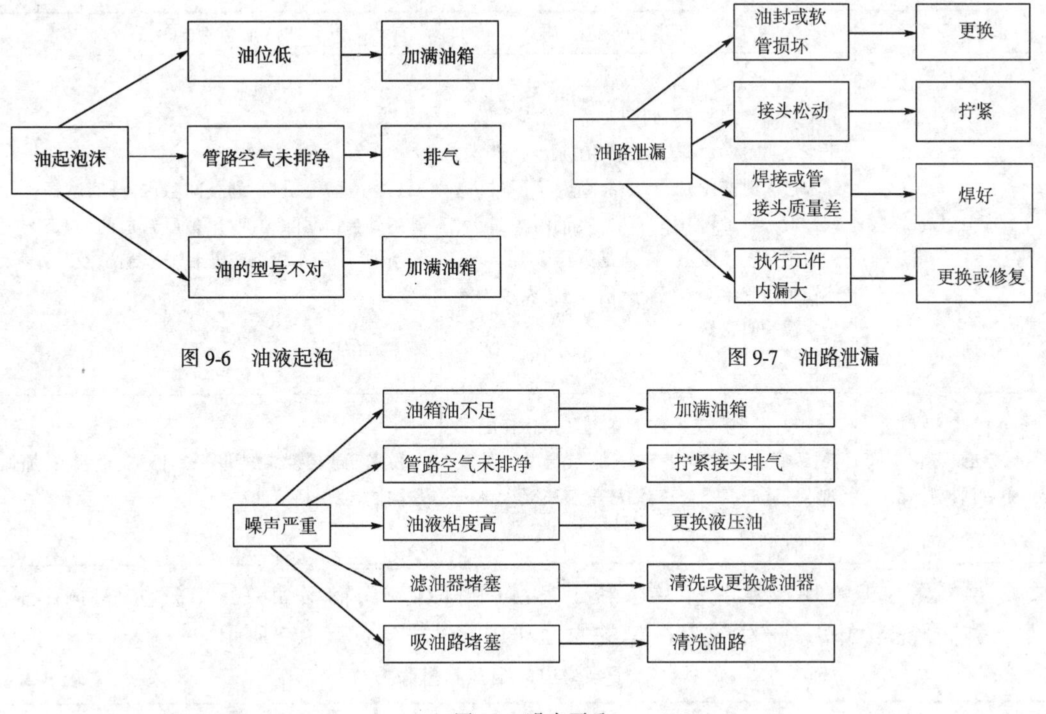

图 9-6 油液起泡

图 9-7 油路泄漏

图 9-8 噪声严重

四、按列表法分析

(一)泵常见故障与排除方法

1.外啮合齿轮泵液压故障诊断 外啮合齿轮常见原故障有:泵不排油或排油量与压力不足,噪声及压力脉动较大,温升过高,液压泵旋转不灵活或咬死等。产生这些故障的原因与排除方法如表 9-1 所示。

外啮合齿轮泵常见故障与排除方法　　表 9-1

故障现象	产生原因	排除方法
泵不排油或排量与压力不足	1.泵反向旋转;2.滤油器或吸油管道堵塞;3.液压泵吸油侧及吸油管段处密封不良有空气吸入,其表现为压力显示值最低,液压缸无力,油箱起泡等;4.油液粘度过在造成吸油困难,或温升过高导致油液粘度降低造成内泄露过大;5.零件磨损,间隙增大,泄露较大;6.泵的转速太低;7.油箱中油面太低;8.溢流阀有故障	1.调换改变泵转向;2.拆洗滤油器及管道或更换油液;3.检查,并紧固有关螺纹连接件或更换密封件;4.选择合适粘度的油液,检查诊断温升过高故障,防止油液粘度过大变化;5.检查有关磨损零件,进行修磨达到规定间隙;6.检查有无打滑现象;7.检查油面高度,并使吸油管插入液面以下;8.检查溢流阀的阀芯、弹簧及阻尼孔等诊断溢流阀故障
噪声及压力脉动较大	1.液压泵吸油侧及轴油封和吸油管段密封不良,有空气吸入;2.吸油管及滤油器堵塞或阻力太大造成液压泵吸力不足;3.吸油管外露或伸入油处较浅或吸油高度过大;4.由于装配质量造成困油现象,卸荷槽(或卸荷孔)的位置偏移,导致液压泵泵油时产生困油噪声。表现为随着油泵的旋转,不断地交替地发出爆破声和嘶叫声,使人难以忍受,规律性很强;5.齿形精度不高、节距有误差或轴线不平行;6.泵与电动机轴不同心或松动	1.加黄油于连接处,若噪声减少,说明密封不良,应拧紧接头或更换密封;2.检查滤油器的容量及堵塞情况,及时处理;3.吸油管应伸入油面以下的 2/3,防止吸油管口露出液面,吸油高度应不大于 500 mm;4.打开液压泵一侧端盖,轻轻转动主轴,检查两齿轮啮合与卸荷槽(孔)的微通情况。采用刮刀微量刮削多次修整多次试验,直至消除器噪声为止;5.更换齿轮或配研与调整;6.按技术要求进行高速整,检查直线性,保持同轴度在 0.1mm 内

续上表

故障现象	产生原因	排除方法
温升过高	1.装配不当,轴向间隙小油膜破坏,形成干摩擦,机械效率降低;2.液压泵磨损严重,间隙过大泄露增加;3.油液粘度不当(过高或过低);4.油液污染变质,吸油阻力过大;5.液压泵连续吸气,特别是高压泵,由于气体在泵内受绝热压缩,产生高温,表现为液压泵温瞬时急聚升高	1.检查装配质量,调整间隙;2.修磨磨损件使其达到合适间隙;3.改用粘度合适的油液;4.更换新油 5. 停车检查液压泵进气部位,及时处理
液压泵旋转不灵活或咬死	1.轴同间隙或径向间隙过小;2.装配不良,致使盖板轴承孔与主轴、泵与电机的联轴器的同心度不好;3.油液中杂质吸入泵内卡死运动	1.修复或更换泵的机件;2.修整、重装;3.加强是滤油、或更换新油

2.摆线转子泵液压故障诊断 摆线转子泵常见的故障有:输出油液压力波动大,输出流量不足,发热及噪声大等。产生这些故障的原因和排除的方法如表 9-2 所示。

摆线转子泵常见故障及其排除方法 表 9-2

故障现象	产生原因	排除方法
压力波动大	1.泵体与前、后盖偏心距误差太大;2.内、外齿轮(转子)齿形误差大;3.内、外齿轮径向及端面跳动量大;4.内、外齿轮齿侧间隙太大	1.检查偏心距,采取相应措施修复,保证偏心距误差在 ± 0.02mm 范围内;2.将内、外齿轮,使之各项精度均达到设计要求;3.修整内、外齿轮,保证齿侧间隙在 0.07mm 以内
输油量不足	1.内、外齿轮侧间隙太大,致使高、低压油区互通,容积效率显著下降。但齿侧面间隙不能太小,否则齿轮转动不灵活;2.轴向间隙太大;3.吸油口密封不严,有空气混入;4.吸油不畅(如油液粘度过大、滤油器堵塞、吸油面太高等);5.溢流阀失灵	1.更换内、外齿轮,保证齿侧间隙在 0.07mm以内;2.重配轴向间隙,使之在 0.02 ~ 0.05mm 范围内;3.紧固吸油管接头;4.针对具体情况、选用粘度较小的油液、或清洗滤油器、或改变吸油高度;5.清洗溢流阀
发热及噪声大	1.外齿轮与泵体配合间隙太小,不仅引起发热,而且会使外齿轮与泵体咬死。但间隙过大,又会使外齿轮晃动与泵体撞击,而且保证不了泵体与前、后盖的正确偏心距;2.内、外齿轮的齿侧面间隙太大;3.齿形精度不高;4.轴承精度丧失或损坏;5.吸油不畅	1. 采取措施保证齿轮与泵体孔间的配合间隙在 0.05 ~ 0.08 范围内;2.更换内、外齿轮,使其齿轮侧间隙不超过 0.07mm;3.对研修整;4.更换轴承;5.清洗滤油器,经常保持足够的工作油液或更换粘度较小的油液

3.叶片泵液压故障 叶片泵常见的故障有:噪声严重伴有振动,泵不吸油或输出油液无压力,排油量及压力不足,主轴油封被冲出,泵盖螺钉断裂,发热等。产生这些故障的原因与排除方法如表 9-3 所示。

叶片泵常见的故障 表 9-3

故障现象	产生原因	排除方法
噪声严重伴有振动	1.滤油器和吸油管堵塞,使液压泵吸油困难;2.油液粘度过大,使液压泵吸油困难;3.泵盖螺钉松动或轴承损坏;4.压力冲击过大,配油盘上三角槽有堵塞或太短,导致困油器噪声;5.定子曲面有伤痕,叶片与之接触时,发生跳动撞击噪声;6.油箱油面过低,液压泵吸油侧和吸油管段及液压泵主轴油封的不良,有空气进入;7.叶片倒角太小,运动时,其作用力有突然弯化的理象;8.叶片高度尺寸误差较大;9.叶片侧面与顶面垂直度及配油盘端面跳动过大;10.液压泵的主轴密封过紧,温升较大(用手摸轴和轴盖有烫手现象);11.转速过高;12.联轴器的同心度较差或安装不牢靠,异致机械噪声	1.检查清洗;2.检查油液粘度,及时换油;3.检查、紧固、更换已损零件;4.检查三角槽有否堵塞情况,若太短则用什锦锉刀将其适当修长;5.修整抛光定子曲面;6.检查有关密封部位是否有泄露,并加以严封,保证有足够油液和吸油通畅;7.将叶片一侧的倒角适当加大,一般为 1×45°;8.重新检查组件,保证同一组叶片高度不超过 0.01mm;9.检查并修整叶片的侧面及配油盘端面,使期垂直度在 10μm 以内;10.调整密封装置,使轴的温升不致过高,不得有烫手的感觉;11.降低转速;12.检查、调整同心度,并加强紧固
泵不吸油或无压力(执行机构不动)	1.泵转向有错;2.油箱液面较低,吸油有困难;3.油液粘度过大,叶片滑动阻力较大,移动不灵活 4.泵体内部有砂眼,高低压腔串通 5.液压泵严重进气,根本吸不上油来;6.组装泵盖螺钉松动,致使高低压腔互通;7.叶片槽的配合过紧;8.配油盘刚度不够或盘与泵体接触不良	1.更换、改变旋转方向;2.检查油箱中的油面的主度(观察油指标示);3.更换粘度较低的油液;4.更换泵体;5.检查液压泵吸油区段的有关密封部位,并严加密封 6.紧固;7.修磨叶片或槽,保证叶片移动灵活;8.更换或修整其接触面
排油量及压力不足表现为液压缸动作迟缓	1.叶片与转子装反;2.有关连接部位密封不严,空气进入泵内;3.配合零件之径向或轴向间隙过大;4.定子内曲面与叶片接触良;5.配油盘磨损较大;6.叶片槽配合间隙过大;7.吸油有阻力;8.叶片移动不灵活;9.系统泄漏大;10.泵盖螺钉松动,液压泵轴向筒隙增大而内泄	1.纠正叶片和转子的安装方向;2.检查各连接处及吸油口是否有泄漏,紧固或更换密封;3.检查并修整,使其达到设计要求,情况严重的可返修;4.进行修磨;5.修复或更换;6.单片进行选配,保证达到配合要求;7.拆洗滤油器;使吸油通畅;8.不灵活的叶片,应单槽配研;9.对系统进行顺序检查;10.适当拧紧
主轴油封冲出	油封与泵端盖配合太松或泵内泄回油通道堵塞形成高压	检查配合和清洗回油通道,或更换油封
泵盖螺钉裂断	液压泵内压同窗口口径过小(加工检验错误)	按液压泵设计要求扩孔铰孔
发热	1.配油盘与转子间隙过小或变形;2.定子曲面伤痕大,叶片跳动厉害;3.主轴密封过紧或轴承单边发热	1.调整间隙,防止配油盘变形;2.修整抛光定子曲面;3.修整或更换

4.轴向柱塞泵液压故障诊断 轴向柱塞泵常见的故障有:排油量不足,执行机构动作迟缓。输出油液力不足或压力脉动较大,噪声过大,泄漏,液压泵发热,变量机构失灵,泵轴不能转动等。产生这些故障的原因及排除方法如表 9-4 所示。

轴向柱塞泵常见故障与排除方法　　表 9-4

故障现象	产生原因	排除方法
排油量不足,执行机构动作迟缓	1.吸油管及滤油器堵塞或阻力太大;2.油箱油面过低;3.泵体内没有充满油,有残存空气;4.柱塞与缸孔或配油盘与缸体间隙磨损;5.柱塞回程不够或不能回程,引起缸体与配油盘间失去密封,系中心弹簧断裂所致;6.变量机构失灵,达不到工作要求;7.油温不当或液压泵吸气,造成内泄或吸油困难	1.排除油管堵塞,清洗滤油器;2.检查油量,适当加油;3.排除泵内空气(向泵内灌油即排气);4.更换柱塞,修磨配油盘与缸体的接触面,保证接触良好;5.检查中心弹簧加以更换;6.检查变量机构:看变量活塞及变量头,并纠正其调整误差;7.根据温升实际情况,选择合适的油液,紧固可能漏气的连接处
压力不足或压力脉动较大	1.吸油口堵塞或通道较小;2.油温较高,油液粘度下降,泄漏增加;3.缸体与配油盘之间磨损,柱塞与缸孔之间磨损,内泄过大;4.变量机构偏角太小,流量过小;5.中心弹簧疲劳,内泄增加;6.变量机构不协调(如伺服活塞与变量活塞失调,使脉动增大)	1.清除堵塞现象,加大通油截面;2.控制油温,换粘度较大的油液;3.修整缸体与配油盘接触面,更换柱塞,严重者应送厂返修;4.调大变量机构的偏角;5.更换中心弹簧;6.若偶尔脉动,可更换新油;经常脉动,严重者应送厂返修
噪声过大	1.泵内有空气;2.轴承装配不当,或单边或磨损或损伤;3.滤油器补堵塞,吸油困难;4.油液不干净;5.油液粘度过大,吸油阻力大;6.油液的油面过低或液压泵吸气导致噪声;7.泵与电机安装不同心使泵增加了径向载荷;8.管路振动;9.柱塞与滑靴球头连接严重松动或脱落	1.排除空气,检查可能进入空气的部位;2.检查轴承损坏情况,及时更换;3.清洗滤油器;4.抽样检查,更换干净的油液;5.更换粘度较小的油液;6.按油标高度注没,并检查密封;7.重新调整,使在允差范围内;8.采取隔离消振措施;9.检查修理或更换组件
内部泄露	1.缸体与配油盘间磨损;2.中心弹簧损坏使缸体与配油盘间失去密封性;3.轴向间隙过大;4.柱塞与缸孔间磨损;5.油液粘度过低,导致内泄	1.修整接触面;2.更换中心弹簧;3.重新调整轴向间隙使符合规定;4.更换柱塞,重新配研;5.更换粘度适当的油液
外部泄露	1.传动轴上的密封损坏;2.各接合面及管接头的螺栓及螺母未拧紧,密封损坏	1.更换密封圈;2.紧密并检查密封性,以便更换密封
液压泵发热	1.部漏损较大;2.液压泵吸气严重;3.有关相对运动的接触面有磨损。例如:缸体与配油盘,滑靴与斜盘;4.油液粘度过高,油箱容量过小或转速过高	1.检查和研修有关密封配合面;2.检查有关密封部位,严加密封;3.修整或更换磨损件,如配油盘.滑靴等;4.更换油液,增大油箱或增设冷却装置,或降低转速
弯量机构失灵	1.在控制抽路上出现堵塞;2.变量头与变量壳体磨损;3.伺服活塞,变量活塞以及弹黄芯轴卡死;4.控制油道上的单向阀弹簧折断	1.净化油,必要时冲洗;2.修刮配研或更换;3.机械卡死时,研磨各运动件,油脏则更换;4.更换弹簧
泵不能转动(卡死)	1.柱塞与缸孔卡死,系油脏或油温变化或高温粘连所致;2.滑靴脱落,柱塞卡死拉脱;3.柱塞球头折断,柱塞卡死或有负载起动扭断	1.油脏换油;油温太低时更换粘度小的油,或用刮刀刮去连金属,配研;2.更换或重新配滑靴;3.更换

(二)液压马达故障诊断

1.齿轮液压马达液压故障诊断 齿轮液压马达常见的故障有:输出转速低,输出扭矩也低,噪声过大等。产生这些故障的原因与排除方法如表9-5所示。

齿轮马达常见故障及其排除方法 表9-5

故障现象	产生原因	排除方法
转速低,输出扭矩也低	1.供油液压泵因吸油口滤油器堵塞、油的粘度过大、轴向或径向间隙过大等原因造成供油不足;2.发动机功率不匹配,转速低于额定值;3.各连接处密封不严,有空气混入;4.油液污染,堵塞或部分堵塞了液压马达内部通道;5.油液粘度过小,致使内泄漏增大;6.侧板和齿轮两侧面磨损,内部泄露;7.径向间隙过大;8.溢流阀失灵	1.清洗滤油器,更换成粘度适合的油液;2.选用能满足要求的发动机;3.紧固各连接处,提高密封性能;4.拆卸液压马达,仔细清洗并更换清洁的油液;5.更换成粘度适合的油液;6.对侧板和齿轮进行修复;7.对齿轮和马达进行修复;8.修理溢流阀
噪声过大	1.滤油器堵塞;2.进油管管接头漏气;3.进油口部分堵塞;4.齿轮齿形精度不高或接触不良;5.轴向间隙过小;6.马达内部个别零件损坏;7.内孔与端面不垂直,端盖上两孔中心线不平行;8.液针轴承断裂,轴承保持架损坏	1.清洗滤油器,使吸油通畅无阻;2.紧固管接头;3.清除进油脏物;4.更换齿轮或对研修整形,也可采用齿形变位的方式来降低噪声;5.研磨有关零件,重配轴向间隙;6.拆卸检查,更换损坏的有关零件 7.拆卸检查,修复有关零件,恢复设计要求的精度;8.更换滚针轴承

2.叶片式液压马达液压故障诊断 叶片式液压马达常见的故障有:输出转速低,输出功率不足,泄漏,异常声响等。产生这些故障的原因与排除方法如表9-6所示。

叶片式液压马达常见故障与排除方法 表9-6

故障现象	产生原因	排除方法
转速低,输出功率不足	1.液压泵供油不足;2.液压泵出口压力(输出液压马达)不足;3.液压马达结合面没有拧紧惑密封不好,有泄漏;4.液压马达内部泄漏;5.配油盘的支承弹簧疲劳,失去作用	1.调整供油;2.提高液压泵出口压力;3.拧紧结合面,检查密封情况或更换密封圈;4.排除内漏;5.检查、更换支承弹簧
泄漏	1.内部泄漏 (1)配油盘磨损严重; (2)轴向间隙过大。 2.外部泄漏 (1)轴端密封的磨损; (2)盖板处的密封圈损坏; (3)结合面有污物或螺栓未拧紧; (4)管接头密封不严	1.排除内泄 (1)检查配油盘接触面,并加以修复; (2)检查并将轴向间隙调至规定范围。 2.排除外泄 (1)更换密封圈,并查明磨损原因; (2)更换密封圈; (3)检查、清除、并拧紧螺栓; (4)拧紧管接头
异常声响	1.密封不严,进入空气;2.进油口堵塞;3.油液污染严重或有气泡混入;4.联轴器安装不同心;5.油液粘度过高,液压泵吸油困难;6.叶片易磨损;7.叶片与定子接触不良,有冲撞现象;8.定子磨损	1.拧紧有关的管接头;2.清洗、排除污物;3.更换清洁油液,拧紧接头;4.校正同心度,使在规定范围,排除外来振动影响;5.更换粘度较低的油液 6.尽可能修复或更换 7.进行修复;8.进行修复或更换。如因弹簧过硬造成磨损加剧,则应更换刚度小的弹簧

3.轴向柱塞式液压马达液压故障诊断 轴向柱塞式液压马达常见的故障有:输出转速低,输出扭矩也低,内外泄漏,异常声响等。产生这些故障的原因与排除方法如表 9-7 所示。

轴向柱塞式液压马达常见故障与排除方法　　表 9-7

故障现象	产生原因	排除方法
转速低,扭矩小	1.液压泵供油量不足: (1)转速不够;(2)吸油滤油器滤网堵塞;(3)油箱中油量不足或管径过小造成吸油困难;(4)密封不严,有泄漏,空气进入内部;(5)油的粘度过大;(6)液压泵的轴向及径向间隙过大,泄漏量大,容积效率低。 2.液压泵输入油压不足: (1)液压泵效率太低;(2)溢流阀调整压力不足或发生故障;(3)管道细长,阻力太大;(4)油温较高,粘度下降,内部泄漏增加。 3.液压马达各结合面有严重泄漏; 4.液压马达内部零件磨损,泄漏严重	1.设法改善供油: (1)进行调整;(2)清洗或更换滤芯;(3)加足油量,适当加大管径,使吸油通畅;(4)拧紧有关接头,适当加大管径,使吸油通畅;(5)选择粘度小的油液;(6)适当修复液太泵。 2.设法提高油压: (1)检查液压泵故障,并加以排除;(2)检查溢流阀故障,并加以排除,重新调高压力;(3)适当加大管径,并调整其布置(4)检查油温升高原因,降温、更换粘度较高的油。 3.拧紧其损伤部位并修磨或更换零件; 4.检查其损伤部位并修磨或更换零件
泄漏	1.内部泄漏: (1)配油盘与缸体端面磨损,轴向间隙过大;(2)弹簧疲劳;(3)柱塞与缸孔磨损严重。 2.外部泄漏: (1)轴端密封不良或密封圈损坏;(2)结合面及管接头的螺栓松动或没有拧紧	1.排除内泄 (1)修磨缸体及配油端面;(2)更换弹簧;(3)研磨缸体孔,重配柱塞。 2.排除外泄 (1)更换密封圈(2)将有关连接部位的螺栓及管接头拧紧
异常声响	1.轴承装配不良或磨损;2.密封不严,有空气进入内部;3.油被污染,有气泡混入;4.联轴器不同心;5.油的粘度过大;6.液压马达的径向尺寸严重磨损;7.外界振动的影响	1.重装或更换;2.检查有关进气部位的密封,并将各连接处加以紧固;3.更换清洁油液;4.校正同心;5.更换粘度较小的油液;6.修磨缸孔,重配柱塞;7.采取隔离外界振源措施(加隔离罩)

4.径向柱塞式大扭矩液压马达液压故障诊断 径向柱塞式液压马达常见的故障有:输出轴的转动不均匀,发出激烈的撞击声,转速达不到设定值,输出扭矩达不到要求,输出轴不旋转,外泄漏等。产生这些故障的原因与排除方法发中表 9-8 所示。

径向柱塞式大扭矩液压马达常见故障与排除方法　　表 9-8

故障现象	产生原因	排除方法
输出轴的转动不均匀	1.压力表显示值较低时,应诊断为: (1)液压系统内存有空气;(2)液压泵连续吸入空气;(3)液压泵供油不均匀 2.压力表显示值波很大,应诊断为: (1)配流器(轴)的安装不正确;(2)柱塞被卡紧	1.提高供油压力: (1)排除系统及液压马达内的气体;(2)排除液压泵进气故障;(3)排除液压泵供油不均匀故障 2.消除压力波动: (1)重装配流器(轴),至消除轴转动不均匀为止;(2)检修理工,配研

续上表

故障现象	产生原因	排除方法
发出激烈的撞击声	1.若每转的冲击次数等于液压马达的作用数,应诊断为柱塞卡紧;2.若为有时发出撞击声,可诊断为: (1)配流器(轴)错位;(2)凸轮环工作表面扣坏;(3)滚轮,轮承损坏	1.检修、配研; 2.排除撞击声 (1)正确安装配流器(轴);(2)检修;(3)更换
转速达不到设定值	1.集流器漏油;2.配流器(轴)间隙太大;3.柱塞与塞柱缸孔间隙太大	检修或更换已损件
扭矩达不到设定值	1.同上,转速达不到设定值;2.柱塞被卡紧	1.检修或更换已损件;2.研修配研
输出轴不旋转	1.配流器(轴)被卡紧;2.滚轮的轴承损坏;3.主轴其他零件损坏	检修或更换已损零件
外泄漏	1.紧固螺栓松动;2.轴密封及其它密封件损坏	1.拧紧、紧固;2.更换

(三)液压控制阀故障诊断

液压控制阀的故障是引起液压系统故障的主要原因之一,因而对液压控制故障的诊断,就能极大地提高液压系统的工作稳定性、可靠性、控制精度及寿命等。液压控制分为方向控制阀(换向阀、多路换向阀、单向阀等)、压力控制阀(溢流阀、减压阀、顺序阀、压力继电器等),流量控制阀(节流阀、调速阀等)3大类。

1.换向阀液压故障诊断 换向阀常见的故障有:不换向;控制执行机构换向运动时,使执行机构运动速度比要求的速度更慢;干式电磁换向阀的推杆处漏油;湿式电磁铁吸合释放过于迟缓;板式换向阀结合面渗漏油;电磁铁过热或烧坏;换向不灵;换向有冲击和噪声等。产生这些故障的原因与排除方法如表9-9所示。

换向阀常见故障与排除方法 表9-9

故障现象	产生原因	排除方法
不换向	1.滑阀卡住: (1)滑阀(阀芯)与阀体配合间隙过小,阀芯在孔中容易被卡住不能动作或动作不灵;(2)阀芯(或阀体)碰伤,油液被污染,颗粒污物卡住产生轴向液压卡紧现象;(3)阀芯几何形状超差,阀芯与阀孔装配不同心,产生轴向液压卡紧现象;(4)阀体安装变形及阀芯弯曲变形,使阀芯卡住不动。 2.电磁铁故障: (1)电源电压太低造成电磁铁推力不足,推不动阀芯;(2)交流电磁铁,因滑阀卡住,铁芯吸不到底而烧毁;(3)漏磁、吸力不足,推不动阀芯; 3.液动换向阀控制油量路有故障: (1)液动控制油压力太小,推不动阀芯;(2)液动换向阀上的节流阀关闭或堵塞;(3)液动滑阀两端泄油口没有接回油箱或泄油管堵塞;(4)弹簧折断、漏装、太软都不能使滑阀换向复位;(5)电磁换向阀专用油口没有回油箱或泄油管路背压太高造成阀芯"闷死"不能正常工作;(6)电磁换向阀因垂直安装受阀芯衔铁等零件重量影响造换向不正常	1.检修滑阀: (1)检查间隙情况,研修或更换阀芯;(2)检查、修磨或重配阀芯。心要时,更换新油;(3)检查、修正几何偏差及同心度;(4)重新安装紧固,检修阀体及阀芯 2.检查并修复: (1)检测电源电压,使之符合要求(应在规定电压的10%~15%的范围内);(2)排除滑阀卡住故障后,并更换电磁铁;(3)检查漏磁原因,更换电磁铁。 3.排除液压动换向阀控制油路的故障 (1)提高控制压力,检查弹簧是否过硬,更换;(2)检查调节、清洗节流口;(3)检查,并接通回油箱,清洗使回油箱畅通;(4)检查、更换或补装;(5)检查,并接通回油箱,清洗回油管;(6)电磁换向阀的轴线必须按水平方向安装

续上表

故障现象	产生原因	排除方法
执行机构运动速度比要求的慢	换向阀推杆长期撞击而磨损变短,或衔铁接触点磨损,阀芯行程不足,开口及流量变小	更换推杆或电磁铁
干式电磁换向阀推杆处渗油、漏油	1.推杆处密封圈磨损过大而泄漏;2.电磁滑阀两端泄漏油腔背压过大而推杆处渗油	1.更换密封圈;2.检查若背压过高则分别单独回油箱
板式连接的换向阀接合面渗油	1.安装螺钉拧得太松;2.安装底板表面加工精度差;3.底面密封圈老化或不起密封作用;4.螺钉材料不符,拉伸变形	1.更换密封圈;2.安装底反表面应磨削加工,保证其精度;3.更换密封圈;4.按要求更换紧固螺钉
电磁铁过热或烧毁	1.电源电压比规定电压高使线圈发热;2.电磁线圈绝缘不良;3.换向频繁造成线圈过热;4.电线焊接不好,接触不良;5.电磁铁芯与滑阀轴线不同心;6.推杆过长与电磁铁行程配合不当,电磁铁铁心不能吸合,使电流过大而线圈过热、烧毁;7.干式电磁铁进油液而烧毁线圈	1.检查电源电压使之符合要求(应在规定电压的10%~15%的范围内);2.更换电磁铁;3.改用湿式直流电磁铁;4.检查并重新焊接;5.拆卸并重新焊接;6.修整推杆;7.检查、排除推杆处渗油故障或更换密封圈
换向不灵	1.油液混入污物,卡住滑阀;2.弹簧力太小或太大;3.电磁铁芯接触部位有污物;4.滑阀与阀体间隙过小或过大;5.电磁铁换向阀的推杆磨损后长度不够或行程不对,使阀芯移动过小或过大,都会引起换向不灵或不到位	1.清洗滑阀、换油;2.更换合适的弹簧;3.清除污物;4.配研滑阀或更换滑阀;5.检查并修复,必要时可换推杆
换向有冲击和噪声	1.液动换向阀滑移动速度太快,产生冲击;2.液动换向阀上的单向节流阀阀芯与孔配合间隙过大,单向阀弹簧漏装,阻力失效,产生冲击声;3.电磁铁的铁心接触面不平或接触不良;4.液压冲击声(由于压差很大的两个回路瞬间时接通)使配管及其他元件振动而形成的噪声;5.滑阀时卡时动或局部摩擦力过大;6.固定电磁铁的螺栓动而产生振动;7.电磁换向阀推杆过长或过短;8.电磁吸力过大或不能吸合	1.调小液动阀上的单向节流阀节流口,减慢阀移动速度即可;2.检查、修整(恢复)到合理间隙,补装弹簧;3.清除异物,并修整电磁铁铁心;4.控制两回路的压力差,严重时可用湿式交流或带缓冲的换向阀;5.研修或更换滑阀;6.紧固螺栓,并加防松垫圈;7.修整或更换推杆;8.检修或更换

2.多路换向阀液压故障诊断 多路换向阀是一种以换向阀为主体,包括有溢流阀、单向阀、补油阀、过载阀、缓冲阀等组合在一起的组合阀。它的常见故障与排除如表9-10所示。

多路换向阀常见故障与排除方法　　表 9-10

故障现象	产生原因	排除方法
压力波动及噪声	1.溢流阀弹簧弯曲或太软;2.溢流阀阻尼孔堵塞;3.单向阀关闭不严;4.锥阀与阀座处接触不良	1.更换弹簧;2.清洗,使通道畅通;3.修正或更换;4.修正或更换
阀杆动作不灵活	1.复位弹簧和弹跳簧损坏;2.轴用弹性挡圈损坏;3.防尘密封圈过紧	1.更换弹簧;2.更换弹性挡圈;3.更换防尘密圈
手动操作费力	1.通过多路换向阀的流量过大,压力较高;2.阀体紧固弯形	1.调小流量和压力;2.修正或更换
阀杆脱离中立位置	复位弹簧损坏或卡住	更换或修正弹簧

3.单向阀及液控单向阀液压故障诊断 单向阀及液控单向阀常见的故障有:单向阀控制失灵;液控单向阀的液控不灵;泄漏和噪声等。产生这些故障的原因与排除方法如表 9-11 所示。

单向阀及液控单向阀常见故障与排除方法　　表 9-11

故障现象	产生原因	排除方法
产生噪声	1.单向阀通过的最大流量有一定限度,当超过额定流量时,会出现尖叫声;2.单向阀与其他元件产生共振时,也会产生尖叫声;3.在高压立式液压缸中,缺乏卸荷装置(卸荷阀)的液控单向阀也易产生噪声	1.根据实际需要,更换流量较大的单向阀,或减少实际流量。使其最大值不超过标牌上的规定值;2.适当改变阀的额定压力,必要时,改变弹簧刚度;3.更换带有卸荷装置的控单向补充卸压装置的回路
泄漏	1.阀座锥面密封不严;2.钢球(锥面)不圆或磨损;3.油中有杂质,将锥面或钢球损坏;4.阀芯或阀座拉毛;5.配合的阀座损坏;6.螺纹连接的结合部分没有拧紧或密不严	1.拆下后重新配研,保证接触线密封严密;2.拆下检查,更换钢球或锥阀;3.检查油液,加以更换;4.检查,并重新配研;5.更换或配修复;6.检查有关螺纹连接处,并加以拧紧,必要时,更换螺栓
单向阀失灵	1.单向阀阀芯卡死:(1)阀体变形;(2)阀芯有毛刺;(3)阀芯变形。 2.弹簧折断或漏装;3.锥阀(或钢球)与阀座完全失密封作用。如:锥阀与阀座不同心度超差,密封表面锈成麻点,形成接触不良及严重磨损等;4.把背压阀当作单向阀使用。因背压阀弹簧刚度大,而单向阀较软	1.检修阀芯:(1)研修阀体内孔,消除误差;(2)去掉阀芯毛刺,并磨光;(3)研修阀芯外径。 2.拆检、更换或补装弹簧;3.检测密面,配研锥阀与阀座,保证密封可靠。当锥阀与阀座同心度超差或严重磨损时,应更换;4.把背压阀的弹簧换在单向阀的软弹簧或换成单向阀
液控不灵	1.液控换向阀故障;2.液控压力过低	1.排除液控的换向阀故障;2.按规定压力进行调整

4.压力控制阀故障诊断

(1)溢流阀液压故障诊断 溢流阀常见的故障有:振动与噪声;调节压力升不起来或无压

力，调节无效；调节压力降不下来，调整无效；压力波动和泄漏等。产生这些故障的原因与排除方法如表 9-12 所示。

单向阀及液控单向阀常见故障与排除方法　表 9-12

故障现象	产生原因	排除方法
振动与噪声（产生尖叫声）	1.流体噪声： (1)溢流阀溢流后的气穴蚀噪声和涡流及剪切流体噪声；(2)溢流阀卸荷时的压力波冲击声；(3)先导阀和主滑阀因受压分布不均引起的高频噪声；(4)回油管路中有空气；(5)回油管路中背压过大；(6)溢流阀内控高压区进了空气；(7)流量超过了允许值。 2.机械噪声： (1)滑阀和阀孔配合过紧或过松引导起的噪声；(2)调压弹簧太软或弯曲变形产生噪声；(3)调压螺母松动；(4)锥阀磨损；(5)与其他元件产生共振发出噪声	1.检查、处理： (1)是设计上的问题，应更换溢流阀；(2)增加卸荷时间，将控制卸荷换向阀慢慢打开或关闭；(3)修复导阀及主阀以提高其几何精度，增大回油管径，选用合适较软的主阀弹簧和适当粘度的油液；(4)检查、密封并排气；(5)增大回油管径，单独设置回油管；(6)检查、密封、并排气；(7)选用与流量匹配的溢流阀。 2.检查、处理； (1)检查、处理；(2)修复；(3)拧紧；(4)研磨或配研，诊断处理系统振动和噪声
系统压力升不起来或无压力(压力表显示值几乎为零)调整无效	1.先导式溢流阀卸荷口堵塞未堵上，控制油无压力，故系统无压力；2.溢流阀遥控口接通的遥控油路被打开，控制油接口油箱，故系统无压；3.先导式溢流阀的阻尼孔被污物堵塞，溢流阀卸荷系统几乎无压；4.漏装锥阀或钢球或调压弹簧；5.被污物卡住在全开位置上；6.液压泵无压力；7.系统元件或管道破裂大量泄油	1.将卸荷口堵塞上，并严加密封；2.检查遥控油路，将控制油回油箱的油路关闭；3.清洗阻尼孔，更换油液；4.补装；5.清洗；6.诊断处理液压泵故障；7.检查、修复或更换
系统压力提不高调整无效	1.先导式溢流阀遥控口渗油或密封不良；2.先导式溢流遥控油路的控制阀及管道渗油或密封不良；3.滑阀严重内泄，溢流阀内泄溢流，当压力尚未达到溢流阀调定值，而回油口有回油；4.油液污染，滑阀被卡在关闭位置上	1.检查控制油路，使之接通；2.清洗先导阀的内泄油口；3.可将不锈钢薄片压入阻尼孔内或细软金属丝插入孔内将阻尼孔堵一部分；4.清洗滑阀及阀孔，更换油液
压力波动（压力表显示值波动或跳动）	1.调压的控制阀芯弹簧太软或弯曲不能维持稳定的工作压力；2.锥阀或钢球与阀座配合不良，系污物卡住或磨损造成内泄时大时小，致使压力时高时低；3.油液污染，致使主阀上的阻尼孔也时堵时半通，造成压力时高时低；4.滑阀动作不灵活，系滑阀拉伤或弯曲形或被污物卡住或有椭圆或阀体孔碰伤及有椭圆等；5.溢流阀遥控接通的换向阀控制失控或遥控口及换向阀泄漏时多时少	1.按控压范围更合适压力级的弹簧；2.配研锥阀和阀座，更换钢球或锥阀，清洗阀，还可将锥阀或钢球放在阀座内，隔着木板轻轻敲打两下使之密合；3.清洗主阀阻尼孔，必要时更换油液；4.检修或更换滑阀，修整阀体孔或滑阀使其椭圆度小于 5μm；5.诊断检修换向阀故障，对溢流阀遥控口及换向阀和管路段均应严加密封
泄漏	1. 内泄漏：表现为压力波动和噪声增大 (1)锥阀或钢球与阀座接触不良，一般系磨损或被污物卡住；(2)滑阀与阀体配合间隙过大； 2.外泄漏： (1)管接头松脱或密封不良；(2)有关结合面上的密封不良	1.检查处理 (1)清洗，研磨锥阀，配研阀座，或更换钢球；(2)更换滑阀芯。 2.检查密封 (1)拧紧管接头或更换密封圈； (2)修整结合面，更换密封件

(2)减压阀液压故障诊断　减压阀常见的故障有:不起减压作用,压力波动,减出压力较低,升不高;振动与噪声等。产生这些故障的原因与排除方法如表9-13所示。

减压阀常见故障与排除方法　　表9-13

故障现象	产生原因	排除方法
不起减压作用	1.顶盖方向装错,使输出油孔已沟通;2.阻尼孔被堵塞;3.回油孔的螺塞未拧出,油液不通;4.滑阀移动不灵或被卡住	1.检查顶盖上孔的位置,并加以纠正;2.用直径微小的钢丝或针(直径约1mm)疏通小孔;3.拧出螺塞,接通回油管;4.清理污垢,研配滑阀,保证滑动自如
压力波动	1.油液中侵入空气;2.滑阀移动不灵或卡住;3.阻尼孔堵塞;4.弹簧刚度不够,有弯曲,卡住或太软;5.锥阀安装不正确,钢球与球座配合不良	1.设法排气,并诊断系统进气故障;2.检查滑阀与孔几何形状误差是否超出规定或有拉伤情况,并加以修复;3.清洗阻尼孔,换油;4.检查并更换弹簧;5.重装或更换锥阀或钢球
输出压力较低,升不高	1.锥阀与阀座配合不良;2.阀顶盖密封不良,有泄漏;3.主阀弹簧太软,变形或在阀孔中卡住,使阀移动困难	1.拆检锥阀,配研或更换;2.拧紧螺栓或拆检后更换纸垫;3.更换弹簧,检修或更换已损零件
振动与噪声	1.先导阀(推阀)在高压下,压力分布不均匀引起高频振动产生噪声(与溢流阀同);2.减压阀超过流量时,出油口不断升压—卸压—升压—卸压使主阀芯振荡产生噪声	1.按溢流振动与噪声故障诊断处理;2.使用时,不宜超过其公称流量,将其工作流量控制奉劝称流量以内

(3)顺序阀液压故障诊断　顺序阀常见的故障有:根本建立不起压力来,压力波动大,达不到要求或调定压力不符,振动与噪声等。产生这些故障的原因与排除方法如表9-14所示。

顺序阀常见故障与排除方法　　表9-14

故障现象	产生原因	排除方法
建立不起压力来	1.阀芯卡住;2.弹簧折断或漏装;3.阻尼孔堵塞	1.研磨修理;2.更换或补装;3.清洗
压力波动	1.弹簧太软、变形;2.油中有气体;3.液控油压力不稳	1.更换弹簧;2.研磨修理;3.调整液控油压力
达不到要求或与调压力不附	1.弹簧太软、变形;2.阀芯有阻滞;3.阀芯装反;4.外泄漏油腔存在背压;5.调压弹簧调整不当	1.更换弹簧;2.研磨修理;3.重修;4.清理外泄回油管道;5.反复调整
振动与噪声	1.油管不适合,回油阻力过高;2.油温过高	1.降低回油阻力;2.降低油温

(4)压力继电器液压故障诊断 压力继电器常见故障与排除方法如表 9-15 所示。

压力继电器常见故障与排除方法　　表 9-15

故障现象	产生原因	排除方法
灵敏度差	1.微动开关行程太大;2.杠杆柱销处摩擦力大;3.柱塞与杠杆间顶杆不正;4.安装不当(如水平或倾斜)	1.调整或更换行程开关;2.拆出杠杆清洗,保证转动自如;3.使杠杆衔入顶座窝,减少摩擦力;4.改为垂直安置,减少杠杆与壳体的摩擦力
不发信号	1.指示灯损坏;2.线路不通;3.微动开关损坏	1.更换;2.检修线路;3.修理或更换

5.节流阀液压故障诊断　节流阀常见故障与排除方法如表 9-16 所示。

节流阀常见故障与排除方法　　表 9-16

故障现象	产生原因	排除方法
节流失调或调节范围不大	1.节流口堵塞,阀芯卡住;2.阀芯与阀孔配合间隙过大,泄露漏较大	1.拆检清洗,修复、更换油液,提高过滤精度;2.检查磨损、密封情况,并进行修复或更换
执行机构速度不稳定	1.油中杂质粘附在节流口边缘上,通流截面减少,速度减慢;当杂质被冲洗后,通流截面增大,速度又上升;2.系统温升,油液粘度下降,流量增加,速度上升;3.节流阀内、外漏较大,流量损失大,不能保证运动速度所需的流量;4.低速运动时,振动使调节位置变化;5.节流阀负载刚度差,负载变化时,速度也突变,负载增大,速度下降,造成速度不稳定	1.拆洗节流器,清除污垢,更换精密滤油器。若油液污染严重,应更换油液;2.采取散热、降温措施,若温度范围大、稳定性要求高时,可换成带温度补偿的调速阀;3.检查阀芯与阀体间的配合间隙及加工精度,对于超差零件进行修复或更换。检查有关连接部位的密封情况或更换密封圈;4.锁紧调节杆;5.系统负载变化大时,应换成带压力补偿的调速阀即可

6.调速阀液压故障诊断　调速阀常见故障与排除方法如表 9-17 所示。

调速阀常见故障与排除方法　　表 9-17

故障现象	产生原因	排除方法
压力补偿装置失灵	1.主阀被脏物堵塞;2.阀芯或阀套小孔被脏物堵塞;3.进油口和出油口的压力太高	1.拆开清洗、换油;2.提高此压力差
流量控制手轮转动不灵活	1.控制阀芯被脏物堵塞;2.节流阀芯受压力太大;3.在截止点以下的刻度上,进口压力太高	1.拆开清洗、换油;2.降低压力,重新调整;3.不要在最小稳定流量以下工作
执行机构速度不稳定(如逐渐减慢突然增快或跳动等)	1.节流口处积有脏物,使通常截面减小,造成速度减慢;2.内、外漏造成速度不均匀,工作不稳定;3.阻尼结构堵塞,系统中进入空气,出现压力波及跳动现象,使速度不稳定;4.单向调速阀中的单向阀密不良;5.油温过高(无温度补偿)	1.加强过滤,并拆开清洗,换油;2.检查零件尺寸精度和配合间隙检修或更换已损零件;3.清洗有阻尼装置的零件,检查排气装置是否工作正常,保持油液清洁;4.研修单向阀;5.若为温度补偿阀则无此故障,无温度补偿的调速阀,应降低油温

7.行程节流阀(减速)液压故障诊断　行程节流阀(减速阀)常见故障与排除方法如表9-18所示。

行程节流阀(减速阀)常见故障与排除方法　　表9-18

故障现象	产生原因	排除方法
达不到规定的最大速度	1.弹簧软或变形,弹簧作用力倾斜;2.阀芯与阀孔磨损间隙过大而内泄	1.更换弹簧;2.检修或更换
移动速度不稳定	1.油中脏物粘附在节流口上;2.阀的内、外泄漏;3.滑阀移动不灵活	1.清洗、换油、增设滤油器;2.检查零件配合间隙和连接处密封;3.检查零件的尺寸精度,加强清洗

(四)液压缸及常用液压辅件液压故障诊断

液压缸的故障多种多样,在实际使用中经常出现的故障主要是推力不足或动作失灵,爬行,泄漏,液压冲击及振动等,这些故障有时单处出现,也有同时出现。液压缸常见故障与排除方法如表9-19所示。

液压缸常见故障与排除方法　　表9-19

故障现象	产生原因	排除方法
爬行	1.压力表显示值正常或稍偏低,液压缸两端爬行,并伴有噪声,系缸内及管道存在空气所致;2.压力显示值偏低,油箱无气包或少许气泡,爬行逐渐加重也属轻微爬行,系液压缸某处形成负压吸气所致;3.压力表显示值较低,液压缸无力,油箱起泡,排气无效,为液压泵吸气所致;4.压力表显示值偏高,活塞杆表面发白有吱吱响声,为密封圈压得太紧所致;5.压力表显示值偏高,液压缸两端爬行现象逐渐加重,系活塞与活塞杆不同心所致;6.压力表显示值偏高,爬行部位规律性很强,活塞杆局部发白,为活塞杆不直(有弯曲)所致;7.压力表显示值偏高,爬行部位规律性很强,运动部件伴有抖动,导向装置表面发白,系导轨或滑块夹得太紧或与液压缸不平行所致;8.两活塞杆两端螺母旋得太紧,致使液压缸与运动部件别劲;9.压力表示值正常,运动部件(工作台)有轻微摆动或振动,或导轨表面发白,系润滑不良所致;10.压力表显示值时高时低,爬行规律性很强,系液缸内臂或活塞表面拉伤,局部磨损严重或腐蚀等;11.压力表显示值很低,升压很慢或难以达到,系液压缸内泄严重所致	1.设置排气装置,若无排气装置,可开动液压系统以最大行程往复数次,强迫排除空气。并对系统及管道进行密封,不得漏油进气;2.找出液压缸泵及吸油管段吸气故障后,排气即可;3.诊断液压泵及吸油管段吸气故障后,并排气即可;4.调整密封圈使其不松不紧,保证活塞杆能来回用手拉动,但不得有泄漏;5.两者装在一起,放在V型铁块上校正,使同心度误差在0.04mm以内,否则换新活塞;6.单个或连同活塞放在V型铁块上,用压力机校直和用千分表校正调直;7.调整导轨或滑块的压紧块(条)的松紧度,即保证运动部件的精度,又要滑动阻力要小。若调整无效,应检查缸与导轨的平行度,并修刮接触面加以校正;8.调整松紧度,保持活塞杆处于自然状态;9.检查润滑油的压力和流量,重新调整。否则应检查油孔是否堵塞及油液粘度是否太大或无润滑性能,否则应及时性换油;10.镗缸内孔,重配活塞;11.应更换活塞上的密封圈(已老化损坏)
冲击	1.液压缸上未设缓冲装置,但运动速度过快,造成冲击;2.缓冲装置中的塞和孔的间隙过大而严重泄漏,节流阀不起作用;3.端头缓冲的单向阀反向严重泄漏,缓冲不起作用	1.调整换向时间,降低液压缸运动速度,否则增设缓冲装置;2.更缓冲柱塞获在孔中镶套,使间隙达到规定要求,并检查节流阀;3.修理、研配单向阀与论阀座或更换

续上表

故障现象	产生原因	排除方法
推力不足,速度下降,工作不稳定	1.缸与活塞因磨损其配合间隙过大或活塞上的密封圈因装配和磨损致伤或老化而失去密封而严重内泄;2.液压缸工作段磨损不均匀,造成局部几何形状误差致使局部段高低腔密封性不良而内泄;3.缸端活塞杆密封圈压得太紧或活塞杆弯曲,使摩擦力或阻力增加而别劲;4.油液污染严重,污物进入滑动部位而使阻力增大,致使速度下降、工作为稳;5.油温太高,粘度降低,泄漏增加致使液压缸速度减慢;6.为提高液压缸速度所采用的蓄能器的压力或容量不足;7.溢流阀调低了或溢流阀控压区泄漏,造成系统压力低,致使推力不足;8.液压缸内有空气,致使液压缸工作不稳定;9.液压泵供油不足,造成液压缸速度一降,工作不稳定	1.密封圈老化而严重内泄液压缸几乎不走,应及时更换密封圈。若间隙过大,应在活塞上车一道槽装上密封圈或更换活塞;2.镗磨修复缸孔径,新配活塞;3.调整活塞杆密封圈压紧度(以不漏油为准),校活塞杆;4.更换油液;5.检查油温高的原因,采用散热和冷却措施;6.蓄能器容量不足时更换,压力不足可充气压;7.按推力要求调整溢流流阀压力值,检查溢流阀压力值,检查溢流阀内泄,进行修理或更换;8.按气爬行故障处理;9.检查液压泵,或流量调节阀,并诊断和排除故障
外泄漏	1.活塞杆密封圈密封不严,系活塞杆表面损伤或密封圈损伤或老化所致;2.管接头密封不严而泄漏;3.缸盖处密封不严,系加工精度不高或密封圈老化所致;4.由于排气不良,使气体绝热压缩造成局部高温而损坏密封圈导致泄漏;5.缓冲装置处因加工精度不高或密封圈老化导致泄漏	1.检查活塞杆有无损伤,并加以修复。密封圈磨损老化应更换;2.检查密封圈及接触面有无伤痕,并加以更换或修复;3.检查接触面加工精度及密封圈老化情况,及时更换或修整;4.增设排气装置,及时排气;5.检查密封圈老化情况和接触面积加工精度,及时更换或修整
内泄漏	1.缸孔和活塞因磨损致配合间隙增大超差,造成高低腔互通内泄;2.活塞上的密封圈磨伤或老化致使密封破坏造成高低腔互通严重内泄;3.活塞与缸筒安装不同心或承受偏心负荷,使活塞倾斜或偏磨造成内泄;4.缸孔径加工直线性差或局部磨损造成局部腰鼓形导致局部内泄	1.检查活塞杆有无损伤,并加以修复,密封圈磨损或老化应更换;2.检查密封圈及接触面有无伤痕,并加以更换或修复;3.检查接触面加工精度及密封圈老化情况,及时更换或修整;4.检查密封圈老化情况和接触面加工精度,及时更换或修整
声响与噪声	1.滑动面的油膜破坏或压力过高,造成润滑不良,导致滑动金属表面的摩擦声响;2.滑动面的油油膜破坏或密圈的刮削过大,导致密圈处出现异常声响;3.活塞运动到液压缸端头时,特别是立式液压缸,活塞下行到端头终点时,发生抖动和很大打噪声,系活塞下部下部空气绝热压缩所致	1.活塞磨损严重,应镗缸孔,将活塞车细并车几道槽装上密封圈或新配活塞;2.密封圈磨伤或老化,应及时更换;3.将活塞慢慢运动,往复数次,每次均走到顶端,以排除缸中气体,即可消除此严重的噪声,还可防止密封圈烧伤

(五)几种常用的液压辅件液压故障诊断

液压系统的辅助元件包括油管及管接头、滤油器、蓄能器、冷却器、油箱、密封件、压力表及压力开关等。虽然这些元件在液压系统中起辅助作用,但它们对液压系统和元件的正常工作、使用寿命和工作效率等影响极大。

1.滤油器常见故障与排除方法见表9-20。

滤油器常见故障与排除方法 表9-20

故障现象	产生原因	排除方法
滤油器滤芯变形（大多数发生在网上、烧结式滤油器）	如果滤油器本身强度不高并有严重堵塞，通油孔隙大幅度减少，阻力大大增加，在相当大的压差作用下，滤芯就会变形，甚至压坏（有时连滤油器的骨架一起损坏）	更换强度较高的骨架和过滤油液或更换新油液
烧结式滤油器	结式滤油器的滤芯质量不符合要求	更换滤芯，装配前应对滤芯进行检查，其要求为：1.在10g加速度振动下，滤芯不掉粒；2.在21MPa的压力作用下，为期1小时不应有脱粒现象；3.用手摇泵作冲击载荷试验，在加压速率为10MPa/s的情况下，滤芯无损坏现象
网式滤油器金属网与骨架脱焊	安装在高压泵进口处的网式滤油器容易出现这种现象，其原因是锡焊条熔点为183℃，而滤油器进口温度已达117℃，焊条强度强度大大降低，因此在高压油液的冲击下，发生脱焊	将锡铅料改为高熔点的银镉焊料

2.蓄能器常见液压故障与排队方法如表9-21所示。

蓄能器常见故障与排除方法 表9-21

故障现象	产生原因	排除方法
蓄能器供油不均	活塞或气囊运动阻力不均	检查活塞密圈或气囊运动阻碍及时排除
充气压力充不起来	1.气瓶内无氮气或气压不足；2.气阀泄气；3.气囊或蓄能器盖向外泄露气	1.应更换氮气瓶的阻塞或漏气的附件；2.修理或更换已损零件；3.固紧密封或更换已损零件
蓄能器供油压力太低	1.充气压力不足；2.蓄能器漏气，使充气压力不足	1.及时充气，达至规定充气压力；2.因紧密封或更换已损零件
蓄能器供油压力不足	1.充气压力不足；2.系统工作压力范围小且压力过高；3.蓄能器容量太小	1.及时空气，达到规定充气压力；2.系统调整；3.重选蓄能器容量
蓄能器不供油	1.充气太力不足；2.蓄能器内部泄油；3.液压系统工作压力范围小，压力过高	1.及时充气，达到规定充气压力；2.检查活塞密封圈及气囊泄油原因及时修理或更换；3.进行系统调整
系统工作不稳	1.充压压力不足；2.蓄能器漏气；3.活塞或气囊运动阻力不均	1.及时充气，达到规定充气压力；2.固紧密封或更换已损零件；3.检查受阻原因及时排除

3.冷却器常见液压故障与排除方法如表9-22所示。

冷却器常见故障与排除方法 表9-22

故障现象	产生原因	排除方法
油中进水	水冷式冷却器的水管破裂漏水	及时检查进行焊补
冷却效果差	1.水管堵塞或散热片上有污物粘附,冷却效果降低;2.冷却水量或风量不足;3.冷却水温过高	1.及时清理、恢复冷却能力;2.调大水量或风量;3.检测温度,设置降温装置

五、故障列表

上述元件故障列表是分析系统故障的基础,需要读者对照各元件的基本结构原理加以理解。以下表9-23列出了42种常见故障产生原因及排除方法,供读者参考。

42种故障产生原因及排除方法 表9-23

故障现象	产生原因	排除方法
1.主回路配管中的空气排除不良	在主回路配管内因有空气积存,启动液压泵后,油和空气虽然一起循环,如有分支管的小管路时,积存空气的排除就比较困难,这种现象往往在分解调整液压配管后容易发生	1.启动液压泵,使回路内的油全部循环,各执行元件进行动作5~10min左右;2.容易积存的配管,把它稍加松动,再开动液压泵进行排气(因空气积存在上部,故应对油循环不良的上部位置加以注意)
	主回路内积存空气多的时候,即使是少量空气,液压泵及马达的脉动压力也增大,也要产生配管振动或液压泵、液压马达的噪声发生	1.启动液压泵,使回路内的油全部循环,各执行元件进行动作5~10min左右;2.容易积存的配管,把它稍加松动,再开动液压泵进行排气(因空气积存在上部,故应对油循环不良的上部位置加以注意)
2.液压泵及执行元件的空气排除不良	特别是液压泵高于油箱的油面时,液压泵易吸进空气,更换液压泵部件时要注意这一点,尤其是叶片泵遇有这种情况时,因没有流量排出而使液压泵烧绞	1.将液压泵及配管内的油加满,然后进行运转;2.对柱塞式液压泵,必须把泵体内加满油后运转。要注意无油运转会招致轴承损坏事故(更换液压泵部件后),因单作用的液压缸及竖置液压缸的空气排除比较困难,需要细心进行
	有时候液压马达进行频繁地正、反运转,排气仍然困难,制动时有噪声(部件更换后),液压泵启动后经2~3min,噪声仍不能消失时,则须考虑有其他原因	液压马达朝一个方向空转2~3min进行排气
3.液压配管的空气排除不良	远控阀及背压阀的辅助配管,因油循环障碍排气困难,须特别注意配管的分解和组装,空气往往通过配管漏油部位浸入	1.将配管末端的管接头稍加松动,加压后使油和空气一起排出(如在配管中间部位可以断续加压);2.漏油部位空气容易侵入,须拧紧至不漏油为止

续上表

故障现象	产生原因	排除方法
4.配管的夹板松动	因液压泵的脉动压力而引起管路的共振。	1.拧紧管夹;2.如拧紧管夹仍不能消除时,可更动管夹位置或增设管夹,改动管的长度
	弯管受压后,产生一种使管恢复直线的力,使管的焊接部位开裂或连接部位松动	1.拧紧管夹;2.增设管夹
5.管接头、管、软管等松动,破裂及密封不良	工作油箱内,有的配管开裂,阀及小支管内的密封不良而产生外漏等,从外部不容易分清与判断而被遗漏	1.管有裂缝时可更换;2.密封不良时可更换
	低压软管(吸入软管)管夹松动而吸入空气发生噪声	1.拧紧管夹;2.如管夹变形需更换
	焊接管接头裂缝,连接螺母松动及O形密封圈不良而漏油	更换不良部件,更换后仍然漏油
6.工作油量不足或过多	油量少、油面低、油标尺或油等因油污粘附而看错,或没有;置于水平位置观察	1.在完全没有工作油状态下进行运转,检查液压泵是否有异常现象,必要时可更换液压泵总成;2.补加工作油,根据要求进行油面检验
	油量过多,如密封式油箱内油量过多时,会使油箱压力上升(液压缸伸缩会忽上忽下),最坏的情况是油箱出现膨胀变形	将油量减少到规定要求的水平油面
7.所用的工作油不恰当	使用了粘度高的工作油液,油面低时吸不上油;同时因粘性阻力增加而使油温升高;另外液压泵噪声增大;消泡性不良的工作油,因气泡的绝热压缩而导致工作油恶化或油温上升	更换工作油
	用了粘度低的工作油时,增加阀的间隙泄漏量,加速液压元件滑动部位的磨损。叶片泵、活塞泵(电动机)等不要使用无添加剂的透平油	更换工作油
8.工作油污染或恶化	工作油经高温炎热会激起恶化。油质恶化后粘度增高,使油温越发升高。因碳质和淤渣而导致滤油器破损	更换工作油,清洗滤油器
	因恶化的工作油失去润滑性能而加速液压元件滑动部位的磨损	1.换工作油或滤油器;2.进行冲突

续上表

故障现象	产生原因	排除方法
9.工作油中混入灰尘或水等	工作油中的灰尘侵入阀的间隙后,会引起阀的动作卡滞,溢流阀不能顺利开启	1.更换工作油,检查灰尘侵入路径及是由密封件不良部位侵入等;2.灰尘较多时可进行冲洗;3.如阀的动作不良时,可进行拆洗
	工作油中的水分容易引起气蚀及降低润滑性能	更换工作油
	工作油中的灰尘(土砂金属屑)或水分,会促使液压元件滑动部位加快磨损	1.更换工作油时,如金属磨屑较多时,需检查液压泵、马达及液压缸;2.细尘多时,可进行冲洗
10.异物堵塞管路或挠性软管破裂	分解检修及清理油箱(换油清洗)时,油箱里有忘记的布片及散落的布片;吸入软管老化,工作油温时高时低,被外压力压坏;也有其他外来破坏的情况	1.检查工作油箱、滤油器;2.检查吸入软管
	拆卸部分配管时,因用布片堵塞管口,碎布进到配管里,布片挂在回油滤油器上,接通管路后,吸油不通畅	检查回油滤油器
	特别是在低温下起动,容易使吸入软管破裂	1.将油加温后再起动,但不能用明火加温;2.更换低温用的工作油
11.工作油中混入空气、气泡过多	工作油中卷入空气,停止工作后,空气又就成气泡停留在配管、执行元件里;工作油中含有细小的气泡时,噪声增大;工作油中的细小气泡影响热传导,另一方面由于绝热压缩而发热	1.油量是否少,特别是在油箱倾斜很大,长时间使用的情况下,油面和液压泵吸入口必须保持 7cm 以上,并要考虑使用条件;2.液压泵轴的密封不良,吸入软管卡子有无松动,进行检查和拧紧;3.使用消泡性好的工作油
12.油箱内压力过高(密闭式油箱)	密封式油箱因油面的升降(液压缸的伸缩),气温、油温的变动,油箱内压力也随之发生变化;油箱压力升高会产生低压密封处的泄漏	1.油箱油量是否过多,应调到规定量;2.气温、油温过高时打开给油孔,减压
13.油箱所加压力(空气)不适当	采用柱塞泵时,柱塞泵吸及口需要辅助压力(即增加或充压 0.03 ~ 1MPa),因此采用充气密封式的工作油箱。如果辅助压力过低,液压泵便不能充分吸入,而发生气蚀	调整油箱的空气压力调整阀,升到规定的压力
	液压泵因气蚀而增加噪声	调整油箱的空气压力调整阀,升到规定的压力
	当上述辅助压力过高时低压配管会产生泄漏	调整压力调整阀,降到规定的压力

续上表

故障现象	产生原因	排除方法
14.油冷却器孔堵塞或不良	油冷却器的破裂或漏油	更换油冷却器
	油冷却器堵塞	清理网孔(用气吹或水洗),空冷器
15.冷却器的风量或水量不足	空冷式时,因风扇皮带松弛,风扇转速下降	调整风扇皮带
16.冷却器旁通阀动作不良	旁通阀不能打开; 旁通阀开而不闭	1.分解检查是否有扭曲及灰尘嵌入;2.弹簧有无折损
17.滤油器孔堵塞	吸入滤油器堵塞	1.清理油箱过滤器及油箱;2.如有淤渣附着说明工作油恶化需换油
	缝隙式滤油器堵塞	对金属网多层板,烧结式滤油器,铜丝网可进行清扫;对纸芯式滤油器可更换纸芯
	因滤油器堵塞而破损	1.更换滤油器;2.冲洗
18.液压泵故障(定量泵)	叶片泵轴折断,有时因过负荷而烧绞、花键磨损拉毛、叶片转子烧坏等	1.更换液压泵,修正烧绞伤痕;2.换新泵时,花键轴上要涂润滑脂;3.液压泵的烧绞,有时是因油中有灰尘或工作油种不对,为防止事故再发生,必须弄清原因予以排除;4.更换液压泵总成;5.更换阀
	侧板严重磨损(齿轮泵、叶片泵);配流盘不正常磨损(柱塞泵),齿轮泵壳异常磨损、泵轴磨损	更换液压泵总成或更换部件,磨损严重多因工作油中的灰尘引起要注意
	气蚀	适当降低泵的转速
	轴承损坏,活塞瓦损坏	更换液压泵总成或更换配件
	密封不良	更换油封
	侧板和齿轮、侧板和叶片、活塞缸筒,斜板等烧绞	更换液压泵总成
	使用铝制齿轮轮壳的齿轮泵,开始使用有铝粉出现时并不是故障。如连续出现大的铝片时方可认为是异常现象	金属粉量较多可更换液压泵总成
19.液压泵故障(变量泵)	供给泵不正常,调节阀(低压溢流阀)不正常,差动装置随动液压缸不正常;双作用泵和单作用泵不同,差动装置随动液压缸有故障;差动装置损坏(弹簧无力或损坏);滑履损坏,配流盘严重磨损或抱咬 随动液压缸不良或供给泵排量不足;负荷压力不足;滑履损坏,轴承损坏,联轴器损坏;密封不良;配流盘烧绞,柱塞烧绞;配流盘、滑履磨损严重	1.更换液压泵总成或在厂内分解清洗,更换不良零部件;2.差动装置,随动液压缸不良等,因橡胶粘着事故较多,为解决工作没事含橡胶过多,应换油并进行清洗;3.更换油泵总成

续上表

故障现象	产生原因	排除方法
20. 溢流阀，过载溢流阀故障	主溢流阀或过载溢流阀有灰尘抱咬或弹簧折断	分解清洗，弹簧折断可更换
	过载溢流阀有关灰法抱咬或弹簧折断	分解清洗，弹簧折断可更换
	溢流阀的调定压力过低或弹簧变形	溢流阀不能复位，溢流阀不能调压时，须进行分解，更换弹簧
	过载溢流阀弹簧变形	更换弹簧
	过载溢液阀变形，阀座变形	更换过载溢流阀总成(更换锥阀)
	主溢流阀或过载溢流阀阀芯被灰尘卡住	分解清洗，更换工作油，清洗
	溢流阀调定压力过高，容易发生卡死现象	测定溢流压力，调节至规定压力
	灰尘抱咬或弹簧折断	分解清洗，弹簧折断时，可更换弹簧
	溢流声音大小会因各溢流阀而有差异	更换阀总成(因工作油粘度不同，有时有响声，有时无响声)
	主溢流阀、过载滚流阀的调定压力低了，保持一定压力做调节器使用时，调节压力高	将溢流阀调定压力调节到规定要求
	调节器的调定压力高	将溢流阀调定压力调节到规定要求
21. 换向阀故障(手动式)	阀体及滑阀的滑动部位受伤、磨损	更换阀总成或更换滑阀
	阀的操纵杆由于液压卡紧，使微动操作困难，阀本身在微动控制上也有所差异	1. 可根据操纵杆的感触，判断是否污物卡住，若是污物卡住就更换工作油；2. 更换控制阀
	单向阀的动作不良	多因污物卡住，进行清洗
	阀的安装螺栓过紧，工作油中的污物卡住阀芯	1. 拧紧安装螺栓，应按规定扭矩均匀拧紧；2. 若工作油中灰尘过多可换油
	滑阀卡死(液油粘着)	1. 调整溢流阀的压力至规定要求；2. 更换阀
	密封不良	更换密封件
22. 换向阀故障(远控式)	控制阀的压力弹簧折断或变形	更换控制阀或压力弹簧
	换向阀复位弹簧折断或变形	更换复位弹簧
	换向阀、阀体及滑阀滑动部位受伤磨损	更换阀总成或阀芯
	换向滑阀的卡住，先导控制阀的卡住	分解清洗或更换滑阀
	先导控制阀的压力弹簧变形，阀芯卡住	1. 更换压力弹簧；2. 分解清洗或更换滑阀

续上表

故障现象	产生原因	排除方法
23.电磁阀不良	线圈烧毁,交流电磁阀因污物使滑阀抱咬不能动作而将线圈烧毁,线圈绝缘不良或换向频繁,因受水气影响,电压过高而烧毁线圈	1.因污物抱咬引起滑阀的事故,经常对滑阀采用分解清洗及清洗滤油器更换工作油的办法;2.线圈烧毁可更换线圈,但必须弄清烧毁原因设法排除以免再发生
	滑阀抱咬、弹簧弹力不能使它恢复中间位置	分解清洗电磁阀、滤油器及更换工作油
	滑阀间隙大	1.更换电磁阀总成;2.使用间隙小的滑阀时必须注意工作油中的灰尘
	滑阀密封处漏油是造成线圈绝缘不良的原因	更换油封
24.平衡阀(制动阀)、液控单向阀不良	滑阀或液压活塞抱咬或过紧	1.更换阀的总成或滑阀及液压活塞;2.重新调整紧固螺栓
	弹簧折断或变形	更换弹簧
	平衡阀滑阀磨损(间隙大),液近单向阀的提动锥阀与阀座不密合	1.更换阀总成或滑阀;2.更换阀总成,仅提动不良时可更换提动部件
	缓冲器不良	更换阀总成或缓冲器
	平衡阀动作不良,滑阀卡住,缓冲效果差	更换阀总成
25.减压阀、流量控制阀、单向阀不良	减压阀、流量控制阀(压力补偿式)的滑阀抱咬或安装不良	1.更换阀总成;2.按规定扭矩要求均匀拧紧螺栓
	单向阀弹簧变形或阀芯与阀座间有污物	分解清洗,弹簧折断时可更换
	流量控制阀(压力补偿式)、减压阀工作不良、调定压力过低	1.更换阀总成;2.调整调定压力
	单向阀(补偿阀)动作不良	分解清洗
26.液压缸故障	活塞密封破损、活塞杆不良或活塞损坏	1.更换油封;2.更换活塞、活塞杆总成或液压缸总成
	活塞密封、活塞杆密封不良	1.换油封;2.使用V型密封件时可调整填隙片
	活塞杆密封不良	更换油封
	杂物损伤液压缸内壁	更换液压缸总成
27.液压马达故障	轴折断、花键轴磨损、叶片弹簧折断——叶片马达;叶片,转子、定子、侧板烧绞——叶片马达;侧板、齿轮、轴烧毁——齿轮马达	1.更换马达;2.更换轴、弹簧等部件
	活塞烧毁、配流盘烧毁、滑履损坏——斜盘式柱塞马达;轴承接头损坏——斜轴式柱塞马达;轴承破坏、滑履和曲轴烧毁——径向柱塞马达	1.更换马达总成;2.仅轴承损坏,可更换轴承
	阀配流或阀不好——径向柱塞、多行程马达	更换马达总成或同步调整阀

续上表

故障现象	产生原因	排除方法
	侧板、齿轮、轴烧毁——齿轮马达；滑履、曲轴烧毁——径向柱塞马达；配流盘严重磨损——柱塞马达 配流盘严重磨损； 滑动部位烧毁、抱咬，滑履损坏； 有爬行、振动现象；叶片马达在低速时有爬行、振动、动作不稳定、但并非异常	更换马达总成
	阀的同步调整有故障	更换马达总成或阀的同步调整
	轴承损坏	更换马达总成或更换轴承
	油封不良	更换油封
	滑动部位磨损严重	更换马达总成
28.控制压力降低	先导控制溢流阀调节压力降低或溢流阀不良，控制用供给泵不良	1.调整调节压力，调节溢流阀；2.更换溢流阀或供液压泵
29.调压式溢流阀的压力调定不稳(液压钻探机械等)	调定压力过低 调定压力过高 液压泵起动时因在负荷状态下	1.提高到规定压力；2.降低到规定压力；3.使液压泵在空载起动，溢流阀调整置于零点
30.液压泵的负荷压力不足	在液压泵高速运转时，达不到规定排出量，最高速度缓慢	将柱塞泵的负荷调定压力提高到规定值
	液压泵高速运转时，噪声大；在闭合回路中油电动机噪声大	1.将柱塞泵负荷调定压力提高到规定值；2.将闭合回路低压调节到规定值
31.背压过高	远控阀的回流管路阻塞； 由控制阀的回流管路阻塞	检查是否有杂物阻塞
	因回油过滤器堵塞背压上升	清洗回路过滤器
32.脉动压力	液压泵输出压力和溢流阀配管等产生共振	更换溢流阀或试改配管的直径和长度
	冲击压力高	更换溢流阀
33.控制阀的杠杆连杆有故障	操纵杆螺钉脱落，拉杆调整不当，杆销润滑不良	1.调整拉杆；2.加油
34.补偿控制杠杆连杆有故障	同33	1.调整拉杆；2.加油
35.电磁阀的电气系统不良	配线不良、继电器、电源不良	用万用表测试通电、修理不良部位
36.液压缸耳轴润滑不良	液压缸回转轴润滑不好；给油不良、锈蚀、抱咬	1.给油；2.如有锈蚀、抱咬，可将轴卸下修理
37.液压马达的液压管路不正常	齿轮、轴承损坏、轴折断；轴承不良，齿轮点蚀	1.更换损坏零件；2.更换轴承或齿轮

续上表

故障现象	产生原因	排除方法
38.发动机不正常	发动机转动不稳定	调整发动机或检修
39.电动机、电源电压的下降	电压降低	改变配线
40.离合器打滑，皮带松弛	驱动液压泵皮带或离合器打滑	调整离合器或皮带
41.联轴器松动或破损	液压泵马达的联轴器螺栓松动或部件损坏	拧紧松动的螺栓，更换磨损的联轴器部件
42.气温和油温过低或过高	气温、油温过低；气温、油温过高	1.加温；2.停止运转直到油温下降为止

第十章　工程机械电气系统的检测与诊断

工程机械的发展趋势是自动化、机电一体化与微电子化,对工程机械电气系统的状态检测及发生故障后进行准确迅速的诊断,保证工程机械处于完好状态进行高效的工作,是非常重要且紧迫的问题。这对机械维修技术人员提出了新的要求,即具备机械、液压、电器与电子等方面的综合专业知识和技能,才能胜任机械维修工作。

第一节　电气系统检测与诊断的基本步骤与方法

电气系统中元器件种类繁多,电路错综复杂影响因素较多,直观性差,这些决定了电气故障发生的部位、形式千变万化,而电气故障又往往与机械、液压等其他系统交织在一起难以区分。这就是我们为什么说工程机械电气系统的故障诊断难、修理易的原因。

电气元件的失效形式以突发性质的居多,不像大部分机械零件的失效有一个渐进的过程,这就要求对电气系统采取相应的监测保护措施,并备足备件,积极开展以可靠性为中心的视性维修与事后维修相结合的维修方式,降低因电气故障而造成的停机损失。

一、工程机械电气系统的组成与特点

工程机械电气系统可分为电气设备和电子系统两大部分。工程机械电气设备系统包括蓄电池、发电机与调节器、起动系统、充电系统和各种用电设备。工程机械电子系统包括发动机电子控制燃油喷射系统、电子控制自动变速器、电子检测与监控系统、电子负荷传感系统,电子功率控制系统,电子智能控制系统等,这些电子控制系统分别或组合在不同的工程机械上得到应用,也可看作是电气系统中用电设备的一部分。

(一)工程机械电气设备的特点

工程机械电气设备系统主要由电源(蓄电池、发电机及调节器,电压为 12V 或 24V)、用电设备(起动机、灯光、信号等)以及电气控制装置等组成。系统中绝大部分元器件属于模拟电路,采用各种分立元件构成子系统,以完成预定功能。具有低压、直流、单线制和负极搭铁等特点。

工程机械电气系统在性质上属于模拟电路,模拟电路故障诊断具有多样性。因信号的连续性、非线性、容差和噪声以及检测的有限性,使诊断问题变得十分复杂,故难度大、精度低、稳定性差,从而导致检测诊断的效益低。目前模拟电路故障诊断尚未建立完整的理论,还没有通用的诊断方法。

诊断模拟电路故障,一般借助于相似产品的使用经验或通过电路模拟得到的故障特征集,然后,通过主动或被动的测试,将测试结果与故障特征比较,以发现和定位故障。

(二)工程机械电子系统的特点

工程机械电子系统也采用低压、直流、单线制。它一般由传感器、微机控制器和执行装置等组成,电子控制系统总体上采用的是数字电路,它集成度高采用模块化结构。

数字电路仅有两种状态,即0和1。列出其输入、输出关系真值表,可以很方便地找出原因—结果对应关系。数字电路的故障诊断具有规范性、逻辑性和可监测性的特点,故障诊断理论发展迅速,并日趋成熟。目前已经有相当多的诊断程序和诊断设备投入实际使用。

二、工程机械电气系统检测与诊断的基本步骤

(一)熟悉电气系统

电气维修人员在进行电气系统检测与诊断前,应掌握该电气系统的结构组成,了解各电气设备的工作原理,熟悉电路的动作要求和顺序,明了各个控制环节的电气过程。除此之外,还应学习和掌握有关机械部分、液压部分的知识,帮助分析故障原因,从而迅速而准确地判断、分析和排除故障。

以检测电控自动变速器为例,应熟悉自动变速器的电子控制系统工作原理、构成及特点,同时还应掌握自动变速器的机械部分和液压系统的相关原理及构成等知识,掌握电器及电子系统的安全知识。

(二)详细了解电气故障产生的经过

电气系统发生故障后,应向现场操作人员了解故障发生前有关机械的运行情况,询问故障发生时的各种现象,如有无火花和冒烟、有无响声、有无异味以及在哪些部位发生等,以帮助判断故障类型及寻找故障点。

(三)仔细进行故障部位的外表检查

寻找故障时,应从外部开始仔细检查,可通过嗅、听、看、摸等感觉检验对电气故障进行初步判断。

(四)运用测量与诊断技术,确定故障部位及元件

在外表检查中没有发现故障点时,就必须依靠一些测量与诊断技术来发现问题,确定故障所在。

1.采取正确的测量技术　由于故障发生前后,电气系统中的有关参数会发生变化,通过直接或间接地测量各种参数,与额定值进行对照,可帮助判断故障性质。常用测量设备有:电流表、电压表、功率表、万用表等仪表,还有光线示波器、电子示波器、数字瞬态记录仪等。

(1)测量电压　用交直流电压表或万用表的电压档对各种电磁线圈、有关控制电路的关联分支电路两端电压进行测量,如果发现电压与规定要求不符时,则是故障的可能部位。

(2)测量电流　用电流表或万用表的电流档测量电路中的电流,使之与标准工作电流比较。

(3)测量电阻　先将电源切断,用万用表的电阻档测量线路是否通路、触点的接触情况、元件的电阻等。也可采用试灯检验回路是否通路,灯泡亮,则通;否则就不通。

上述用仪表测量参数的准确性是分析判断故障的重要依据,由于每种仪表都有其特定的性质和用途,选用时若选择不当,就有可能使所测得的数据或者达不到规定的精度,或者是错误的数据,从而影响测量质量。所以,在进行测量前,先要正确选用测量仪表;其次,要采用正确的测量电路和方法。因为不同的测量电路和测量方法对测量结果也会有影响,从而影响最后结果。

2.采取正确的诊断技术　有些故障,仅仅依靠测量参数是远远不够的,还必须采取一些诊断技术。如:电气设备的绝缘预防性试验、绝缘特性试验、温度监测和老化试验等。依靠这些技术,可以较全面地、科学地、正确地判断故障发生性质,找到故障部位及元件。

(五)对发生故障的机械进行维修

故障部位及元件确定之后,可针对具体机械制定维修计划。维修时间长的机械,最好先投入备用机械。

维修时,应严格遵守安全规程,采取必要的安全措施,正确使用电工工具。

三、电气系统检测与诊断的基本方法

工程机械电气设备故障率较高,同时引起电气设备发生故障的因素也很多,但归纳起来也不外乎是电气件损坏或调整不当,电路断路或短路,电源设备损坏等。为了较准确迅速地查找出故障部位,可采用以下检测与诊断法。

1.感觉诊断法　电气设备发生故障多表现为发热异常,有时还冒烟、产生火花;线圈烧毁其漆包线变成紫色;有时发出焦糊臭味;工程机械工况突变等。这些现象通过人的眼看、耳听、手摸或鼻子闻,就可直观地发现故障所在部位。

2.试灯检查法或刮火检查法　试灯检查或刮火检查法,是用来检查电路的断路故障。

(1)试灯检查法　试灯检查法是指用一试灯检查某电路的断路情况,如图10-1所示。用试灯的一根导线搭铁,另一根导线搭接电源接点,若试灯亮,表示由此至电源线路良好,否则表明由此至电源断路。

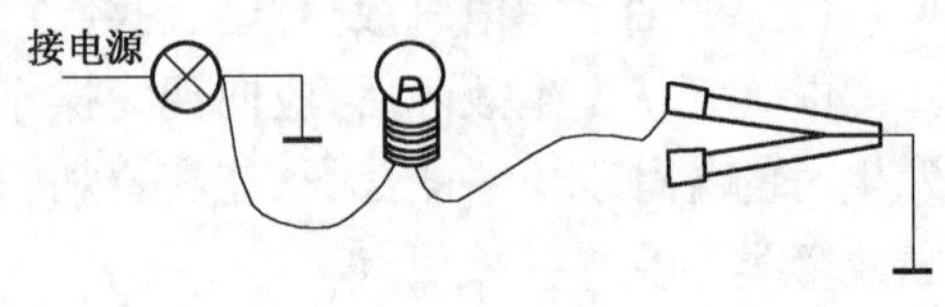

图10-1　试灯检查法

(2)刮火检查法　刮火检查法与试灯检查法基本相同,即将某电路的怀疑接点用导线与搭线处刮碰,若有火花出现,表明由此至电源线路良好,否则表明此至电源断路。

用刮火的方法检查电器绕组(如电动刮水器定子绕阻)好坏时,使绕组一端搭铁,另一端与电极刮火,根据火花的强烈程度和颜色来判断故障。若刮火时出现强烈的火花,多数是电器绕组匝间严重短路;若刮火时无火花,表明电器绕组匝间断路;若刮火时出现蓝色小火花,表示电器绕组良好。

3.置换法　置换法就是将认为损坏的部件从系统中拆下,换上一个质量合格件代替怀疑部件进行工作,来判断机件是否有故障的一种方法。诊断时,系统换上一个新件后,查看该系统是否能工作。如果能正常工作,说明其他器件性能良好,故障在被置换件上;如果不能正常工作,则故障在本系统的其他构件上。置换法在工程机械电气系统故障诊断中应用十分广泛。

4.仪表检查法　仪表检查法也叫直接测试法、仪表诊断法。它是利用测量仪器直接测量电器元件的一种方法。如怀疑转速传感器故障,可用万用表或示波器直接测试该器件的各种性能指标。再如,用万用表检查交流发电机激磁电路的电阻值是否符合技术要求,若被查对象电阻值大于技术文件规定,说明激磁电路接触不良;若被测电路电阻值小于技术文件规定值,说明发电机的电磁绕组有短路故障。此外,还可通过测量某电气设备的电压或电压降来判断故障。

采用这种方法诊断故障,应首先了解被测电器件的技术文件规定值,然后再测得当前值与技术文件规定的标准值进行比较,即可查明故障。

5.导线短路试验与拆线试验法　短路试验法是指用一根良好的导线,由电源直接与用电设备进行短接以取代原导线,如果用电设备工作正常说明原来线路连接不好,应再继续检查电路中串接的关联件,如开关、熔断器或继电器等。

拆线试验法是将导线拆下来，以判断电路中的短路搭铁故障，即将某系统的导线从接线点拆下，若搭铁现象消除，表明此段线路有搭铁。

6.跟踪法　跟踪法实际上是顺序查找法，在电器系统故障诊断中，通过仔细观察和综合分析，跟踪故障，一步一步地逼近故障的真实部位。例如，检查汽油机的点火系低压电路断路故障时，可先打开点火开关，查看电流表是否有电流显示；若没有，再查看保险是否断路……，最后查看蓄电池是否有电等。由于工程机械电气系统属于串联系统，跟踪法实验上是顺序查找法。

查找电路故障有顺查法和逆查法两种。查找电路故障时，由电源用电设备逐段检查的方法称为顺查法。所谓逆查法是指查找电路故障时，由用电设备至电源逐段检查的方法。

7.熔断器故障诊断法　工程机械上各用电设备均应串接熔断器，若某熔断器常被烧断，说明此用电设备多半有搭铁故障。

8.条件改变法　有些故障是间歇的，有些故障是在一定的条件下才明显地显示出来。在电气系统故障诊断中，经常采用条件改变法查找故障。因此，必须弄清故障表现的最明显的条件。

条件改变法包括条件附加法和条件去除法。条件附加法是指在一些条件下，故障不明显，而此时，诊断该机件是否有故障必须加上一些条件。条件去除法则正相反，正因为有这些条件，故障现象不明显，必须设法将该条件除去。例如，许多电子元器件在低温时工作良好，但当温度稍高，不能可靠地工作，此时，可采用一个附加环境温度的方法，促使该故障明显化。常用的电子系统条件改变法有下列几种：

(1)振动法　当振动可能是导致故障的主要原因时，模拟试验时可将连接器在垂直和水平方向轻轻摆动；将电路的配线，在垂直和水平方法轻轻摆动。试验时，包括连接器的接头、支架、插座等，都必须仔细检查。用手轻拍装有传感器的零件，检查传感器是否失灵。注意不要用力拍打继电器，否则可能会使继电器开路。进行振动试验时，可用万用表检测输出信号，观察振动时输出信号有无变化。

(2)加热法　当怀疑某一部位是受热引起的故障时，可用电吹风或类似的工具加热可能引起故障的零件，检查此时是否出现故障。注意加热时不可直接加热电子集成块中的元件，且加热的温度不得高于60℃。

(3)水淋法　当怀疑故障可能是雨天或高温潮湿环境所引起时，可采用水喷淋在机械上，检查是否有故障产生。注意此时不要将水直接喷淋在机械零件上，而应间接改变温度与湿度。试验时，不可将水喷淋在电子元器件上，尤其应防止水渗漏到电子集成块内部。

(4)电器全部接通法　当怀疑故障可能是电负荷过大而引起故障时，可采用接通全部电器，增大负荷，检查此时故障是否产生。

(5)工作模拟试验法　通过工作试验来模拟故障出现时的工况，以检查故障是否存在。

9.分段查找法　分段查找法是把一个系统根据结构关系分成几段，然后，在各段的输出点进行测量，可以迅速确定故障在某一段内。由于分段查找是在一个缩小的范围内查找故障，它能使故障诊断效率大大提高。

10.利用电的特性来诊断故障　检查电气设备的电磁线圈是否断路，有时不必拆开电气设备，可接通被检查对象的电源，然后用螺丝刀在电磁线圈的支持部分的周围，看是否对螺丝刀有吸力感觉，如果有吸力感觉，说明此电磁线圈没有断路。如果对采用这种方法诊断有较丰富的经验时，还可根据吸力的大小来判断电磁线圈损坏的程度。

以上是工程机械电气系统故障诊断经常采用的方法。每一种方法都有它的应用条件。当遇到具体故障时,仔细分析,选择一种合适的方法,迅速而准确地找出故障。

第二节　电气设备系统的检测与故障诊断

一、充电系的检测与故障分析

发动机的充电系由发电机、调节器、蓄电池等组成。根据调节器的不同可分为电磁振动式充电系统和电子式充电系统。

(一)蓄电池的检测与诊断

为了及时发现蓄电池使用中的各种内在故障,需对蓄电池进行以下检测和检查:

1.电解液液面高度的检查

液面高度可用玻璃管测量,电解液液面应高出极板10~15mm,电解液不足时应加注蒸馏水。注意:除非确知液面降低是由于电解液溅出所致,否则一般不允许加入硫酸溶液。

2.蓄电池放电程度的检验

(1)用密度计测量电解液相对密度　电解液的相对密度用吸式密度计来测定。如图10-2所示,先吸入电解液,使密度计浮子浮起,电解液液面所在的刻度即为相对密度值。注意在测量密度时,应同时测量电解液温度,并将测得的电解液相对密度值按表10-1转换到25℃进行修正,也可按式(10-1)换算为25℃时的相对密度值。

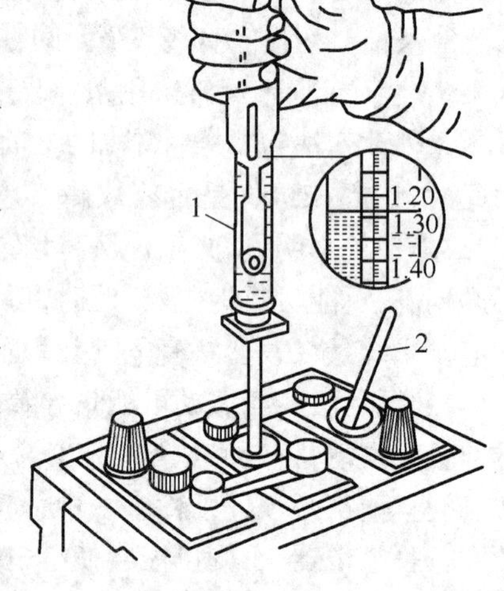

图10-2　测量电解液的相对密度和温度
1-密度计;2-温度计

$$\rho_{25℃} = \rho_t + \rho(t - 25) \qquad (10\text{-}1)$$

式中:$\rho_{25℃}$——为25℃时的电解液相对密度;

ρ_t——实际测得的电解液密度;

t——实际测得的是电解液温度;

β——密度温度系数,等于0.00075,每温升1℃,相对密度下降0.00075。

不同温度下密度计读数的修正数值　　表10-1

电解液温度(℃)	相对密度修正数值	电解液温度(℃)	相对密度修正数值
		0	-0.0175
+45	+0.0140	-5	-0.0210
+40	+0.0105	-10	-0.0245
+35	+0.0070	-15	-0.0280
+30	+0.0035	-20	-0.0315
+25	0	-25	-0.0350
+20	-0.0035	-30	-0.0385
+15	-0.0070	-35	-0.0420
+10	-0.0105	-40	-0.0455
+5	-0.0140	-45	-0.0490

根据实际经验,相对密度减小 0.01,相当于蓄电池放电 6%,所以从测得的电解液相对密度就可以粗略估算出蓄电池的放电程度。需要注意的是,在强电流放电和加注蒸馏水后,由于电解液混合不匀,不应立即测量电解液相对密度。

(2)用高率放电计测量放电电压　高率放电计是模拟接入起动机负荷,测量蓄电池在大电流(接近起动机起动电流)放电时的端电压。如图 10-3 所示,用以判断蓄电池的放电程度和起动能力。

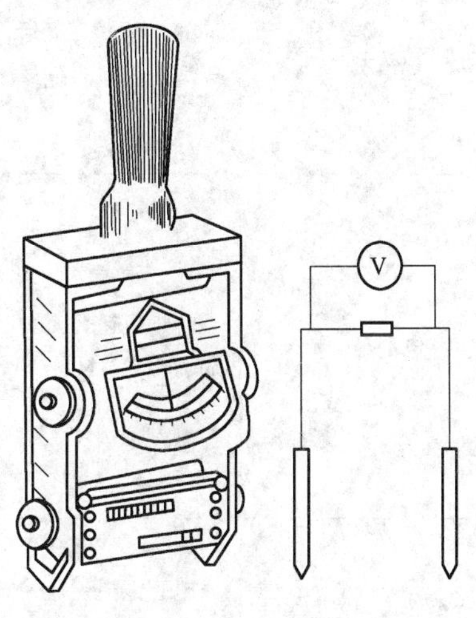

图 10-3　高率放电计及原理图

高率放电计由一个 3V 电压表和一定值负载电阻组成。测量时应将两叉尖紧压在单体电池的正、负极柱上,历时 5s 左右,观察大负荷放电情况下蓄电池所能保持的端电压。不同厂牌的放电计,负荷电阻值不同,放电电流和电压表读数也就不同。使用时应参照原厂说明书规定。

一般技术状况良好的蓄电池,用高率放电计测量时,单体蓄电池电压应在 1.5V 以上,并在 5s 内保持稳定;如果 5s 内电压迅速下降,或某一单体电池的电压比其他单体电池低 0.1V 以上时,表示该单体电池有故障,应进行修理。

3.用镉电极判断蓄电池正负极板的状况

用镉电极作为辅助电极测量在充、放电过程中正负极板组的电位,从其电位的变化,可以判断极板组的质量状况,从而进一步分析容量减少和故障发生的原因。

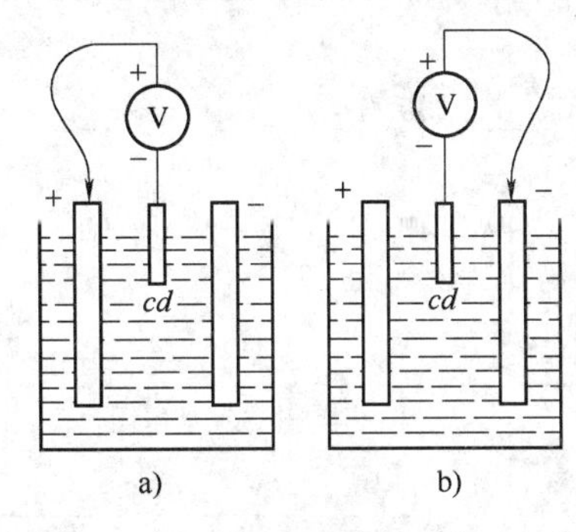

图 10-4　用镉电极测量蓄电池极板组

测量中,测蓄电池正极时镉电极为负、测负极时镉电极为正。连接好后,将镉电极由加液孔伸入蓄电池内的电解液中,便可读出镉电极与正负极板组之间的电位差,见图 10-4 所示。

正常蓄电池在充电状态下,正极镉电压为 2.4V,负极镉电压为 -0.25V,其代数差为 2.65V;放电状态时,正极镉电压为 2.00V,负极镉电压为 -0.20V,其代数和为 1.80V。如一只蓄电池放电到末期,正极镉电压小于 1.96V,可判定为正极不良,放电末期负极大于 -0.20V 时,可判定为负极不良。

4.蓄电池的故障诊断

铅蓄电池的技术状况好坏,对工程机械的用电设备工作可靠性影响很大。如果铅蓄电池发生故障,会使用电设备工作质量下降。铅蓄电池常见故障有外部故障和内部故障。铅蓄电池外部故障系指壳体或盖板裂纹、封口胶干裂、极柱松动或腐蚀等;内部有极板硫化、活性物质脱落、自行放电、极板拱曲等故障。其故障原因如表 10-2 所示。

(二)发电机和调节器的检测与诊断

发电机是工程机械电系的主要电源,由发动机驱动,它在正常工作时,对除起动机以外的所有用电设备供电,并向蓄电池充电以补充蓄电池在使用中所消耗的电能。

工程机械上用的发电机有直流发电机和交流发动机两大类。调节器可分为机械触点振动式、晶体管式和电子式。

蓄电池常见故障及其原因 表 10-2

故障名称	外在现象	原因分析
自动放电	先充足电一天后，存放到第二天电压明显降低	极板或电解液中杂质过多； 电池盖上洒有电解液使正负极短路； 极板活性物质脱落； 电池外壳隔板壁破裂，单格电解液沟通，极板短路
存电不足	起动机运转无力，电喇叭声音弱、车灯暗淡	充电不足，或长时间没充电； 经常长时间使用起动机，大电流放电损坏极板 电解液密度低于规定值，电解液渗漏后只加了蒸馏水； 电解液密度过高，或液面过低极板硫化； 发电机调节器调节电压过低，使电池亏电； 调节器调节电压过高，充电电流大，使活性物质脱落
电解液损耗过快	电解液损耗过快，需经常加蒸馏水	蓄电池池槽和壳体破裂； 充电电流过大，使蒸馏水蒸发； 电池极板硫化或短路
充不进电	电池亏电，但充电电流很小	电池疲劳损伤或内部短路； 极板活性物质脱落，使容量变小； 极板硫化或负极板硬化

1.发电机的检测

交流发电机通常在运转 750h 后，应拆开检查电刷和轴承情况，其检查方法如下：

1)解体前的检测

(1)用万用表测量交流发电机各接线柱之间的电阻值，正常时其电阻值应符合表 10-3 的规定。

交流发电机各接线柱之间的电阻值(Ω) 表 10-3

发电机型号	“F”与“-”之间的电阻	“+”与“-”之间的电阻		“+”与“F”之间的电阻	
		正向	反向	正向	反向
JF11 JF13 JF15 JF21	5~6	40~50	>1000	50~60	>1000
JF12 JF22 JF23 JF25	19.5~21	40~50	>1000	50~70	>1000

(2)在试验台上对发电机进行发电试验　测出发电机在空载和满载情况下发出额定电压时的最小转速，从而判断发电机的工作是否正常。

试验时，将发电机固定在试验台上，并由调速电动机驱动，按图 10-5 接线。合上开关 K_1(由蓄电池供给磁场电流进行他激)，逐渐提高发电机转速，并记下电压升高到额定值时的转速，即空载转速。然后打开开关 K_1(由发电机自激)逐渐升高转速,并合上开关 K_2,同时调节负荷电阻,记下额定负载情况下电压达到额定值时的转速,即满载转速。试验结果应符合规定。

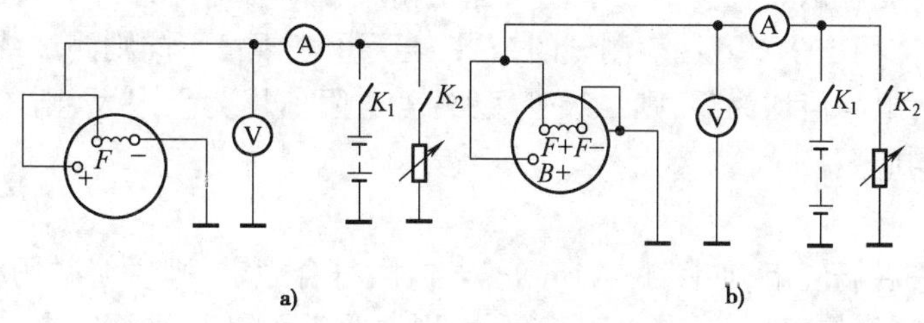

图 10-5　交流发电机空载和满载发电试验

a)内搭铁发电机接线;b)外搭铁发电机接线

如开始转速过高,或在满载转速下,发电机的输出电流过小,则表示发电机有故障。

(3)用示波器观察输出电压的波形　当发电机有故障时,其输出电压的波形将会发生变化,因此,根据输出电压的波形,就可判断发电机内部二极管以及定子绕组是否有故障。

各种故障时输出电压的波形如图 10-6 所示。

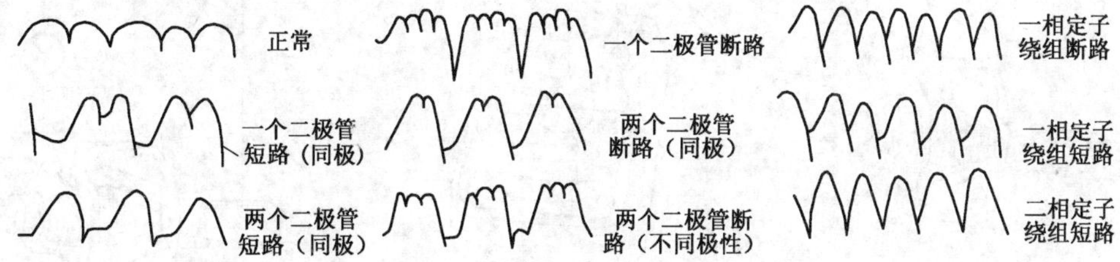

图 10-6　交流发电机各种故障时的输出电压波形

2)解体后的检测

(1)硅二级管的检查

拆开定子绕组与硅二极管的连接线后,用万用表(R×1)档逐个检查每个硅二级管的性能。其检查方法和要求,如图 10-7 所示。

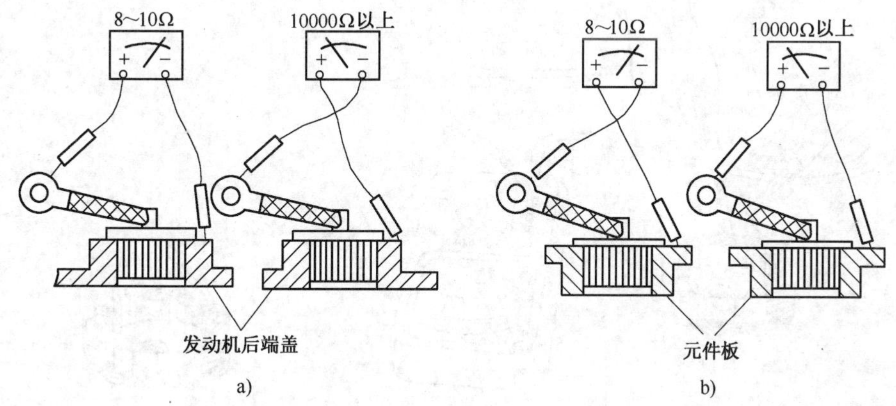

图 10-7　用万用表检查硅整流二极管

a)正向;b)反向

测量装在后端盖上的二级管时，将万用表(－)测试棒(黑色)搭端盖，(＋)测试棒(红色)搭二极管的引线(见图 10-7a)，电阻值应在 8～10Ω 范围内。然后将测试棒交换进行测量，电阻值应在 1000Ω 以上。压在散热板上的三个二级管是相反方向导电的(见图 10-7)，测试结果也应相反(上述数值是使用 500 型万用表测试的结果，若万用表规格不同则测试结果将有所变化)。若正、反向测试时，电阻值均为零，则二级管短路；若电阻值均为无限大，则二级管断路。短路和断路的二极管均应更换。

(2)磁场绕组的检查

用万用表检查磁场绕组，如图 10-8 所示。若电阻符合规定，则说明磁场绕组良好；若电阻小于规定值，说明磁场绕组短路；若电阻无限大，则说明磁场绕组已经断路。然后按图 10-9 所示的方法，检查磁场绕组的绝缘情况。灯亮说明磁场绕组或滑环搭铁。磁场绕组若有断路、短路和搭铁故障时，一般需要更换整个转子或重绕磁场绕组。

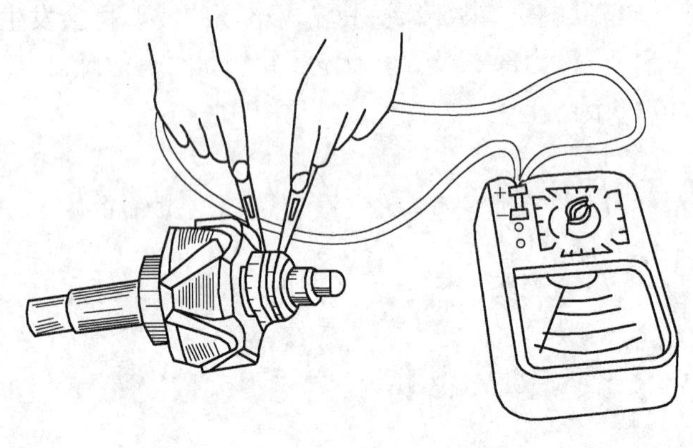

图 10-8　用万用表测量磁场绕组的电阻值

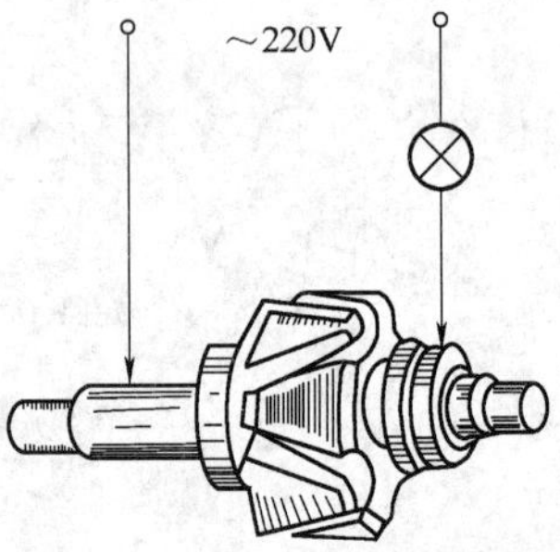

图 10-9　磁场绕组的搭铁检查

(3)定子绕组的检查

用万用表按图 10-10 所示的方法，检查定子绕组是否断路。按图 10-11 所示的方法，检查定子绕组是否搭铁。

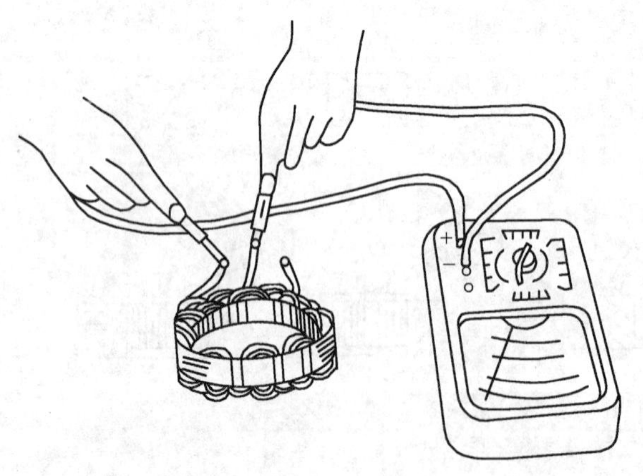

图 10-10　定子绕组断路检查

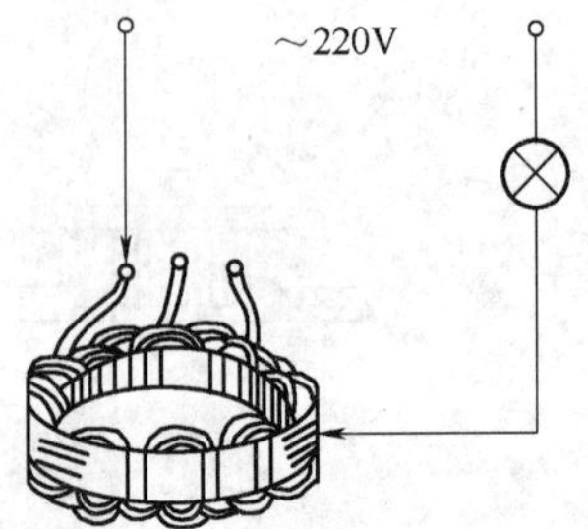

图 10-11　定子绕组搭铁检查

定子绕组若有断路、短路和搭铁等故障，而又无法修复时，则需重新绕制。

电机装复后，需进行空载和满载试验，如性能符合规定，即可交付使用。

2.调节器的检测

1)晶体管调节器的检测与调整

由于交流发电机有内搭铁与外搭铁之分,与之匹配的晶体管调节器也有内搭铁式和外搭铁式之分。内搭铁式的磁场绕组的一端与发电机壳相连接,如图 10-12 所示。

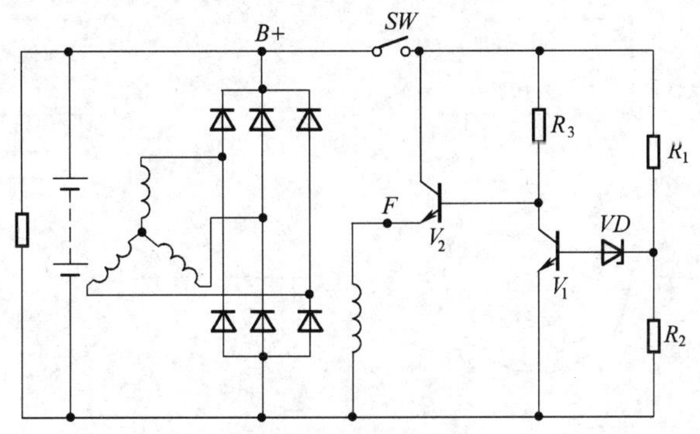

图 10-12 由 NPN 型管组成的内搭铁调节器基本电路

外搭铁的磁场绕组的一端经调节器后搭铁,如图 10-13 所示。

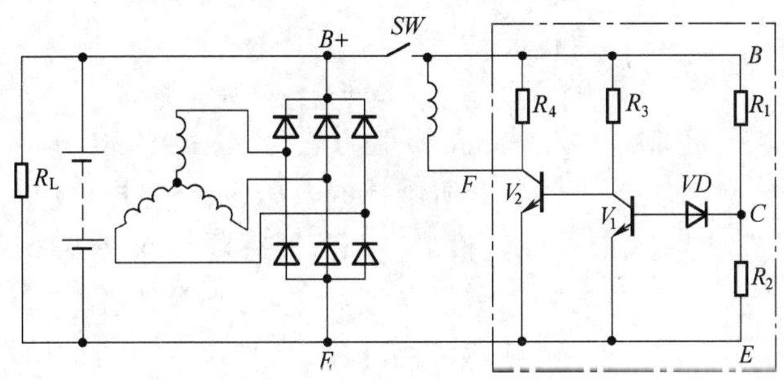

图 10-13 外搭铁晶体管调节器的基本电路

在调节器的试验和调整前应先判断调节器的搭铁形式。方法是用一个 12V 蓄电池和一只 12V、2W 的小灯泡按图 10-14 接线,即可判断调节器的搭铁形式。

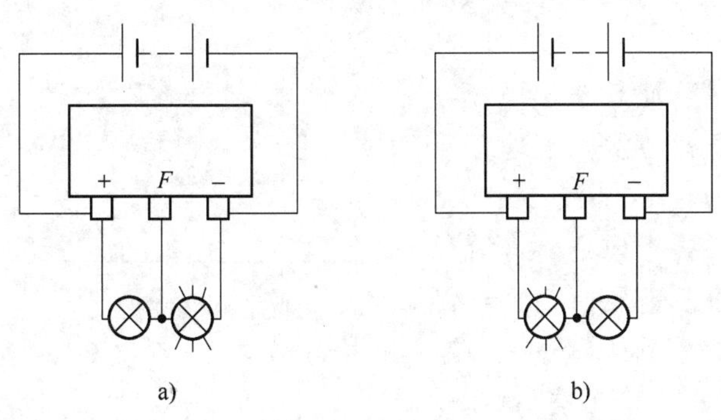

图 10-14 晶体管调节器搭铁型式判断

a)内搭铁式调节器;b)外搭铁式调节器

如灯泡接在“-”与“F”接线柱之间发亮，而在“+”与“F”接线柱之间不亮，则该调节器为内搭铁式；反之，如灯泡接在“+”与“F”接线柱之间发亮，而接在“-”与“F”接线柱之间不亮，则该调节器为外搭铁式。

判断出调节器的搭铁形式后，便可根据调节器的搭铁形式按图10-15接线进行试验。

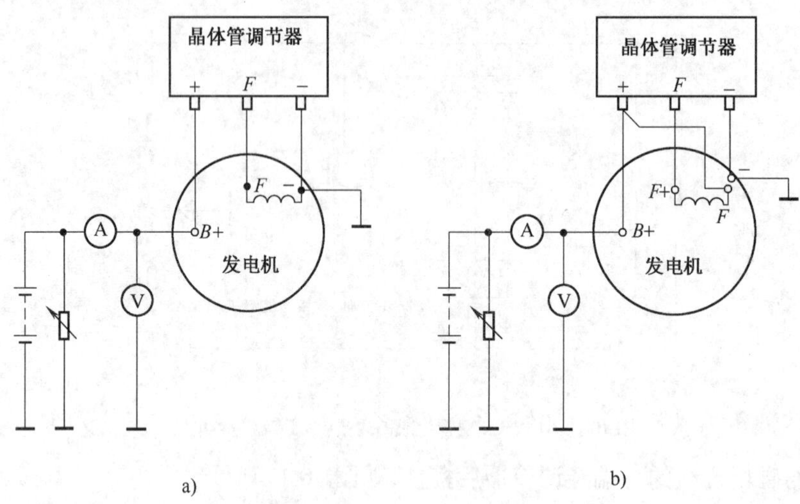

图10-15 晶体管调节器测试接线图

a)内搭铁调节器试验；b)外搭铁调节器试验

试验时将发电机转速控制在3000r/min，试验方法与试验电磁振动式调节器相同。调节可变电阻，使发电机处于半载时，记下调节器所维持的电压值，该电压值应符合规定。

若调节电压值不符合规定，应予以调整。当调节器有调整电位器时，可利用电位器进行调节使调节电压符合规定。如调节器中无调整电位器，但调节器电路可拆出的话，可通过调整分压器电阻使之符合规定。目前，大多数厂家为了提高晶体管调节器的防潮、耐振性能，大多将调节器用树脂封装为不可拆式结构，这类调节器如调压值不符合规定则应报废。

若怀疑晶体管调节器有故障，可将调节器从车上拆下进行检查。方法是用一电压可调的直流稳压电源（输出电压0~30V、电流3A）和一只12V(24V)、20W的车用小灯泡代替发电机磁场绕组，按图10-16接线后进行试验（注意：内搭铁和外搭铁式晶体管调节器灯泡的接法不同）。

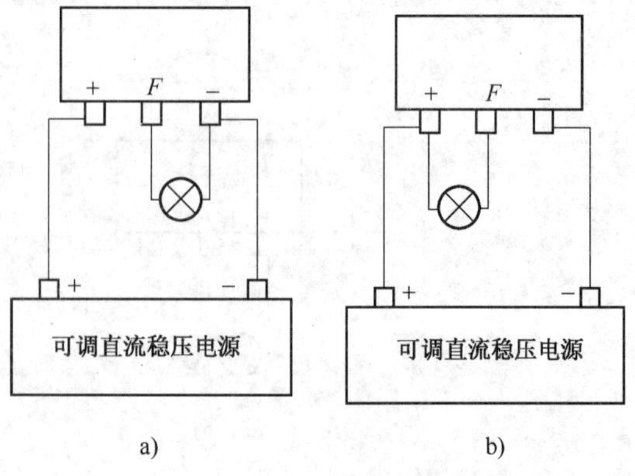

图10-16 利用可调直流电源检测晶体管调节器

a)内搭铁调节器；b)外搭铁调节器

调节直流稳压电源，使其输出电压从零逐渐增高时，灯泡应逐渐变亮。当电压升到调节器的调节电压（14±0.2V或28±0.5V）时，灯泡应突然熄灭。再把电压逐渐降低时灯泡又点亮，并且亮度随电压降低而逐渐减弱，则说明调节器良好。电压超过调节电压值，灯泡仍不熄灭或灯泡一直不亮，都说明调节器有故障。

如果没有可调直流稳压电源时，也可用两个12V蓄电池串联，按图10-17接线。再将调节器的“+”端逐级接触蓄电池单格电池的正端,便电压逐级变化来代替可调直流电源,同样可进行试验。

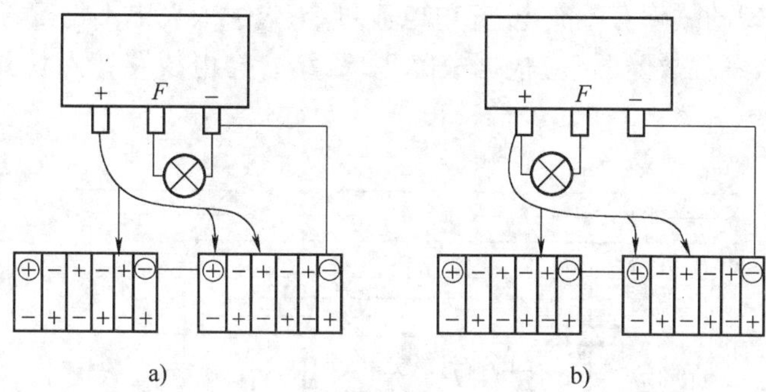

图 10-17　利用蓄电池和灯泡检查晶体管调节器

a)内搭铁调节器;b)外搭铁调节器

2)内装集成电路调节器的检测

由于集成电路调节器都是用环氧树脂或塑料模压而成的全密封结构。因此,损坏或失调后,只能更换新品而无法修复或调整,故只需检查出调节器好坏即可。

判断集成电路调节器好坏的最简单的方法是就车检查。检查之前,应首先搞清楚发电机、集成电路调节器与外部连接端子的含义。

带有集成电路调节器的整体式交流发电机与外部(蓄电池、线束)连线端子通常用“B+”(或“+B”、“BAT”)、“IG”、“L”、“S”(或“R”)和“E”(或“-”)等符号表示(这些符号通常在发电机端盖上标出),其代表的含义如下:

“B+”(或+B、“BAT”):为发电机输出端子,用一根很粗的导线连至蓄电池正极或起动机上。

“IG”:通过线束接至点火开关,但有的发电机上无此端子。

“L”:为充电指示灯连接端子,该导线通过线束接仪表板上的充电指示灯或充电指示继电器。

“S”(或“R”):为调节器的电压检测端子,通过一根稍粗的导线通过线束直接连接蓄电池的正极。

“E”:为发电机和调节器的搭铁端子。

上述端子的含义也可参考图 10-18 所示集成电路调节器的电路。

就车检查集成电路调节器所需的设备与检查晶体管调节器时相同。

首先拆下整体式发电机上所有连接导线,在蓄电池正极和交流发电机“L”接线柱之间串联一只 5A 电流表,如无电流表,可用 12V、20W 车用灯泡代替(对 24V 调节器可用 24V、25W 的车用灯泡),再将可调直流电源“+”接至交流发电机的“S”接头,“-”与发电机外壳或“E”相接,如图 10-19 所示。

接好后,调节直流稳压电源,使电压缓慢升高,直至电流表指零或测试灯泡熄灭,该直流电压就是集成电路调节器的调节电压值。如该值在 13.5~14.5V 的范围内,说明集成电路调节正常。否则,说明该集成电路调节器有故障。

集成电路调节器也可从发电机上拆下进一步检查,其检查方法基本上同检查晶体管调节器的方法相同。但要注意:接线时应搞清楚调节器各引脚的含义,否则,会因为接线错误而损坏集成电路调节器。

3.交流发电机和调节器故障的诊断

充电系统常出现的故障有不充电、充电电流过小、过大或充电不稳定等。故障原因可能是多方面的。因此,当发现故障时,应根据故障现象、结合充电线路特点认真分析、查找故障原因,及时排除故障。

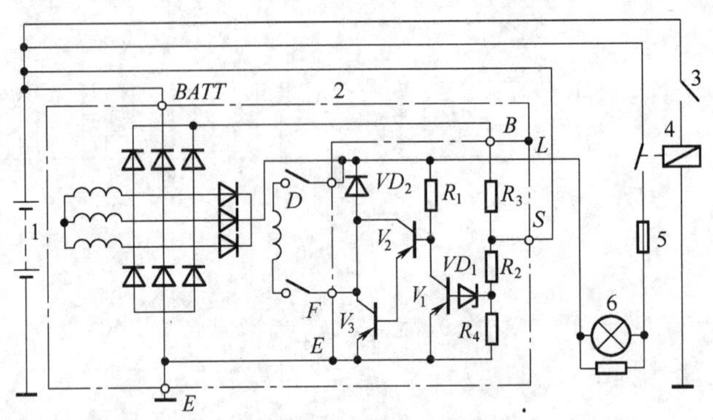

图 10-18　CR160-708 型发电机与集成电路调节器电路原理

1-蓄电池;2-整体式九管整流发电机;3-点火开关;4-点火继电器;5-熔断器;6-充电指示灯及并联电阻

1)不充电或充电流很小

(1)现象　发动机启动后并提高转速,观察电流表指针指示值过小或为零,充电指示灯亮,蓄电池有放电现象,夜间作业时光红暗。

(2)原因:①发电机转速 n 下降或不转;②磁通量 Φ 减小;③调节器的故障;④发电机常数 C 的减小;⑤整流器的影响;⑥发电机输出电路不良等。

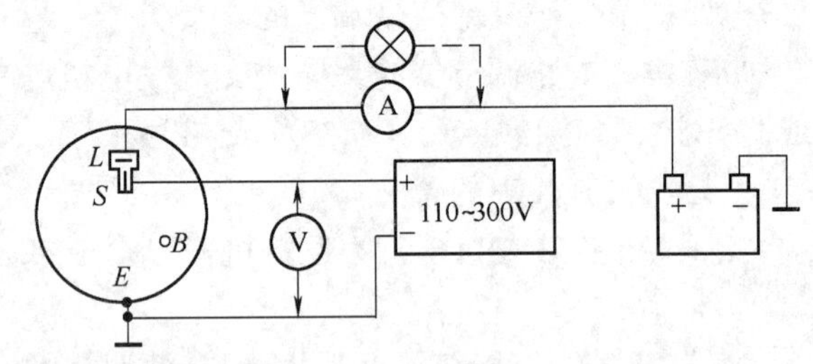

图 10-19　集成电路调节器的检查

(3)故障诊断与排除　诊断时,可先观察电流表指针指示情况或充电指示灯指示情况,以及工程机械照明灯的亮度等几方面大致确定充电系统是否有故障和故障范围。

工程机械作业时,提高发动机转速观察电流表指针指示情况。若电流表指针指示为零,表明发电机不发电;夜间作业时打开前照灯,若灯光强度随发电机转速变化很小,说明充电电流过小;若灯光强度不随发电机转速变化而变化,且电流表指针指示放电位置(或充电指示灯不熄),表明不充电。

根据故障特征和范围,以先易后难的程序进行检查。

①观察仪表　如果提高发动机转速,电流表指针指向放电位置,同时观察水温表,若水温表指示水温很高,表明风扇皮带打滑或松脱、断裂。

②听异响　发电机工作时能听到异常响声,可能是发电机“扫膛”,应进一步检查轴承是否有损坏和轴是否弯曲等。检查电枢“扫膛”的方法是:拆下风扇皮带,用手拨转发电机皮带轮,若能听到发电机内有不均匀的摩擦声,且手感有阻力,径向扳动皮带轮时手感有松旷,表明电枢“扫膛”;如无松旷感,表明“扫膛”是因轴弯曲所致。

③短路检查　起动发动机并将转速控制在略高于怠速,用螺丝刀将调节器的火线接柱与

磁场接柱搭接,此时观察电流表。若指针指示充电,表明故障在调节器;若不指示充电,表明故障在发电机或激磁电路。

用螺丝刀搭接调节器触点,若发电,说明是调节器触点过脏、触点间隙、气隙不合适,应用砂纸打磨触点调整相关间隙。

发电机的激磁电路正常可采用此方法确定大致故障范围,当无激磁电流时采用此方法无效。采用此方法检查是否充电时,发动机转速不宜过高,时间不宜过长,否则会烧坏电气设备。

④试灯检查　拆下发电机电枢接柱上的导线,将试灯夹在搭铁良好处,起动发动机并提高转速,用试灯触针搭接发电机电枢接柱,若试灯亮,表明故障在发电机电枢接柱至电流表这段输出线路接触不良或折断,造成充电电流过小或不充电,应进而查明导线接触不良处或折断处,并对症排除。若试灯不亮。表明故障在发电机或激磁电路。

⑤检查激磁电路　激磁电路的检查程序

A.观察发电机激磁电路中的导线连接情况。若连接有松动处或锈蚀现象,便可能是故障所在,应予以排除。如果排除后充电还是不正常,应再进一步检查。

B.接通点火开关,用螺丝刀接触发电机皮带轮感觉是否有吸力感,若无吸力感,表明激磁电路有故障。

C.逆查激磁电路。接通钥匙开关,将试灯夹在良好的搭铁处,用试灯带导线的触针搭接发电机磁场接柱,试灯亮,表明故障在发电机;若试灯不亮,再将触针移至调节器的磁场接柱,试灯亮,表明故障在发电机至调节器这段线路中有断路;试灯不亮,应再将触针移至调节器前的火线接柱,若试灯亮,表明故障在调节器;若试灯仍不亮但发动机能起动,则表明点火开关至调节器这段线路断路,应进而查明原因并排除。

D.检查调节器高速触点(下触点)是否与活动触点粘合,若粘合就会引起无激磁电流而不充电的故障。

⑥用万用表检查　用万用表测量发电机各接柱之间电阻值(见表10-3)来判断故障。

如果发电机磁场接柱“F”与搭铁接柱“－”之间电阻值小于规定值,说明磁场线圈有短路(线圈匝间短路或搭铁短路)应重新绕制。若大于规定值,说明电刷与滑环接触不良,应进一步检查电刷与滑环的接触力(弹簧弹力和电刷长度)和滑环表面的清洁与光滑程度若电阻无穷大,说明磁场线圈断路,应重新连接或重绕线圈。

如果测量发电机磁场接柱(＋)与搭铁接柱(－)之间的电阻值小于规定值,则表明整流二极管短路;若大于规定值,则表示整流二极管断路。

如果以上均属正常,发电机发出的电流过小或不发电,故障原因在于定子绕阻(短路或断路)。

发电机和调节器故障判断也可按图10-20步骤进行:

2)充电电流过大

(1)原因　发电机输出电流的大小取决于其端电压的高低,而发电机端电压的高低又取决于发电机的转速与磁通量。如果发电机的转速在规定范围内,发电机输出电流过大的主要原因是激磁电流过大所致。能引起发电机的激磁电流过大的因素有调节器控制不良和激磁电路短路。

(2)诊断与排除

①检查激磁导线短路情况　将调节器上的火线或磁场线任意拆下一根,如果充电电流过

大,说明激磁线路短路,应查明短路部位,采取绝缘措施或要换破损导线。

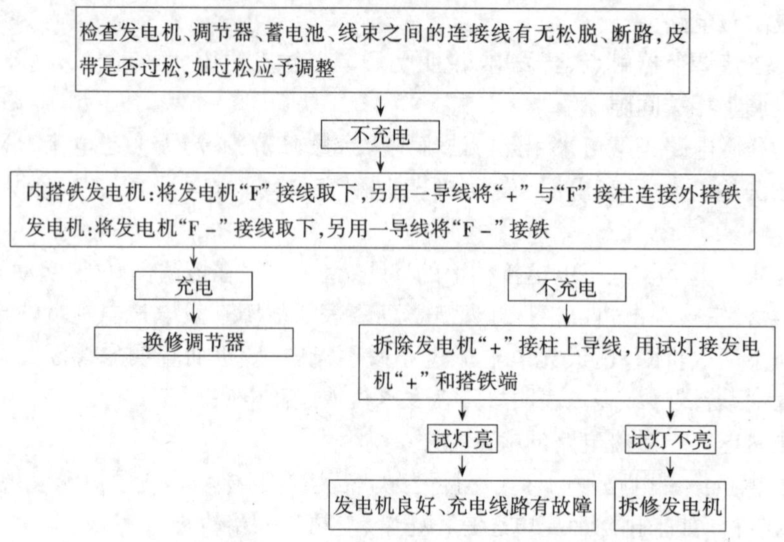

图 10-20　发电机和调节器故障诊断流程

②检查调节器气隙应符合要求。

③用手将调节器活动触点臂强行按下,使之与上触点断开,若充电电流减小,表明充电电流过大是因触点烧结所致。若触点表面无烧蚀迹象,可能是平衡弹簧弹力过大所引起的充电电流过大,对弹簧拉力进行调整。

④检查调节器铁心线圈　用万用表测量线圈电阻值,铁心线圈电阻值应符合规定要求。若电阻值为无限大时,表明线圈断路;若小于规定值时,表明线圈短路。若有上述两种情况中的其中一种,都能引起充电电流过大。

⑤检查调节器高速触点和发电机激磁电路是否短路,发动机中速运转时充电电流过大,说明发电机激磁电路短路;发电机只在高速运转时充电电流过大,表明高速触点电阻过大。

如果发电机有激磁电路短路故障,应拆下线束查出短路部位,并采取绝缘措施或更换导线,若高速触点表面过脏,应用砂条或细砂纸打平磨光,并除去附在触点表面的砂粒。

3)充电电流不稳

(1)现象　充电电流不稳是指充电电流忽大忽小或充电时断时续;电流表指针来回摆动,或充电指示灯闪烁。

(2)原因　发电机工作时,充电电流不稳大致有两种情况:一种是无规律的充电不稳,且与转速无关;另一种是有规律的充电不稳,与转速有关。

①无规律的充电不稳　无规律的充电不稳的原因多数是充电系统线路连接松动,发动机工作时使充电系统导线连接处接触不良,时通时断,从而引起充电系统不稳。此外,风扇皮带打滑造成发电机转速不稳也会引起充电不稳。

②有规律的充电不稳　有规律的充电不稳表现在各种转速时充电不稳,其原因有:发动机怠速稍高时充电不稳,多数是由于调节器铁心与活动触点臂气隙调节不当或弹簧弹力调整过小所致;发动机高速运转时充电不稳,多数是因高速触点脏污造成供给发电机的激磁电流时断时续;发动机在各种转速下均充电不稳,其多数是因调节器调整不当、触点接触不良,或发电机缺相所引起;调节器附加电阻断路,造成发电机激磁电流不连续,产生明显的脉冲电流;发电机转子滑环表面过脏、电刷弹力不足造成激磁电流不稳,也可使充电电流不稳。

(3)诊断与排除

①无规律充电不稳应检查充电系统线路的接头或插接件等是否有松动处,并拉动导线,看是否有充电显示,若有好转,表明线路松动;

也可用一根导线分段短接激磁线路,即短接由发电机至调节器和调节器至点火开关,如果短路某段,充电正常,表明此段导线接触不良,应紧固导线接头或更换导线。另外,应检查风扇皮带的张紧力。

②有规律充电不稳　发电机低速时充电不稳,可在发动机怠速稍高运转时,用螺丝刀搭接调节器触点,若电流表指示正常,说明调节器气隙或弹簧调整不当,应重新调整;高速时充电不稳应检查调节器高速触点,若表面脏污,便是故障所在,用砂条打磨光洁即可;发动机在各种转速时均充电不稳,用螺丝刀搭接调节器上触点,若充电良好,表明是触点接触不良,应用砂条打磨光洁;检查发电机转子滑环工作面的清洁程度,电刷长度以及滑环径向跳动等。

充电不稳故障也可用如图 10-21 所示步骤检查:

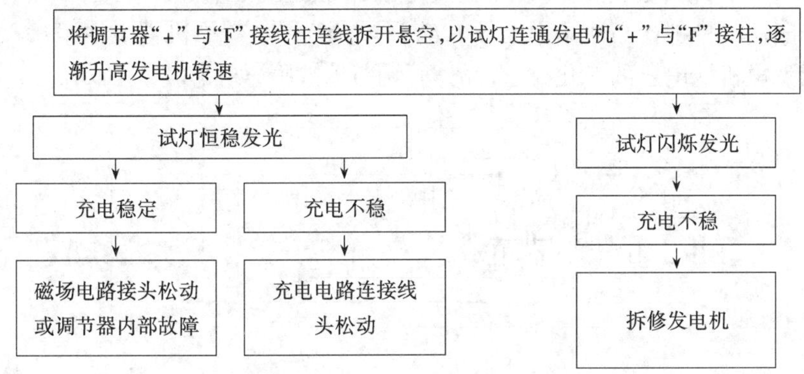

图 10-21　充电不稳故障检查步骤

4)晶体管调节器故障诊断

(1)晶体管调节器不充电故障　发电机工作正常时,电流表指示放电或充电指示灯不灭,说明晶体管调节器有故障。根据电路分析,调节器大功率三极管截止会引起发电机无激磁电流,而引起大功率三极管截止的原因有:稳压管 W 被反向击穿处于常导通状态,T_1 导通,T_2、T_3 被截止,发电机无激磁电流;T_1 被击穿常导通;三极管 T_2 或 T_3 被烧毁而断路:晶体管调节器体积小、性能可靠,一般为不可拆开的结构形式,如有损坏应换新件。

诊断与排除的方法有:

①发动机怠速稍高时,用螺丝刀短时间搭接调节器的激磁与火线两接柱,若发电机发电正常,说明调节器有故障,应予以更换。

②置换法　将怀疑有故障的调节器拆下换一个良好的调节器,置换后,如果充电正常,表明原调节器已坏,应予以更换。

③万用表检测静态电阻:拆下调节器,用万用表 $R\times10$ 档测量调节器各接柱之间的电阻值应符合表 10-4 规定值,表中所述正向电阻是指万用表红表笔搭接调节器的"+"或"F"接柱,黑表笔搭接调节器的"-"接柱,测量反向电阻时,表笔搭接方法与上述情况相反。

④电流表检查法　电流表检查法是在晶体管调节器 F 接柱与发电机 F 接柱之间串接一只量程 10A 的电流表,另外再在发动机上接一转速表(若机械有发动机转速表的不必再接),起动发动机并观察电流表。若在各种转速下电流为零,表明调节器中大功率三极管断路,或小功率三极管、稳压管 W_1 短路,导致发电机不发电。

晶体管调节器电阻值表 表 10-4

调节器型号	“+”“-”之间反电阻(kΩ)	“+”与F之间电阻(kΩ)		“-”与F之间电阻(kΩ)	
		正向电阻	反向电阻	正向电阻	反向电阻
JFT121	0.2~0.3	0.09	>50	0.10	50
JFT241	0.4~0.5	0.11	>50	0.11	50
JFT126	1.5~6.5	1.5~2	3~4	5.5	8.5
JFT246	3	4.6~5	9.5~10	5.5	8.5
JFT106	1.4~1.6	1.5~2	3~4	1.4~1.6	3~4
JFT107	1.4~1.6	1.5~2	3~4	1.4~1.6	3~4
JFT206	1500~2000	1.3~1.5	3~4	1.3~1.5	3.6
JFT207	1500~2000	1.3~1.5	3~4	1.3~1.5	3.6

注:若测得“+”与“F”之间正、反向电阻值过大,是不充电的故障所在,应更换调节器。

⑤模拟诊断法　模拟诊断法是用1号1.5V干电池三节,与原机蓄电池串接,用电源电压的变化来模拟发电机端电压的变化,检查晶体管调节器故障,如图10-22所示。

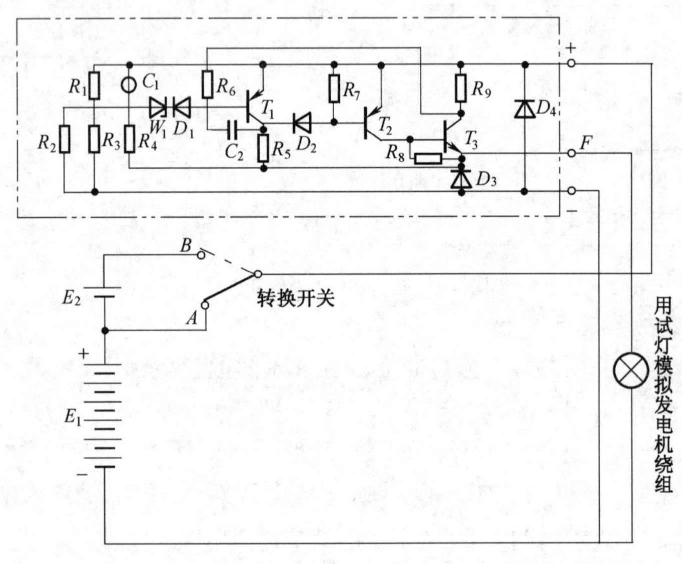

图10-22　模拟检查晶体管调节器故障线路图

试验方法:按上图接线(外搭铁充电电路),当开关与A点接通时,调节器内大功率三极管导通,即电流由蓄电池正极→KA→调节器“+”接柱经大功率三极管T_3→试灯→搭铁→蓄电池负极。调节器“+”接柱的电压为24V,未达到调节器内的稳压管反向击穿电压,小功率三极管截面,这时试灯(试灯模拟发电机磁场线圈)应亮。若调节器内的大功率管断路或是小功率管三极管T_1短路或稳压管短路,试灯不亮,发电机无激磁电流不发电。当开关扳向B点时,E_1、E_2被串接入电路,其电压为28.5V,发电机调节器内的稳压管被击穿,T_1导通,T_2、T_3截止,试灯应熄灭。若试灯不熄灭,则是三极管T_3短路,或者是三极管T_1或稳压管W_1断路。

(2)晶体管调节器充电电流过大故障　充电电流过大多数是调节器的稳压管W_1或小功率三极管T_1烧毁断路而常截止,或大功率三极管T_2(或T_3)短路常导通,使发电机激磁电流失控所致。

诊断与排除的方法同充电电流过小的方法基本一致,可用置换法,电流表和模拟法等,也可将晶体管调节器上的激磁导线拆下任意一根,检查发电机是否发电,若不发电则表明调节器有故障是造成充电流过大的原因所在。

(3)充电不稳定故障

主要原因是调节器中元件虚焊,元件稳定性差等原因引起,需更换调节器。

二、起动系的检测与故障诊断

电力起动机由于操作轻便,起动迅速、可靠,又具有重复起动的能力,所以目前工程机械上普遍采用它来起动发动机。

起动系包括蓄电池(与充电系共用)、起动机、继电器、连接导线等。

电力起动机一般由直流串激式电动机、传动机构(也称啮合机构)和控制装置所组成。

(一)起动系的电路分析

电路分析:图10-23所示为一起动机及电磁控制原理图。

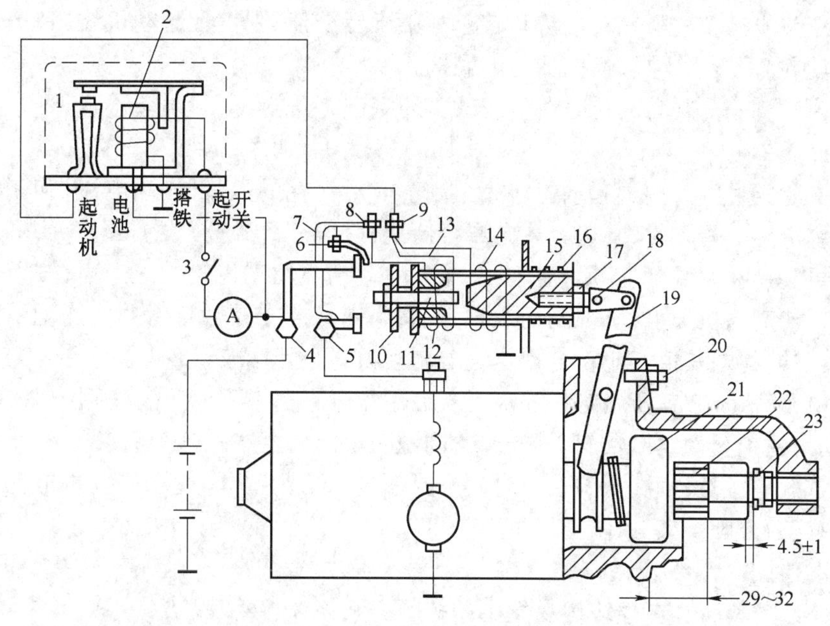

图10-23 起动机及控制电路图

1-起动继电器触点;2-起动继电器线圈;3-起动开关;4、5-起动机开关接线柱;6-点火线圈附加电阻短路接线柱;7-导电片;8-接线柱;9-起动机接线柱;10-接触盘;11-推杆;12-固定铁心;13-吸拉线圈;14-保持线圈;15-活动铁心;16-复位弹簧;17-调节螺钉;18-连接片;19-拨叉;20-定位螺钉;21-滚柱式单向离合器;22-驱动齿轮;23-限位螺母

电磁控制式起动机开关是一种以小电流控制大电流的多层控制开关。

第一层是控制电路是由起动点火开关起动档(或另有按钮)控制起动继电器;第二层是由起动继电器触点的开闭来控制起动机电磁开关的电磁线圈;第三层控制电路是起动机电磁开关线圈又来控制起动机(执行机构)主电路的通断。这三层控制电路可把它看作三环相套,即一环控制一环,但这三环是一环比一环大,牵动小环大环则动。

(二)起动系的检测与试验

1.起动机的调整

1)驱动齿轮静止位置的调整　起动机不工作时,驱动齿轮端面与端盖凸缘之间的距离应符合规定,如图10-23所示的起动机的距离为29~32mm,如不合要求,可调整定位螺钉20。

2)开关接通时间的调整　当接触盘将主电路接通时,驱动齿轮与限位螺母之间的距离应为4.5±1mm,如不合要求,可先脱开连接片18与调节螺钉17之间的连接(见图10-23),然后旋入或旋出调节螺钉17即可进行调整。

3)附加电阻线短路开关的调整　在主电路接通的同时或稍早,附加电阻线应短路。如有不当,可弯曲附加电阻短路开关接线柱内的黄铜片进行调整。

2.起动机的试验　起动机修复后,必须进行下列两种试验,如不符合要求,应重新检查和修理。

1)空载试验　测量起动机的空载电流和空载转速并与标准值比较,以判断起动机内部有无电路和机械故障。其试验方法如下:

将起动机夹在虎钳上。接通起动机电路(每次试验不要超过1min,以免起动机过热),起动机应运转均匀、电刷下无火花。记下电流表、电压表的读数,并用转速表测量起动机转速,其值应符合规定。若电流大于标准值,而转速低于标准值,表明起动机装配过紧或电枢绕组和磁场绕组内有短路或搭铁故障。若电流和转速都小于标准值,则表示起动机线路中有接触不良的地方(如电刷弹簧压力不足,换向器与电刷接触不良等)。

2)全制动试验　全制动试验应在空载试验的基础上进行,空载试验不合格的起动机不应进行全制动试验。

全制动试验的目的是测量起动机在完全制动时所消耗的电流(制动电流)和制动力矩,以判断起动机主电路是否正常,并检查单向离合器是否打滑,其试验方法如下:

将起动机夹持在试验台上,用杠杆的一端夹住起动机驱动齿轮的三个齿,按下开关(必须按紧,不得松开)起动机通电,呈现制动状态,观察单向离合器是否打滑并迅速记下电流表、电压表及弹簧秤的读数,其值均应符合规定。若制动力矩小于标准值而电流大于标准值,则表明磁场绕组或电枢绕组中有短路和搭铁故障;若力矩和电流都小于标准值,表明线路中接触电阻过大;若驱动齿轮锁止而电枢轴有缓慢转动,则说明单向离合器有打滑现象。

全制动试验应注意:每次试验通电时间不要超过5s,以免损坏起动机及蓄电池;试验过程中,工作人员应避开弹簧夹具,防止发生人身事故。

3.转子的检测

1)电枢绕组的检查　电枢绕组易发生的故障有断路、短路和搭铁。

断路故障多发生在线圈端部与换向器的连接处。由于长时间大电流运转或电枢铁心与磁极铁心摩擦,使得电枢温度过高,焊锡熔化,而使焊在换向片上的线头脱焊所致,一般较易发现。

电枢绕组的短路故障,必须使用电枢感应仪进行检查。

起动机的电枢绕组采用波绕法,因此当相邻两换向片间短路时,钢片会在四个槽出现振动;当同一个槽中上下两层导线短路时,钢片会在所有的槽上都振动。

电枢绕组的搭铁故障应使用220V交流试灯进行检查。将交流试灯的两根触针分别接触电枢轴和换向器片。若试灯亮,说明有搭铁故障。

2)换向器的检查　换向器的故障多为表面烧蚀或失圆。轻微烧蚀可用00号砂布打磨。严重烧蚀或圆度误差大于0.025mm时,应车光、车圆,但换向器的径向厚度不得小于2mm,否则应予更换。

3)电枢轴的检查　用千分表检查电枢轴是否弯曲。铁心表面对轴线径向跳动应不大于0.15mm,否则说明电枢轴弯曲严重,应予校直。

4.磁场绕组的检查　磁场绕组的故障有断路、短路和搭铁。

磁场绕组断路的检查:磁场绕组断路一般多是由于绕组引出线头脱焊,虚焊所致,可用万用表或低压试灯检查。

磁场绕组匝间短路的检查:磁场绕组的外部包扎层若已烧焦、脆化,则一般表明匝间已绝缘不良。若外部完好,无法判断时,可把绕组套在铁棒上放入电枢感应仪中,如图10-24所示。感应仪通电3~5min后,如绕组发热则表明有匝间短路。

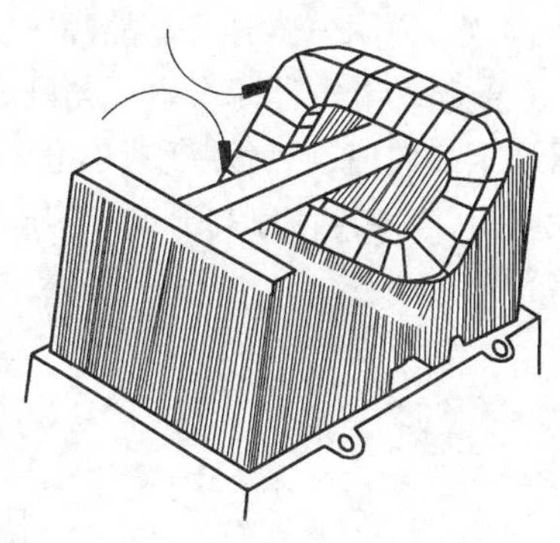
图10-24　磁场绕组短路的检查

磁场绕组搭铁的检查:可用220V交流试灯进行检查。先将绝缘电刷从绝缘电刷架中取出,并注意不要与机壳相碰,把220V交流试灯的两个触针分别接触起动机的绝缘电刷和机壳,如试灯不亮,表示磁场绕组与机壳绝缘良好;如试灯亮则表明磁场绕组的绝缘损坏而搭铁。

5.单向离合器　将单向离合器夹紧在虎钳上,用扭力扳手反时针方向转动,应能承受制动试验时的最大转矩而不打滑。如2201型起动机,其单向离合器应能承受25.5N·m的扭力而不打滑,否则应拆开,进行修理。

摩擦片式离合器在117.6N·m时不应打滑。而在大于176.4N·m时应能打滑。若不符合规定,可在压环与摩擦片之间增减垫片予以调整。

6.衬套的配合　各轴颈与衬套的配合间隙应符合规定。

若间隙过小,应用铰刀进行铰配;若间隙过大,应更换衬套,并按规定铰削进行配合。

7.电刷与电刷架的检查　电刷的高度应不低于新电刷高度的2/3(国产起动机新电刷的高度为14mm);电刷与换向器的接触面积应在75%以上;电刷在电刷架内应活动自如无卡滞现象。

用220V交流试灯检查绝缘电刷架的绝缘情况,如电刷架搭铁,则应更换绝缘垫后重新铆合。

用弹簧秤检查电刷弹簧的压力,一般为11.7~14.7N。若压力不够,可将弹簧向与螺旋相反的方向扳动,以增加弹力。若无效时,则应更换。

8.电磁开关的检测与检查

1)检查接触盘表面和触点表面　轻微烧蚀可用砂布打光,严重烧蚀应予以修复或更换。

2)检查吸拉线圈和保持线圈　用万用表 $R\times1$ 档检查吸拉线圈和保持线圈的电阻值,标准值可参考有关资料。若已断路或有严重短路,应重绕。重绕时应注意导线的直径,匝数以及绕线的方向均应与原来的相同。

3)电磁开关的测试

(1)电磁开关闭合电压和释放电压的检查:将电磁开关装回起动机上,按图10-25接线,并在起动机驱动齿轮和限位垫圈之间放一垫块以模拟驱动齿轮与飞轮齿圈齿顶状态,然后闭合开关,逐渐调高电压,直至试灯发亮。灯亮瞬间的电压即为电磁开关的闭合电压,应符合表10-5的规定。随后逐渐调低电压,直到电磁开关释放,试灯熄灭。这一瞬时的电压即为释放电压。释放电压不应大于标称电压的40%。

环境温度(℃)	标称电压(V)	
	12	24
23	≤9	≤24

电磁开关的闭合电压 表 10-5

(2)电磁开关断电能力的检查:当起动机处于制动状态时,切断电源,其主触点应可靠断开;否则,说明电磁开关有故障。

9.起动继电器闭合电压与断开电压的检查 检查方法如图 10-26 所示。先将滑线式变阻器调至最大值,然后逐渐减小电阻,在触点刚闭合时,电压表的读数即为闭合电压。再逐渐增大电阻,当触点刚刚打开时,电压表的读数即为断开电压。

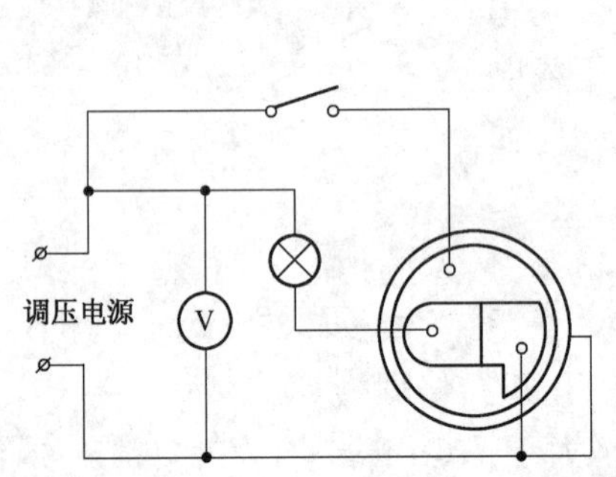

图 10-25 电磁开关吸放性能测试

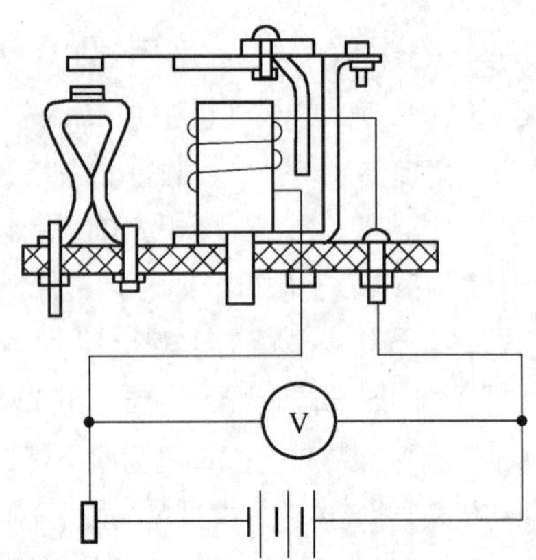

图 10-26 起动继电器的检查方法

闭合电压和断开电压应符合表 10-6 的规定,否则应予调整。

起动继电器触点闭合和断开电压 表 10-6

名 称	12V 系统	24V 系统
触点闭合电压(V)	6 ~ 7.6	14 ~ 16
触点断开电压(V)	3 ~ 5.5	4.5 ~ 8

10.复合继电器的检查 起动机复合继电器的主要性能见表 10-7。

起动机复合继电器的主要性能 表 10-7

型 号	额定电压(V)	起动继电器			保护继电器	
		闭合电压(V)	断开电压(V)	瞬时电流(A)	动作电压(V)	释放电压(V)
JD136	12	5 ~ 6.6	≤3	75	4.5 ~ 5.6	≤3
JD236	24	10 ~ 13.2	≤6	35	9 ~ 11	≤3
JD171	12	≤7	≤1.5	75	4.5 ~ 5.5	≤2
JD271	24	≤14	≤3	35	9 ~ 11	≤4

起动继电器应测试其闭合电压与断开电压。测试线路如图 10-27a)所示。先将滑线式变阻器调至最大值,接通开关 K,逐渐减小电阻,当试灯亮的瞬间,电压表的读数即为闭合电压,应不大于 5 ~ 6.6V。然后逐渐增大电阻,当试灯熄灭的瞬间,电压表的读数即为断开电压,应不大于 3V。

保护继电器也应测试其动作电压与释放电压。测试线路如10-27b)所示。将滑线式变阻器调至最大值,接通开关 K,试灯亮。逐渐减小电阻值当试灯熄灭的瞬间,电压表的读数即为动作电压,应为4.5~5.5V。然后再逐渐增大电阻值,当试灯再次亮的瞬间,电压表的读数即为释放电压,应小于3V。

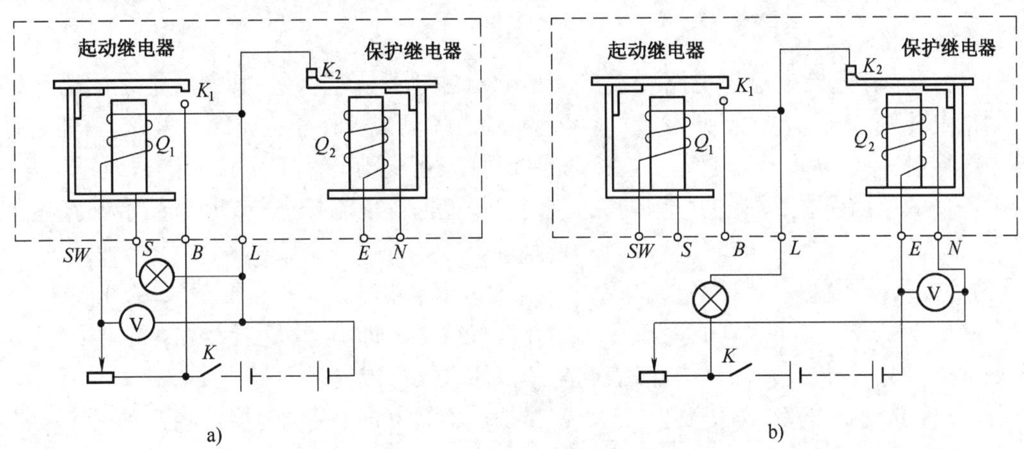

图 10-27 复合继电器性能测试

a)起动继电器性能测试;b)保护继电器性能测试

(三)起动系故障诊断

起动系的故障有电器方面的,也有机械方面的。

1.起动机不转动或转动无力

1)故障分析

不转动或转动无力与电枢电流强度、电机常数、内摩擦阻力的变化及电枢“扫搪”等因素之一有关。

(1)影响电枢电流强度的大小的因素

①接触电阻和导线电阻的影响　起动机开关触盘与触点因烧蚀而接触不良、电刷换向器接触不良、电刷弹簧弹力弱使电刷与换向器接触不良,以及导线连接不紧,多股导线因振动、腐蚀有部分折断而使导电横截面减小,导线过长等,均会引起电动机电路中的电阻值增大,电枢电流会随电路中的电阻增大而减小。

②蓄电池的影响　蓄电池有故障使输入起动机的电流小电能少,起动机输出的功率就会减小。

③温度的影响　当环境温度过低时,蓄电池会因温度过低而使电解液浓度增大,蓄电池内化学反应速度缓慢,影响起动电流,起动机转矩也减小。

(2)电动机磁通量 ϕ 的影响　直流起动机的磁极对数、电枢绕组和磁场绕组的匝数等在已定型号的起动机上均已成为定值。如果电机磁场中的磁极对减少或线圈匝数减少,均会使磁通量减少,起动机转动无力。起动机中的绕组匝数减少的主要原因有:起动机超期使用或使用维护不当,引起电枢线圈绕组和磁场线圈线组绝缘老化,绝缘性能变差,易导致线圈绕组短路;起动机遇有阻力转矩过大时,转速降低甚至为零,蓄电池的电流就会大量流入起动机,并产生很高的热量,破坏电动机各绕组的绝缘性能,造成匝间短路或断路。

(3)起动机摩擦阻力的影响　起动机的电枢轴承在维护时由于铰削衬套不当、装配过紧、使用失效等造成的内摩擦阻力过大时会大量消耗电动机所产生的磁转矩，对外输出的有效转矩就会相应减小甚至为零，轴承卡死时起动机不转动。

(4)起动机“扫搪” 电枢轴衬套磨损或轴弯曲等原因，均会引起电枢转子“扫搪”，阻力增大；“扫搪”时铁心距各磁极的间隙不等，径向大磁阻增大。这都会造成磁通量减小，磁转矩 M 减小。

2)诊断与排除

(1)检查 首先检查电源电路连接情况和电源总开关技术状况，其方法是通过观察和手动。如果发现线卡与蓄电池接柱松动、蓄电池接柱有棱角或极柱氧化腐蚀严重、起动机上的接柱与导线接触不良、蓄电池与起动机连接的导线过细、蓄电池与机架连接的搭铁线过细等，便是接触不良的原因所在，均会使电阻增大，致使起动机电枢电流减小，起动机转动无力，应予以排除。

(2)检查蓄电池电压 将放电叉与蓄电池某格正负极搭接，观察电压表，如果在5s内电压迅速下降低于1.5V，表明蓄电池内部有故障。没有放电叉时，也可用导线在蓄电池的正负极柱上做刮火试验，若出现微弱红火花，表明是蓄电池有故障或充电不足。

(3)检查起动机开关 接通起动机开关起动机不转动时，用金属棒搭接开关两个接线柱(将开关隔出)，若起动机转动正常，表明开关有故障。

(4)检查直流电动机 拆下起动机，并用手扳转驱动齿轮，应能轻易扳动，若扳动时感到费力或电枢转子不转，表明起动机内摩擦阻力过大。如果是刚修复的起动机，可能是轴与轴承套装配过紧、电枢轴弯曲或电机中三个轴承套不同轴等造成；若是使用过久多是电动机“扫搪”。

若用手转动转子手感轻松自如，则故障多在转子、定子绕组或电刷接触不良，应再做下列(5)、(6)检查。

(5)检查电枢绕组 观察电枢外圆柱面有无明显的擦痕、导线脱焊、搭铁或短路等，如有其中之一则应进一步查明原因，其检查方法如前所述。

(6)检查磁场绕组 检查方法如前所述，也可用2V直流电与磁场绕组两端接通，用螺丝刀靠近磁极检查吸力，并进行相互比较，手感吸力小的表明此绕组有匝间短路，应进而查明绕组的短路部位，并进行绝缘处理。

2.起动机控制电路故障

1)起动机控制电路故障原因分析 引起起动机电磁开关故障是多方面的。分析故障时，可按起动机控制电路工作程序和控制电路中各装置职能进行故障分析。

(1)第一层控制电路的影响 第一层控制电路主要控制起动继电器触点的开闭，如果第一层控制电路中的起动开关起动档的触点器接触不良、导线折断或接头处氧化、锈蚀、松脱等，引起电路中的电阻值增大或断路，起动继电器线圈因电流过小或无电流，不能将触点吸合，则起动机电磁开关不工作。

起动继电器线圈断路或烧毁同样也不会产生吸力，起动机电磁开关无法正常工作。

起动继电器的铁心与活动触点臂的空气间隙和触点间隙(正常的空气间隙一般为0.8~1.0mm，触点间隙有一般为0.6~0.8mm)不合适会造成起动机电磁开关工作不正常。如空气间隙过大，继电器触点不易吸合，则起动机电磁开关不工作；触点间隙小于规定值时，触点断开电压高，当起动机开关接通后，蓄电池电压下降较快，加在继电器线圈两端的电压也迅速下降，触点断开，造成起动机刚开始转动，第二层控制电路已被继电器断开，电磁开关及起动机不能正常工作。

(2)第二层控制电路的影响　第二层控制电路导线连接处松动、氧化或锈蚀等,均会使电路中的电阻增大或断路,从而使电磁开关线圈得到的电流变小,甚至为零,电磁开关线圈因此不能吸动引铁,电磁开关不工作。电路短路也会造成同样后果。

电磁开关线圈由吸拉线圈和保持线圈组成,这两个线圈的作用不完全相同,搭铁点不同。吸拉线圈只是与保持线圈共同完成吸拉引铁的任务,而保持线圈除完成吸拉引铁任务外,还需将引铁保持在起动位置。电磁开关线圈中任何一个线圈断路或短路,吸不动引铁,则电磁开关不工作。保持线圈损坏后,只有吸拉线圈来吸动引铁,但它没有保持引铁的能力,引铁被吸动、释放,又吸动、又释放,周而复始地形成振动并发出“嗒、嗒”的撞击声,使起动机电磁开关工作不正常;吸拉线圈损坏,保持线圈的吸力不足以吸动引铁,不能保证电磁开关的正常工作。

(3)第三层控制电路的影响　第三层控制电路中的主电路开关(触盘与触点)如存在触点与触盘接触不良,会使起动机工作不良。

(4)蓄电池的影响　蓄电池充电不足,各线圈会因电压过低通过电流强度很小,吸力减小,难以使控制的触点闭合。即使起动机的第一层和第二层控制电路均能勉强闭合,但因起动机起动时蓄电池电压还会继续下降,电磁开关线圈中因蓄电池电压下降而电流减小,磁场强度减弱,保持线圈产生的吸力小难以保持引铁位置,引铁在复位弹簧的作用下复位,触盘与触点断开;起动机的主电路断开后蓄电池的电压回升,这时吸拉线圈又与保持线圈共同吸动引铁接通起动机的主电路,蓄电池的电压又下降,如此周而复始地吸动、释放,再吸动、再释放引铁,使电磁开关出现“嗒、嗒”的振动声,起动机无法正常运转。

2)控制电路故障诊断

(1)检查电源电路　接通点火开关起动档,若起动机不工作,可通过开灯或鸣喇叭,检查蓄电池充电情况。如果灯光红暗或喇叭音量小或不响,说明蓄电池电压不足、起动机的导线接触不良或导线过细。

(2)检查第一层控制电路　接通起动开关起动档后观察电流表,若电流表指针指示在放电极限位置,表明第一层控制电路有搭铁,应用拆线法检查搭铁故障,并进行绝缘处理。如怀疑第一层控制电路有断路,可用螺丝刀按图 10-28a)搭接起动继电器电源接线柱与起动机开关接线柱,若电磁开关工作正常,表明第一层控制电路有断路。如果搭接后仍不工作,表明是继电器线圈有故障,如果能听到继电器触点有闭合的撞击声,但电磁开关不工作,表明故障在触点。

(3)对第二层控制电路的检查　接通起动开关起动档,若能听到起动继电器触点闭合声响,但电磁开关不动作,可用螺丝刀按图 10-28b)作搭接试验。若起动机转动,表明故障是因继电器触点接触电阻过大所致,否则,将是第二层控制电路断路,即故障在第二层控制电路至起动机电磁开关。

检查起动机的控制电路时,应事先检查起动继电器触点间隙与磁化线圈气隙是否符合规定要求。调整方法见图 10-29 所示,用尖嘴钳别动调整钩,使气隙符合要求,再用尖嘴钳别动固定触点来改变其高低,使触点间隙符合要求。

(4)对第三层控制电路的检查　用一导线搭接起动机开关主接线柱的电源接柱和电磁开关线圈接柱,若起动机不工作,说明电磁开关线圈有故障,可用万用表测量线圈电阻值是否符合规定。若能听到电磁开关内有吸动引铁声响,表明开关的触盘与触点严重接触不良(接触电阻过大)或触盘未吸到位。触盘接触不良,应用砂纸打磨,以保证接触良好;触盘未到位与触点的压紧力过小或未接触时,予以调整触盘行程,使之有效行程增大。

用万用表测量起动继电器线圈和电磁开关线圈电阻来诊断故障时，若电阻值过大，可能是线圈接头接触不良；电阻值为无穷大时，说明电磁线圈断路；电阻值小于规定值时，表明线圈短路，电阻值越小，线圈匝间短路越严重。

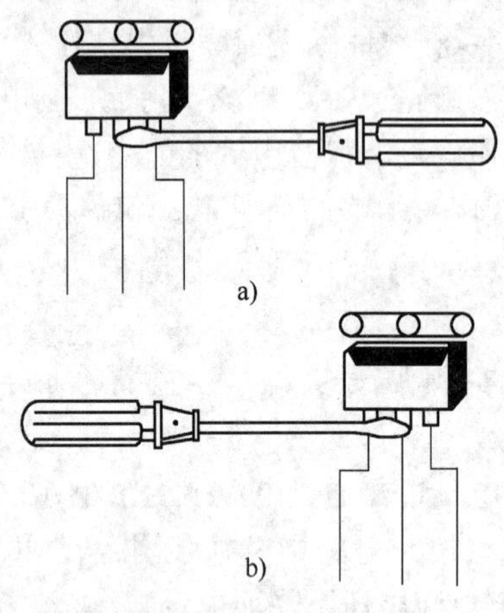

图 10-28　用螺丝刀搭接检查法

a)检查第一层控制电路；b)检查第二层控制电路

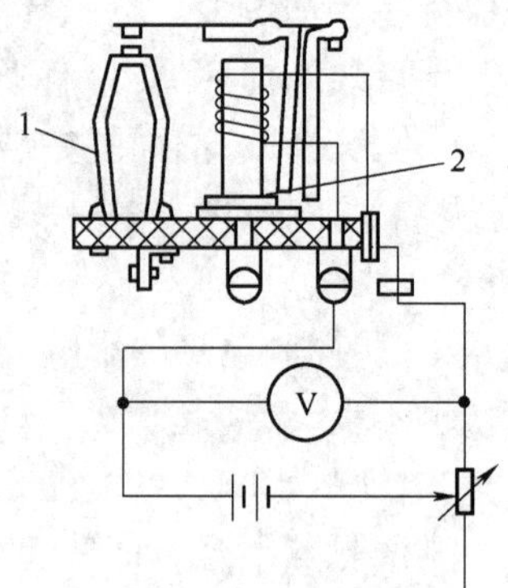

图 10-29　继电器调整示意图

1-固定触点支架；2-调整钩

3.起动系其他故障分析

1)起动机驱动齿轮与飞轮不能啮合且有撞击声　引起此故障的原因有：起动机驱动齿轮或飞轮齿环磨损过甚或损坏；吸盘与触点闭合过早，起动机驱动齿轮尚未与齿圈啮合起动机就已高速旋转。

2)起动机驱动齿轮周期地敲击飞轮，发出“哒哒”声　电磁开关中的保持线圈断路、短路或搭铁不良。

3)起动机空转　单向离合器打滑或电磁开关的吸盘与触点闭合过早。

4)单向离合器不回位　原因：①复合继电器中的起动继电器触点烧结；②电磁开关中触点和触盘烧结；③复位弹簧失效；④蓄电池电量不足，起动机齿轮与飞轮齿圈啮合后不运转；⑤起动机安装不牢，电机轴线倾斜。

5)失去自动保护性能　发动机起动后，操作人员不松开钥匙，起动机不能自动停止运转，充电指示灯也不熄灭；发动机运转过程中，若误将点火开关扭至起动档位，有齿轮撞击声。这两种情况均说明自动保护功能失效。

原因：①充电系发生故障，发电机中性点无电压；②发电机接线柱 N 至复合继电器接线柱 N 的导线断路或连线不良；③复合继电器中保护继电器的触点烧结或磁化线圈断路、短路、搭铁；④复合继电器搭铁不良。

第十一章　典型工程机械电液系统分析与故障诊断

第一节　沥青混凝土摊铺机电液控制系统简介

沥青混凝土摊铺机是沥青路面专用施工机械，它的作用是将拌制好的沥青混凝土材料均匀地摊铺在路面底基层或基层上，构成沥青混凝土基层或沥青混凝土面层。它首先接受由自卸汽车运送来的沥青混合料，再将其横向摊铺在路基或基层上，并加以初步压实、整形，形成一条具有一定宽度、厚度、路面拱度、平整度和密实度的铺层。由于用沥青混凝土摊铺机进行摊铺具有速度快、质量高、劳动强度低、成本低等优点，因而广泛用于公路、城市道路、大型货场、码头和机场等工程中的沥青混凝土摊铺作业，也可用于稳定材料和干硬性水泥混凝土材料的摊铺作业。

沥青混凝土摊铺机规格型号较多，各类型的摊铺机结构亦不完全相同，但主要结构均由发动机、传动系统、前料斗、刮板输送器、螺旋分料器、机架、操纵控制系统、行走系统、熨平装置和自动调平装置等组成。

沥青混凝土摊铺机按电控系统可分为以下几种形式：

(1)采用基本车辆电系的简单型摊铺机。电控系统只包括发动机启动、仪表、报警以及行驶照明信号电路，其他功能通常采用手动操纵方式，在20世纪50～60年代使用较广泛。

(2)除基本车辆电系外，还包括部分其他电控装置的普通型摊铺机。

(3)机电液一体化控制型摊铺机。这类摊铺机主要功能采用机电液一体化联合控制，电控部分体现为带反馈闭环电子自动调节器，例如电子自动调平系统、行驶自动电子恒速控制器。

(4)微机控制型摊铺机。即摊铺机的主要功能由一台车载微机通过多种传感元件和不同的执行元件，实行集中管理和调控，并可使摊铺作业程序化，具有智能化、程序化作业的功能，代表性的装置如GPS、CAN总线及故障诊断功能等。

现代全液压沥青混凝土摊铺机主要包括以下液压回路：

(1)行驶液压回路，包括左行驶液压回路和右行驶液压回路，用来驱动摊铺机的前进/后退和转向。

(2)螺旋分料器及刮板供料器液压回路，将混合料由前料斗送往后方，并将其沿横向布料。

(3)熨平板自动调平液压系统，使摊铺的混合料具有一定的平整度。

(4)熨平板振动液压回路，完成对沥青混合料的熨平和初压实。

(5)熨平板提升液压回路，选择合适的摊铺厚度。

(6)熨平板伸缩液压回路，选择合适的摊铺宽度。

(7)熨平板振捣回路，使摊铺的混合料具有初步压实度和密实度。

(8)料斗液压回路，将料斗打开，接受来自自卸料车的混合料，并在摊铺过程中能够调节料斗中混合料堆积状态，防止在料斗边角产生离析。

下面以ABG422/423摊铺机为例分别对以上各液压回路和电路控制系统进行分析。

第二节　行 驶 系 统

一、行驶液压驱动系统

现代全液压摊铺机的行驶驱动系统框图如图 11-1 所示。

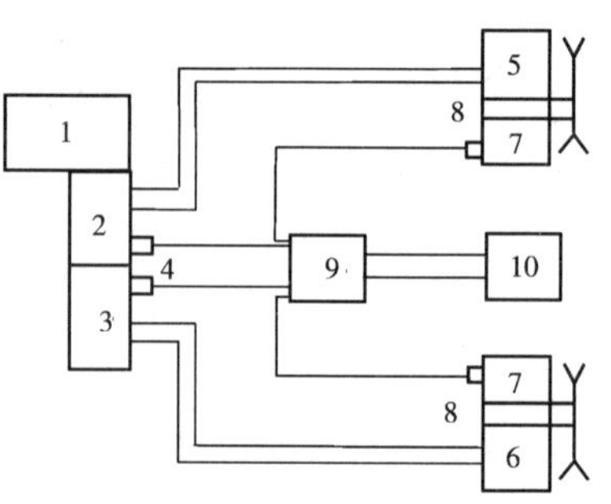

图 11-1　摊铺机行驶驱动系统框图

1-发动机;2-左行驶液压泵;3-右行驶液压泵;4-比例调节装置;5-左行驶马达;6-右行驶马达;7-制动器;8-转速传感器;9-电子控制器;10-操纵台

发动机驱动左、右侧行驶驱动液压泵,分别驱动左、右行驶驱动马达,左、右侧驱动轮都安装有转速传感器,测量作业速度,同时反馈给电子控制器,两个驱动泵上安装有比例调节装置,由电子控制器控制行驶速度的大小、前进、后退、转向等。

摊铺机左、右行驶液压系统相互独立,两个回路既可以联动,实现直线行驶,又可以单独工作,实现转向或在弯道上摊铺作业。每一回路都有一个补油泵,对闭式回路进行补油、散热、提供控制压力油路。

我们以单边行驶回路为例叙述其工作原理(如图 11-2 所示)。

通过电磁阀 $Y_{1.1}$和 $Y_{1.2}$二者之一的通电来实现泵的正转或反转,从而实现摊铺机的前进后退行驶控制。而行驶速度大小的调节则依赖于 $Y_{1.1}/Y_{1.2}$工作电流的大小。工作电流大,则泵的排量大,行驶速度也就高;反之亦然。变量马达采用双位置变量控制系统,由电磁阀 Y_{03}调节其排量,排量大小只有两种状态,即最大和最小。当排量最小时,为高速小扭矩工况;当排量最大时,为低速大扭矩工况,即作业工况。

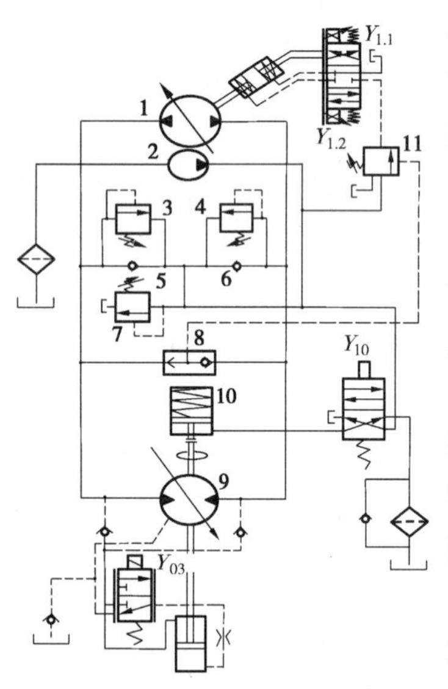

图 11-2　单边液压驱动行驶回路

1-行驶变量泵;2-补油泵;3、4-安全溢流阀;5、6-单向阀;7-补油泵安全溢流阀;8-梭阀;9-行驶马达;10-制动器;11-外控减压阀;$Y_{1.1}$、$Y_{1.2}$-前/后行驶控制电磁阀;Y_{03}-马达电磁阀;Y_{10}-解除制动电磁阀

摊铺机行驶的先决条件为解除制动。只有制动解除(Y_{10}通电),才能建立补油压力和控制压力油。补油泵 2 是该系统的一个重要元件,它具有补油、散热、提供控制油压的三重作用。

当油路中压力过高时,安全溢流阀 3 或 4 打开,防止油路过载保护液压元件。单向阀 5 和 6 用于补油泵向回路补油。补油泵安全溢流阀 7 调定补油泵的最高压力,保证足够的补油量。

当调节左右行驶电磁阀,使其工作电流(或工作电压)的大小不同,使得左右行驶产生差速,从而实现转向。当左右侧前后行驶电磁阀加电,即左右两侧行驶速度相反时,可实现原地转向。

二、行驶电控系统

图 11-3 行驶驱动与制动控制电路图。

手动/自动切换开关 S_{70}及相应继电器控制开关 K_{29}、K_{30} K_{23}。

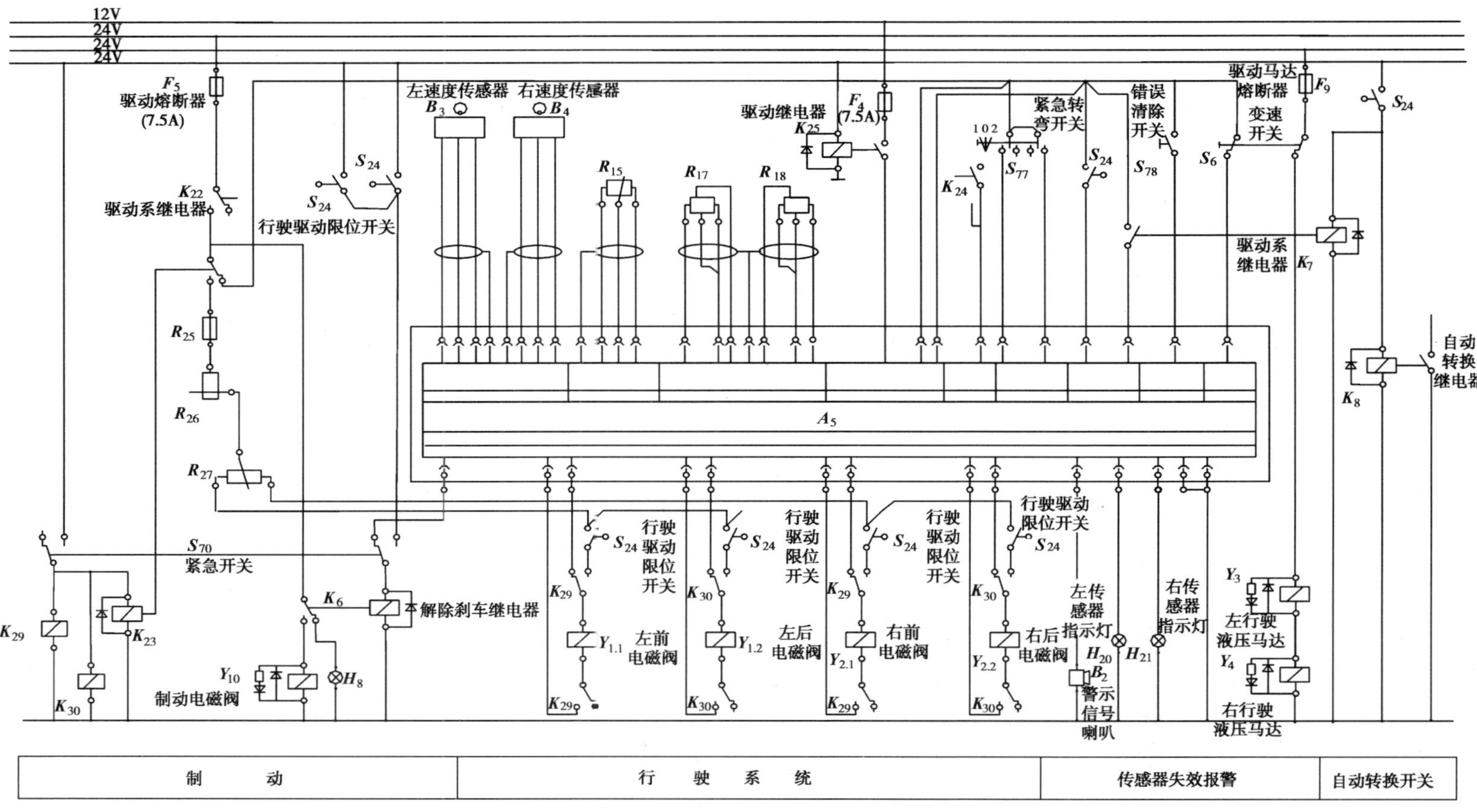

图 11-3 行驶驱动与制动控制电路图

液压马达输出轴制动解除电磁阀 Y_{10}（带续流二极管和发光二极管指示），左右马达制动共用一个 Y_{10}，制动指示灯 H_8，制动解除继电器 K_6（220～640mA）。

行驶控制电子调节器 A_5 的工作电压由继电器 K_{25}，通过熔断器 F_4（7.5A）提供，电源电压为+12VDC。该系统有自动和手动两套速度控制系统，实现车辆的前进、后退、转向及速度大小的调节。

B_3 和 B_4 为摊铺机左、右驱动轮转速传感器，用于测量行驶速度，实现摊铺机在作业工况下速度恒定控制及直线行驶控制。R_{15}为行驶速度大小调节电位器，R_{17}为左转向调节电位器，R_{18}为右转向调节电位器，S_{77}为车辆原地转向控制开关，S_{78}为消除喇叭报警开关，S_6 为高/低速控制开关。用于控制左、右液压马达的电磁阀 Y_3、Y_4（串联电路，每个电磁阀工作电压为+12VDC），通电时车辆为高速行驶，即液压马达在最小排量下工作（高速小扭矩工况），用于车辆非作业工况（如转移场地等）。断电时为低速工况，即液压马达在最大排量下工作，为低速大扭矩工况，用于摊铺作业工况。

Y_{11}、Y_{12}为左侧行驶泵前/后控制比例电磁阀；Y_{21}、Y_{22}为右侧行驶泵前/后控制比例电磁阀。S_{24}为手动操纵切换开关，K_{29}、K_{30}分别为前进/后退手动操纵切换开关。

行驶控制手动操纵通过系统熔断器 F_5（7.5A）提供电源，R_{25}为固定限流电阻，R_{26}为手动速度大小调节电位器，R_{27}为左右转向调节电位器，行驶手动控制电器原理如图 11-4 所示。

行驶控制手动操作系统由 F_5、K_{22}、R_{25}、R_{26}、R_{27}及四个电磁阀 Y_{11}、Y_{12}、Y_{21}、Y_{22}组成。它是在电子控制系统出现故障之后的应急电路，此时行驶系统属于一种开环控制，不能实现恒速控制。熔断器 F_5（7.5A），R_{25}为固定限流电阻，对电磁阀最大工作电流进行限定，R_{26}为手动速度大小调节电位器，R_{27}位左右转向调节电位器。

实际上图中 R_{25}为固定电阻，R_{26}为速度大小调节电阻，R_{25}、R_{26}电阻值大小是由电磁阀允许工作电流和死区补偿工作电压（电流）大小决定的。

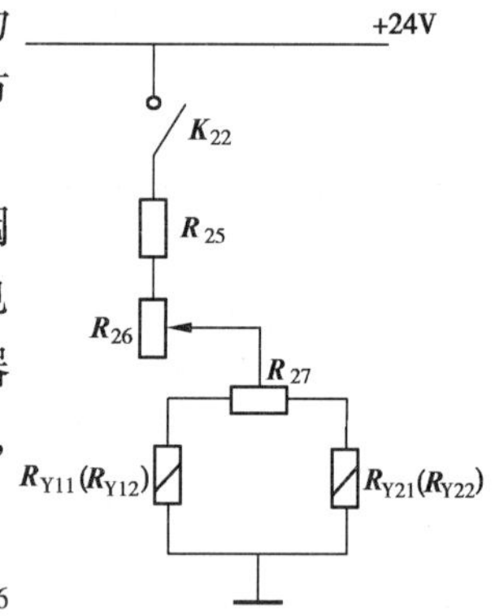

图 11-4 手动行驶控制电路

当 R_{26}调至最小时（$R_{26}=0$），R_{27}调至最左端或最右端时，由电磁阀的最大允许工作电流 I_{max}得关系：

$$V = [R_{25} + R_L /\!/ (R_{27} + R_L)] I_{max} \tag{11-1}$$

式中 V 为电源电压，R_L 为其中任意电磁阀电阻，且 $R_{Y11}=R_{Y12}=R_{Y21}=R_{Y22}=R_L$，死区补偿工作电压 V_{min}或最小工作电流 I_{min}（$I_{min}=V_{min}/R_L$）一般由电磁阀技术参数决定。因此 R_{26}在最大电阻值时，有关系：

$$V = [R_{25} + R_{26} + (1/2R_{27} + R_L) /\!/ (1/2R_{27} + R_L)] I_{min} \tag{11-2}$$

车辆直线行驶最高作业速度（$R_{26}=0$，液压马达电磁阀 Y_3Y_4 在断电状态时），由电磁阀上的额定工作电流 I_e 或额定工作电压 V_e 的关系：

$$V_e = VR_L / [R_{25} + (0.5R_{27} + R_L) /\!/ (0.5R_{27} + R_L)] \tag{11-3}$$

由公式(11-1)、式(11-2)、式(11-3)惟一可求的 R_{25}、R_{26}和 R_{27}的值，但其功率的选取为大于等于两个电磁阀功率之和。

三、行驶系统控制原理

1.摊铺机行驶系统的基本要求与控制

早期的摊铺机控制采用的是手动操作，其传动形式以机械为主，利用手动控制来实现前进、后退等的控制。由于手动操作不能保证速度的精确控制，无论在提高摊铺机的作业质量上，还是在简化操作、降低驾驶员的劳动强度上，都无法得到满足。随着机电液一体化技术的发展，逐渐出现了摊铺机的电子控制，即以控制器代替原来的手动操纵阀，从而利用电子技术和测试技术设计一套系统实现对电磁阀的自动控制，最终实现摊铺机的半自动化、智能化控制。

在摊铺机自动控制技术的发展中，出现了两种类型的系统：模拟式自动控制系统和数字式自动控制系统。模拟式自动控制系统出现于20世纪80年代，此类系统以模拟电路为主，结构简单，成本低廉，但其控制不够精确且系统工作不太稳定，多用于前期的产品及适宜修筑低等级路面的摊铺机中。进入20世纪90年代后，出现了数字电路为主的数字式自动控制系统，此类系统结构较为复杂，成本与前者相比也较高，但操作方便、控制精确且工作稳定可靠，不易受外界环境的影响，因此在大型、高性能摊铺机中得到广泛应用，成为目前的主流方向。

摊铺机行驶控制包括前进/后退逻辑控制，直线行驶（纠偏）控制，转向控制，制动控制，作业工况下的恒速控制，高/低速转换控制（作业工况和行驶工况），舒适性控制，及起步或停机过程中的斜坡控制等。现代数字控制器的一般形式如图11-5所示。

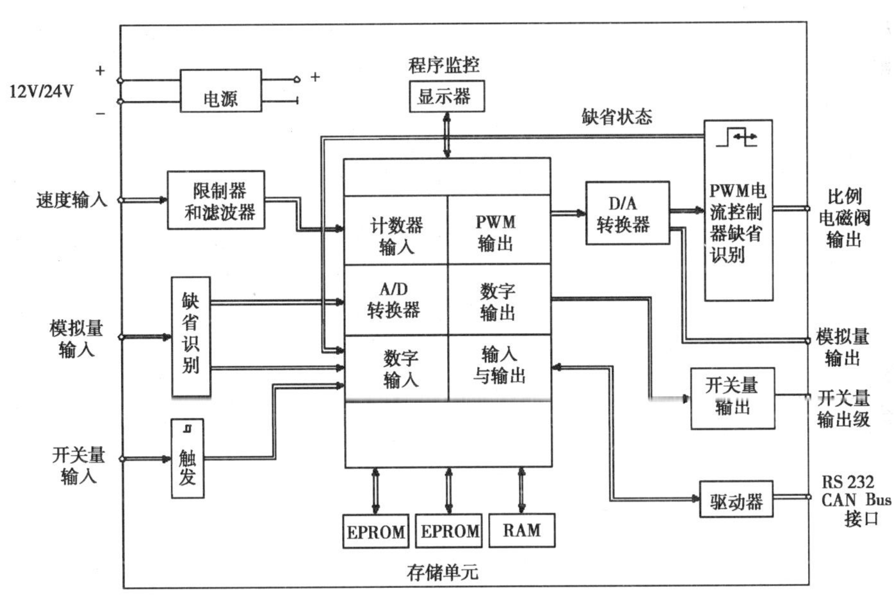

图11-5　行驶控制系统框图

2.比例放大控制器的技术要求与控制原理

电液比例控制系统在功率传递方面利用液压传动的功率大，响应快速的优点，在信号处理方面利用电气信号处理运算方便的优点，对被控液压阀自动的参与各种自动控制过程，无需像常规控制中经常需要人工控制的参与，从而使整个液压系统的控制水平得以大大的提高，使得电液比例系统获得广泛的应用。

(1)放大器的分类

对比例放大器可以从不同的角度进行分类。按适应性可分为通用比例放大器和专用比例放大器。按输出控制通道数量可分为单通道和双通道或多通道，单通道用于控制电磁铁的比例元件，如比例流量阀。双通道用于控制三位四通比例方向阀的控制，多通道用于组合控制。按比例电磁铁的形式可分为力控制型和行程控制型。按功率放大级控制型式分为连续电压控制式和脉宽调制(PWM)式。

(2)放大器基本要求

在车辆行驶控制系统中,除基本的前进、后退、左右转向逻辑判别外,一个重要的组成部分就是比例放大器,它是一个功率驱动元件,其功能是对比例阀进行正确的控制。概括起来,比例放大器的基本要求是:首先,防振动、防水、耐高压,能及时地产生正确有效的控制信号,及时地产生控制信号意味着除了有产生信号的装置外,还必须有正确无误的逻辑控制与信号处理装置。正确有效的控制信号意味着信号的幅值和波形都应满足比例阀的要求,与电－机转换装置相匹配。为了减小比例元件零位死区的影响,放大器应具有幅值可调的初始电流功能;为减小滞环的影响,放大器输出电流应含有一定频率和幅值的颤振电流分量;为减小过渡过程的冲击,对阶跃输入信号能自动产生速率可调的斜坡输入信号。此外控制系统中用于处理的电信号一般为弱电信号,而比例电磁铁的控制功率一般都在15～40W,因此放大器应具有功率驱动电路。

(3)放大器技术要求

根据以上放大器的基本要求,参照常用的比例元件的参数和工作特点,一般车辆上用的放大器技术要求如下:

供电电压	24V±10%(DC未稳压)
最大输出电流	800mA～1.2A
初始电流	0～300mA连续可调
控制通道	双通道(用于振动压路机) 4通道(用于履带式驱动车辆)
斜坡调节时间	0.03～5s
颤振频率及波型	50～200Hz,三角波或矩形波
颤振振幅	±15%的最大工作电流内可调
负载直流电阻	15～24Ω
电流稳定度	当负载阻值增加50%时,在规定电压范围内,工作电流变化不大于1%
电流非线性度	不大于1%
电流滞环	不大于1%
温度漂移	不大于1‰(I_{max}℃)

(4)死区补偿控制

滑阀式比例阀在阀芯运动起点(节流阀)或中位附近(方向阀)带有一定的遮盖量(即死区)。该死区减小零位阀芯泄漏,并在例如电源失效或急停工况提供更大安全性。然而阀芯遮盖的影响意味着必须向阀电磁铁线圈提供一定的最小信号值,然后系统中才出现可感觉到的动作。如图11-6a)所示。

为了降低成本,改善工艺性,比例方向阀的节流边约有(15%～20%)I_{max}的覆盖量,通常正反两个方向均有死区存在,且其大小不同。为了提高控制质量,需要设法消除该死区,常用的方法是利用阶跃信号产生快调电路,使阀芯迅速越过死区,如图11-6b)所示。

(5)斜坡控制与方向识别

斜坡信号用于控制信号的上升变化和下降变化的速度(如摊铺机的起步、停机过程、前后行驶控制中死区的过渡等),使当输入阶跃信号时,能够以可调的速率无冲击的到达给定值的要求,从而获得平稳而迅速的起动、转换或停止,进而提高机器的作业效率。放大器上的可调的斜坡函数发生器实际上是通过电位器调整斜坡信号的角度,而不是斜坡时间,如图 11-7a)所示。现代数字控制技术中,为了实现更精确和舒适性的要求,其斜坡的形式利用软件技术可以按人为设计的曲线形式来控制。

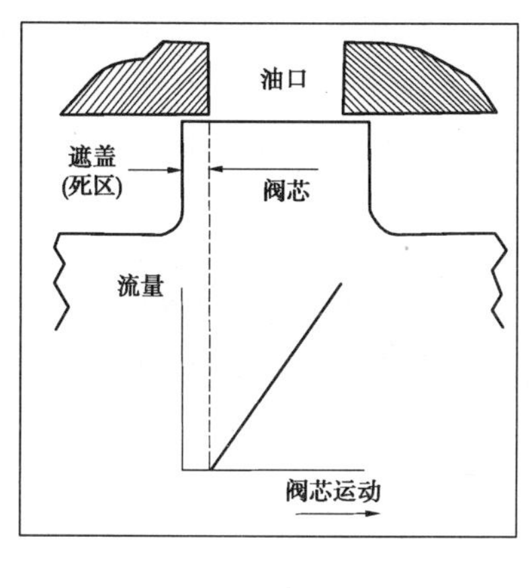

a)

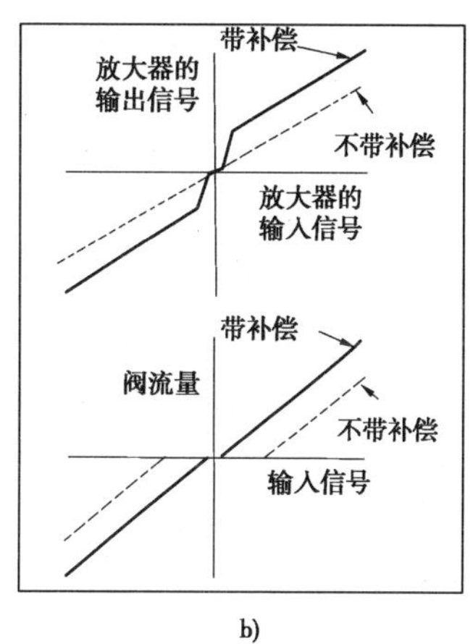

b)

图 11-6　死区补偿

a)死区的形成;b)死区补偿

在比例方向阀放大器中,象限识别(即方向识别)用于两个运动方向的加速和减速控制,如图 11-7b)所示。图中比例阀控制执行器,电磁铁 a 通电使活塞沿"前进"方向移动。加速度可由加速斜坡 A 来控制。为了使活塞运动反向,活塞先以由减速斜坡 D 确定的变化率减速,随着阀芯越过中位和电磁铁 b 通电,活塞在此以加速斜坡 A 确定的变化率沿后退方向加速,因而可以看到,在 X 与 Y 点之间阀芯在阀体中沿同一方向运动,但阀芯运动速度会在它越过中位时改变。这一自动的改变就成为象限识别,即方向识别。

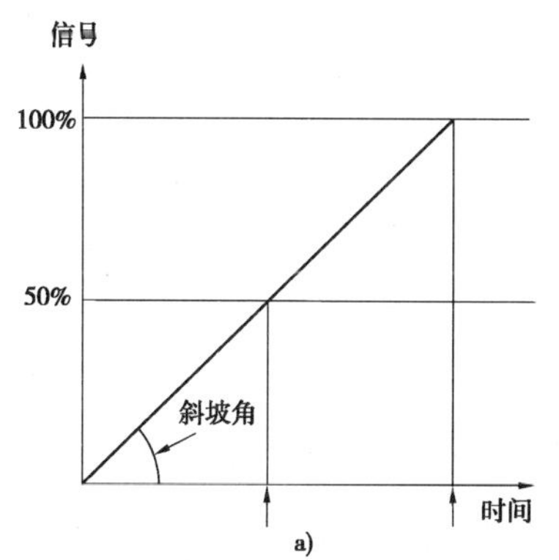

a)

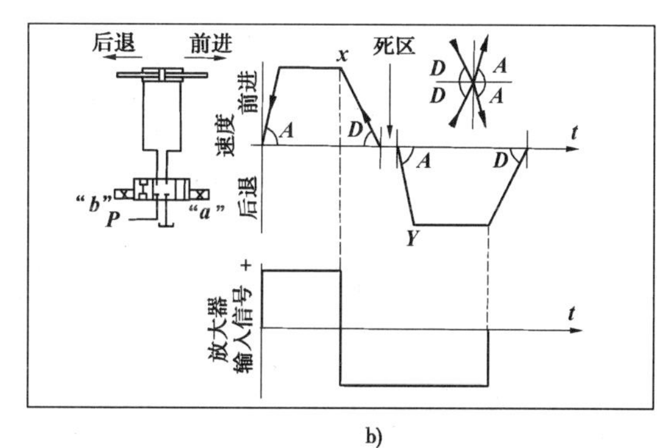

b)

图 11-7　斜坡控制与方向识别

a)斜坡控制;b)方向识别

在某些情况下,放大电路可提供带有四个单独斜坡调整的放大器,即两个运动方向的加速度和减速度可以分别控制。

(6)脉宽比例调节技术

采用脉宽比例(PWM)调节控制技术,阀芯的运动响应 PWM 信号的平均值,使阀芯工作处于微动状态,大大减少了滞环现象,它不仅可以取消颤振信号,而且功率驱动电路的功率管处在饱和工况和截止工况,即功率管基本上用作一个通/断开关,并且以恒定的电压向电磁铁供给一系列的通/断脉冲，这些脉冲有固定的频率（一般取 1kHz），而信号值取决于每个“通”脉冲相对于“断”脉冲的持续时间（信号－空档比）的变化。由于脉冲频率太高，阀不能响应每个脉冲，阀和电磁铁的效果是信号平均。这种技术的优点在于：在每个断脉冲期间，没有电流通过功率管；而在每个通脉冲期间，功率管上有很小的电压降（一般为 0.7～1.4V）。同时，通断也是在一定时间内完成的，因而仍要产生少量热量。不过所需冷却器的尺寸显著小于普通模拟直流输出信号所需要的尺寸。其工作原理如图 11-8 所示。在控制器设计中，一般的电路采用三角波发生器和电压比较器组成实现 PWM 脉冲输出，在 DSP 或高档单片机中，可直接利用芯片中的 PWM 脉冲配以适当驱动电路实现。

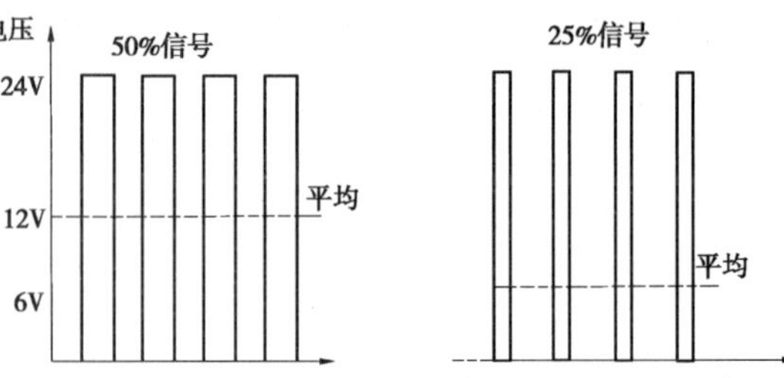

图 11-8　脉冲比例调节原理

第三节　供料系统

供料系统由刮板输料系统、螺旋分料系统和料斗开闭三部分组成。

一、液压系统

1.螺旋分料器液压回路

螺旋分料器液压系统采用了双向变量泵—双向定量马达组成的闭式回路，附有补油泵，左、右分料液压驱动回路完全相同，工作原理和行走液压回路完全相同（如图 11-9 所示），这里不再重复。要说明的一点是变量泵虽然为双向变量泵，但在使用上只使用单向，分料器驱动马达也是单向的。螺旋分料器旋转的速度大小采用电子比例调节，比例放大器的功能要比行驶控制功能少得多，它主要是转速比例控制，且是开环控制。电磁阀工作电流 100～500 mA，也可采用手动设定为最大转速状态。

2.刮板供料器液压回路

刮板供料器液压系统采用的是单向定量泵—单向定量马达组成的开式回路，左、右液压回路相同。其左输送带液压系统如图 11-10 所示。定量泵 1 输出的油经过单向阀 3 进入定量马达 2，流回油箱。分路式溢流阀 4 用来控制并调节马达的压力，它由稳压溢流阀和节流阀组成，节流阀控制液流流向定差减压阀 5（调整压力为 23MPa）和电磁阀 Y_{07}。若电磁阀处于断电位置（下位），P_2 点的压力接近大气压力，溢流阀 4 卸载。若 Y_{07}通电，P_2 建立压力（最高压力为 23MPa），液压马达工作，系统压力超过溢流压力时，溢流阀打开溢流。分路式溢流阀由稳压溢流阀和节流阀两部分组成。刮板输送速度只有一个速度，即给 Y_{07}通电，刮板输送器工作，断电后稳压溢流阀打开溢流，液压马达卸载，刮板输送器停止工作。

3.料斗液压回路

料斗位于摊铺机的前部，是承接自卸车卸料和存放沥青混合料的地方。主要由左右边斗、铰轴、支座和油缸等组成，其液压回路如图 11-11）所示。

由定量泵 1（额定转速为 2185 r/min）出来的油流向三通流量分配阀，一部分油流向自动调平系统，需要稳流；另一部分油不需要稳流作用，流入另一三通流量分配阀，一支流至熨平板提升回路，另一支流向料斗油缸或熨平板延伸回路。当电磁换向阀 5 处于中位，A 点的压力能打

开液控换向阀 *4*，让油流至熨平板延伸回路中。当电磁换向阀 5 处于左位时，即 $Y_{20.1}$通电，油经单向阀流至料斗油缸的左腔，使料斗打开。相反，当电磁换向阀 5 处于右位时，即 $Y_{20.2}$通电，料斗关闭。安全溢流阀 7 限制系统最高压力为 21MPa，当系统压力超过 21MPa 时，安全阀打开，保护液压系统。温度控制开关在温度超过 55.3℃时，启动风扇工作。冷却器使液压系统油冷却，当冷却器堵塞，回路压力超过 0.15MPa 时，冷却器单向阀打开。在系统中，有很小部分油经溢流阀 3 流回油箱。单向溢流阀有一定开启压力，可保证阀 4 始终处于下位，从而保证料斗工作压力。

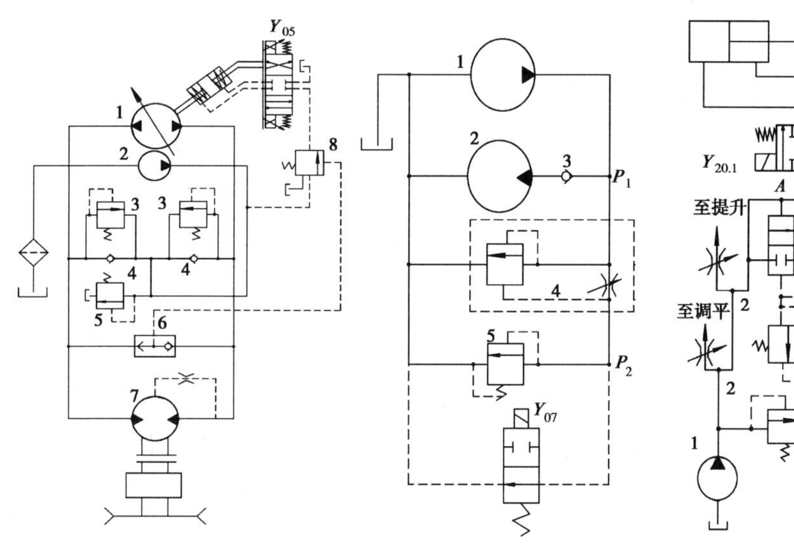

图 11-9　单边分料器液压系统图

1-布料泵；2-补油泵；3-安全溢流阀；4-单向阀；5-安全溢流阀；6-梭阀；7-马达；8-外控减压阀；Y_{05}-比例阀

图 11-10　单边刮板供料器液压系统

1-左输送带泵；2-左输送带马达；3-单向阀；4-分路式溢流阀；5-定差减压阀；Y_{07}-左输送带电磁阀

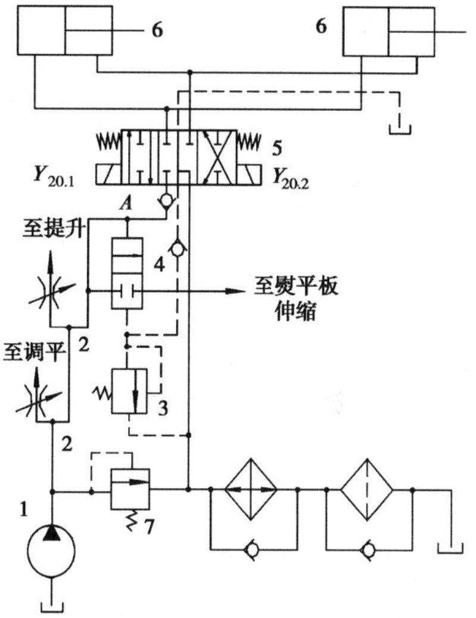

图 11-11　料斗液压系统图

1-定量泵（同调平、熨平板提升与延伸）；2-单支稳流阀；3-溢流阀；4-液控换向阀；5-电磁换向阀；6-料斗油缸；7-安全溢流阀

从系统可以看出，若料斗油缸工作时，则熨平板延伸油缸不再工作，即二者不会同时工作。

二、供料系统控制电路

图 11-12 为供料系统电路图。

供料系统由左/右刮板输送器，左/右螺旋分料器和料斗开闭三个子系统组成。螺旋分料是比例控制，左控制放大器 A_{41}，右控制放大器 A_{42}。刮板输送是开关量控制。

左螺旋分料电路由熔断器 F_{38}(1.25A)，左螺旋开关控制继电器 K_{11}，三位开关 S_{15}，即停供料开关 S_{53}，强制供料开关 S_{45}，左螺旋分料器转速调节电位计 R_{13}，限位开关 S_{43}，左布料控制放大器 A_{41}(100～500mA)，比例电磁阀 $Y_{5.1}$，螺旋分料器手动/自动控制开关 S_{45}，料位传感器 R_{23}(22Ω)，最大转速设定开关 S_{52}及电阻 R_{31}(100Ω)，R_{32}(22Ω)等组成。

左刮板输送器速度不变，电路由熔断器 F_{33}(7.5A，左右刮板输送器共用一个熔断器)，继电器 K_{13}，左输送电磁阀 Y_7，行程开关 S_{41}，三位开关 S_{13}(自动、中位停止、强制输料)等组成。

右供料系统与左供料系统完全相同，这里不再重复。

料斗门开闭电路由熔断器 F_{15}(7.5A)，控制油缸电磁阀 $Y_{20.1}$、$Y_{20.2}$(控制油缸的伸出与收回，即料斗的打开与关闭)及三位开关 S_7 组成。

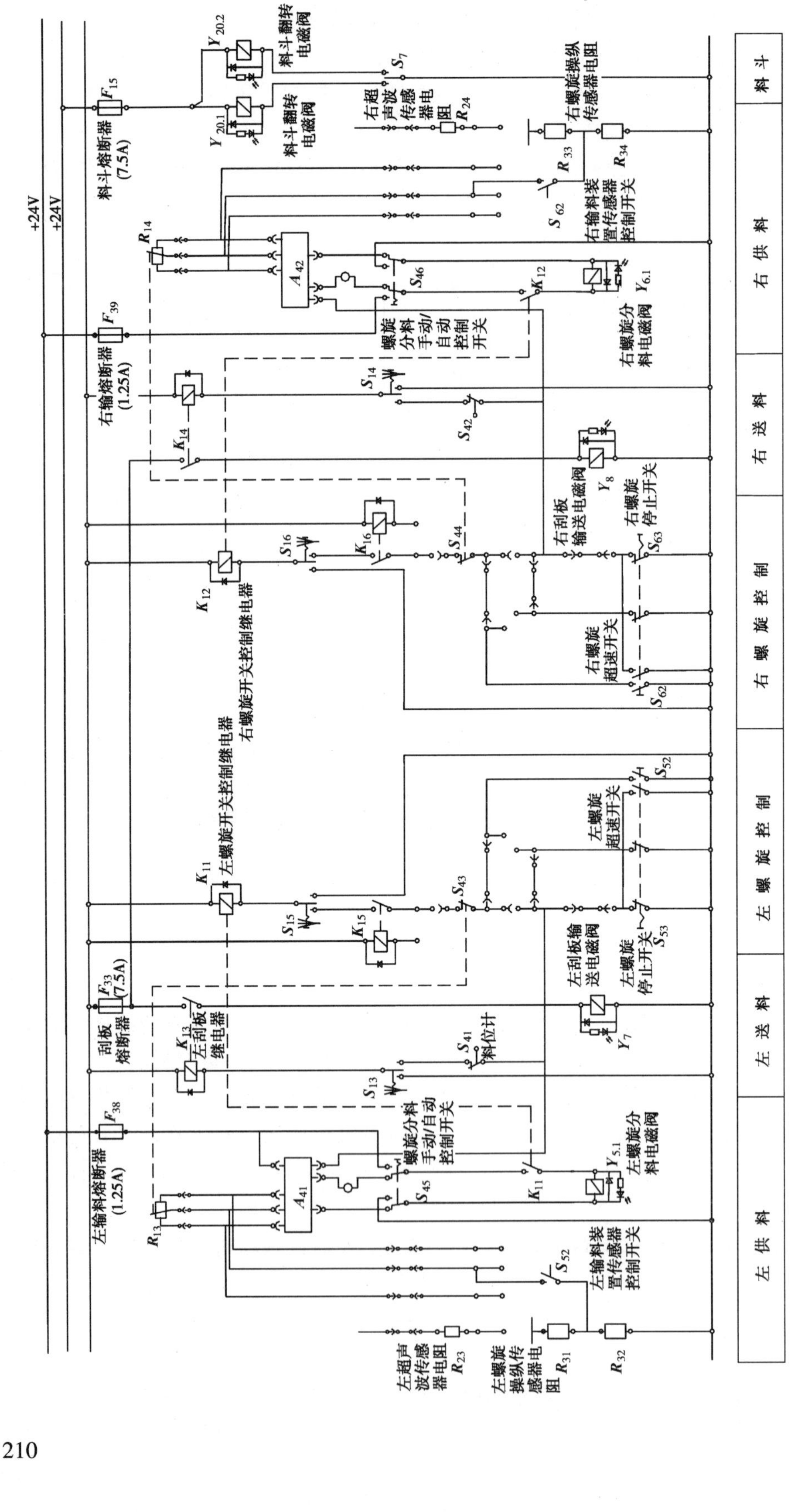

左供料	左送料	左螺旋控制	右螺旋控制	右送料	右供料	料斗

图 11-12　ABG422 供料系统控制电路

第四节 振动、振捣系统

一、振动液压回路

振动装置通常采用液压马达驱动偏心块,依靠高速转动使偏心块产生激振力,完成对沥青混凝土的熨平和压实。振动次数为0~3600r/min。振动马达工作频率一般不变,它是由单向定量泵、单向定量马达组成的开式系统如图11-13所示。只有电磁阀Y_{11}通电时,振动马达工作。断电时,马达停止工作。马达由分路式溢流阀3、定差减压阀4(调整压力18MPa)及开关电磁阀Y_{11}控制,其工作原理同刮板送料回路相同。在回路中装有冷却器和过滤器以及温度传感器。

二、熨平板振捣液压回路

摊铺机的振捣装置由偏心轴驱动,振捣行程量由偏心距产生。完成沥青混凝土的预压实。振捣次数通常与摊铺机的前进速度相匹配。一般要求振捣次数为:摊铺机每前进5mm振捣一次,振捣马达的转数为0~1470r/min。振捣梁的底面应与熨平板底面相齐或略有超出,但超出底板的量不应大于0.5mm,振幅为4~5mm,工作过程中一般不进行调整。ABG422摊铺机采用了高效强夯双振捣梁系统。其液压回路如图11-14所示。

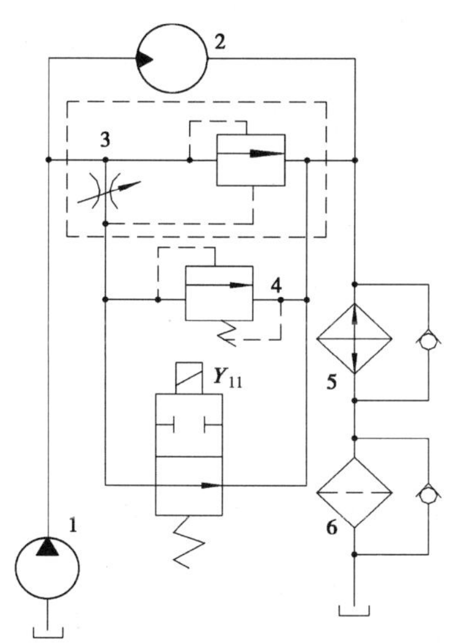

图11-13 熨平板振动液压回路

1-振动泵;2-振动马达;3-分路式溢流阀;4-定差减压阀;5-冷却器;6-过滤器

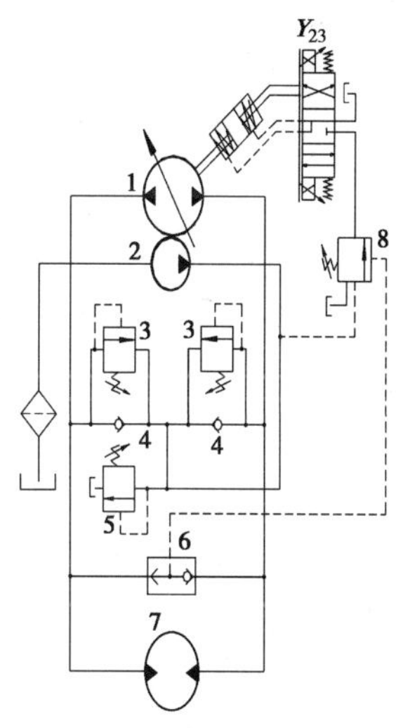

图11-14 振捣液压系统

1-振捣泵;2-补油泵;3-安全溢流阀;4-单向阀;5-补油泵安全溢流阀;6-梭阀;7-振捣马达;8-外控减压阀;Y_{23}-振捣控制电磁阀

该液压系统采用了双向变量泵—双向定量马达闭式系统,实际工作时只控制了单向变量泵—定量马达系统。其工作原理和行驶驱动液压回路相同,不同的是行驶系统马达为变量马达,泵为双向控制。

三、振动、振捣电路

振动振捣(包括熨平板的调平,即防止熨平板上浮、下降控制)电路如图11-15所示。

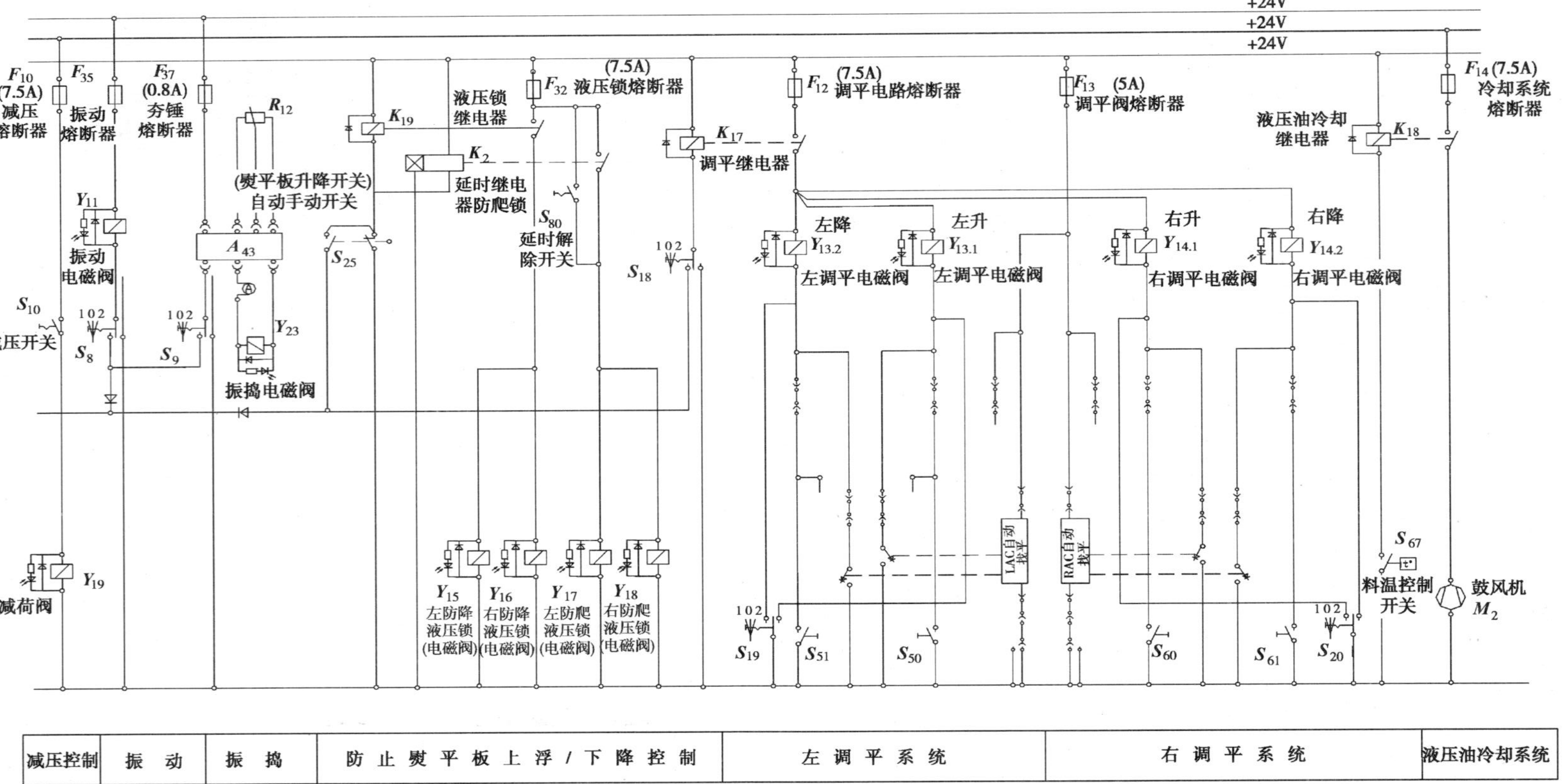

图 11-15　ABG422 振动、振捣调平控制电路

振动电路由振动控制电磁阀 Y_{11}，熔断器 F_{35}(7.5A)，开关 S_8(振动自动、手动、停止三位开关)组成，控制振动电磁阀工作电压(+24VDC)为开关量，即振动频率不可调。

振捣电路由熔断器 F_{37}(0.8A)、开关 S_9(振捣自动、手动、停止三位开关)、振捣比例电磁阀 Y_{23}(控制泵的排量大小)、振捣比例控制放大器 A_{43}及振捣频率振幅调节电位计 R_{12}组成。

第五节　熨平板提升系统

一、熨平板提升液压回路

现代摊铺机熨平板提升液压回路上一般设有液压防浮锁、液压反爬锁和液压平衡锁(简称"三锁")，进一步提高了沥青混凝土面层的摊铺质量，改善了沥青混凝土摊铺机的工作性能。

在摊铺过程中，若沥青混合料拌和站的产量小于沥青摊铺机的摊铺能力，将导致摊铺机出现停机待料现象(为了避免这种现象，应尽量使沥青混合料的拌和能力与摊铺机生产率均衡，一般应使拌和能力大于摊铺机生产率5%左右)。由于摊铺机熨平板的夯实和振动通常条件下不可能使沥青料的密实度达到最终所需要的压实密度，加之沥青混合料在热态有一定的流动性，因此，摊铺机停机时，如果熨平板的提升油缸仍为工作时的状态，熨平板由于自重将会有一定程度的下降，在重新起步工作后，熨平板的下方将会出现一个台阶，这将对沥青面层的摊铺质量带来一定程度的影响，有时，这种影响通过碾压也不会消除。液压防浮锁的工作原理就是熨平板提升油缸的油路上设置一套装置，当摊铺机前进时，能自动将熨平板提升油缸锁死，使停机过程中熨平板高度固定在停机前瞬间的位置，防止熨平板沉降和由此而形成的台阶现象。

若摊铺机等料时间很长，致使熨平板前后挡料板之间堆积的沥青料温度下降很大，尤其在气温较低的季节作业时更为明显。混合料温度下降，其流动性降低，对熨平板的支反力增加，从而使摊铺机重新起步后，熨平板将"上爬"，即使自动找平装置的调节非常有效，但由于要有一个延时和渐进的过程，不可避免地在熨平板后方留下一道横向的"鱼脊"，它对沥青面层带来的影响较之由于熨平板下沉而出现台阶更大。液压防爬锁的工作原理就是对熨平板提升油缸的油路设置另一套控制装置，当摊铺机由静止重新起步后，立即将熨平板提升油缸锁死，使熨平板在数秒钟内高度固定在起步时的位置，以便将熨平板前后挡板间堆积的那部分"冷料"铺完而不致使熨平板出现"上爬"的现象，从而消除或减轻"鱼脊"的形成。

在不计坡道工作时重力分力和风力等关系不大的各种力的情况下，熨平板主要受力为摊铺机行走装置通过熨平板大臂作用于熨平板的牵引力 P，熨平板前后挡板之间堆积的沥青混合料对熨平板前进的阻力 N，熨平板底板与其下方材料在前进时的滑动摩擦力 F。显然，只有当摊铺机行走系统通过熨平板大臂施加于熨平板的牵引力 P 足以克服 N 与 F 力之和时，摊铺机才能正常工作。如果因外界因素附着状况恶化，P 将下降，此时将出现打滑现象，液压平衡锁的作用就是当行走系统附着状况恶化时，通过熨平板提升油缸施加熨平板一个向上的提升力 W，这力将抵消熨平板的自重。进而有效地减少了滑动摩擦力 F，使机器前进时对 P 的要求降低，改善了摊铺机的工作性能。

除此之外，摊铺机还具有快速提升、快速卸载装置，以提高摊铺质量。

ABG422 熨平板提升液压回路如图 11-16 所示。其工作过程如下：

定量泵 1 既作为调平回路的动力源，又作为提升回路、延伸回路、料斗回路的液压源。从泵1来的压力油经过第一个三通流量分配阀2分成两路：一路经稳流作用(流量为4L/min)流入自动调平回路，另一路流入另一三通流量分配阀后，又分成两路。一路经稳流作用，经单向阀3(压力为0.1MPa)流入提升油缸，另一路的油：当手动控制阀8处于中位时，流向单向阀3较少时，将油路中液动换向阀5向右移动，液压油流向其他回路。当流向单向阀3流量大或手动换向阀处于右位时，则升降油缸有杆腔进油，在电磁阀 Y_{17}、Y_{18}配合作用下熨平板上升，流经单向阀的流量起加速提升作用。溢流阀6应具有一定的压力，以保证换向阀5处于右位。

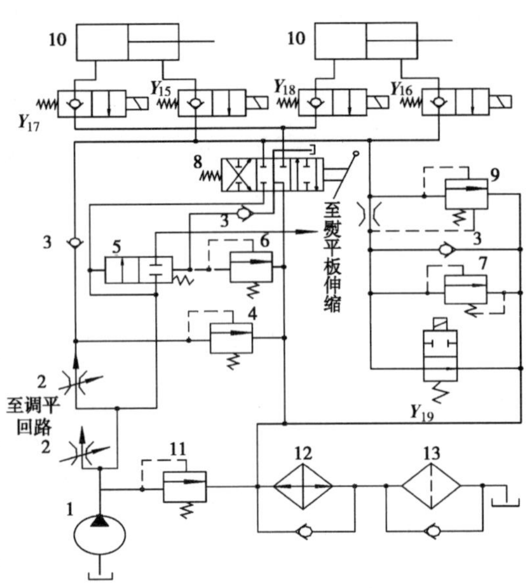

图11-16　熨平板提升液压系统

1-定量泵；2-三通流量分配阀；3-单向阀；4、6、7、9、11-溢流阀；5-液控换向阀；8-手动换向阀；10-熨平板提升油缸；12-冷却器；13-过滤器；Y_{15}-左侧熨平板锁紧(防下降)；Y_{16}-右侧熨平板锁紧(防下降)；Y_{17}-左侧熨平板防爬锁紧；Y_{18}-右侧熨平板防爬锁紧；Y_{19}-卸荷电磁换向阀

当 Y_{17}、Y_{18}均处于左位时，熨平板提升油缸上腔的油被单向阀封闭，若此时外力使熨平板上升的力增大，由于熨平板与摊铺主机相当于刚性连接，熨平板的自重及主机的部分重量与此上升的外力相平衡，使熨平板在数秒内失去“浮动”“爬行”的特性，其高度固定在起步时的位置。同样道理，当 Y_{15}、Y_{16}均处于左位时，具有防下降的功能。熨平板需提升或下降时，Y_{15}、Y_{16}、Y_{17}、Y_{18}均处于右位，在换向阀8的作用下，构成液压控制回路。

卸荷电磁阀 Y_{19}与分路式溢流阀9和定差减压阀7构成液压卸荷回路，Y_{19}在图示状态时，分路式溢流阀9快速溢流，能保证使回路快速卸荷。在 Y_{19}上位工作时，溢流阀9建立系统压力，起安全阀作用。溢流阀11调定系统最高压力为21MPa。

二、熨平板提升控制电路

熨平板提升控制电路如图11-15中所示。

熨平板上浮/下降止动控制由防止下降(左/右)电磁阀 Y_{15}、Y_{16}，防止上浮(爬行)电磁阀 Y_{17}、Y_{18}，继电器 K_{19}，延时继电器 K_2(延迟10s)，熔断器 F_{32}(7.5A)，延迟解除开关 S_{80}和熨平板提升手动/自动控制开关 S_{25}等组成。防上浮或下降功能均是在电磁阀通电状态下实现的。

第六节　熨平板延伸

一、熨平板延伸液压回路

在摊铺过程中，液压伸缩式熨平装置可在一定宽度范围内无级改变摊铺宽度，以适应越过障碍物或变路幅的工况要求。当熨平板延伸时，其振捣梁，螺旋摊铺器均需要加长，以满足匹配关系。ABG422摊铺机的摊铺宽度可达12m，即熨平板可以延伸到12m。由于伸缩式熨平板是沿导管而伸缩的，为了防止它发生扭转或变动，专门安装了一种锁止装置。熨平板延伸的液压回路图如图 11-17 所示。

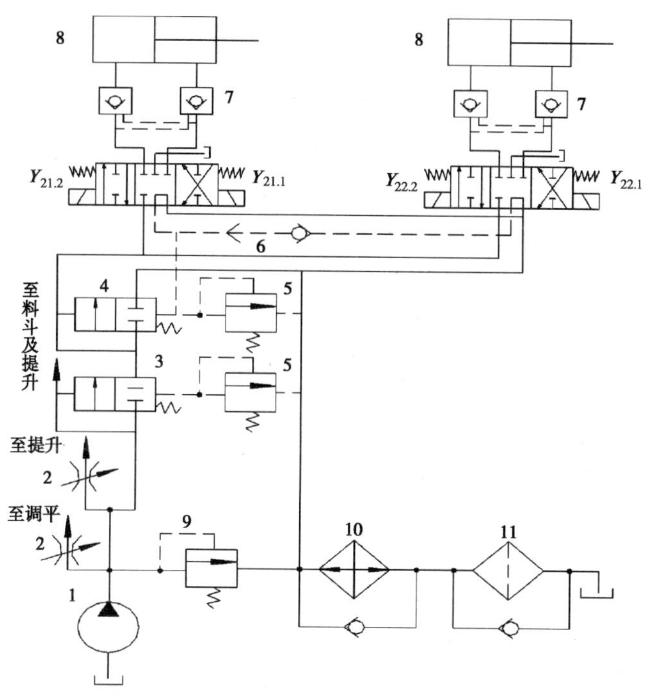

图 11-17　熨平板延伸液压回路

1-定量泵；2-流量分配阀；3、4-液控换向阀；5-溢流阀；6-梭阀；7-液压锁；8-伸缩油缸；9-安全溢流阀；10-冷却器；11-过滤器；$Y_{21.1}$-左电磁阀(缩)；$Y_{21.2}$-左电磁阀(伸)；$Y_{22.1}$-右电磁阀(缩)；$Y_{22.2}$-右电磁阀(伸)

从定量泵 1 泵出的压力油经两个三通分流阀，最后分成两路，一路流向熨平板提升液压回路，一路流向液控换向阀 3，若料斗及提升液压回路处于关闭或半关闭状态，则液控换向阀在压力作用下向右移动，使液压油流入液控换向阀 4。此时若电磁换向阀左右均处于中位时，则液控换向阀 4 在压力的作用下，向右运动，液压油流回油箱。当电磁阀开关 $Y_{21.1}$或 $Y_{22.1}$接通或同时接通时，即两个换向阀均处于右位，液压油打开液压锁流入延伸油缸的右腔，使熨平板收缩。若 $Y_{21.2}$或 $Y_{22.2}$接通或同时接通，熨平板延伸。液压锁 7 用来锁定延伸油缸，以保证熨平板在工作时，宽度保持不变。流回电磁阀的液压油大部分直接流回油箱，小部分经单向阀，流入溢流阀 5，再流回油箱。溢流阀 5 应具有一定开启压力，以保证液控换向阀 3、4 处于右位，保证油路中的工作压力，当料斗及提升处于全开工作时，则熨平板延伸油缸不能工作，系统最高压力为 21MPa，由安全溢流阀 9 决定。

二、熨平板延伸控制电路

熨平板延伸控制电路如图 11-18 所示。

熨平板自动延伸控制电路由总熔断器 F_{23}(7.5A)，左收电磁阀 $Y_{21.1}$，左伸电磁阀 $Y_{21.2}$，右收电磁阀 $Y_{22.1}$，右伸电磁阀 $Y_{22.2}$，左右伸缩闪光报警器 K_3，闪光灯 H_{25}、H_{26}，左侧伸/收及闪光开关 S_{11}，右侧伸/收及闪光开关 S_{12}，左侧伸手动联动开关 S_{55}，右侧伸手动联动开关 S_{65}，左侧收手动联动开关 S_{56}，右侧收手动联动开关 S_{66}等组成。其中 S_{11}和 S_{12}位于驾驶台上左右伸缩控制开关，S_{81}和 S_{82}为驾驶台下地面操纵的左右侧伸缩控制开关，S_{55}，S_{56}和 S_{65}，S_{66}为地面操纵的手动点动左右侧伸缩开关。无论在何种情况下只要操作熨平板伸/收，闪光控制器及指示灯均参与工作。

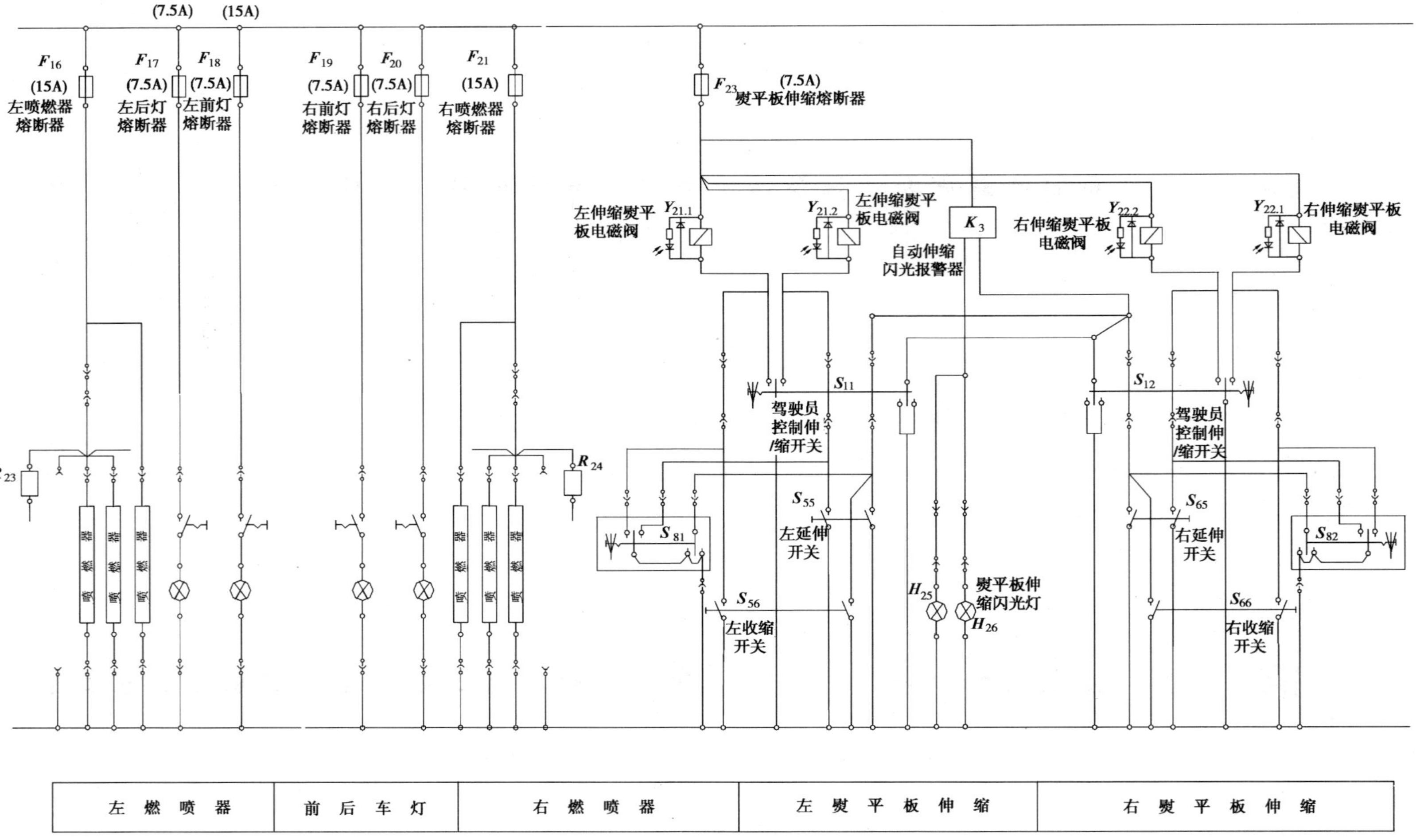

图 11-18 ABG422熨平板延伸控制电路

第七节　熨平板自动调平回路

一、熨平板自动调平液压回路

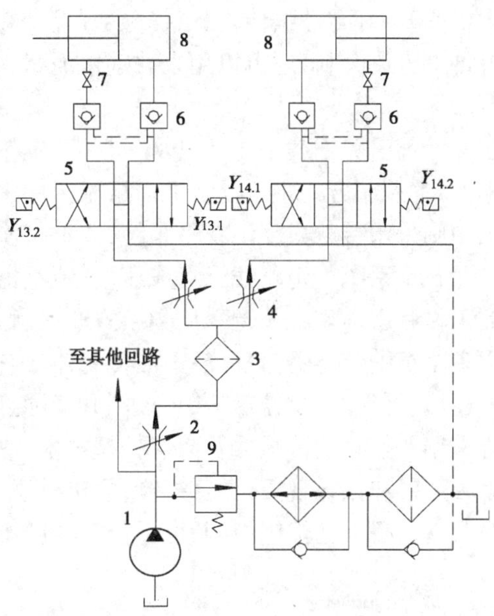

图 11-19　熨平板自动调平回路

1-定量泵;2-单支分流阀;3-过滤器;4-分流阀;5-电磁换向阀;6-液控单向阀(调平液压锁);7-球型阀;8-调平油缸;9-安全溢流阀

为了提高路面的平整度,摊铺机上一般都装有自动调平装置。它的功能远超过机械本身的找平能力,可使路面更加平整,纵横坡更精确地符合规定要求。熨平板自动调平装置主要由调平泵、电磁阀、调平油缸、溢流阀等液压元件和路面纵坡传感器、横坡传感器、纵坡电子调平器、横坡电子调平器等电子元件组成。自动调平装置的功用就是使熨平板不受外界条件变化的干扰,始终保持平行于纵、横基准而运动,自动调平装置,以电子元件作为检测装置,以液压元件作为执行机构,调整牵引点的升降。液压系统工作原理如图 11-19 所示。

定量泵 1 来的油经单支分流阀 2 分成两路,一路进入不需要稳流工作系统即至熨平板提升和料斗回路中,另一路经过稳流后,进入过滤器 3,过滤后的油流入分流阀 4,将其一分为二,保持两调平油缸调节和工作同步。当电磁换向阀处于中位时,液压锁的两个单向阀双向锁住,保证摊铺平整度。当受电磁信号的作用,$Y_{13.1}$与 $Y_{14.1}$通电时,则调平油缸臂提升,自动调平之后又回到中位。电磁换向阀 $Y_{13.2}$与 $Y_{14.2}$通电时,调平油缸臂伸出。球型阀 7 关闭后可以起到阻止熨平板下沉的作用。

熨平板自动调平系统和熨平板提升系统都可以使熨平板进行升降运动,但自动调平系统使熨平板运动的范围远远要比提升系统小得多。

二、调平控制电路

调平具体控制电路如图 11-15 中所示。

电子自动调平控制系统分左调平系统和右调平系统。左调平电路由 $Y_{13.1}$(左熨平板提升电磁阀)、$Y_{13.2}$(左熨平板下降电磁阀)、左调平控制器 LAC、操纵台手控开关 S_{19}(自动、手动、停止三位开关),手动操作开关 S_{51}、S_{50}组成;右调平电路由右熨平板提升电磁阀 $Y_{14.1}$,右熨平板下降电磁阀 $Y_{14.2}$,右调平电路 RAC、操作开关 S_{20}(自动、手动、停止三位开关),手动操作开关 S_{60}、S_{61}组成。两个电子调平控制器共用一个熔断器 F_{13}(5A),$Y_{13.1}$、$Y_{13.2}$、$Y_{14.1}$、$Y_{14.2}$功一个熔断器 F_{12}(7.5A),由继电器 K_{17}控制其电源开关。

左右两边电路是完全对称的,当开关 S_{18}处于自动/手动位置时,K_{17}得电,此时可利用 S_{19}、S_{20}或 S_{50}、S_{51}、S_{60}、S_{61}可在不同的位置进行点动操作,操作使左右油缸电磁阀通电,从而使熨平板上升或下降,达到调平的目的。在 S_{19}、S_{20}、S_{50}、S_{60}、S_{61}电路断电后,自调平起作用,通过调平控制器电子开关进行自动控制。

液压油冷却系统电路由继电器 K_{18}、温度控制开关 S_{67}(温度达 60℃时开关闭合),熔断器 F_{14}(7.5A)和风扇电机 M_2 组成。

现代超级大型沥青混凝土摊铺机上普遍配有 GPS 定位系统、CAN-Bus 总线等,具有良好的人机交互界面、数据传输、工作参数监测、综合故障诊断和程序化作业等功能。不仅用于摊铺各种沥青混合料,还可以用来摊铺水泥材料(CTB)、各种级别集料、沙、碎石、碾压混凝土(RCC)等。

摊铺机路面找平方式已从早期的"走钢丝"发展到如今的"走雪橇"(浮动式平衡梁)。"走钢丝"的控制方式主要是在下面层施工中采用控制标高以达到设计的要求,在中层和上面层施工中则采用接触式浮动找平系统,要求每次摊铺长度大于 16m。这种找平系统设备重量较大,易在找平系统行走路线上形成压痕,控制器是模拟电路,反应速度较慢,不宜及时调整摊铺机的工作状态。现在普遍采用数字式非接触式找平系统。其基本原理是在路面以上一定距离使用多个声纳传感器(也称超声波传感器),它以地面为基准并精确地测出距离平均值(对异常数据还可以消除),反馈后调节、控制升降油缸,从而达到更好的摊铺效果。由于非接触式找平系统采用非接触式传感器及数字处理技术,它与接触式找平系统相比具有以下特点:无接触,路面无压痕和沾轮现象;数字控制,无机械系统误差;结构紧凑,可折叠;用于匝道、边坡、互通立交及钢板桥面的摊铺控制;可适装于各种型号的摊铺机、平地机和铣刨机等。

三、电液调平控制原理

非接触式找平系统目前的生产厂家有美国的 Topcon 公司和德国的 MOBA 公司。Topcon 公司从 1995 年收购了美国著名的施工机械找平控制产品制造公司 AGTEK 后,将其声波找平控制产品与 Topcon 的激光产品进行了优化组合,在美国加利福尼亚州硅谷组建了美国 Topcon 激光系统公司专业从事施工机械的找平控制产品制造。其中 System Five TM 是 2001 年推出的新型找平控制系统。MOBA 公司是一个全球性专业从事工程机械领域内控制产品的生产制造商,其中 Super-matic 是一种新型的非接触式平整度控制系统。

无论是数字式找平系统还是模拟式找平系统,其基本的控制过程是相同的。下面以电液找平为例介绍其工作原理。

电液调平系统是一个机电一体化的闭环控制系统,它将摊铺机的倾斜角度通过传感器变为相应的电信号,再去控制液压电磁阀的开闭,液压电磁阀通过液压系统调节摊铺机的倾斜角度,使摊铺机恢复到预先设定的角度,并自动保持在这个角度上工作。

1.调平系统的组成

图 11-20 所示为调平系统的基本组成,其工作过程为:

由设定器输出一固定电压 U_1(手动设定角度),其电压值相应代表一定的倾斜角度。假定车体此时不是在这个角度工作,那么传感器 2 的输出电压 U_2 值与 U_1 就有电压差,即 $U_2 - U_1 = \Delta U$,我们称 ΔU 为误差电压。误差信号放大器 3 放大这个误差电压 ΔU,并判定调节极性(即应该调节那边的电磁阀工作),再将放大后的信号送给电压比较器 4。电压比较器将这个放大的连续误差电压 ΔU,变成断续正脉冲电压

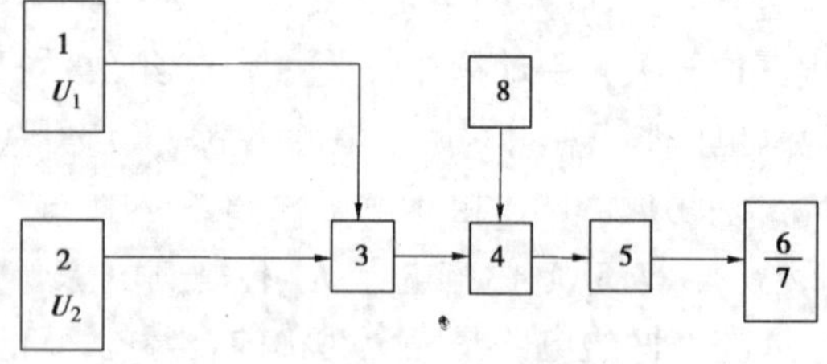

图 11-20 调平系统组成

1-手动设定器;2-传感器;3-误差信号大器;4-电压比较器;5-驱动电路;6、7-液压电磁阀;8-锯齿波发生器

信号，其脉冲的个数及宽度与误差电压 ΔU 成正比，然后将这些脉冲电压送到驱动电路 5，推动相应的液压电磁阀 6、7 工作。

当液压电磁阀连续通断几次后，液压系统使摊铺机的倾斜角与设定值渐渐接近，此时传感器输出电压值 U_2 也渐渐接近设定器电压值 U_1。最后，当 $U_2 = U_1$ 时，即误差信号放大器两端误差电压为零，电路处于平衡状态，调节工作停止。当车体再次偏离设定角度时，调节器又重复上述工作过程，从而达到自动保持设定角度的目的。

道路施工的特定环境，决定了调平控制器工作在高温、高湿及振动的条件下，而控制系统精度及稳定性又有较高的要求。我们希望控制系统总是在稳定的工作状态下具有较高的控制质量，即调节时间短、超调量小、摆动次数少；为了保持系统精度，还要求系统有很高的放大系数，然而提高放大系数，又会造成系统的不稳定，或者调节过程中产生振荡，或者因温度变化而产生自身不稳定现象。因此，控制系统的精度与稳定性之间是一对矛盾，所以，实际电路中采用了许多方法保证控制系统的技术要求。

2. 调平控制器工作原理

调平控制器由误差放大器、电压放大器、锯齿波发生器、驱动电路等组成。现分别对各电路进行介绍。

1）误差放大器工作原理

误差放大器的作用是对传感器送来的电压与设定角度电压的差值加以放大，并判定极性（即应该调节哪边电磁阀工作）。

误差放大器由 IC_1 和 IC_2 及其周边元件组成，由图 11-21 可知，传感器送来的电压 U_2 分别加到 IC_1“＋”端及 IC_2“－”端；设定角度电压 U_1 分别加到 IC_1“－”及 IC_2“＋”端。现在我们假设：设定角度电压不变，$U_2 = U_1$，$U_2 < U_1$，$U_2 > U_1$ 三种情况下电路的输出情况如下：

$U_2 = U_1$时，IC_1、IC_2各“＋”“－”输入端电压相等，其输出 $U_3 = U_4 = 0$。

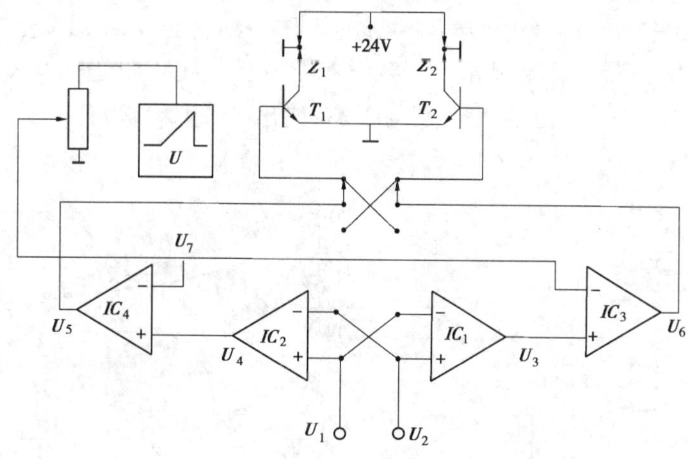

图 11-21　调平控制器原理

$U_2 < U_1$ 时，IC_1“＋”输入端电压低于“－”端，IC_2“＋”输入端电压高于“－”端，所以 IC_1 不输出电压，$U_3 = 0$，IC_2 输出电压，$U_4 > 0$，其电压大小与 $U_2 - U_1 = \Delta U$ 成正比。

$U_2 > U_1$ 时，IC_1“＋”输入端电压高于“－”端，IC_2“＋”输入端电压低于“－”端，所以 $U_4 = 0$，$U_3 > 0$，其电压大小与 $U_2 - U_1 = \Delta U$ 成正比。

从以上分析可知，无论 U_2 电压怎样变化，IC_1、IC_2 总是一个有输出，一个没有输出，这样起到了极性判别作用，即 U_2变小时，IC_2 输出电压；U_2 变大时，IC_1 输出电压。

2)电压比较器工作原理

电压比较器由 IC_3 和 IC_4 构成，如图 11-21 所示。其作用是将误差放大器送来的误差电压，转换成相应的方脉冲，来驱动电路控制电磁阀的开闭。也就是说，误差电压越大，电压比较器输出的脉冲数量越多，脉冲宽度越宽，表现在电磁阀上是：传感器倾斜越大，电磁阀开通的次数就越多，每次开通时间就长。

IC_3 和 IC_4 的"+"端分别接误差放大器输出端，"-"端接在一起加入正锯齿波电压 U_7，下面分析假定 $U_4 = U_3 = 0$; $U_4 > 0, U_3 = 0$; $U_3 > 0, U_4 = 0$ 三种情况下的电压比较器输出，见图 14-21 所示。

$U_4 = U_3 = 0$ 时，因"+"端电压为零，无论 $U_7 > 0$ 或 $U_7 = 0$，电压比较器均输出为零。

$U_4 > 0, U_3 = 0$ 时，IC_4"+"端电压高于"-"端的锯齿电压 U_7，由于运算放大器 IC_4 工作在开环状态，其增益很大，IC_4进入饱和状态，输出电压接近电源电压，随着锯齿波电压 U_7 不断升高，使 IC_4"+"、"-"两端电压差值不断减小，当 $U_4 = U_7$、$U_7 > U_4$ 时，IC_4 输出又跳回零电位，如图 11-22 所示电压波形，可见电压比较器在输入端加有锯齿波电压及误差电压时，输出为正脉冲电压。

$U_3 > 0, U_4 = 0$ 时，IC_3 工作情况与 IC_4 一样。

3)比例调节原理

比例调节是整个控制器调节的基础，也是一个关键技术。控制器比例调节过程如图 11-23 所示。因电压比较器 IC_4、IC_3 工作原理相同，故以电压比较器 IC_4 加以说明。

我们假设以下几个条件：

(1)因传感器偏离设定某一角度时，经误差放大器输出电压 $U_4 = 3V$；

(2)锯齿波电压 U_7 起始电压为 1V，最高电压是 5 V；

(3)将图 11-23 中 $t_0 \sim t_6$ 分为 6 段：$t_0 \sim t_1, t_1 \sim t_2, t_2 \sim t_3, t_3 \sim t_4, t_4 \sim t_5, t_5 \sim t_6$。

$t_0 \sim t_1$ 时，因传感器没有偏离角度，传感器电压 U_2 与设定电压 U_1 没有差值，即 $U_2 - U_1 = 0$，此时 $U_4 = 0, U_5 = 1V$，由于 IC_4"+"端为零，输出 U_5 也为零电位。

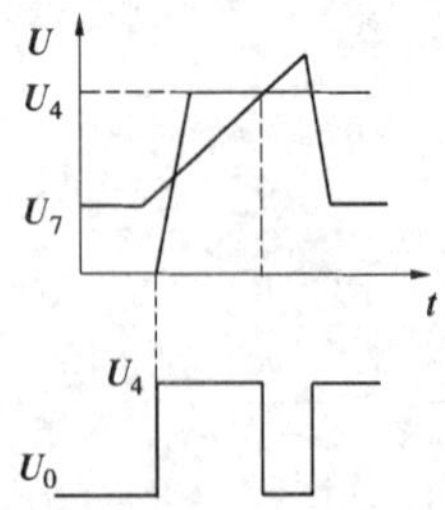

图 11-22　电压比较器工作原理

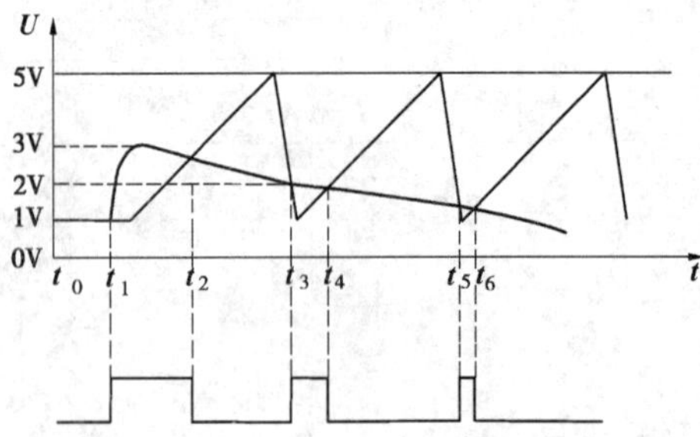

图 11-23　比例调节过程示意图

$t_1 \sim t_2$ 时，传感器偏离设定角度，$U_4 = 3V$，而这时 U_7 还为 1V，IC_4 输出 U_5 为高电位，随着 U_7 不断升高，并接近 3V 时，输出 U_5 又跳回零电位，形成了第一个调节脉冲。

$t_2 \sim t_3$ 时，IC_4"+"端电压低于"-"端，输出 U_5 为零电位。

$t_3 \sim t_4$ 时，因第一个脉冲已使电磁阀开通调节了机器角度，使传感器偏离角度减小，但还有偏离，假定为 2°。因此，U_4 也相应减小，假定为 2V，在 t_3 处锯齿波又回程，$U_7 = 1V$，IC_4 又输出高电位。随着 U_7 升高,并接近 2V 时,即 t_4 处时,IC_4 输出 U_5跳回零电位,又形成第二个调节脉冲,电磁阀再次开通以调节机器角度,使传感器偏离设定角度进一步减小。总之,只要传感器还偏离设定角度,IC_4 就有脉冲输出,不断调节电磁阀开与闭动作,直至传感器渐渐回到设定角度为止,即 $U_2 = U_1$, $U_4 = 0$,调节停止,整个调节系统进入平衡状态。如果传感器又偏离设定角度,电路又重复上述调节过程,在实际电路中,锯齿波频率反映了调节的次数。

通过以上分析可以发现,调节脉冲个数和宽度与设定角度成正比,即偏离角度越大,调节脉冲个数越多,宽度也越大。同时也可看出,每次调节过程中,脉冲宽度一个比一个窄,脉冲间距越来越大,这个特点反映在电磁阀表现为:每次调节开始时,电磁阀开通时间长,随着传感器渐渐接近设定角度时,电磁阀开通时间越来越短,并且一次比一次间隔长。这样的调节方法可以保证快速平稳,又保证调节精度,并防止了过调而产生振荡现象。这就是现代摊铺机上采用的脉冲比例调节技术。

4)灵敏度调节原理

在控制器面板上有一个灵敏度调节钮,在电路上它是一个电位器。通过电位器调节锯齿波电压大小,即可达到调节灵敏度的目的。

如图 11-24 所示假定锯齿波电压 U_7 起始电压为 2V ,此时传感器偏离某一设定角度,经误差放大器输出电压 $U_4 = 1.5$V,电压比较器 IC_4"+"端电压低于"-"端,输出为零,即不输出调节脉冲。可以看出,虽然传感器偏离设定角度,但调节电路不工作,这就是说,电路调节灵敏度很低。

以相同条件,只改变锯齿波电压,使其加在 IC_4"-"端电压降低,同样传感器偏离设定角度值不变,误差电压为 1.5V,但因此时锯齿波电压最低为 1V,IC_4"+"端电压高于"-"端,有正脉冲输出,起调节作用。从以上分析可以看出,锯齿波电压越高,调节灵敏度越低,锯齿波电压越低,灵敏度越高。

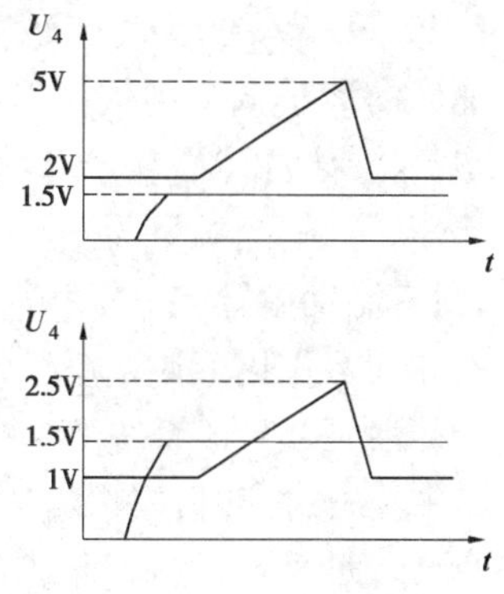

图 11-24　灵敏度调节原理

以上介绍的是模拟式电液自动找平控制器的工作原理。现在数字式电液比例自动找平控制器大多数主控制器采用单片机或 DSP,尤其以采用 DSP 为多,其优点是 DSP 直接带有 A/D, D/A 转换器,PWM 脉冲输出,模拟量输入/输出 RS232(CAN Bus)接口等。驱动电路部分数字式和模拟式几乎完全相同,但控制部分和驱动电路部分要采用光电隔离,这样整个控制器就更为稳定、精确。

第八节　液压与电路系统典型故障分析

一、行驶系统典型故障分析

1.故障现象

一台摊铺机在摊铺作业时向左跑偏,驾驶员要不断打右转向才能维持基本作业,在空行驶时仍发生此现象,工作人员和驾驶员粗略估计认为是液压系统故障,现分析如下。

2.行驶液压系统分析

图 11-25 为该摊铺机单边行驶液压系统原理图,它由变量泵一双速马达组成二套独立的闭式系统。液压系统由变量泵 1、补油泵 2、补油溢流阀 3、单向阀 4、安全阀 5、梭阀 6、制动油缸

7、双速马达 8、外控液压阀 9、变量调节机构 10,以及行驶泵比例电磁阀 $Y_{1.1}$、$Y_{1.2}$,制动电磁开关阀 Y_{10},双速马达控制电磁阀 Y_{03}等组成。

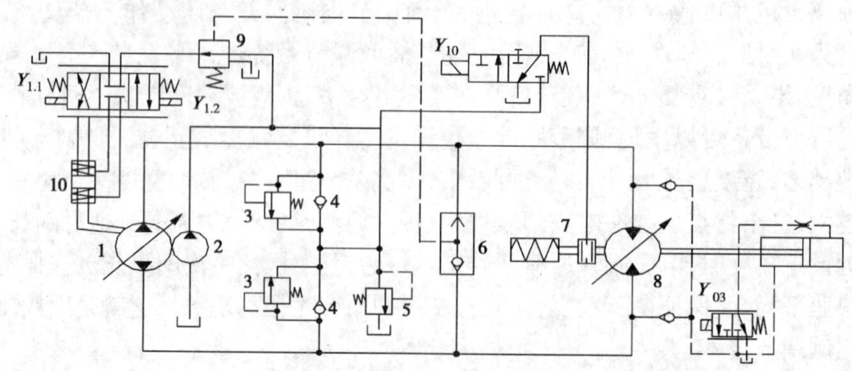

图 11-25　某摊铺机单边行驶液压系统

左右两路完全相同,既可以联动,实现直线行驶,又可单独工作,实现转向或弯道摊铺作业。$Y_{1.1}$和 $Y_{1.2}$二者之一通电实现泵的正转或反转,从而实现摊铺机的前进和后退行驶,而行驶速度的大小调节则依赖于 $Y_{1.1}$和 $Y_{1.2}$工作电流的大小,工作电流大,则泵的排量大,行驶速度也高,反之亦然。变量马达采用双位置变量控制形式。当排量为最大时,为摊铺作业(低速大扭矩)工况;当排量为最小时,为行驶(高速小扭矩)工况。摊铺机行驶的先决条件为解除制动,只有制动解除(Y_{10}通电),才能建立补油压力和控制压力。制动电磁阀 Y_{10}在不通电时,制动器在弹簧作用下使液压马达输出轴制动,同时补油系统回路通过 Y_{10}卸载。

补油泵 2 是该系统的一个重要元件,它具有补油、散热,提供控制油压力的三重作用。当油路中压力过高时,安全溢流阀 3(左或右)打开,防止油路过载,保护液压元件,单向阀 4 用于补油泵向回油补油,补油泵安全流液阀 5 调定补油泵的最高压力,保证系统正常工作,一般≤3MPa。

当调节左右电磁阀工作电流大小不同时,左右行驶产生差速,从而实现转向,当左右侧一前一后行驶电磁阀加电,即左右两侧行驶速度相反时,可实现原地转向。

3.行驶控制电路分析

图 11-26 为行驶自动控制(除手动控制电路外)电路原理图。K_{22}为驱动行驶开关,K_6 继电器通过控制器 A_5 得电,控制其开关使得 Y_{10}得电,制动解除(左右马达共用一个 Y_{10}),K_6 断电制动指示灯 H_8 亮。行驶控制电子调节器 A_5 的工作电压由继电器 K_{25},通过熔断器 F_5(7.5A)提供,电源电压为 + 12VDC。该系统有自动和手动两套速度控制系统,实现车辆的前进、后退、转向及速度大小调节(本文未给出启动控制电路)。B_3、B_4 为摊铺机左右驱动轮转速传感器,用于测量行驶速度实现摊铺机在作业工况下恒速控制和直线行驶控制,R_{15}为行驶速度大小调节电位器,R_{17}为左转向电位器,R_{18}为右转向调节电位器,S_{77}为原地转向开关,S_{78}为消除喇叭报警开关,S_6 为行驶作业高低速转换开关,用于控制左右液压马达的电磁阀 Y_3、Y_4(串联电路,每个电磁阀工作 + 12VDC),通电时为高速行驶,用于非作业工况,断电时为作业工况,马达在最大排量状态。$Y_{1.1}$、$Y_{1.2}$为左侧行驶泵前/后比例电磁阀,$Y_{2.1}$、$Y_{2.2}$为右侧行驶泵前/后比例电磁阀。

4.故障排除

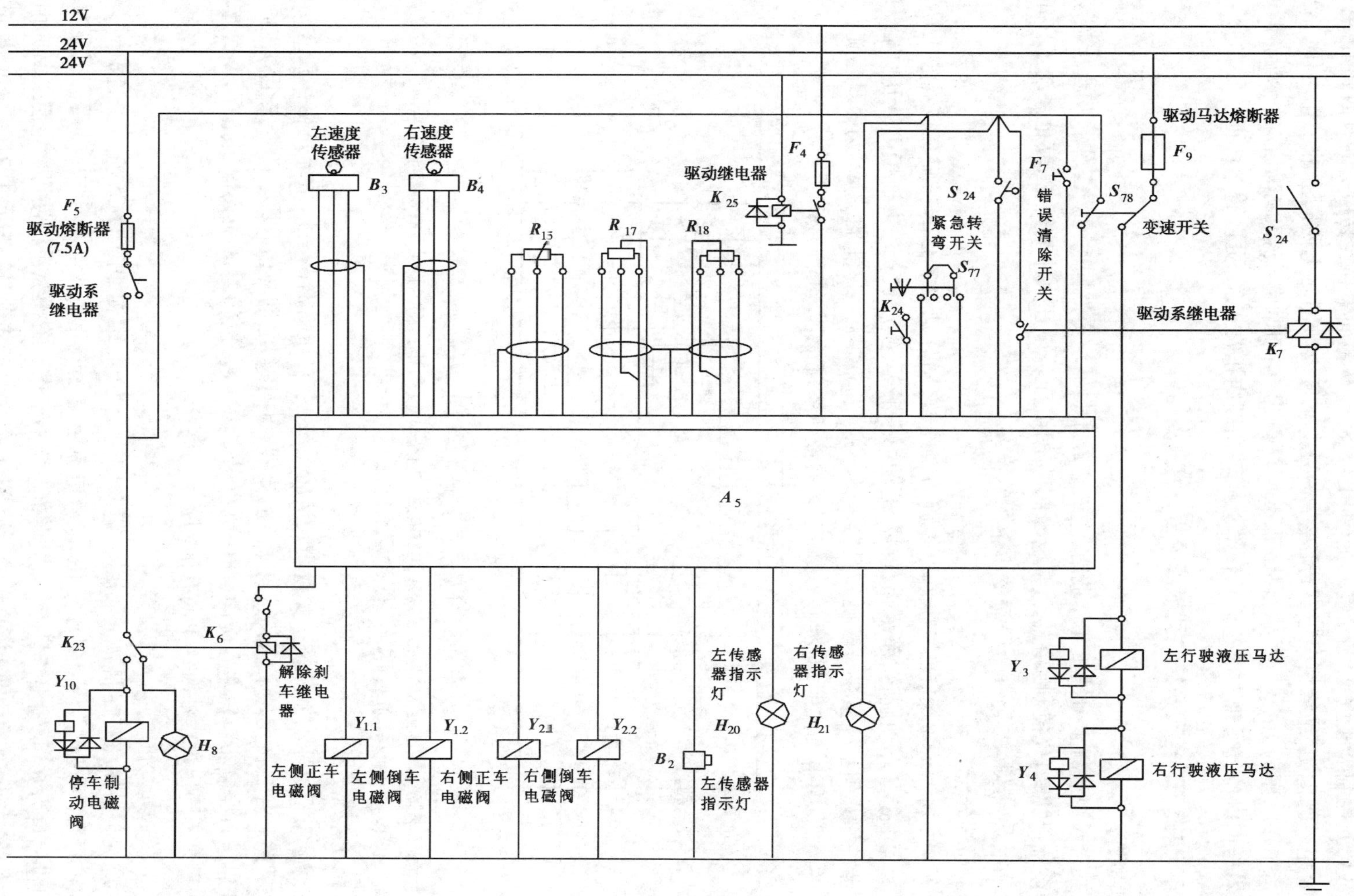

图 11-26　行驶控制电路原理图

通过以上分析,行驶液压与控制系统的工作原理、控制过程、逻辑关系已非常清楚,跑偏可能出现的原因有:左边液压系统(泵或安全阀压力偏低),控制器——控制器输出端(如电磁阀本身故障)、控制器故障、控制器输入端(如电位器)。从最简单和容易检查的方面开始,用万用表检查电磁阀电阻、绝缘情况正常,检查左右两边在直线摊铺时电磁阀上的工作电压,结果发现右边工作电压为10V,左边为5.6V,那么问题就出在控制器本身和控制器输入端。断开检查左右转向电位器发现左电位器只在部分旋转角度内正常工作,更换后一切正常。

二、螺旋布料电液系统典型故障分析

1.故障现象

某台水泥混凝土摊铺机在作业时,左右螺旋布料器均突然同时停止工作。初步检查,机械传动系统正常,电气控制系统变量泵电磁阀的电阻、工作电压大小均正常,其他系统工作正常,初步确定系统故障为螺旋布料器液压系统故障。

2.系统分析

螺旋布料器分左螺旋布料器和右螺旋布料器,它们分别由各自的螺旋布料器液压马达通过减速器由链条驱动旋转,而螺旋布料器的动力来源是:发动机→动力连接盘→分动箱→螺旋布料器柱塞式斜盘变量泵→螺旋布料器马达→螺旋布料器。变量泵排量大小(即螺旋布料器转速的高低)由电流比例阀控制。螺旋布料器液压系统原理如图 11-27 所示。

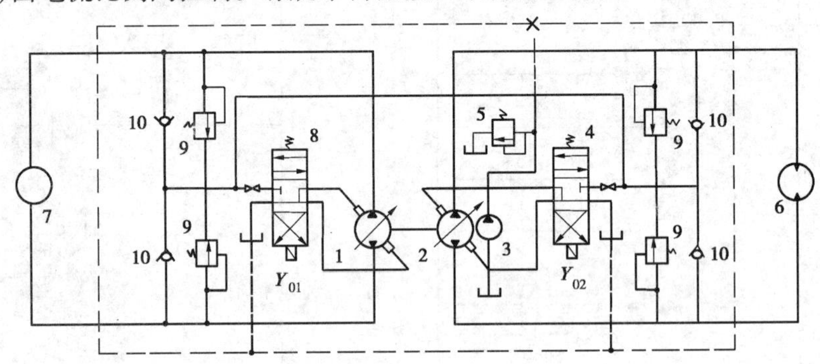

图 11-27 螺旋布料器液压系统原理图

1-左螺旋布料器;2-右螺旋布料器;3-补油泵;4-右电磁比例阀(Y_{01});5-补油泵溢流阀;6-右螺旋布料器马达;7-左螺旋布料器马达;8-左电磁比例阀(Y_{02});9-安全溢流阀;10-单向阀

液压系统分析

螺旋布料器驱动系统是一变量闭式液压系统,左右布料器一马达系统是相互独立的两套液压回路。各自由变量泵、电磁阀、安全溢流阀、单向阀、定量马达组成。两个安全溢流阀的最大开启压力控制布料器左右旋向(向中央集料或向两边分料)时的最大输出扭矩,两个单向阀为变量泵不同出口供油时的单向补油阀。

电路系统分析

螺旋布料器左右控制器完全相同,以其中一个为例,结构如图 11-28 所示。当手柄 1 处于中立位置时,可变电阻器 2 处于中位,没有电流至电磁阀 Y_{01},阀芯处于中立位置,螺旋布料器泵斜盘偏角为 0°,泵输出流量为零,螺旋布料器不工作。若操纵手柄使可变电阻器 2 向前或向后移动,产生正(或负)电流并输送给电磁阀 Y_{01},使阀芯移动,控制压力油使泵的斜盘角度偏转(向左或向右),从而使泵 A 口(或 B 口)输出流量,驱动液压马达顺时针(或逆时针)旋转。

控制手柄偏离中位越远，则斜盘的偏转角度越大，泵的输出流量也越大。

螺旋布料器比例电磁阀控制原理如图 11-29 所示。控制器实际上是一电桥电路，滑臂(即控制手柄)的移动，可看成电桥内某两个桥臂电阻的变化，这种变化使输出电压大小和极性产生改变。

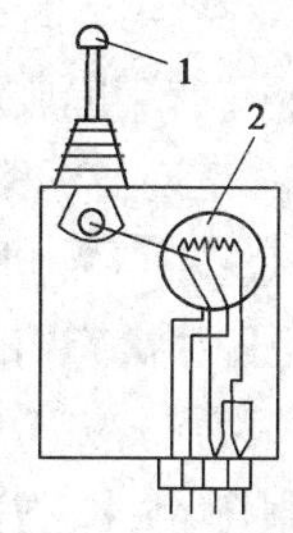

图 11-28　比例电磁阀控制器

1-控制器手柄；2-可变电阻器

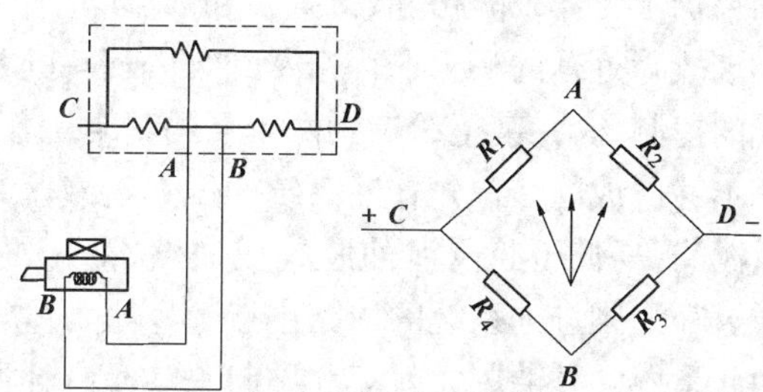

图 11-29　控制器原理图

当 A 点处于 CD 中点时，$R_1 = R_2 = R_3 = R_4 = R$，输出电压

$$V_{AB} = V_{CD}(R_1R_4 - R_2R_3)/[(R_1 + R_2)(R_3 + R_4)] = 0$$

(1)当滑臂从 A 点向 D 点移动时，$R_1 = R + \Delta R$，$R_2 = R - \Delta R$，$V_{AB} = V_{CD} \cdot \Delta R/2R$，最大输出电压 $V_{ABmax} = V_{CD}/2$。

(2)当滑臂从 A 点向 C 点移动时，$R_1 = R - \Delta R$，$R_2 = R + \Delta R$，$V_{AB} = -V_{CD} \cdot \Delta R/2R$，最大输出电压 $V_{ABmax} = -V_{CD}/2$。

由控制器给电磁阀(Y_{01}或 Y_{02})供电的极性，决定变量泵斜盘的偏转方向，以控制布料器的旋向；电磁阀上工作电压的大小决定变量泵斜盘的偏转量，以控制布料器布料的速度。但这两套液压系统又不是完全独立的，和其他沥青混凝土摊铺机上的螺旋布料器液压系统相比，它只有一个补油泵，在这里补油泵有三个作用：①在布料器工作状态下同时通过 4 个单向阀中的 2 个向两个闭式系统补油，补油压力一般比壳体泄漏压力高 0.9MPa；②同时向两个闭式系统的 2 个电磁比例阀提供控制压力油，其压力大小与补油压力大小相同；③通过补油，使系统达到散热的目的。

由以上分析可知，动臂阻值的变化具有调节电压大小和改变电源极性的作用。电压值大小得调节改变布料器的转速；电源极性的改变使布料器正转或反转。这种控制器结构简单，系统工作电流一般在 100mA 以下，死区工作电流在 10mA 以下。

3.故障排除

由液压系统原理分析可以得到左右布料器均不工作的可能原因如下：①两个泵同时有故障；②4 个溢流阀或 4 个单向阀同时有故障；③补油系统有故障；④马达有故障。前两种同时产生故障的几率较小，而后两种故障产生的几率较大，而且互相有联系，检查起来也比较容易。因此初确认优先检查补油系统压力，经检测只有 0.27MPa 左右。而一般正常的工作压力为 1.7MPa以上，最高压力为 2.7MPa 左右。引起补油系统压力偏低的原因有：补油泵进油道不畅；补油泵溢流阀压力偏低；补油泵本身故障；溢压马达严重泄漏。补油泵进油口检查最为方便，经检查正常(有些补油泵油箱上安装有真空度表，一般应低于 0.34MPa 以下就认为正常。这取决于油位和滤清器通流能力，温度低时为 0.85MPa，高温时 0.15 ~ 0.2MPa)。补油泵溢流阀和补油泵故障检查起来比较麻烦，在这种情况下，应优先检查液压马达，而 2 个液压马达同时损坏的可能性很小。在工地上检查最为方便的是将其中一布料器马达的液压管拆下并用堵头堵住，再起动发动机，此时，堵住的一边螺旋布料器控制器关闭，另一边螺旋布料器控制器的速度应调至最低，并使其正常工作，结果压力正常，该边螺旋布料器正常工作。说明堵的一边液压马达损坏，拆检后发现马达轴承烧结，油封全部损坏，更换马达后系统工作正常。这种处理方法第一次堵的结果系统仍不工作，可换堵其中另一马达液压管路，而控制另一路试运转。如果结果仍不工作，那就只能检查泵和溢流阀了。

对该故障处理的认识上普遍感到难以理解的是：其中一个液压马达的严重泄漏何以影响到系统的控制压力，甚至影响到两个泵的正常工作呢？实际上主要原因是对这一液压系统原理理解不够造成的。首先补油系统的压力比液压马达的回油压力高一些才可补进油，一旦马达严重泄漏，高低压腔及泄油腔构成通路，液压马达回路几乎处于零压力状态（略去管路损失），通过补油阀进入系统的回路也接近零压力（实际上此时补油系统压力与液压马达负载有关），因此系统的补油压力就建立不起来。没有补油压力，也就没有控制压力，控制油路尽管电路系统工作正常，但控制变量泵的斜盘角度的执行油缸由于压力低则不能使其偏转，变量泵的斜盘角度实际上处于中立位置，其结果造成一边马达损坏，另一边也不能正常工作的情况。

参 考 文 献

1 黄文虎,夏松波,刘瑞岩等.设备故障诊断原理、技术及应用.北京:科学出版社,1996
2 邝朴生,蒋文科,刘刚,刘淑霞.设备诊断工程.北京:中国农业科技出版社,1997
3 张建俊.汽车诊断与检测技术.北京:人民交通出版社,1998
4 陈新轩等.现代工程机械发动机与底盘构造.北京:人民交通出版社,2002
5 张安华.机电设备状态监测与故障诊断.西安:西北工业大学出版社,1995
6 周东华,孙优贤.控制系统的故障检测与诊断技术.北京:清华大学出版社,1994
7 丁玉兰,石来德.机械设备故障诊断技术.上海:上海科学技术文献出版社,1994
8 石博强,申焱华.机械故障诊断的分形方法—理论与实践.北京:冶金工业出版社,2001
9 汤和,徐滨宽.机械设备的计算机辅助诊断.天津:天津大学出版社,1992
10 王道平,张义忠.故障智能诊断系统的理论与方法.北京:冶金工业出版社,2001
11 吴今培.模糊诊断理论及其应用.北京:科学出版社,1995
12 刘永健,胡培金.液压故障诊断分析.北京:人民交通出版社,1997
13 赵显新.工程机械液压传动装置原理与检修.辽宁:辽宁科学技术出版社,2000
14 焦生杰.现代筑路机械电液控制技术.北京:人民交通出版社,1998
15 焦生杰.工程机械机电液一体化.北京:人民交通出版社,2000

人民交通出版社公路类教材一览

（◆教育部普通高等教育“十一五”国家级规划教材 ▲建设部土建学科专业“十一五”规划教材）

一、交通工程教学指导分委员会规划推荐教材

1. ◆交通规划（王 炜）…… 33元
2. ◆道路交通安全（裴玉龙）…… 36元
3. 交通系统分析（王殿海）…… 31元
4. 交通管理与控制（徐建闽）…… 26元
5. 交通经济学（邵春福）…… 25元

二、21世纪交通版高等学校教材

（一）交通工程专业

1. ◆交通工程总论（第三版）（徐吉谦）…… 36元
2. ◆交通工程学（第二版）（任福田）…… 38元
3. ◆交通管理与控制（第四版）（吴 兵）…… 35元
4. ◆道路通行能力分析（陈宽民）…… 27元
5. ◆交通工程设计理论与方法（马荣国）…… 40元
6. ◆公路网规划（裴玉龙）…… 27元
7. 交通工程专业英语（裴玉龙）…… 28元
8. ◆交通运输工程导论（第二版）（姚祖康）…… 23元
9. 交通流理论（王殿海）…… 21元
10. 交通系统仿真技术（刘运通）…… 26元
11. 停车场规划设计与管理（关宏志）…… 30元
12. 交通工程设施设计（李峻利）…… 35元
13. ◆智能运输系统概论（第二版）（杨兆升）…… 25元
14. 智能运输系统概论（第二版）（黄 卫）…… 24元
15. ◆运输经济学（第二版）（严作人）…… 44元
16. ◆道路交通工程系统分析方法（王 炜）…… 28元
17. 交通调查与分析（第二版）（严宝杰）…… 38元
18. ◆交通运输设施与管理（郭忠印）…… 33元
19. 道路交通安全管理法规概论及案例分析（裴玉龙）…… 29元
20. 交通地理信息系统（符锌砂）…… 31元
21. 公路建设项目可行性研究（过秀成）…… 27元
22. 交通工程专业生产实习指导书（朱从坤）…… 7元

（二）城市轨道交通系列教材

1. 城市轨道交通概论（孙 章）…… 30元（估）
2. 城市轨道交通系统（彭 辉）…… 32元
3. 轨道工程（练松良）…… 36元
4. 城市轨道交通设备系统（周顺华）…… 32元
5. ◆地铁与轻轨（第二版）（张庆贺）…… 40元

（三）土木工程专业（路桥）/道路桥梁与渡河工程专业

I. 专业基础课教材

1. 土木工程概论（项海帆）…… 32元
2. 道路概论（第二版）（孙家驷）…… 20元
3. 土质学与土力学（第四版）（袁聚云）…… 30元
4. 公路工程地质（第三版）（窦明健）…… 23元
5. ▲道路工程制图（第四版）（谢步瀛）…… 36元
6. ▲道路工程制图习题集（第四版）（袁 果）…… 26元
7. ◆道路建筑材料（第四版）（李立寒）…… 35元
8. ◆测量学（第三版）（许娅娅）…… 36元
9. ◆基础工程（第三版）（王晓谋）…… 33元
10. 结构设计原理（第二版）（叶见曙）…… 51元
11. 公路经济学教程（袁剑波）…… 23元
12. 专业英语（第二版）（李 嘉）…… 33元

II. 专业核心课教材

13. ◆路基路面工程（第二版）（邓学均）…… 52元
14. ◆道路勘测设计（第三版）（杨少伟）…… 42元
15. 道路结构力学计算（上、下）（郑传超、王秉纲）…… 50元
16. 水力学（王亚玲）…… 19元
17. ◆桥梁工程（第二版）（姚玲森）…… 62元
18. 桥梁工程（第二版）（土木、交通工程）（邵旭东）…… 52元
19. ◆桥梁工程（第二版）（上）（范立础）…… 42元
20. ◆桥梁工程（第二版）（下）（顾安邦）…… 38元
21. 桥梁工程（陈宝春）…… 45元
22. ◆桥涵水文（第四版）（高冬光）…… 28元
23. ◆预应力混凝土结构设计原理（第二版）…… 28元（估）
24. ◆现代钢桥（上）（吴 冲）…… 34元
25. ◆钢桥（徐君兰）…… 16元
26. ◆公路施工组织及概预算（第三版）（王首绪）…… 32元
27. ▲桥梁施工及组织管理（第二版）（上）（魏红一）…… 39元
28. ▲桥梁施工及组织管理（第二版）（下）（邬晓光）…… 39元
29. ◆隧道工程（第二版）（上）（王毅才）…… 65元

III. 专业方向选修课教材

29. ◆道路工程（严作人）…… 40元
30. 道路工程（土木工程专业）（凌天清）…… 32元
31. ◆高速公路（第二版）（方守恩）…… 21元
32. 高速公路设计（赵一飞）…… 38元
33. 城市道路设计（吴瑞麟）…… 22元
34. GPS测量原理及其应用（胡伍生）…… 28元
35. 公路测设新技术（維 应）…… 36元
36. 公路施工技术与管理（廖正环）…… 40元
37. 土木工程造价控制（石勇民）…… 30元
38. 公路工程定额原理与估价（石勇民）…… 36元
39. 道路桥梁检测技术（胡昌斌）…… 31元
40. 特殊地区基础工程（冯忠居）…… 29元
41. 道路与桥梁工程计算机绘图（许金良）…… 31元
42. ◆公路小桥涵勘测设计（第四版）（孙家驷）…… 31元
43. 路基设计原理与计算（李峻利）…… 40元
44. 路基路面工程检测技术（李宇峙）…… 46元
45. 公路土工合成材料应用原理（黄晓明）…… 22元
46. 水泥与水泥混凝土（申爱琴）…… 30元
47. ◆环境经济学（董小林）…… 32元
48. 公路环境与景观设计（刘朝辉）…… 30元
49. 桥梁工程概论（第二版）（罗 娜）…… 27元
50. 桥梁检测与加固（王国鼎）…… 27元
51. 桥梁钢—混凝土组合结构设计原理（黄 侨）…… 26元
52. 桥梁结构试验（章关永）…… 22元
53. 桥梁抗震（叶爱君）…… 15元
54. ◆桥梁建筑美学（第二版）（盛洪飞）…… 30元
55. 大跨度桥梁结构计算理论（李传习）…… 18元
56. 隧道结构力学计算（夏永旭）…… 29元
57. 公路隧道运营管理（吕康成）…… 22元
58. 隧道与地下工程灾害防护（张庆贺）…… 45元
59. 土木规划学（石 京）…… 38元

IV. 实践环节教材及教参教辅

60.《道路勘测设计》毕业设计指导（许金良）…… 30元
61. 桥梁计算示例丛书—桥梁地基与基础（第二版）（赵明华）…… 18元

62. 桥梁计算示例丛书—混凝土简支梁(板)桥(第三版)(易建国) …… 27元
63. 桥梁计算示例丛书—连续梁桥(邹毅松) …… 20元
64. 结构设计原理计算示例(叶见曙) …… 40元

V. 研究生教学用书

道路与铁道工程

1. 现代加筋土理论与技术(雷胜友) …… 24元
2. 道路规划与几何设计(朱照宏) …… 32元

桥梁与隧道工程

1. 高等桥梁结构理论(项海帆) …… 35元
2. 高等钢筋混凝土结构(周志祥) …… 27元
3. 结构分析的有限元法与MATIAB程序设计(徐荣桥) …… 28元
4. 工程结构数值分析方法(夏永旭) …… 27元
5. 箱形梁设计理论(第二版)(房贞政) …… 32元

(四)公路工程管理专业

1. ◆工程项目融资(赵　华) …… 29元
2. 管理信息系统(李友根) …… 31元
3. 公路工程定额原理与估价(石勇民) …… 36元
4. 工程风险管理(邓铁军) …… 21元
5. ◆工程质量控制与管理(邬晓光) …… 29元
6. 公路工程造价编制与管理(第二版)(沈其明) …… 43元
7. 工程项目招标与投标(周　直) …… 30元
8. 高速公路管理(王选仓) …… 35元

(五)工程机械专业

1. ◆施工机械概论(王　进) …… 35元
2. ◆公路施工机械(第二版)(李自光) …… 43元
3. 现代工程机械发动机与底盘构造(陈新轩) …… 38元
4. 工程机械维修(许　安) …… 38元
5. 工程机械状态检测与故障诊断(陈新轩) …… 29元
6. 工程机械底盘设计(郁录平) …… 36元
7. 公路工程机械化施工与管理(第二版)(郭小宏) …… 37元
8. 工程机械设计(吴永平) …… 38元
9. 工程机械技术经济学(吴永平) …… 23元
10. 工程机械专业英语(宋永刚) …… 36元
11. 工程机械机电液系统动态仿真(王国庆) …… 18元

三、普通高等学校规划教材

1. 理论力学(东南大学) …… 29元
2. 材料力学(东南大学) …… 25元
3. 工程力学(东南大学) …… 29元
4. 交通土建工程制图(第二版)(和丕壮) …… 38元
5. 交通土建工程制图习题集(第二版)(和丕壮) …… 20元
6. 画法几何与土建制图(第二版)(林国华) …… 39元
7. 画法几何与土建制图习题集(第二版)(林国华) …… 25元
8. 土木工程制图(丁建梅　周佳新) …… 36元
9. 土木工程制图习题集(丁建梅　周佳新) …… 18元
10. ◆土木工程计算机绘图基础(尚守平) …… 39元
11. 工程经济学(李雪淋) …… 22元
12. 工程测量(胡伍生) …… 25元
13. 交通土木工程测量(张坤宜) …… 33元
14. 结构设计原理(毛瑞祥) …… 26元
15. 路基路面工程(何兆益) …… 45元
16. 道路勘测设计(第二版)(孙家驷) …… 46元
17. 道路与桥梁工程概论(黄晓明) …… 32元
18. 道路经济与管理 …… 16元
19. 公路施工组织与管理(赖少武　李文华) …… 35元
20. 公路工程施工组织学(第二版)(姚玉玲) …… 38元
21. 公路施工与组织管理(廖正环) …… 22元
22. 公路养护与管理(许永明) …… 18元
23. 水力学与桥涵水文(叶镇国) …… 38元
24. 桥位勘测设计(高冬光) …… 20元
25. 道路规划与设计(李清波) …… 46元
26. 道路交通环境工程(张玉芬) …… 19元
27. 公路实用勘测设计(何景华) …… 19元
28. 公路计算机辅助设计(符锌砂) …… 30元
29. 公路工程预算与工程量清单计价(雷书华) …… 35元
30. 公路工程造价(周世生) …… 42元
31. 软土环境工程地质学(唐益群) …… 35元
32. 公路与桥梁施工技术(盛可鉴) …… 30元
33. 桥梁美学(和丕壮) …… 40元
34. 桥梁结构理论与计算方法(贺拴海) …… 58元
35. 钢管混凝土(胡曙光) …… 38元
36. 隧道施工(于书翰) …… 23元
37. 公路隧道机 电工程(赵忠杰) …… 40元
38. ◆道路交通管理与控制(袁振洲) …… 40元
39. 交通工程学(第二版)(李作敏) …… 28元
40. 交通项目评估与管理(谢海红) …… 36元
41. 工程项目管理(周　直) …… 20元
42. 测绘工程基础(李芹芳) …… 36元
43. 工程机械运用技术(许　安) …… 40元
44. 现代工程机械液压与液力系统(颜荣庆) …… 39元
45. 水泥混凝土路面施工与施工机械(何挺继) …… 30元
46. 现代公路施工机械(何挺继) …… 45元
47. 工程机械机电液一体化(焦生杰) …… 28元

四、高等学校应用型本科规划教材

1. 结构力学(万德臣) …… 30元
2. 道路工程制图(谭海洋) …… 28元
3. 道路工程制图习题集(谭海洋) …… 24元
4. 道路建筑材料(伍必庆) …… 37元
5. 土木工程材料(张爱勤) …… 39元
6. 土质学与土力学(赵明阶) …… 30元
7. 结构设计原理(黄平明) …… 47元
8. 结构设计原理学习指导(安静波) …… 35元
9. 结构设计原理计算示例(赵志蒙) …… 40元
10. 工程测量(朱爱民) …… 30元
11. 基础工程(刘　辉) …… 26元
12. 道路勘测设计(张维全) …… 32元
13. 桥梁工程(刘龄嘉) …… 45元
14. 公路工程试验检测(乔志琴) …… 47元
15. 路桥工程专业英语(赵永平) …… 44元
16. 水力学与桥涵水文(王丽荣) …… 27元
17. 工程招标与合同管理(刘　燕) …… 33元
18. 工程项目管理(李佳升) …… 32元
19. 公路施工技术(杨渡军) …… 64元
20. 公路工程机械化施工技术(徐永杰) …… 32元
21. 公路工程经济(周福田) …… 22元
22. 公路工程监理(朱爱民) …… 33元
23. 道路工程(资建民) …… 38元
24. 道路工程CAD(许金良) …… 23元
25. 路基路面工程(陈忠达) …… 46元

各地经销商电话见人民交通出版社网站首页,网址:http://www.ccpress.com.cn。
咨询电话:010-85285965(岑瑜)

公路工程现行标准、规范、规程、指南一览表

序号	类别		编　　号	书名(书号)	定价(元)
1	基础		JTJ 002—87	公路工程名词术语(0346)	22.00
2			JTJ 003—86	公路自然区划标准(0348)	16.00
3			JTJ/T 0901—98	1: 1000000 数字交通图分类与图示规范(0242)	78.00
4			JTG B01—2003	公路工程技术标准(04957)	28.00
5			JTJ 004—89	公路工程抗震设计规范(0347)	15.00
6			JTG/T B02-01—2008	公路桥梁抗震设计细则(1228)	35.00
7			JTG B03—2006	公路建设项目环境影响评价规范(0927)	26.00
8			JTG B04—2010	公路环境保护设计规范(08473)	28.00
9			JTG/T B05—2004	公路项目安全性评价指南(0784)	18.00
10			JTG B06—2007	公路工程基本建设项目概算预算编制办法(06903)	26.00
11			JTG/T B06-01—2007	公路工程概算定额(06901)	110.00
12			JTG/T B06-02—2007	公路工程预算定额(06902)	138.00
13			JTG/T B06-03—2007	公路工程机械台班费用定额(06900)	24.00
14			交通部定额站 2009 版	公路工程施工定额(07864)	78.00
15			JTG/T B07-01—2006	公路工程混凝土结构防腐蚀技术规范(0973)	16.00
16			交通部 2007 年第 30 号	国家高速公路网相关标志更换工作实施技术指南(1124)	58.00
17			交通部 2007 年第 35 号	收费公路联网收费技术要求(1126)	62.00
18	勘测		JTG C10—2007	公路勘测规范(06570)	28.00
19			JTG/T C10—2007	公路勘测细则(06572)	42.00
20			JTJ 064—98	公路工程地质勘察规范(0220)	28.00
21			JTG/T C21-01—2005	公路工程地质遥感勘察规范(0839)	17.00
22			JTG C30—2003	公路工程水文勘测设计规范(0604)	22.00
23			JTG/T C22—2009	公路工程物探规程(1311)	28.00
24	设计	公路	JTG D20—2006	公路路线设计规范(0996)	38.00
25			JTG D30—2004	公路路基设计规范(05326)	48.00
26			JTG/T D31—2008	沙漠地区公路设计与施工指南(1206)	32.00
27			JTG D40—2002	公路水泥混凝土路面设计规范(04621)	26.00
28			JTG D50—2006	公路沥青路面设计规范(06248)	36.00
29			JTJ 018—96	公路排水设计规范(0147)	12.00
30			JTJ/T 019—98	公路土工合成材料应用技术规范(0218)	12.00
31		桥隧	JTG D60—2004	公路桥涵设计通用规范(05068)	24.00
32			JTG/T D60-01—2004	公路桥梁抗风设计规范(0814)	28.00
33			JTG/T D65-01—2007	公路斜拉桥设计细则(1125)	28.00
34			JTG D61—2005	公路圬工桥涵设计规范(0887)	19.00
35			JTG D62—2004	公路钢筋混凝土及预应力混凝土桥涵设计规范(05052)	48.00
36			JTG D63—2007	公路桥涵地基与基础设计规范(06892)	48.00
37			JTJ 025—86	公路桥涵钢结构及木结构设计规范(0176)	20.00
38			JTG/T D65-04—2007	公路涵洞设计细则(06628)	26.00
39			JTG D70—2004	公路隧道设计规范(05180)	50.00
40			JTG/T D70—2010	公路隧道设计细则(08478)	66.00
41			JTJ 026.1—1999	公路隧道通风照明设计规范(0397)	16.00
42			JTG/T D71—2004	公路隧道交通工程设计规范(0810)	26.00
43		交通	JTG D80—2006	高速公路交通工程及沿线设施设计通用规范(0998)	25.00
44			JTG D81—2006	公路交通安全设施设计规范(0977)	25.00
45			JTG/T D81—2006	公路交通安全设施设计细则(0997)	35.00
46			JTG D82—2009	公路交通标志和标线设置规范(07947)	116.00
47		综合	交公路发〔2007〕358 号	公路工程基本建设项目设计文件编制办法(06746)	26.00
48			交公路发〔2007〕358 号	公路工程基本建设项目设计文件图表示例(06770)	600.00

续上表

序号	类别		编号	书名(书号)	定价(元)
49	检测		JTG E40—2007	公路土工试验规程(06794)	79.00
50			JTJ 052—2000	公路工程沥青及沥青混合料试验规程(0429)	40.00
51			JTG E30—2005	公路工程水泥及水泥混凝土试验规程(0830)	32.00
52			JTG E41—2005	公路工程岩石试验规程(0828)	18.00
53			JTJ 056—84	公路工程水质分析操作规程(02971)	8.00
54			JTG E42—2005	公路工程集料试验规程(0829)	30.00
55			JTG E50—2006	公路工程土工合成材料试验规程(0982)	28.00
56			JTG E51—2009	公路工程无机结合料稳定材料试验规程(08046)	48.00
57			JTG E60—2008	公路路基路面现场测试规程(07296)	38.00
58	施工	公路	JTG F10—2006	公路路基施工技术规范(06221)	40.00
59			JTJ 034—2000	公路路面基层施工技术规范(0431)	20.00
60			JTG F30—2003	公路水泥混凝土路面施工技术规范(04622)	46.00
61			JTJ 037.1—2000	公路水泥混凝土路面滑模施工技术规程(0425)	16.00
62			JTG F40—2004	公路沥青路面施工技术规范(05328)	38.00
63			JTG F41—2008	公路沥青路面再生技术规范(07105)	25.00
64		桥隧	JTJ 041—2000	公路桥涵施工技术规范(03770)	52.00
65			JTG/T F81-01—2004	公路工程基桩动测技术规程(0783)	20.00
66			JTG F60—2009	公路隧道施工技术规范(07992)	42.00
67			JTG/T F60—2009	公路隧道施工技术细则(07991)	58.00
68		交通	JTG F71—2006	公路交通安全设施施工技术规范(0976)	20.00
69			JTG/T F83-01—2004	高速公路护栏安全性能评价标准(0809)	15.00
70	质检安全		JTG F80/1—2004	公路工程质量检验评定标准　第一册　(土建工程)(05327)	46.00
71			JTG F80/2—2004	公路工程质量检验评定标准　第二册　(机电工程)(05325)	26.00
72			JTG G10—2006	公路工程施工监理规范(06267)	20.00
73			JTJ 076—95	公路工程施工安全技术规程(0049)	12.00
74	养护管理		JTG H10—2009	公路养护技术规范(08071)	49.00
75			JTJ 073.1—2001	公路水泥混凝土路面养护技术规范(0520)	12.00
76			JTJ 073.2—2001	公路沥青路面养护技术规范(0551)	13.00
77			JTG H11—2004	公路桥涵养护规范(05025)	30.00
78			JTG H12—2003	公路隧道养护技术规范(0695)	26.00
79			JTG H20—2007	公路技术状况评定标准(1140)	15.00
80			JTG H30—2004	公路养护安全作业规程(05154)	36.00
81	加固设计与施工		JTG/T J22—2008	公路桥梁加固设计规范(07380)	52.00
82			JTG/T J23—2008	公路桥梁加固施工技术规范(07378)	30.00
1	技术指南		中建标公路[2002]1号	公路沥青玛蹄脂碎石路面技术指南(0634)	20.00
2			交公便字[2005]330号	公路机电系统维护技术指南(0922)	30.00
3			交公便字[2006]02号	公路工程水泥混凝土外加剂与掺合料应用技术指南(0925)	50.00
4			交公便字[2005]329号	微表处和稀浆封层技术指南(0920)	18.00
5			交公便字[2005]329号	公路冲击碾压应用技术指南(0921)	15.00
6			交公便字[2006]02号	公路工程抗冻设计与施工技术指南(0926)	26.00
7			厅公路字[2006]418号	公路安全保障工程实施技术指南(1034)	40.00
8			交公便字[2006]02号	公路土钉支护技术指南(0995)	22.00
9			交公便字[2006]274号	公路钢箱梁桥面铺装设计与施工技术指南(1008)	25.00
10			交公便字[2006]243号	盐渍土地区公路设计与施工指南(1006)	20.00
11				横张预应力混凝土桥梁设计施工指南(0831)	15.00
12			2008年第25号公告	汶川地震灾后公路恢复重建技术指南(1246)	10.00
13			交公便字[2009]145号	公路交通标志和标线设置手册(07990)	165.00

注:JTG——公路工程行业标准体系;JTG/T——公路工程行业推荐性标准体系;JTJ——仍在执行的公路工程原行业标准体系。

批发业务电话:010-59757969;零售业务电话:010-85285659(北京);网上书店电话:010-85285949;业务咨询电话:010-85285922。我社各地经销商联系方式见 www.ccpress.com.cn 网站首页。